ジョミニの戦略理論

『戦争術概論』新訳と解説

今村伸哉 編著

芙蓉書房出版

まえがき

ナポレオン一世が十八世紀の戦争システムを破壊して初めて軍事思想家たちは、戦いの勝利の法則を発見するために努力し始めた。そのなかでもジョミニとクラウゼヴィッツの名前が際だっている。両者は十八世紀までの戦争とまったくかけ離れた戦争がナポレオン時代になぜ遂行されたのか、この新しい戦争を解明すべく研究努力を行った。彼らは戦争・軍事の科学的側面を捉え、理論と実践の領域を明らかにしようと努めた。

ジョミニは、フランス革命戦争勃発の一七九二年から約二〇年に及ぶナポレオンの勝利の成功は、ナポレオンの新しい戦争方法の重要性と彼の行動の背後にある戦略原則を相手側よりもよく把握していた結果であると認識していた。これがジョミニ戦略理論の核心であり、決定的に重要な点は不変の戦略原則を見つけ出したことにある。

したがって、ジョミニは最初から単純に勝利の法則を求め、その成果として戦略原則論とその実践方法を示したのが『戦争術概論（Précis de l' art de la guerre)』である。

ジョミニの本格的な著述はフランス軍に入隊してからである。彼は軍務の傍らあるいは軍務を離れている間に著作活動を行い、『戦争術概論』が世に出るまで多数の著作が出版されるほどの健筆家であった。しかし、ジョミニの戦略理論の構築は最初から難渋し、最初の『大戦術論』は、七年戦争史が主体であり、理論と実践が混在し戦略理論が不明であった。その後フランス革命戦争とナポレオン戦争を分析することにより、逐次に理論の成熟と同時に『大戦術論』を含む『大作戦論』を経て、論じられてきた戦略思想の集大成を示したのが『戦争術概論』である。したがって、ジョミニ戦略理論をより理解するには、『戦争術概論』のみならず『大作戦論』の読解も望ましい。

セントヘレナでシャルル・モントロン元帥に告げたナポレオンのジョミニに対する評価は高く、ジョミニが『大作戦論』のなかで記述している一七九六〜九七年のイタリア戦役の叙述を誉め、またジョミニが連合軍に寝返ったことでフランス軍の戦争計画を漏らしたのではないかという告発からジョミニの弁護さえ行ったのである。

一方、ジョミニの敵側にあったクラウゼヴィッツは、イエナ会戦の敗北に刺激され、戦争の全体像を捉えて戦争とは何か、いかに戦争を分析しうるか、つまり戦争理論の発展を目指して国家間の対立の基本要素を摘出し、論述していたこの遺稿を未亡人のマリー・フォン・クラウゼヴィッツが整理して出版した本が『戦争論』である。

『戦争論』の影響は十九世紀末まで遅れたが、『戦争術概論』は、即時の賞賛を獲得し、ナポレオン時代前の概念に取り憑かれていた軍人達の注目を引いたのみならず文学者や大衆にも人気を博した。当時、軍隊の増大化に伴い専門職域が拡大し、軍学校が各国で設立し始めた過渡期にあり、欧米諸国における軍事教育に深い影響を与えた。特にアメリカでは南北戦争前後からジョミニの理論・思想は吸収され、軍事文化の根底に最もジョミニの記憶が維持されていると信じられている。

しかしながら第二次産業革命の影響により、鉄道、電信等が急速に先進諸国に普及し、兵器技術の進歩が躍進の一途を辿った十九世紀の後半には、ジョミニの戦略思想の影響力は減退の一途に向かわざるを得なかった。一方、ジョミニの影に潜んでいた『戦争論』は、大いに研究された。その後、第二次世界大戦を経て、今日まで両者の著書、また戦略理論の影響度合いは、ジョミニの方は低調ながらクラウゼヴィッツと反比例的に上下傾向を示してきた。

昨今、欧米におけるジョミニの戦略思想の関心度は、低迷しているといえども大学や軍学校において、クラウゼヴィッツの戦略論と比肩して論じられ、また、多くの軍事史書や戦略書に引用されている。

わが国におけるジョミニとクラウゼヴィッツ両者の知名度は、クラウゼヴィッツに比してジョミニの方は極めて低い。肝心のジョミニの著書、戦略論の研究も低調であり、それらの対象は『戦争術概論』のみに限定されてきたし、その他の主要著書に関してはほとんど紹介も研究もされていない。『戦争術概論』の翻訳書も『戦争論』は原著からの完訳であるのに比して、ドイツ語および英語版からの重訳であり、完訳は存在していない。

一方、『戦争論』の研究とその解説論議は旺盛である。

ジョミニとクラウゼヴィッツ両者の軍事・戦略思想論の問題意識と発想、思考過程は相対している。つまりジョミニは軍事思想家ともいうべく軍事活動に関わる方法や実行を問題にしている。思考の深さや事実の度合いのような主観的な方法や手段等がクラウゼヴィッツと異なる。ジョミニは歴史分析から、帰納的に原則から格言を求め、あるいは原則から格言に発展させて理論体系を構築し、さらに歴史分析から導かれた戦略方策に専門用語を適応させて、戦略思想を完成させた。

クラウゼヴィッツは軍事理論家あるいは軍事哲学者ともいうべく、戦争あるいは戦争のある局面について広範囲にわたって思考しており、思考が凝集して書かれる形に自己の思想を系統化している。

しかし、ジョミニ理論やクラウゼヴィッツ理論にも欠落した要素や内部矛盾、不整合などが看取されるが、それだけ戦争・軍事の研究は容易ではないことを顕している。

両者のこのような戦争論の確立の対象は、いうべくもなくナポレオンの軍事であり、ナポレオン戦争である。そこで一方に偏重することなく、両論相俟って考察することにより、戦争・軍事の研究と理解を促進することがより可能となろう。

ジョミニとクラウゼヴィッツの相対する戦略理論に関して、敢えて実践的観点からみるとその有為性はジョミニに歩がある。ジョミニ戦略論の優位を唯一に限定して挙げれば、ジョミニの戦いの基本原則と格言から導かれ、時代を経て論議されてきた「戦いの原則」が推される。この「戦いの原則」は、現代において各国の軍隊の基本ドクトリンとして定着しており、この基本ドクトリンは軍隊の行動を導く基本原則のみならず戦争、戦略研究の重要な鍵の一つとして国家安全保障上重要な役割を果たしている。

ところで、わが国におけるジョミニの著書の存在とその有態や本書のジョミニの戦略論展開の基盤である『戦争術概論』の表題上の問題も所在するので、これらについて付言をお許し願いたい。

ジョミニの ***Treaties on Grand Military Operations*** 〔『大作戦論 (Traité des grandes operations militaires)』〕が日本に入ってきて、一八九〇年に参謀本部が『七年戦論』の表題として翻訳出版した。ついで、秋山真之がアメリカから持参した英語版の ***The Art of War*** 〔『戦争術 (l'art de la guerre)』〕が『兵術要論』として出版されたのは、クラウゼヴィッツの『戦争論』が森林太郎（森鷗外）と陸軍士官学校の共訳として出版された同時期の一九〇三年である。さらに一九二二年に出版された陸軍大学校教授の司馬亨太郎がドイツ語版から訳した『韜略提要』がある。これらの翻訳書は英語およびドイツ語版からの重訳であり、抄訳ともいうべく態様である。その他、英訳された再版の『戦争術概論』にも部分的な文章削除が散見される。つまり、ジョミニの『戦争術概論』の完訳はないということである。

その後、昭和五十四年に原書房から佐藤徳太郎著の『戦争概論』が出版された。

ついで、この著書が復刻版の文庫本として中央公論新社から初版が平成十三年に出版されたが、この翻訳文は原著のJ・D・ヒットルの『ジョミニと戦争術概論 (Jomini and his Summary of the Art of War)』から「戦争術概論 (Summary of the Art of Waa)」を抜粋して訳したものである。したがって、「戦争術概論」もその邦訳もジョミニの原著に比して文量はかなり少ない。

邦訳書の表題は「戦争概論」である。この題名は読者に認識され、そして書誌データにも表記されている。したがって、本書ではジョミニの当該著書を直訳のまま「戦争術概論」と表記した理由を明記したい。まず当該著書の内容について、ジョミニはクラウゼヴィッツの『戦争論』のように戦争の定義と戦争全体について分析して論じたのではなく、戦争遂行の理論と方策を論じたものであり、「戦争概論」と表記するとあたかも『戦争論』に準ずる印象を与える。他の一つの理由は、ヨーロッパでは古代から戦略、戦術などの軍事用語の区分が明確でなく、一括して戦争術と表現してきた。十八世紀末頃にマイゼロアにより、ようやく戦略の用語が表明され定義されたし、さらにジョミニが戦争術の用語の区分原理を本書で明確にした過渡期にあるところから「戦争術概論」の方が適当であると考量した。

もう一つの著書表題に関して、『大作戦論』の翻訳上の問題がある。英語からの翻訳は『大軍作戦論(Treaties on Grand Military Operations)』としているが、仏語からの訳は『大作戦論(Traité des grandes operations militaires)』である。文法的にも後者の方が正しい。ジョミニは表題等の表現についても文法的に十分配慮している。

本書の構成は二部に分け、第1部は『戦争術概論』の第三章の「戦略」を翻訳してジョミニの戦略理論とした。第2部はジョミニの戦略理論の解説として、第一章にジョミニの生涯と経歴の概要を明らかにする。第二章は『戦争術概論』に至る主要著書の概要と各著書の内的思考の連鎖が及ぼした影響について描写する。第三章はジョミニ戦略思想構築の時代背景とその理論形成に及ぼした思想的背景、戦略理論の発展の契機と理論の形成、そしてジョミニの戦略思想の完結までを素描する。第四章ではジョミニ戦略理論の評価と批判を考察する。第五章はジョミニ戦略理論の影響について描写する。第六章は時代の経過のなかで、戦争規模と形態の大変化によるジョミニの戦略思想に及ぼした影響とその成果について考察する。

終章ではジョミニ戦略原則論の諸問題と現代的意義について考察し、締め括る。

ジョミニの戦略理論――『戦争術概論』新訳と解説❖目次

第2部

第１部

ジョミニ
『戦争術概論―戦略、大戦術および軍事政策の主要な方策に関する新分析的描写』
（今村伸哉訳）

凡　例

一、本書に収録したのは、アントワーヌ・アンリ・ジョミニの原著『戦争術概論―戦略、大戦術および軍事政策の主要な方策に関する新分析的描写（Précis de l'art de La guerre, ou Nouveau tableau analytique des principales combinaisons de la stratégie, de la grand tactique et de la politique militaire）』（以下『戦争術概論』と略称する）のなかから「ロシア皇帝陛下に奉呈（A Sa Majesté l'Empereur de toutes les Russies）」、「緒言(Avertissement)」、「戦争術の定義(Définition de l'art de la guerre)」「第三章 戦略(III. DE LA STRATÉGIE)」を抽出し、それぞれを全訳した。

二、翻訳にあたっては、ジョミニの原著一八五五年版の再版である *Précis de l'art de la guerre ou Nouveau Tableau analytique des principales combinaisons de la stratégie, de la grand tactique et de la politique militaire* (Édition Ivrea, Paris, 1994) を用いた。

三、原典の脚注は原典通り＊印で本文中の段落末に記した。理解を深めるための用語の解説、関連事項および注意を要する事項に関しての訳注は第1部末尾に付した。

四、二重鉤括弧『』はわが国で出版された書物、邦訳書を示すが、ジョミニの著書については邦訳の有無にかかわらず『』で示す。

ロシア皇帝陛下に奉呈

陛下

科学の進歩と普及に寄与するすべてのものに対する陛下のご高配により、拙著『大作戦論』を王立学士院のためロシア語への翻訳を命じあそばされました。

陛下の優渥なご聖賢にお応えすべく小官は、拙著を補完するためその『戦争の主要な方策に関する分析的描写』を付加すべきものと思慮致します。一八三〇年に出版された最初の本試論は、その起草目的を十分に満たしております。しかしながら小官が思量するに著述の範囲を若干拡大すれば、本著はさらに有用性を増し、著書自体の完成度がさらに高まるということです。この点小官は十分なる成果を得たと信じます。

著述範囲の拡大は僅かにすぎませんが、本概論は今日では、将軍や政治家が戦争遂行にあたり適用しうる主要な方策を包含しております。戦争遂行のかくも重要な事象を、これ以上緊縮され、同時にあらゆる読者に入手可能な形で一冊の著書のなかに取り扱われたものはかつて存在しませんでした。

小官は本概論を陛下に奉呈するとともに、本著が陛下の御意に叶うものとなりますよう切願しております。本著書が明晰な統裁官であらせられ、かつ帝国の国威発揚と保全に精通された君主であられる陛下の大御心に叶うものとなりますれば、小官の望外の喜びでございます。

謹白

陛下へ

一介の謙譲かつ忠実な臣下　　ジョミニ将軍

一八三七年三月六日　サンクトペテルブルク

緒　言

永遠の平和を祈念する喧伝の声を強く聞かされる時代に、戦争に関する著書を出版することは無謀ともいえよう。しかし誰しもが望む産業の興隆と富の発展は、常に社会のすべての犠牲をもって得る唯一の神性であろうか。戦争は永久に必要悪で、国家の興隆あるいはその危急を救うのみならず、著名なアンシロン(1)が優れた『ヨーロッパ政治体系の革命の描写（**Tableau des révolutions du système politique de l'Européen**）』(2)のなかで非常に明敏に観察したように、実に社会的組織の壊滅を防ぐものでもある。

したがって私は、本概論を出版するに決定し、その出版以前に研究結果による変化とそれらの変化の動機に関していくらかの説明を付け加えたい。

ニコライ皇帝陛下(3)は、総合的著作として不備のままであった私の『大作戦論』を翻訳するよう命ぜられたのである。そこで私はまず一八二九年に公刊された『戦争の主要な方策に関する分析的描写（**Tableau analytique des principales combinaisons de la guerre**）』の欠落している部分を加筆することで解決することにした。この最初の『大作戦論』は少々急いで書き上げたものであり、私の前述の論文に有益な付帯的なものとして唯一の対象で考えたので、独立した著作と考えるべきではない。

昨年アウグスト皇太子の教育のためにその著作をいくらか発展させる必要から、私は他の諸編とはまったく独立して別の一巻の完成を為したものである。

主義・思潮の戦争および国民の戦争、戦争の作戦統裁、軍隊の指揮、作戦地帯および作戦線、戦略予備および一時的作戦基地、山岳戦における戦略、敵の運動を判断する方法および大派遣部隊に関する新しい項目は、他の項目に対して為された多くの改善はいうまでもなく、皆本書に至って初めて論述した新命題であってまったく新たに著述したものである。しかしこれらの変容にかかわらず、初めは前の題名のままであったが、後に出版社の意見を容れて従来の断片的論文と区別するために、私は新しい題名に変更する必要性を確信したのである。私はこの新題名を「戦争術概論あるいは新分析の描写」等と名付けよう。

戦争の高度の方策に関する最終的な表現としてこの概論の第二版に『戦争術概論（Précis de l'art de la guerre)』と表題した。さらに作戦基地および作戦正面、兵站あるいは軍事行動への実行術に関してまた大遠征作戦、戦略線、戦闘線転回の機動についても興味あるいくつかの項目を増補することになろう。加えて新しい研究発展に基づいて概ね他の項目も付加されていくことになる。

本書では、戦争術の細部の実際応用に関する研究はほぼ達成され、さらにその範囲も目的ももとより拡大する意図はなく、事が為し得る限り戦争術の細部を認識させるこの著作を示すものである。実用に際してはこの著作の細部にわたって提供する大戦争の純理論的方策を実際の状況に鑑みて適用することが必要である。しかし各人はこの著作の適用を当然自己の性格、才能に応じて遂行しなければならないであろう。これらの教えは道標にすぎないのである。

もし読者が本書を読み示された方策の重要な基本に着目し、これを好意的に受け入れるならば私の望外の喜びである。しかし、私の文体は普遍的なテクニカルタームを求め、それを繰り返し用いており昨今の文章と比べると読みにくいかもしれない。もちろん複雑な定義を多く含んでいる本書の価値はわかってもらえよう。しかしながら定義を明らかにするためには、優雅な文章を追い求められないことを覚悟しなければならないのである。

読者のなかには、おそらく私が定義の説明から若干逸脱しているのではないかと非難する者もいるであろう。しかし、私はここにこそ価値があるだろうと認知しているのである。というのも、これまでほとんど知られていない科学の基礎を打ち出そうとしており、とりわけ科学として成立する概念に付け加える必要のある様々な名称に関する自己理解をもたらすことが大変重要である。そうでなければ、さまざまな名称がどのように規定されるかがわからず、名づけることが不可能だからである。私は本書に若干の改善可能箇所があることを隠すことはないし、絶対に誤りがないなどということも主張するつもりもないので、十分に改善すべき定義や名称などがある場合には誠意をもって認める状態にある。文中同一例を引用したが、私は研究論文あるいは図書館で軍事行動のすべての史料を見ることができない読者の便宜を図った。したがってわかりやすい表現にするために記述された事象を理解してもらえれば十分である。また数多くの史実例を近代軍事史に通暁する読者諸兄に対して提供することができたと、信じて疑わないものである。

一八三七年三月六日

将軍　アントワーヌ・ジョミニ

戦争術の定義

戦争術は通常五つの純軍事的な分野、つまり戦略、大戦術(4)、ロジスティク（兵站）(5)、工兵術、小戦術(6)に区分される。しかし、これまで都合悪く軍事学外に置かれていた重要な分野である戦争政策も含めよう*。この分野は軍人の分野よりもとりわけ政治家の学事に入るであろうが、政治と軍事との分離が考えられるようになって下位の将軍にとっては無用であっても、一軍を指揮する総司令官にとっては必要不可欠である。戦争政策は戦争を決心するすべての方策や、また企画しようとする作戦に関係がある。

*この件に関する文献が極めて少ないなかで、私が唯一有する著作は一七六七年に出版されたエー・デュ・シャトレ(7)による『戦争政略』である。その著作のなかで次のようなことが記述されている。すなわち石橋を渡橋する軍隊は大工や建築家を調査に連れて行くことが必要であること、またダレイオス王(8)は全軍を以てアレクサンドロス大王(9)と戦わないで、その半分の兵力で戦ったならば征服されなかったであろうと。軍事政策のなかで、漠然と戦争の政略の概念を有していた。マイゼロア(10)は《戦争の論法（dialectique de la guerre)》と称するもののなかで、漠然と戦争の政略の概念を有していた。ロイド(11)はこの問題についてはもっと進んでいた。しかし彼の著作がどの程度に期待に応えることができようか、また一七九二年から一八一五年までの前代未聞の戦いを見て、自己論に対する反論をどのくらい受けとることができようか。

したがって戦争政略は取り扱う学事に当然属することがふさわしいので、戦争術は明確な六つの分野からなるといってよかろう。

第一は戦争政略である。

第二は戦略である。すなわち敵国に侵攻するにせよ、我が地を護るにせよ戦域において集団を指揮する術である。

第三は戦略的規模における作戦および戦闘における大戦術である。

第四は兵站、または軍移動術の実務への適用である**。

第五は工兵術すなわち要塞の攻撃および防御である。

第六は小戦術である。

**より副次的見解の下でまず兵站について述べることを決心した動機を第四十一項（全般にわたる兵站に関する付言）で説明しよう。

なおここに戦争の哲学あるいは精神の分野を加えることができようが、政略論と同様な分野の中で併せて述べることが適当と思われる。

（本論は）最初の四つの主たる方策の分析の提示を意図するが、小戦術あるいは科学の分野である工兵術を論じることは目的ではない。

歩兵、騎兵、砲兵の優れた将校であるために前述のすべての分野を等しく知る必要はないのである。しかし、将軍あるいは卓越する参謀将校になるには、この知識は必要不可欠である。これらの知識を有する将軍や、彼らを適材適所に用いる政府は幸運である。

第三章　戦　略

定義および基本原則

戦争術は、簡潔に前述した分野の政治的および心理上の関係とは別に、既に述べた戦略、大戦術、兵站、各兵科の戦術、工兵術の主要な五つの分野から構成される。また、既に示した動機のために、五分野のうち最初の三分野すなわち戦略、大戦術、兵站について述べることにする。しかる上は、まずこれらの部門の定義から述べることこそ緊急であろう。

この三部門の定義をより確実に述べるために、次の手順を踏みたい。それは宣戦布告する場合に、一軍の取るべき方策を指揮官たちに示す手順である。つまり、当然ながら最も重要な――いわば作戦計画となる事柄を初めに取り組むが、細部から着手して大軍の編成や運用にまで至る戦術とは取り組み方を逆にするものである＊。

＊戦術を学ぶためには小隊訓練を、ついで大隊訓練を学ばなければならない。最終的には戦列の移動を学ばなければならない。その後、野戦勤務の些事に移行し、ついで宿営、行軍、最終的には軍の編成を学ばなければならない。しかし戦略については、その頂点、つまり戦争計画から始めなければならない。

ここで軍隊が軍事行動に入っていると仮定しよう。指揮官がまず留意することは、惹起した戦争の性質について政府と意見を一致することである。ついで企図する戦場を詳細に研究しなければならない。その後、指揮官は国家元首と協力して、自国と同盟国の国境の状況を考慮に入れてもっとも適切な作戦基地を選定する。

何よりも、この作戦基地の選定と戦いの達成すべき目的は想定する作戦地帯を決定するのに必要である。最高司令官は企図達成のために第一の目標点を定め、この目標点に至る作戦線を選定する。この作戦線は臨時的あるいは決定的な場合があるが、最高司令官にとってそのいずれを問わず、最も有利な方向を得る作戦線でなければならない。すなわち、最も有利な方向とは大きな危険にさらすことなく大きな成功を得ることができる方向である。

この選定された作戦線上に行進している軍は、作戦正面と戦略正面を有することになる。この正面の後方で、必要な場合に支援機能を発揮するため、軍がとるべき賢明な方策は一連の防御線を設定することである。軍団が活動する作戦正面あるいは防御線上に占領する一時的な陣地は、戦略陣地と称する。

軍隊が最初の第一の目標点に接近し、敵もまた軍の進攻に対し、抵抗を開始したときは、軍は敵を攻撃するか、あるいは敵が退却することを強要するために機動する。このために軍は一つあるいは二つの機動の戦略線を採用する。この戦略線は臨時的であり、ある程度一般的な作戦線とは異なるものであるから、混同してはならない。

戦略正面を作戦基地と連結するために、軍の前進の路程にしたがって宿営線と補給線、補給廠、その他を設置する。

作戦線が深くて、少々長く、さらに作戦線の近くに懸念される敵の軍団が存在するならば、この敵を攻撃して破砕するか、あるいは第二の策としてその敵軍団について懸念がなければ、ただ監視にとどめ作戦正面の敵軍に対し攻撃を続行するか、どちらかを決定することになろう。もし、後者の場合に決定するならば、二つの戦略正面を生じ、大部隊の派遣を必要とすることになろう。

軍が第一の目標点近くに達した際に、敵が抵抗すればここに戦いが惹起する。最初の衝突で決戦に至らなければ、戦いは再開される。もし勝利を得るならば、さらに企図を続行し、以て第一の目標に達し、もしくは第一の目標を過ぎて第二の目標に向かうことになろう。

もし軍の第一目標点の狙いが敵の重要な要塞の攻略であるならば攻城戦が始まることになる。もし、後方に攻城戦の部隊を残して、軍が行進を続行するのに十分な勢力がなければ、軍は援護に当たる戦略陣地の近傍を確保することになろう。この例は、一七九六年イタリア戦役(12)におけるナポレオンのイタリア軍に見られる。五万人に満たないナポレオン軍は、オーストリアの心臓部に侵攻しようにも、マントヴァ城塞(13)に二万五千人の敵を残したまま、マントヴァを通過することはできなかった。その理由はさらにチロルおよびフリウーリの二方面から別動のオーストリア軍主力四万人が加入する状況にあったからである。

この状況とは異なり、軍が最上の勝利を得、勝ちに乗じて前進するほどに十分な兵力を有しているならば、あるいは攻城戦の必要がないならば、さらに重要な第二の目標点に向かって前進するであろう。もしこの目標点が長い距離にあるならば、中間に支援の拠点を設置する必要があろう。敵の攻撃を受けない安全な一つまたは二つの占拠しうる都市があれば、これらの都市は仮の作戦基地を形成する。反対の場合では、少数の戦略予備隊を設け、その予備隊は後方を援護し、また一時的な堡塁により補給廠を防護する。軍がかなりの流速がある河川を渡河するとき、急遽橋頭堡を構築する。そして、橋梁が城壁で閉ざされた都市の中にあるならば、そこにいくつかの塹壕陣地を構築する。その塹壕陣地に防御能力を増強し、臨機の作戦基地を強化するよう二重にあるいはそこに占める戦略予備隊の安全を図らなければならない。

以上の場合とは反対に、もしも戦いに破れた場合は、軍は作戦基地の方へ撤退し、作戦基地で新しい部隊を編入し、同様に派遣部隊を編成して、敵を抑留しあるいは敵の兵力を分割することを強いる堡塁や防御陣地におびき寄せる。

冬が近づくときには、軍は冬営に入る。ただし決定的な優越が得られ、敵の防御線内に大きな障害もない場合、またその優勢により最高の利益が期待される場合に彼我両軍の一方によって作戦が続行されるであろう。冬季作戦に入った場合、いずれにせよ彼我両軍ともに苦労が伴う。もし迅速な解決を得ようとするならば、その計画における動作を倍加しない限り、特別な方策はないのである。

以上のことは戦いの通常の過程であり、その通常の過程を引き続き考慮するのであるが、その時、これらの作戦から生じるいろいろな方策を検討しなければならない。

戦域の全体を包含するすべての方策は戦略の領域であり、以下の諸項目からなる。

1　戦域の明確化および提示するいくつかの方策の検討

2　各種の方策を案出する目標地点および計画遂行のために最も有利な方向の決定

3　固定作戦基地および作戦地帯の選定と設定

4　攻撃あるいは防御上案出する目標点の決定

5　作戦正面、戦略正面、防御線

6　目標地点あるいは軍が占拠している戦略正面に作戦基地を推進する作戦線の選定

7　作戦遂行のために採用する良好な戦略線の選定、この戦略線を軍の各種方策に包含するための各種の機動

8　臨時の作戦基地および戦略予備隊

9　機動と同様に考慮すべき軍の各種行進

10　軍の行進に伴う関係において考慮すべき補給倉庫

11　戦略的手段と見なされる要塞。すなわち要塞は軍の避難所あるいは軍の前進の障害物となる。つまり攻囲戦をなすか、また掩護するための攻囲戦をなすかである。

12　防御陣地、橋頭堡などの設置に重要な目標地点

13　有益あるいは必要とする牽制攻撃および大派遣部隊

作戦計画の第一段の全般計画見積もりにおいて、主に取り組むことになる前述の諸方策とは別の混成的な作戦計画がある。それは部隊に与えられた方針に基づく戦略に関わるものと部隊の作戦実行、たとえば河川渡河、後退行動、冬季野営、奇襲、海上からの侵攻、大輸送などの戦術に関わるものとの混成である。

作戦計画作成の第二段は、戦術、つまり戦場における部隊の機動あるいは戦闘、また攻撃実施のために部隊を導く各様の戦闘編成が計画される。

作戦計画作成の第三段は、兵站または軍隊移動術の実務、たとえば行進と戦闘編成のための細目の軍需物資、塹壕と営舎の無い野営基盤についてであり、一言でいえば戦略と戦術の方策の実施である。

前述の作戦計画の決定に際し、絶対的な一つの方法、軍事科学の各分野の境界を決めるため、若干の無駄な論争があった。すなわち、私はこれまで戦略とは地図上で戦争を遂行する術であり、戦域全体を網羅する術であると述べてきた。一方戦術とは、彼我衝突する陸地の地形状況にしたがって兵力を置き、戦場の各要点に配備して戦闘を実施する術であると意義づけた。つまり、約四乃至五リュー(14)の空間で強力な全軍団が命令を受けて、命令通りに戦闘を実行する。最後に、兵站は結局のところ戦闘の基盤構築あるいは戦略、戦術の二つを保証する軍事技術にすぎない。世人は私のこの定義に対してあまり好ましい評価をせずに批判した。確かに多くの戦闘は、戦略的な行動によって決定されてきたことは事実であり、一連の戦略行動だけでも決定される。しかし、このようなことは戦線が拡大し、軍が諸処に分散する特別な場合にのみ起こりうるのである。ところで、本格的な会戦のみに適用する一般的な定義は、それなりにより正しいのである*。

＊一般に、戦術は戦闘であり、戦略は単一の攻城戦を除き、戦闘前と戦闘後の戦いすべて含む方策であるといえよう。なお攻城戦は必要であり、前進する部隊をいかに掩護するかを決定するための戦略に属する。戦略は行

動しなければならないところを決定することである。兵站は部隊を作戦目的に沿って準備させ、配備させる。戦術は、部隊の作戦実施を採決し、その方法を決定することである。

このように、支配下にある局地における実行策の他に、私が述べる大戦術は、以下の項目を含むものである。

1 防御陣地および防勢作戦線の選択
2 戦闘における攻勢防御
3 作戦行動における各種戦闘隊形の形成、または敵前線への適切な大機動
4 行進中の彼我両軍の遭遇と不期遭遇戦
5 軍の奇襲*
6 部隊を戦闘に誘導するための準備態勢
7 陣地および塹壕などで守られた防御陣地に対する攻撃
8 限定目標への奇襲攻撃

*作戦遂行のまっただなかに奇襲を遂行することは重要であるが、冬季における防衛地区の奇襲は不可である。輸送隊、糧食徴発隊、前衛あるいは後衛の小競り合い、小哨所の攻撃、一言でいえば，師団または独立した派遣部隊によって遂行するすべての作戦は、小戦の細部として見なされる。

戦いの基本原則

本書の主な目的は、戦いにおけるあらゆる作戦には基本原則が存在することを明らかにすることである。その基本原則とは戦争を有利に遂行するため、すべての方策を支配する原則である*。

*もし、戦いの原則に反して多くの企図を遂行して成功したとしても、それは、敵自身もまたいっそう戦いの原則

に反して戦った状況にすぎず、敵が正しく動いた場合には決して作戦が成功することはないのである。危険がなく、戦いの原則に反して戦うことができるのは、無規律な集団に対してだけである。

1　戦略的方策によって、軍の大部隊を継続的に戦域の決勝点に投入すること、また、自軍の連絡線を危険に曝すことなく、できる限り軍の大部隊を敵の後方連絡線に投入すること。

2　敵軍の一部に対してのみ、わが軍の主力部隊を集中して投入するように機動すること。

3　交戦当日に同様に指揮して戦術機動を行い、軍の主力を戦場の決勝点に対して、さもなければ敵を屈服するに重要な作戦線の部分に対して投入すること。

4　主力軍を決勝点に出現させるだけでなく、決勝点で主力軍は激しく、かつ集中して戦闘を遂行し、同時にその効力を発揮できるようにすること。

この一般的な原則はあまりに単純であるので世の批判を避けられないのは自明であった＊。そこで、次の一つの反論が存在する。つまり、決勝点に部隊の主力を投入することを薦め、そこで戦闘することを認知することは非常にたやすいことであろう。しかし、まさにその決勝点を認識するところにこそ、その巧妙さが存在するのである。

＊これらの批判を見越して答えるために、私の『大作戦論』（第三版、第三十五章）の終末に記述している戦争術の一般原則の説明の章全体をここに組み込むことになろう。しかし、本質的な価値があり、検閲官たちが少なくとも読まなければならない最初の著作から私が引きはがされることには、確固たる理由がある(15)。

このような本源的な真理を論争することから離れて、私は次のことを認める。戦場で原則適用の異なった可能性を把握するために、必要なすべての発展性に原則を添えずに、そのような一般原則を表明することは愚かなことであろう。また、私は、学究的な各将校が戦略あるいは戦術兵棋演習での決勝点を容易に決定できる状態にするために、戦いの原則を無視することはなかった。後の第十九項で戦略点などの定義を記述し、第十八項作戦基地から第二十二項戦略線まで戦争の各方策に関して論じている。そこに述べられていることを注意深く考察した後でさえ、決勝点の決定は解決できない問題であると思っている将校たちは、決して戦略を理解することができないことに絶望するに違いない。

実際に、一般的な作戦域で戦いが出現するのは、右、左、中央地帯の三つの作戦地帯だけである。戦略的規模を有する作戦行動の各戦術線と同様に、各作戦地帯、各作戦正面、各戦略陣地および防御線も三区分を成し、これ以上に細分化されることはない。つまり左右両端と中央だけである。しかし、これらの三方向のうち、一つの方向が、常に所期の重要目標達成にふさわしいのである。残りの二方向のうち一方向はそれほど有利ではなく、残りの三番目の方向はまったく不利である。その結果、敵陣地と敵国の地理に関してその目的の関係を考えると、すべての戦略移動あるいは戦術機動における決定の問題は、右方向に、左方向にあるいは直接前方に機動するかどうかを常に知ることに帰着するように思われる。単純な三つの選択肢からの選択は、新しいスフィンクス(16)に値するような謎であると考える必要はない。

にもかかわらず、私は戦争術のすべてが集中した大兵力に良き方向を与えるための選択だけであるということを決して主張しているのではない。しかし、その選択は少なくとも戦略の基礎であることは否定できないのである。そのためには実行力、技量、活動力、洞察力を備えていることが良い方策を実行するに必要なことであろう。

したがって、まず我々は戦略と戦術上の種々の方策に適切な原則を適用するのである。ついで二十の著名な戦史例により、最も輝かしい成功と最大の敗北は、極めて少ない例外を除いて、原則の適用またそれを無視したことに起因していたことにより証明されるだろう*。

*これらの二十の戦史例は、私の『七年戦争史』(*Histoire de la guerre de Sept Ans*)、『革命戦争の批判史』(*Histoire critique et militaire des guerres de la révolution*)、『ナポレオン自身が語った政治・軍事的生涯』

（*Vie politique et militaire de napoleon*）に見る五十の会戦計画と関係があることがわかるであろう。

戦略方策について

第十六項　作戦方式

いったん交戦を決したならば、攻勢を採るか、あるいは防勢を採るか、最初に決定しなければならない。まず手始めにこれらの用語が理解できるよう用語の説明を明らかにしておきたい。

攻勢はいくつかの局面下で示される。たとえば、大国に対して攻勢が指向され、あるいは少なくとも大国全体に対してではなくその大部分に攻勢が行われる場合は、それは侵略戦である。もし攻勢が一地域への攻撃にのみ、あるいは多少限定された防御線への攻撃にのみ実施されるならば、この場合は通常の攻勢と称する。ともあれ、敵軍のいずれかの陣地に対する攻撃にのみ、また単一作戦に限定された攻撃にのみであるならば、運動の主動性と称して示すことができよう＊。先の章で述べたように、精神的および政略的な関係にある攻勢は、ほとんど常に有利である。何故なら攻勢は、外国の土地で戦争を遂行して自国を保全し、敵の資源を減らし、自国の資源を増加することができるからである。攻勢は軍の士気を高揚させ、しばしば敵に恐怖を与える。しかしながら、攻勢は敵が脅威に陥った自国を守らなければならないと感じたときには、敵の敵愾心をいっそう駆り立てることがある。

＊この区別はあまりにも微妙のように思われる。私はこの区分に大きな価値を付けない方が良いと思う。一般的に防御方式を採るために三十分間の主動的な攻撃を実施するのは確かなことである。

軍事的観点からは、攻勢は利・不利の両面がある。戦略として敵国に侵入するとなれば、広大で、深い作戦線を設けると常に危険を伴う。防御に有利な山岳、河川、隘路、要塞のような敵の作戦地域における障害のすべては、攻勢に不利となる。敵国の住民や権力機関は侵入軍に対して、その手先とならず敵意を抱くであろう。しかし、侵入軍が成功を得れば、敵の権力の中心まで衝き、戦争手段を奪い、戦闘の迅速な結末をもたらすことができる。

攻勢を単なる一時的な作戦に適用すると、換言すれば運動の主動性として実施すると、攻勢はたいてい常に有利であり、特に戦略においては是である。実際に、もし戦争術が決勝点に軍の主力を投入することであるとすれば、この原則を適用する第一の手段は運動の主動性を採ることであることが理解できよう。この主動性をとる戦争術はあらかじめ何を為すべきか、また、何を欲するかがわかっているので、敵を撃破するに便利な地点に軍の主力を到らしめる。予期するこの戦争術は至る所で敵に見越されるので、敵は軍の一部でもって襲撃してくる。しかし、敵は己の相手が何処に主力を指向するか、また、相手を妨害する手段についても知ることはできないのである。

戦術における攻勢もまた、利点を有している。しかし、この場合は作戦区域の距離も幅も狭いために積極性が弱化する。主動的攻勢は敵に隠すことができず、直ちに発見され、敵はその攻撃部隊に対し十分な予備隊でもって対処することが可能となる。その他、侵攻する攻勢部隊は敵線に接近するため克服すべき地形障害に起因する不利点を有する。したがって、戦術においては特に攻・防の両方式の勝機に十分な均衡を図って推断することである。

その他、戦略と政策との両者の関係においてその攻勢にいくらかの利点を期待するとしても、戦争全体を通して一徹にこの方式を採用することができないのは確かである。なぜなら攻勢を採るべく開始された戦いが、必ずしも防勢の戦闘に変えられないということを確実に言い切れないからである。

すでに述べたように、防御戦もまたその策案が巧みに練られるならば利点が得られるのである。防御戦には専守防御あるいは消極防御、攻勢を伴う積極防御の二種類の区分があり、前者は常に不利が伴ない、後者は大成功を招き得ることがある。防御戦の目的が敵の脅威を受けている自国の領土の一部をなるべく長期間にわたって防護することであれば、すべての作戦は敵の攻撃前進の進捗を遅延させて、自軍を重大な打撃を被らないようにし、敵の前進に対して困難性を増加させ、敵の意図に抵抗して目的を達成しなければならない。敵がいったん侵攻すると決心したならば、敵は何らかの点で優勢を占めるために行動をなすのである。したがって、できるだけ速やかに目的を達成するための解決を求めるに違いない。逆に防者はこの解決を遅延させて、敵をしてやむを得ない部隊の分遣、行進、疲労、困窮などに陥れて弱化させなければならない。

軍が敗北あるいは劣勢である場合には積極防御を活用する機会は非常に乏しい。この場合防御側は要塞、自然あるいは人工障害を利用する掩護下に、敵に対抗し得る障害を増加させ、勝機を見いだす均衡を回復する手段を求めなければならない。

この方式は過度に実施しなければ勝機を示すことがあるが、この場合は消極防御に限定しない良き知力を有する頼りになる将軍だけが実行できるのである。すなわち、固定した陣地に拠して、敵が実施しようとする攻撃を居ながらにして待つことを避けようとする場合である。消極防御とは反対に作戦活動を倍加して、運動の主動性を発揮して敵の弱点を衝くべく機会を把握しなければならない。

私はこの種の戦いをかつて攻勢防御と名付けた＊。この攻勢防御は戦術、また戦略においても共に有利な方式である。このような方式を実行すると、攻防二つの方式の利点を得ることになる。なぜなら主動的な運動を有し、また、自国の資源および支援の中枢で事前に準備した戦場のなかにおいて敵を待ち受けて、瞬時に敵を叩くのに都合の良いところを直接に、かつ最大に利用することができるからである。

＊他の者はこれを積極防御と名付けているが正しくないのである。なぜなら積極防御とは攻勢を伴なわない、ただ活性的な防御であるからである。言葉を採用できても、それは文字面だけだ。

七年戦争の最初の三戦役(17)においてフリードリヒ大王(18)は攻者であったが、最終の四戦役(19)においては真の攻勢防御の模範を示した。しかし不思議にも、大王の成功は敵が大王に主動性をとるその時間的余裕および機会を与えたために、敵に助けられたことを認めなければならない。

ウェリントン(20)はポルトガル、スペイン、ベルギーにおける多くの戦いで、この攻勢防御を採用したが、実際にこれは戦況に適応した唯一の方法であった。脅威にさらされた国の首都あるいは各州の運命についての懸念の必要性がない場合、いわば、軍事的都合に専念することができる同盟国の領土でフェビアン戦法(21)を採用することは、常に容易である。

本章の終わりに際し、将軍の最大の能力は、いかに攻防の両方式を交互に運用し得るか、また、防勢戦闘の真最中においてもいかに主動性を奪回するかにあると述べることについては議論の余地がないように思える。

第十七項　作戦地域

一つの戦域は、自国におけるにせよ、同盟国におけるにせよ、あるいは利害関係があって紛争に巻き込まれている二流国にせよ、両国が交戦する地方を含む。戦いが海上作戦を伴う場合は、その戦域は一国の国境に限定されない。ルイ一四世(22)以来今日に到るまでフランスとイギリスとの戦いが起こったのと同様に、地球の南北両半球に戦いが及ぶことがある。

このように一般の戦域は大変あいまいであり、また事変に依るところがあるので、各軍はこれをあらゆる複雑さと無関係である作戦地域と混同してはならない。

フランスとオーストリア両国間で大陸の戦域に戦争が起きれば、戦域が含まれるのはイタリアだけであり、あるいはドイツの諸侯がそこに参戦すればドイツとイタリアの両方に戦域が含まれることになる。

作戦は軍と軍が連合して実施することもあり、あるいは各軍が単独で行動することもある。前者の場合は一般の作戦地域を方眼隊形のようにしか考えなければならず、その戦略は止むことのない共通の目標に向かって諸軍を推進しなければならない。後者の場合、各軍は他軍に関係することなく、特別の作戦地域を有することになろう。

軍の作戦地域とは侵攻する全体の戦場を、また、防衛する全体の戦場をいうのである。もし軍が独立して作戦を実施することになれば、その地域はまったく戦場を形成し、その戦場が三方から包囲せられる場合に備えてその戦場から実際の逃路を求めておく。この場合、別の戦場で作戦している軍隊と協同して作戦する準備が整っていない限り、この逃路以外で機動を実施することは無謀なことである。これに反し作戦が協同して行われているならば、各軍の作戦地域は各軍単独に占められ、いわば交戦諸軍団が同一の目的を達成しなければならない一般的な戦場の作戦地帯にすぎないのである。

各戦域あるいは戦場の地形状況とは別に、一つあるいはいくつかの軍でもって作戦しなければならない各戦域は、彼我両軍にとって左記の諸項目を含む。

1　固定作戦基地
2　主要作戦目的・目標
3　作戦正面、戦略正面、防御線
4　作戦地帯、作戦線
5　一時的な戦略線、連絡線
6　克服すべきあるいは敵に対する自然・人工的障害物
7　攻勢において占領すべきあるいは防御的に防護すべき地理上の戦略地点
8　作戦目的・目標と主要基地との間に偶発的で中間的な作戦基地

9　失敗の場合の避難点

証拠を示して前述の説明をより理解しやすくするために、オーストリア侵攻を欲するフランスが、一指揮官の下に終結すべくマインツ、オ・ラン県(23)、サヴォワ州あるいはアルプ・マリティーム県(24)から二〜三個軍をもって、前進すると想定しよう。三個軍の一つあるいはその他の軍が通過する各地方は、いわば一般戦場の作戦地帯であろう。しかし、もしイタリア方面の軍がライン川高地からの軍と協同しないで、単にアディジェ川まで行動する時には、一般計画における一作戦地帯として認められ、この軍の特別な戦場および作戦地域となる。

いかなる場合にも各戦場は特別な作戦基地、作戦目標点、作戦地帯、作戦線を持たなければならない。これらは攻勢の場合において作戦基地から作戦目標点まで、また、防勢の場合は目的・目標から作戦基地に通ずるものである。

作戦地域の具体的な点あるいは縦横にわたる多少の起伏が見られる地形の処方に関する各様の戦略・戦術を論じた著作は少なくない。すなわち道路、河川、山岳、森林、敵の奇襲攻撃から資源を安全に確保し得る都市、要塞は多くの議論の対象であった。これらに関して秀でた博識を有していることは必ずしも聡明なことではなかったのである。

ある者はこれらに変わった意義をもたせ、河川は卓越した作戦線であると紙面で公表しているが、そのような作戦線は意図の範囲内で軍を動かすために、二条あるいは三条の経路、少なくとも一条の退却線が存在しなければならないから、新たなるモーセ(25)はこれらの河川を退却線、また機動線として変えるよう強く望んでいる。大河川は補給のための優れた線であり、良き作戦線を確立するため有力な補助であるということはより自然であり、より尤もなことのように思えるが、しかし決して作戦線そのものではない。

もし良き戦域を作るために創建すべき一国を持つとするならば、道路は侵攻を容易にするから集中する道路を建設することは避けなければならない、と確信する著名な著述家を見ることはどう見ても驚きであった。そのことは、あたかも一国が首都もなく、また工業都市もなしに存在するかのように、また、あたかも一地方すべての利益が当然、事の成り行きで集まるそれらの都市に対して、必然的に道路が集中しなくなっていくのと同様であろう。たとえ著者の意志で、戦域を再構築するために全ドイツに大草原を作ったとしても、商業都市が立ち上がるであろうし、郡役所所在地が立て直され、そしてすべての経路が活気ある幹線道路に対して新に収束していくだろう。さらに、カール大公(26)が一七九六年においてジュールダン(27)を容易に叩くことができたのは収束する道路をうまく利用したからではなかったのか。実際にそれらの道路は攻撃よりも防御側にとって有利ではなかった。二条の経路を使って後退するカール大公の二個集団は、二個集団が一つの経路を使って続行するよりも早く集中ができるので、追撃する敵部隊を各個に撃破することが可能となったはずだ。

ある幾人かの著者たちは、山地国には戦略地点が多く存在していると主張している。この見解に反対する者は、それどころか、アルプス山脈内にある戦略地点は平地に比し、極めて少ないと確信している。しかしながら、戦略地点が少ないことはより重要でも決定的でもないと考えているのである。

また、ある著者たちは一切近接し難い中国の防壁のように踏破しがたい高山について述べたが、一方ナポレオン・ボナパルト(28)は、レート・アルプス(29)について話をしているときに、「ただ一人でも足を踏み入れ得るところがあれば、どこだろうが軍はそこを通過できるはずだ。」と述べた。

ナポレオンと同様に山地戦を経験した将軍たちも、山地戦は国民総動員の利点および正規軍の利点との連携がなければ、すなわち前者は山地の頂上を見張って敵を悩ませ、後者は大谷の交わる決勝点で敵と戦闘するようにしなければ、山地戦は大困難であると認めており、疑いなくナポレオンと同様な意見を共有しているのである。

こうした矛盾する異説を挙げたのは、いたずらに無益な批判的精神に論点を譲渡したわけではない。しかし、最後の限界まで戦争術を論ずるのではなくて、そこには依然論ずる幾多の論点が存在することを読者に示したいだけである。

戦域を形成する各様の起伏のある地形あるいは人工物の戦略的価値をここで示す意図はないのである。なぜなら最も重要なことは相互に関係ある他章の項目のなかで試みようとしているからである。しかし、この戦略的価値は指揮官の巧妙さと活性化する精神の多寡に依存するのである。サンベルナール峠を踏破し、またシュプリューゲン峠の通過を命じた名将ナポレオンは、これらの山脈の突破が不可能だと決して信じていなかったが、しかし、それ以上に悲惨なぬかるみの小川と囲壁のどちらも、ワーテルローで彼の運命を変えてしまうことになるとは、もとより考えていなかったのである。

第十八項　作戦基地

作戦計画の第一の要点は、良好な作戦基地を確実に保持することである。作戦基地とは、そこから軍が軍需品および援軍を受ける国土の広がりまたは一部を称する*。軍が攻勢的な遠征を行う場合は、作戦基地から出発しなければならず、必要な場合には避難場所となり、最終的に防勢に転じる場合に領土を援護するための支援拠点となる。

*作戦基地はほとんど補給物資の基地であり、例外としてすくなくとも糧食だけの基地もある。エルベ川に位置するフランス軍は、ウエストファリア(30)あるいはフランケン(31)から生活必需品を得られるが、実際の基地は確実にライン川に依存しているのである。

国境に自然および人工の良好な障害が備えられている時には、攻勢の場合には優れた作戦基地となり、あるいは敵の侵攻に対し領土を防護して、敵の侵攻を阻止する場合の防御線となり、交互に攻防の役割を行うことができる。

後者の場合第二の線に良好な基地を計画するには慎重に図らなければならないであろう。なぜなら、軍は本来常に自国内の至る所で作戦基地を見つけ出すことができるけれども、地方によっては次の大きな差違がある。軍事的拠点や手段、武器庫、砦、安全地帯の倉庫の手段にまったく欠ける地方と、この種の軍事力の優れた他の地方も存在するのである。後者の地方が唯一確実な作戦基地として見なされることができるのである。

各軍は連続したいくつかの基地を保持することができる。たとえばドイツで作戦するフランス軍は、ライン川を第一の作戦基地となし、その先の基地が同盟国のあるいは認められた利のある永久的防御線となり得る場合は、至る所のその他の河川を基地とする。しかし、もしフランス軍がライン川の後方に戻らざるを得ないならば、ムーズ川岸に、またはモーゼル川岸に新作戦基地を見出し、セーヌ川岸に第三の基地を、ロワール川岸に第四の基地を有することができよう。

私は連続する基地を挙げたけれども、それらの基地が常に第一の作戦基地に多少並行しなければならないと主張するものではない。それどころか時として方向をまったく変更する必要が生じることがある。このように、ライン川の後方に撃退されたフランス軍は、新たな主要な作戦基地を、たとえばベルフォールあるいはブザンソンのどちらか、またメジエールあるいはセダンのどちらかに求めることができよう。それは、あたかもロシア軍がモスクワを撤退した後、北部と東部の作戦基地を放棄して、オカ川の線および南部州に作戦基地を設置したのと同様である。このように防御正面に対して垂直に走る作戦基地は、しばしば敵が領土内深く侵入するのを、あるいは少なくとも敵が領土を保持するのを決定的に阻止することができる。

急流の大河川岸に設置され、川の両岸にまたがって強力な築城が施設された作戦基地は、いうまでもなく望ましい最良のものであろう。

作戦基地が大きくなればなるほどこれを防護することはますます困難となり、同時に軍を作戦基地から離すこともまたより困難となろう。

首都あるいは国力の中心部が国境の近くにある国は、首都が国境から遠くに位置する国と比して作戦基地の利が少ない。

すべての基地が完璧であるためには、補給倉庫、補給廠などを設置するための十分な容積を有する二つあるいは三つの場所を求められなければならない。さらにその基地は、少なくとも同所に存在する渡渉不可能な河川に沿って、防御を施した橋頭堡を有しなければならない。

今日まで、まさに列記した作戦基地の性質に関する意見については、一般的に大部分が一致しているが、合致しない点がいくつかある。幾人かの著述家は、完璧な作戦基地は、敵の作戦基地に対して並行であるべきだと述べているが、私はこれと反対に、敵の作戦基地に対して垂直な作戦基地が最も有利であるという意見を発表した。特に、たとえばほとんど相互に垂直な二側面から成り、凹角を形成する作戦基地は、有利と思うのである。この作戦基地は必要な場合は二重の作戦基地を確保し、戦略的地位にある戦場の両側面を支配し、大きく離れた二つの退却線を与え、予期しない戦機の展開が必要な時に、最終的に作戦線をいかなる方向にでも容易に変更することができる。

約三十年前になるが、私は『大作戦論』のなかで、国境の方向が作戦基地および作戦線の方向に及ぼす影響を説明した。種々の戦域にこの真理を適用するなかで、戦域のどちらか一方の側面が海あるいは中立の強大国に接している克服しがたい障害を形成している戦場と比較したことを記憶している。それで、以下は私が表現したものである。

《戦域の一般的形状は作戦線の方向に大きな影響を及ぼす（したがって作戦基地の方向にも影響を及ぼすもの

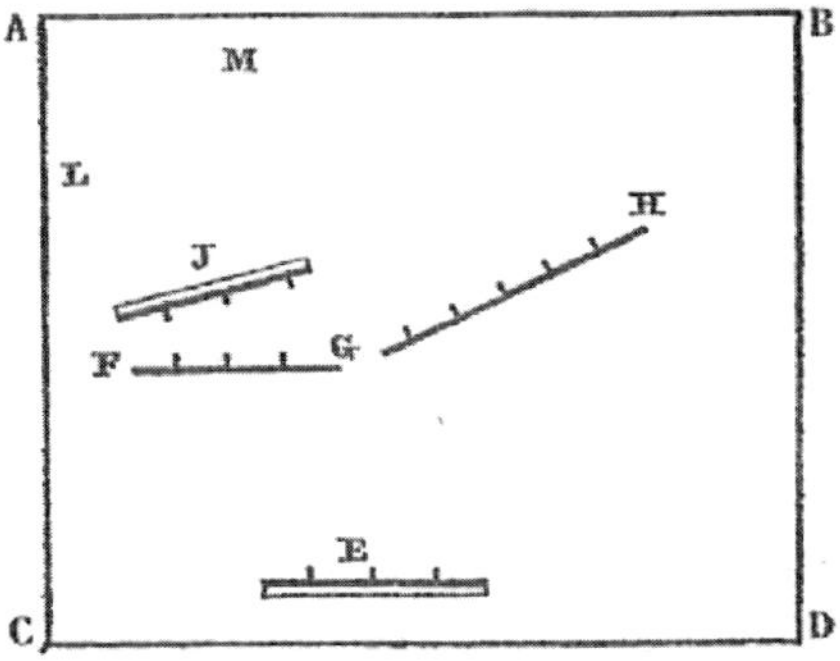

第１図

である)。

《というのも、もしすべての戦域が方陣隊形あるいはほぼ規則正しい四側面を形成するならば、戦闘の初めに、一軍は四側面のうち一側面を占めることができる。また、一軍が二側面を占めることも可能だが、一方、敵が単に一側面を占めるだけで、第四側面は克服しがたい障害となり得る。こうしてこの戦域を占める方法は各想定において非常に異なる方策を要することになる。

《この概念をわかりやすくするために一七五七～六二年のウエストファリア地方におけるフランス軍の戦域および一八〇六年におけるナポレオンの戦域の二つを次の図により説明しよう。

《戦域の第１図ではＡＢの一辺は北海に接しており、ＢＤの一辺はヴエーゼル川に接し、この辺はフェルディナント公(32)軍の作戦基地であった。マイン川の線はＣＤの一辺をなし、フランス軍の作戦基地を形成していた。ＡＣの一側面はライン川により形成され、この側面にルイ十五世(33)の軍隊が占拠していた。

《したがって、以下のことが理解できよう。攻勢作戦を採るフランス軍は二つの側面を占め、第三の側面を形成する北海により都合良くなっている。故にフランス軍は、上記の図が示すように第四辺にある主敵、つまり敵の作戦基地およびすべての連絡線を制するためには、機動によってＢＤの辺に達しなければならない。

《Ｅのフランス軍は、ＦＧＨの作戦正面を占めるためにＣＤの作戦基地から出発し、ＢＤ辺の敵の作戦基地から敵の連合軍Ｊを遮断し、これを最終的にライン、エムスの両河川および北海の線からエムデンの方に対して形成するＬＭＡの角に圧迫したのであり、その間フランス軍Ｅは、マイン、ライン両河川の作戦基地に対して常に連絡を維持することができたのである。

《一八〇六年のザーレ川河畔におけるナポレオンの戦略機動はまったく同様な運用であった。ナポレオンはイエナおよびナウムブルク付近にＦＧＨの線を占領し、ついでハルおよびデッサウに前進してプロイセン軍Ｊを北海によって形成されたＡＢ辺に圧迫しようとした。その結果については世人に十分知られていることである(34)。

《したがって実際に作戦線を指揮する大きな技量とは、味方の連絡線を失なわず、敵の連絡線を奪取するため自軍の前進を術策することである。つまり図の中のＦＧＨ線は、その延長と敵の側面に対する鉤型によって常に作戦基地ＣＤを維持し得ることが容易にわかるであろう。これは、まさにナポレオンのマレンゴ(35)、ウルム(36)、イエナ(37)の各戦闘における戦略機動に適用したものである。

《戦域が海に接していないときは、国境を防護し、四角形の一辺を閉塞する中立の大国に常に限定されることになろう。疑いなく中立国は海のように克服し難い障害にはならないが、しかし、一般に常に考慮することは、敗退して自ら後退するときは危険な障害となり、逆に敵がこの方向に撃退されるときは有利になることである。一五～二〇万人を擁する一国の領土に侵攻することは容易でない。もし敗退する軍がこの退路をとるときは、その軍と作戦基地との連絡が遮断されることも少なくない。

《もし戦域が限定される小国であるならば、その小国はすぐにその戦域に含まれてしまい、方形の側面は大国の国境あるいは海にまで少々後退するであろう。

《国境の形状は時折戦場の各辺の形を変えることがある。つまり、各側面の形が平行四辺形あるいは次の第２図に見るように二線の軌跡により生じた梯形の一辺が近接することがある。

《いずれの場合も、二つの側面を制し、そこに容易に二重の作戦基地を設定する能力を有するならば軍の

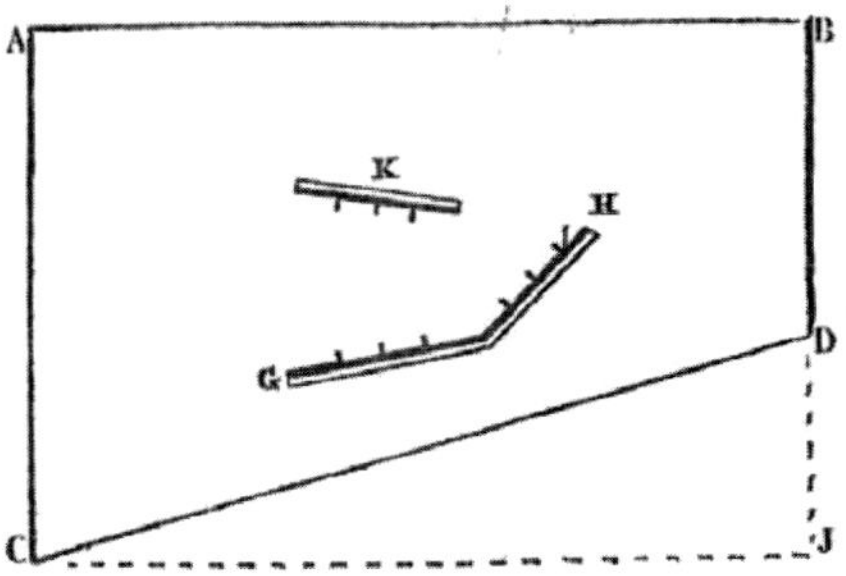

第2図

利点は、なおいっそう確実になるであろう。故にこのことは、あたかも一八〇六年にプロイセン軍がライン川、オーデル川、北海、ドイツのフランケン地方の山岳により形成された平行四辺形の辺、ＢＤＪにより遮断されたように、狭い辺に留まる敵をより容易に遮断できるのである。

一八一三年(38)におけるボヘミアの作戦基地もまた同様に、私が前述した所説を証明しているのである。なぜなら、ナポレオンがエルベ川の線に依って得た巨大な利益に対して、連合軍がさしたる努力なくして成功したのは、フランス軍の作戦線に対してその作戦基地の方向が垂直をなしたからであった。この状況はフランス軍の利に帰していたことが、転じて却って連合軍の利となったことを示している。同様に一八一二年にロシア軍は、オカ川およびカルーガ川に垂直に作戦基地を設置していたために、ヴィアツマおよびクラスノイ方向に側面行進を実行することができたのである。

さらに、これらの真理を説得するには、軍の基地を敵の基地に向かって垂直に設ける軍の作戦正面は、敵の作戦線に並行になり、敵の後方連絡線および退却線に対し容易に作戦が遂行できることを考えれば、十分であろう。

垂直な作戦基地が、二重の国境にまたがって示されるときは、前述の図に描かれた側面にしたがい特に有利であることを私は先に述べた。しかし批評家たちは、私が他の箇所で敵側に突出した国境を有利とし、さらに彼我の勢力が同等であれば二重の作戦線に反対であると述べたことと矛盾しているではないかと必ず反論するであろう（第二十一項）。

垂直な作戦基地の最大の利益は、その基地が作戦域の一部を側面から攻撃し得る突出を形成するために生ずるのであるから、この反論は正当というよりはむしろ見せかけだけの論に過ぎないのである。他方では、二側面にまたがる一作戦基地を占有したとしても、二側面全体に渡って部隊を配備する必要はないのである。それどころか、あたかもこれらのことは、一八〇〇年および一八〇六年に惹起した戦いのように、二側面の一つに主力を配備し、一方の側面には、防備を施したいくつかの拠点に小監視部隊を配備するだけで十分である。モロー将軍(39)は、コンスタンス湖からバーゼル、またケールまでライン川により形成されたほぼ直角に拠り、敵の作戦基地に対し垂直な作戦基地を、また、別の並行する作戦基地を得たのである。モローは、敵の目を惹くために最初の根拠地の左側方、ケールに二個師団を投入し、同時に九個師団を率いてシャウハウゼン側面の垂直面の末端に急行した。そして派遣していた二個師団が復帰した後、若干の行進の後にアウグスブルクの入り口に達した。

ナポレオンは、一八〇六年にも敵の基地に対してほとんど垂直を形成するマイン川およびライン川の二側面の作戦基地を有し、モルティエ(40)を並行な側面、すなわちライン川の側面に残すことで満足し、自らは主力を率いて垂直な側面の末端のプロイセン軍の退却線に達し、ゲーラ、ナウムブルグにあるプロイセン軍を封じ込めた。

作戦基地の一側面が、敵の作戦基地に対してほとんど垂直をなす二つの側面を有する作戦基地が最高であることは、多くの事実が証明しているが、同様な作戦基地に欠ける場合は、第二〇項に見るように戦略的正面の変換を行って、部分的に補うことができることを良く知るべきである。

作戦基地に与える良好な方向に関してもう一つの重要な問題は、海岸の沿岸地域に設置される作戦基地に付随する問題である。またこの作戦基地は、かつて重大な誤りを生ぜしめた事態があった。なぜなら前述したすべてのことから確認できるように、この作戦基地は一方に有利となるのと同様に、他方では危険となる場合がある。大陸国の軍が海の方に圧迫されるときの危険は、非常に注目すべきことであるので、沿岸に沿って設置される作戦基地は有利であると称賛されているのを未だ聞かれるのは非常に驚きである。このような作戦基地は島国の軍隊にとっては適合するものである。実際ポルトガルおよびスペインを救援する艦隊を率いて赴いたウェリントンは、良好な作戦基地としてリスボンあるいは詳細に述べるならば、陸地方面より首都リスボンに到る唯一の経路を護り得るトレシュ・ベドラシュ半島以外に見出すことはできなかった。ポルトガルにおけるテージョ川および海の作戦基地は、両翼を防護するのみならず、艦隊だけに依存する退却線を確保するものであった。

多くの博識な将軍たちには、イギリスの将軍が有名なトレズヴェズラシの野営地から得た有利性に惑わされ、その真因を考察することなく、その効果だけを判断して、海の沿岸部に置かれた作戦基地以外に良好な作戦基地を見出そうとする意図はなかったのである。沿岸部に置かれた作戦基地は軍に軍需品を容易に供給するだけでなく、あらゆる攻撃から翼側を安全にすることができるのである。フランスの著名な将軍の一人が私の面前で、一八一二年にプフェル将軍が、ロシア軍の自然作戦基地はリガにありと主張したのは無分別であるとあからさまに言ったことは、やはり戦略上の暴論である。

似たような考えに魅せられたカリオン・ニーザ大佐は、一八一三年にナポレオンは軍の半分をボヘミアに残し、一五万人の兵をハンブルグに向かうエルベ川河口に投入すべきであったことを敢えて本に書き残したが、しかし彼は、次のことを忘れているのである。大陸各軍の作戦基地のすべてに適用する第一の法則は、海に面して最も反対する正面に支援基地を設定する。つまり軍事力および国民のすべての要素の中心に軍を置き、これと反対にもし、作戦基地を海に依存する重大な過失を犯すならば、遮断させられることは自明の理である。

一方、大陸に干渉する島国は、当然この原則とは正反対のことを考量しなければならない。にもかかわらず、その原則を適用するには、戦争手段すべてを支えることが可能で、同時に確実に難を避け得る場所に作戦基地を求めるべきであるという同じ公理を採用するのではあるが。

海上と同様に陸上においても強大な勢力を、また、作戦域に隣接する海上を制海する多くの艦隊を有する国家は、なおいっそう沿岸に四万から五万人の勢力の基地を設置することができる。そしてその勢力を保有する基地を確保して、さらに良く防護された避難所を得るならば、あらゆる種類の軍需品を供給できることが保障されるのである。しかし、同様な基地を与えられた一五万人の大陸の大部隊が、規律があり、しかも概ね同勢力の部隊に対して戦闘を始めるときには、常に凶暴的な戦闘を行うであろう。

しかしながら、あらゆる格言には例外があるように、ただ今述べてきた原則と異なって、大陸軍が海側に作戦基地を設定することが可能な場合がある。すなわち、戦場で恐れるに足らない敵に対処する場合、海上を制している場合、陸地内部からの補給が困難で海上からの補給が容易な場合である。これらの三条件が合致する場合はめったにないけれども、一八二八～九年の対トルコ戦争(41)時には惹起したのである。ロシア軍が注目するすべては、ヴァルナおよびブルガスに向けられ、シュムラは監視だけに限定したのである。この方策は、当時ロシア軍は制海権を握っており、恐らく破滅の危険にさらされていなくても、ヨーロッパ軍を面前にして実行することはできなかった方法ではなかろうか。

帝国の運命を決定したいと願っている無策の者に余すことなく告げてきたにもかかわらず、この戦争は、いくらか過ちを犯しながらも遂行された。ロシア軍はブレロフ、ヴァルナ、シリストリア、シジポリの要塞を確保して、防護に留意し、ついでシジポリに補給基地を設置した。十分に基地を設定したので、以前だったら狂気の沙汰であったアドリアノープルの右側に前進した。一八二八年に入って間もない時期から、さらに作戦にふさわしい良き季節の二ヶ月間に最初の戦いですべてが終わったのである。

通常自国の国境に、あるいは少なくとも期待し得る同盟国に設置する永久作戦基地の他に、敵国内における作戦企図にしたがって、場合によってあるいは臨時に設置する作戦基地がある。しかし、これらはむしろ一時的な支撐点であり、呼称の類似から生じる混乱を避けるために特に一項のなかで、これらの用語について若干の説明をしたい（第二十三項を参照）。

第十九項　戦略点および戦略線、戦域の決勝点および作戦目標

種々の性質を有する戦略点および戦略線が存在する。ただ単に戦場の重要な地勢による事実だけでこの名が付けられるものがある。これを永久地理的戦略点と称する。その他に敵部隊の配置およびその敵に対して指向する企図を実行する関係から価値あるものがある。すなわち、これは機動の戦略点と称し、完全に状況に左右される。最後に、あまり重要でない戦略点と線とがあり、この他にその重要性が著しく不変な価値を有するものがある。つまり私はそれらを決勝的戦略点と称している。

私は以上の諸事項について考察したことをなるべく明確に説明しようと思う。しかし、それは容易なように思えるが、その実は決して容易ではないのである。

連絡線の中央に位置し、実際に領土的あるいは地理的戦略点となる戦略上の戦場に、直接的にあるいは間接的に影響を与える軍事施設と築城工事などにより、軍事的に重要な価値を有する戦域のすべての点は、国土的あるいは地理的戦略点と称すべきであろう。

ある有名な将軍はこれとはまったく反対に、もし戦略点が計画された作戦に対して比較的適切な方向に存在しなければ、前述の条件に合うだけでは、戦略点と称することにはならないと主張している。私はこれと異なる意見を申し述べたい。というのも戦略点はその性質上常にそのような条件に存在し、そして最初の企図の範囲から最も離隔している戦略点は、事象の予期できない局面の変化によってそこに引き込まれ、かくして起こりそうなすべてを重視させられることとなる。したがって、私は戦略点のすべてが決勝点ではないとする考えをより詳細に述べなければならない。

戦略線も戦略点と同様に地理的な線あるいは単に臨時的な機動線と関連している。最初の地理的な線は、二つに分類することができる。すなわち、その一つは戦略線の永久的な重要性によって戦域の決勝点に属する地理的戦略線*であり、もう一つは二つの戦略点を相互に連結することによってのみ価値を有する地理的機動線である。

*私が諸種の線を決勝点あるいは目標点と名付けながら、点は線ならずとすることから、おそらく世人は依然として私を無作法であると非難するであろう。目標点は幾何学的点ではなく、軍が意図する目的を示す文法的表現である、と読者に対して述べるとしても無駄なことであろうか。もしも決勝という用語について論評するならば、一つの点自体が決勝であることはまれであることから、そこには関連づける私の考えを強く表現できないのであるが、決勝という用語を重要という用語に代えることができる。私はある一つの点が作戦の結果に戦闘が及ぼす圏内で指導されるに限ってのみ決勝となり得ることを敢えて付言することも無用なことであろうかと思うのである。

諸種の線および点の問題について混乱する懸念があるので、別に項目を設けて戦略線について論じることにしよう。この戦略線は策案された機動と関連するものであるが、ここでは計画に応じる作戦地帯の決勝点および目標点に関係することに限定して論じようと思う。

各目標点は必然的に戦域における決勝点となることに鑑み、二種の点の間には深い関係があるけれども、しかしながらこれらの点に関して明確な区分をしなければならない。なぜなら、すべての決勝点は同時に作戦目標であるはずがないからである。そこで二番目の目標点の説明をより容易にするために、まず一番目の決勝点を説明することにしよう。

私は、作戦全体にせよ単なる企図にせよ、この両方に著しい影響を及ぼす可能性のある点のすべてに戦略決勝点と名付けることができると信じている。地勢および強化された人工物が作戦正面の攻撃あるいは防御、または防御線を有利に機能するすべての点は、戦略決勝点として挙げられる。また適切な位置にあって、大規模で良く防備された要塞は、戦略決勝点の中でも第一級の重要性を占める。

戦域の決勝点はいくつか種類がある。第一は地理的点および線であり、その重要性は永久的であるし、またその戦場の形状に応じて生じるのである。たとえばベルギーにおけるフランス軍を例に挙げると、ムーズ川の線を支配する者は誰でも戦場における最大の利点を有することになろう。というのもムーズ川と北海との間に翼側を迂回され、また包囲される敵は、北海に並行沿いに戦闘を遂行しなければ全滅の憂き目に合うことになろう*。同様にドナウ峡谷は、南部ドイツの要衝としてみなされる一連の重要点を有している。

*これは大陸の軍隊だけに適用される。アントワープあるいはオステンドに基地を有し、ムーズ川線の占領による脅威を何ら受けないイギリス軍には適用されない。

いくつかの峡谷の接合点および国を横断する主連絡線の中央を支配する点もまた地理的決勝点である。たとえばリヨンは重要な戦略点である。なぜならローヌおよびソーヌ両河川の峡谷を支配し、フランスおよびイタリアの間の中央部、すなわち南部と東部の中央に位置しているから戦略点である。しかしこの戦略点が要塞化され、あるいは橋頭堡が塹壕陣地化されない限り決勝点にはならないのである。

ライプチヒはドイツ北方からの連絡線のすべてが合流する事実から、確かに戦略点である。もしライプチヒが要塞化され、河川の両岸に跨って位置していたならば、（もしその地域が要所であるならば、あるいはその比喩表現が決勝点とは別のことを意味するならば）まず間違いなくその都市は国の要所となろう。

その国の道路網が集約する中央に所在する首都は、前記の理由だけでなく、その重要度が加わる他の統計的および政治的動機によっても戦略決勝点である。

これらの諸地点の他に山地国において軍隊が通過しうる唯一の道路を有する重要な隘路がある。これらの地理的点は山地国において何らかの企図達成の参考となる決勝点となるであろう。一八〇〇年に小砦で防備されているスイスのバールの隘路が重要な地点であったことは世人の良く知るところである。

決勝点の第二の類は場合によって起こりうる決勝的機動点であり、それは両軍の配備の関係から生じる。たとえば一八〇五年、マック(42)がウルム付近に集中し、ロシア軍のモラヴィア川方向からの来援を待っているとき、マックを攻撃する決勝点はドナウヴェルトあるいはレヒ川下流地方であった。なぜならマックに先駆けてこの地点に達したならば、オーストリアに向かう退却線および援軍を遮断することができるからである。これとまったく反対に一八〇〇年ウルムにある同一陣地に位置していたクレイ(43)は、ボヘミア方面からするいくらかの援軍を期待せず、彼はチロル州およびイタリアにおいて連戦連勝するはずだったメラス(44)軍の来援を期待していた。したがって、攻撃の決勝点はドナウヴェルトではなくて、反対方面のシャフハウゼン付近にあった。つまり同地に対する攻撃は敵の作戦正面の背後を突き、その退却線を遮断して、援軍を孤立させ、マイン河畔に圧迫して、敵をその基地から遮断する手段であった。同じく一八〇〇年の戦いにおいてナポレオンの最初の目標点はサンベルナール峠のメラス軍の右側を襲撃し、ついで後方連絡線を確保することであった。したがってサンベルナール峠、イブリア、ピアチェンツァは、メラス軍がニースに向けて行軍することによってのみ決勝点となった。

機動の決勝点は敵の翼側上にあるべきことは一般原則として認められる。これによれば自ら危険に曝すことなく、きわめて容易に敵を敵の作戦基地および援軍を遮断することができる。海と反対側にある翼端は、常に好まれるに違いない。なぜなら敵を海の方に圧迫するのにも有利であり、こちらが圧迫される危険が少ない。しかし、対応する敵が島国の劣勢な陸軍であったときには、しばしば危険な状態に陥る場合があるから島国の艦隊を遮断するよう努めなければならない。

敵軍が分断され、あるいは非常に長距離の線上に配置されている場合に決勝点は中央となる。というのもその中央点に浸透すれば敵軍の分割を増大することができよう。すなわち敵の弱点は倍加し、打ちのめされ、孤立した敵部隊は疑いなく壊滅されるであろう。

戦場の決勝点は次の諸項目によって定められる。

1 地形状況

2 軍が意図する戦略目的に局地的特性を結合

3 彼我両軍の配置

しかしながらここでは戦術方策を予め記述することなく、別に戦闘に関する項で後述することにしたい。

目標点

次に前述の決勝点のような諸点について述べることにする。目標点には機動の目標点および地理上の目標点の二種があり、地理上の目標点とは重要な要塞、河川の線、後の企図のために良好な防御線あるいは良好な支援後拠点を提供する作戦正面である。しかしながら、地理上の目標点の選定そのものは、機動の種類に分類される術策であるので、いずれも領土的な点の関係にすぎないこと、また目標点を占領している敵兵力に専ら目が向けられることが最も正しい表現であろう。

目標点の決定は戦略的観点から戦役の目的に依る。もし戦役の目的が攻勢であるならば、目標点は敵國の首都あるいは軍事的に重要な州を占領することであろう。その州の喪失が敵をして和平を決定せしめることになろう。侵攻戦においては、敵國の首都が通常攻撃しようとする目標点となる。しかしながら、首都の地理的位置、諸隣国に対する交戦国の政治上の関係、見込みがあろうが分散していようが各々の資源は、実際は戦闘技術とはまったく無関係な構成であるが、作戦計画と非常に関係が深く、また軍が敵の首都まで到るべきか、あるいは否かの可否を決するものである。

後者の場合の目標点は、敵の作戦正面の一部あるいは防御線に対して指向されるものである。その作戦正面あるいは防御線はいくつかの重要な要塞が所在し、軍がこれを占拠すれば全占領地域の占有が確実となろう。たとえば対オーストリア戦において、フランス軍がイタリアに侵入する時は、フランス軍の第一の目標点はティチーノ川およびポー川の線になろう。さらに第二の目標点は、マントヴァおよびアディジェ川の線になるであろう。

防御において目標点は奪取するのではなくて防備しようと務めなければならない。首都は力の源とみなされるので防御の主要な目標点となる。しかし、たとえば第一の防御線および作戦基地により近い諸点がある。たとえばライン川の後方で防御に追い込まれたフランス軍は、敵のライン川渡河を妨害することが第一の目標点として見なされる。敵が渡河に成功し、アルザス州の要域を攻囲したならば、フランス軍はその要域の救援を試みるであろう。第二の目標点はムーズあるいはモーゼル河畔に所在する第一作戦基地を掩護することであろう。それにまた、正面防御と同様に側面陣地によって達しうる目標点である。

機動の目標点に関して、換言すれば敵軍を壊滅あるいは崩壊をもたらす目標点である。同種の決勝点の高価値についてはすでに述べたことによりその重要性が判断されるであろう。将軍の才能として最も貴重な能力を成し、最も確実な大成功を保障するのは目標点の良き選定である。この点ではナポレオンが最も優れた能力を有していたことは議論の余地がない。彼は所在の一乃至二つの地点を奪取し、あるいは国境に沿う小州を占領するにすぎない旧弊を放棄して、大功を逐行する第一の手段は、とりわけ敵軍を駆逐し、撃破することであると確信していた。その理由は國家あるいは各州は防護のための組織された軍事力をもはや有しなくなれば自ら滅びるからである*。戦域の異なる地帯に示された利・不利を一瞥して判断し、最も有利な作戦地帯の敵に軍団を集中するために、敵のおよその位置を知るために八方に手を尽くし、敵が分散しているときは敵軍の中心に向かって稲妻のように急速に襲いかかり、また、敵の翼側が連絡線に最も直接に至っている場合には包囲し、遮断し、突破し、打撃を与え、敵をして分散するようにその方向を強制し、結果的に全滅あるいは潰走するまで徹底的に追撃する。以上のことがナポレオンの初期の戦役に優れた戦法として、あるいは少なくともナポレオンが好んだ戦法の基礎として示されている。

＊スペイン戦争や国民戦争すべてが例外として挙げることができる。しかしながら、外国軍であれ、国民軍であれ、組織化された軍隊の防護がなければ、一部の人民による戦いのすべては、結局敗北してしまうであろう。

後に、フランス軍はロシアのような長大な距離と不毛の地に、その機動を適応して、実際のところドイツで得たのと同様な成功を収めることはできなかった。しかし、それでも戦いのいかなる種類、個人のいかなる才能に、いかなる国でも、いかなる状況にも、必ず適合するわけではないが、その成功の機会は相変わらず大きいものがあり、その成功は実際に原則の適用に基づいていることを認知しなければならない。ナポレオンがこの戦法を乱用したとしても、たとえ彼の成功に制限を附し、そしてその企図を他国軍および隣接する諸国それぞれの事情に調和して判断し、この戦法を採るに際しても、期待できる現実の利点を軽んじることはできない。

重要な戦略上の作戦について与えるべき格言は、先に決勝点について説明したように、また作戦線の選定に関して後に論じる説明のなかにほとんど含まれる（第二十一項）。

目標点の選定に関していえば、すべてが通常、戦争の目的、状況あるいは内閣の意志が表示する性質、つまるところ彼我両軍の戦争の手段に依る。まったく危険を冒すことを避ける強力な動機がある場合においては、慎重に行動し、いくつかの都市の占領、あるいは隣接する小州の奪取という部分的な利益の獲得に限定することを良とする。これとは反対に危険を冒しても、成功を期待して大きな利益を求めようとする方法があるときは、ナポレオンのように敵軍の壊滅を考慮しなければならない。ウルムやイエナ会戦のような機動は、もっぱらアントワープ攻囲を目的とするような軍隊(45)に勧めることはできない。このまったく異なる動機の観点から、国境から五百リューも離れたナイメーヘンの向こう側に所在するフランス軍にこの方法を勧めることは、真に適切な判断をしたとはいい難いのである。なぜなら期待する多くの利益を超えてしまう悲惨な損害を被るように思われるからである。

なお黙過してはならない一種の特殊な目標点がある。にもかかわらず、それは戦略的方策というよりも政策に関係ある、ある軍事的観点を目的とする目標点である。それはとりわけ同盟国の関係において、作戦と内閣の画策に影響を及ぼす非常に大きな役割をなすものである。したがって、それは政治的目標点とも称することができよう。

実際に戦争の準備のために政治と戦争との間に存在する密接な関係以外に、多くの戦役のすべてにおいて、政治的意図を満足させるために行う軍事的企図が生じる。この軍事的企図はしばしば非常に重要な場合があるし、またしばしば不合理なことも起き、この戦略的観点からは有益な作戦よりも重大な失策を惹起することとなる。これに関して二例だけを挙げよう。一七九三年におけるヨーク公(46)が行ったダンケルク遠征は、昔の海上貿易の見解に基づいてイギリス軍が発想した企図で、連合軍の作戦が合一せずに敗北に終わった。この時の目標点はなんら軍事関連が十分に考慮されてなかった。同じくヨーク公が行った一七九九年におけるオランダ遠征は、ベルギーに対するオーストリアの下心を心底信じ込んだイギリス内閣の見解によって命ぜられ、致命的な敗北を被った。というのも、その遠征はカール大公をチューリッヒからマンハイムに向かって行進させる原因になったのであるが、これは遠征が決まった当時の連合軍の利益に明らかに反する作戦であった。

これらの事実から政治的目標点の選定は、少なくとも軍事の大問題が軍隊により決着されるまで戦略の利益に従属させせなければならないことを証明している。

それにもかかわらず、この主題は非常に広大で複雑であるので通例の判断に委ねることは愚かしいことであろう。提案できる唯一の選定はすでに記述した通りである。つまり政治的目標の選定が必要で、その実行に際しては、あるいは戦いの過程において選定した政治的目標点は、戦略の原則に一致させるか、あるいは反対の場合には決定的勝利を得た後に延ばした方が良いであろう。前述した二つの事象にこれらの原則を適用すれば、当時のカンブレーあるいはフランスの中心に向け、一七九三年にダンケルクを奪取する、また一七九九年におけるオランダを解放する必要があったことを認めるであろう。換言すれば国境の決勝点に連合軍の努力を集中して、大打撃を行わなければならなかったことが認められるであろう。思うにこの種の遠征のほとんどすべては、大牽制攻撃の部類に入るので特に一項を設けて説くべきであろう。

第二十項　作戦正面および戦略正面、防御線および戦略陣地

軍事科学にはいくつか論点があるが、基本的にはまったく異なっているにもかかわらず、それらの論点間には同一視しがちな非常に類似したものが存在するのは確かなことである。

その論点数は作戦正面、戦略正面、防御線、戦略陣地の四つである。これらの論点間に存在する密接な関係および差異を、また本項中に併記することを決定した理由を考察することにより、これらの論点を確認することができよう。

作戦正面および戦略正面

軍団が攻撃するにせよ防御するにせよ戦場の作戦地帯に向かう準備を整えるや否や、直ちに戦略陣地を通常占領する。戦略陣地の名称について理解しなければならないことは少々先で述べることにしよう。

軍団が敵方に接触し、直面しなければならない作戦正面の範囲を戦略正面と称する。

敵がおそらく一乃至二日行程の行進で戦略正面に到着可能な戦域の部分面は、作戦正面と称する。

この二つの用語の間には大きな類似点があるので、数多くの軍人の中には一部は一方の名称のみを、その他はもう一つの名称を用いて、混乱を引き起こしてきた。しかしながら、厳密に論じるならば戦略正面の名称は、実際軍団によって占領された陣地を称することが適当であることは議論の余地のないことである。これに反して、作戦正面の名称は彼我両軍が分離する地形的空間を示しており、彼我の戦略正面の各先端より前方に一乃至数日の行程の行軍の距離に延ばし、その地域で彼我両軍がおそらく衝突することになるであろう。

これはあまりにも純理的のように見えるが、私は今後この二重の定義を供することをいささかも躊躇しない。あまりにも細かいことにとらわれて、専門用語の微妙さに執着する私を依然非難する輩がいることを恐れない。なぜなら、これらの用語を使用することを欲している他の著述家たちが実際上の適用において、彼らの中には多分用語を区別することなく用いているし、また同一の概念を明確に説明するのに用語を区別することなく用いているからである。したがって私自身は二つの表現を与えることができる用語の差異を指摘することに満足であり、なし得る限りその差異に従いたい。

作戦がまさに開始しようとするや否や、彼我両軍の一方は疑いなく敵軍を待ち受ける決心をするであろう。その時から多少前方に準備した防御線を確保することに注意を払うであろう。その防御線は戦略正面と同一の線上、あるいは少々後方のどちらかに位置する。それ故に当然しばしば戦略正面もまた防御線を形成するように見えることになろう。このことは一七九五年および一七九六年におけるライン川沿いの戦役の例に見るように、オーストリア軍も、フランス軍もライン川を同時に防御線として用いたのである。このことはこれらの三つの一方、両軍の戦略正面および作戦正面もまたその防御線上にあったのである。また、二つの要素は同一の特定場所でしばしば要素がしばしば混同されていることを疑いなく示している。それでもやはりまったく異なった性質を有しているのである。実際に、ば結合されることを示しているが、軍は常に防御線を採るとは限らないし、特に他国に侵攻するときは防御線を採らない。また、軍が単一で野営だけを目的として集結する場合にはもはや戦略正面を採ることはないが、作戦正面は必ず有している。

数例を挙げてより明確に証明することができるが、私は前述した案の差異を判断するためさらに二例を挙げて述べることにする。一八一三年末、戦闘再開の時(47)にナポレオンの全般の作戦正面は、最初はハンブルクからヴィッテンベルクまで延び、そこから連合軍の作戦線に沿ってグロガウおよびブレスラウの方にまで延長されていた。ナポレオンの右翼はレーヴェンベルクまで延びたので、結局ドレスデンまでボヘミアの国境の後方に急に向きを変えたのである。ナポレオンは軍を四つの軍団に分けこの大正面に分置した。その戦略陣地は内部あるいは中央にあって、三つの異なる正面を提示していた。その後エルベ川の後方まで押し戻されたが、実際の防御線はマリエンブルクの後方にフックする鉤状にヴィッテンベルクおよびドレスデンの間まで延ばされた。なぜならハンブルク、同様にマクデブルクは、すでに戦略的な戦局外にあったし、ナポレオンがもしそこで作戦を実行する考えがあったならば、敗北していたであろう。

二つ目の例としては一七九六年におけるマントヴァ周辺のナポレオンの陣地の事例を引用しよう。ナポレオンの作戦正面は、実際にベルガモの山岳地帯からアドリア海まで延ばし、一方防御のため必要な実際の防御線は、ガルダ湖およびレニャーノ間のアディジェ川の線に設定された。その後ペスキェーラおよびマントヴァ間のミンチオ川に、そしてその戦略正面はフランス軍の陣地に応じて変更されたのである。

さらにこの点についてくどくどと長く説くことは読者に対して侮辱することになろう。これらの三つの対象の差異を認知したからには、それぞれを各個に検討して共通の、あるいは特に固有の少しばかりの格言を見出していきたい。

作戦正面は彼我両軍の戦略正面を相互に離隔し、また両軍が衝突する地形空間であるので、通常作戦基地と概ね並行して設定される。有効な戦略正面は不測のあるいは予測する作戦正面よりも少々狭い地域を有し、同一方向に沿う。通常、主要な作戦線を横断する方法で、また作戦線の両側方を超えて延長して、できる限り作戦線を援護するような方法で設定することになろう。しかしながら戦略正面の方向は策計あるいは敵の攻撃に応じて変更されることがある。また、戦略正面は作戦基地に対してまったく反対に垂直に採る場合があり、また最初の作戦線に平行に示す必要がしばしばある。

戦略正面の変更は、実際に最も重要な機動の一つである。なぜならこれは自己の作戦基地に対し垂直に形成すれば、戦場の二側を支配することが可能で、34頁の第十八項で説明したように、軍を戦地の二側面に作戦基地を有するような有利な状態に軍を置くことになるからである。またこのことは37頁の付図に示されている。

ナポレオンがアイラウに前進する際採用した戦略正面は、これらの特性のすべてを示した。ナポレオンの作戦旋回軸はワルシャワおよびトルンであった。この作戦旋回軸はヴィスワ川を臨時の作戦基地の一つとし、作戦正面はナレウ川線に平行となった。そこからナポレオンは、セロック、プルトゥスク、オストロレンカを根拠地として、右側方に機動してロシア軍をエルビングおよびバルト海方面に撃退するために前進した。そのような場合において、戦略正面は新方向においてほんの少し拠点を見出したならば、前述したのと同様な利益を得ることができるであろう。ただ、そのような機動において、軍は臨時の作戦基地を必ず取り戻すことが可能かどうか確認しなければならないことを看過してはならない。換言すればこの作戦基地を戦略正面の後方に延長し、次のような掩護を必要とする。すなわちナレフ河畔からアレンシュタインを経てアイラウ方面に行進したナポレオンは、その左翼後方にトルン要塞を得て、軍の正面から遠く離れたプラガおよびワルシャワの橋頭堡を有していた。そのためにフランス軍の後方連絡線はまったく安全であった。一方ベニンヒセン(48)はナポレオンに対し直面し、バルト海に並行して戦闘の線を採らざるを得なくなり、彼の作戦根拠地から遮断させられ、ヴィスワ河口方向に撃退された。一八〇六年ナポレオンはゲーラからイエナおよびナウムブルクに前進の際に、戦略正面の注目すべき変換を行った。モローもまた一八〇〇年に同様にイラー川の右側からアウグスブルクおよびディルリンゲンの右側方面に向けて機動する時に、ドナウ川およびフランス方向に向けて正面を転換したため、クライはウルムの有名な塹壕陣地を撤収せざるを得なかった。

次の条件で作戦基地に対し垂直な方向を戦略正面の変更として与えることができる。わずか数日間の作戦により実行する一時的な変更の運動によるにせよ、あるいはある地方が提供する重大な利益を役立たせるために、時間を限らない機動による変更を使うにせよ、決定的打撃を与えるかあるいは軍のために良好な防御線および実際の作戦基地にほとんど同一である良好な作戦旋回軸を得るような場合である。

またある戦域の地勢によるか、あるいは軍の両側面を確保するため、少々縦深のある攻勢の作戦線を設定する場合において、軍が二重の戦略正面を採らなければならないことがしばしば起こる。前者の場合トルコおよびスペインの国境を例に引用することができる。バルカン山脈越えをあるいはエブロ川の渡河を欲する軍は、トルコの場合はドナウ河谷に対処し、スペインの場合はサラゴサあるいはレオンより来襲する兵力に対処するために、二重の戦略正面を採らざるを得ないであろう。

少々広いどんな地域でも多少同一の作戦を実施する必要がある。たとえばドナウ河谷を越えようとするフランス軍は、オーストリア軍がフランス軍を厳しい不安状態に陥れるために十分な勢力の軍団を諸州に投入するならば、直ちにボヘミア方面あるいはチロル方面のいずれかに対処するため、常に二重の戦略正面を設定する必要があろう。ただ敵側方の国境が非常に狭ければ例外がある。何故なら敵の翼側に脅威を与えるために、敵が退却の時に残留する軍団は容易に遮断され、捕獲されるのを待つのみとなる恐れがあるからだ。二重の戦略正面を採る必要性は、攻勢軍にとっては最も大きな不便の一つである。その理由はある程度まで大きな部隊を派遣せざるを得ないから、ずっと後で示すように（第三十六項牽制攻撃および大派遣部隊）常に危険を伴うものである。

先に言及したすべては特に各国間の正規戦に関することはいうまでもない。国民の戦争あるいは内戦において、対敵行動はほとんど国の全表面上に広がっているので、各正面はこれまでの方法では境界を定めることができないのである。しかし決定した目的のために部分的に作戦する各軍の大部は、特別な戦略正面をほとんど常に有することになろう。その戦略正面は、大集結部隊によっていずれ戦う敵部隊が配備されている特定の場所によって決定される。かくして、グランド・アルメ(49)の他の軍団のどれ一つも戦略正面を有していなかったけれども、スペイン戦においてシュシェ(50)はカタロニヤ州に、マッセナ(51)はポルトガルに各戦略正面を有していた。

防御線

防御線にはいくつかの性質があり、戦略的および戦術的な防御線の二種がある。前者は国境線のように永久的な国家の防御方式等である。後者は単に臨時にすぎず、軍が占拠している一時的陣地にのみ関係するのがある。

山脈、大河川、城塞のような自然・人工的障害物の混用の存在が適切に結合された方式を形成している国境線は、永久的防御線である。たとえばピエモンテとフランス間のアルプス山脈は、その実際の通路は軍の企図を大きく阻む城塞が配備され、その上軍の大要塞がピエモンテ峡谷の隘路出口を瞰制しているから防御線である。同様にライン、オーデル、エルベの各河川は、それらの河川を瞰制している重要な要塞があるので、ある意味においてまた永久防御線として見なすことができる。

防御線の構成のすべては軍事行動における作戦よりもむしろ要塞方式に関係している。これらのことについては要塞に関する章で取り扱いたい（第二十六項）。

臨機的防御線に関しては、通過しやすい場所に一時の防御陣地を施した少々広い河川、山脈、大隘路は、敵の前進を数日間阻止し、しばしば敵をして直接の前進路を避けてより容易な前進路を見つけることを余儀なくさせるので、戦略的および戦術的防御線として見なすことができるといえよう。つまり、この場合には明らかに戦略的利益を得るのである。しかし、敵がもし正面から力ずくで攻撃するならば、同様に戦術的利益を得ることは確実である。なぜなら河川の後方の、あるいは自然および人工障害物に依り防備する部署の軍隊に突入するのは、平地の無防備の軍隊を攻撃するよりは常に困難であるからだ。

しかしながらこの戦術的利益を過大に評価してはならない。陣地（強化陣地）方式の弊害に陥りがちになるので、多くの軍隊が敗北に帰することになる。なぜなら、防御陣地に対する攻撃がたとえ困難であろうとも、敵の打撃を防御陣地で無為に待ち受ける者は、ついには敗北することは確実であるからである*。その他接近困難な自然障害により強化されたすべての陣地も**、またそこから出ることも、進入することも困難である。そして敵は、ごく少数の兵員でもってその出口を防護し、また、いわば防御側は少数の兵力でもってその陣地で軍を阻止することができる。これはピルナの陣営におけるザクセン軍に起こったし(52)、また、マントヴァにおいてヴルムザー(53)にも起こったことである。

*ここでは防備が施された陣営については問題にしていないことに留意しなければならない。防備が施された陣営には大きな差異があり、これは第二十七項で取り扱われる。

**野営を張るためで、戦場ではない陣地について問題がここに存在している。この問題については大戦術の章で戦闘陣地について取り扱う。

戦略陣地

戦術あるいは戦闘陣地と区別して、ある種の配備に戦略陣地という名称を与えることがある。戦略陣地は、作戦正面において戦闘遂行する必要よりもより大きな範囲の作戦正面を与えるために、部隊を配備するのに必要なある程度の時間がかかるのである。陣地のすべては河川の後方にあるいは防御線上に配置され、それらの陣地に配備される各師団は相互にある程度の距離が保たれる。これらの陣地は戦略陣地に属するものである。たとえばナポレオンの諸軍がアディジェ川を監視するため、リヴォリ、ヴェローナ、レニャーにおいて配陣した例である。一八一三年にザクセン、シュレージェンにおいて防御線の前に配陣したのも戦略陣地であった。同様に一八一五年のリニーの戦い(54)の前にベルギーの国境にイギリス・プロイセン連合軍が配陣したのも戦略陣地であり、一七九九年にマセナがリマト川およびアーレ川に沿うアルビスに配陣したのも戦略陣地である。休戦条約による保証なくして、敵軍に極めて接近した状態で冬営するのは別問題ではなく、戦略陣地に他ならないのである。一八〇七年の冬のパッサルゲにおけるナポレオン軍の冬営も同じ戦略陣地であった。軍が敵の到着外の位置に行進を実施する、またしばしば敵を欺くために、あるいは機動を容易にするために拡張する日常の陣地もこの種に属するのである。

したがってこの名称は、軍が同時に諸点を援護するにせよ、あるいは不特定の監視線を形成するにせよ、要するに敵を待ち受けるすべての陣地にとってあらゆる状況に適応できるのである。このように防御線を拡張する陣地、二重の作戦正面を設定する軍団あるいは軍が他方面で作戦する間に攻囲戦を援護する軍団も、一言で言えば軍のある程度分割された大派遣部隊のほとんどがこの範囲に入るのである。

以上述べてきたいろいろな主題について得るところの格言はほとんど僅かなものである。なぜなら作戦正面および戦略正面、防御線および戦略陣地は、ほとんど常に無限に変化する特定の場所と関係ある多くの状況に依存するからである。

いかなる場合においても、基本原則の第一は作戦線の各諸点と確実な連携を保持しなければならないことである。

防御において戦略正面、防御線の両側また正面において拠点となる自然および人工の大障害が存在することは有利である。戦略正面に与える支撑点は作戦旋回軸点とも称する。この作戦旋回軸点は、一時的に設ける部分的な基地であり、機動旋回軸と混同してはならない。たとえば一七九六年の戦役におけるヴェローナは、ナポレオンがマントヴァ付近において八ヶ月間にわたって実施した企図のすべての中で、卓越した作戦旋回軸点であった。一八一三年にはドレスデンもナポレオンが行った諸運動の旋回軸点であった。これらの旋回軸点は一時的なあるいは臨機の要塞である。

機動旋回軸点とは軍の主力が大企図を達成するため行進している間に、占領しておくことが極めて重要である一地点に残す機動力のある軍団である。たとえば、ナポレオンがマックの退却線を遮断するためドナウヴェルトおよびアウグスブルクに残したネー軍団は機動旋回軸点となった。五個師団を有するネー軍団はウルムを遮蔽しドナウ川の左岸を監視した。機動が終局に達すると機動旋回軸点もまたその存在を消去する。一方作戦旋回軸点とは戦略および戦術の二重の関係から見て、軍事行動の全期間を通じて利益を有する実体的な一点である。

防御線に関しては、私はこれをできる限り拡張しないようにすることが最も望ましいように思われる。なぜなら軍がやむを得ず防御する場合、防御線が狭ければ狭いほど軍が防御線を防護することが容易になるからである。また同様に、戦略正面の幅も軍の各部隊ができる限り迅速に適切な地点に集中可能なように拡張しないよう制限することが望ましい。しかし、作戦正面にまったく同様なことを為してはならない。なぜなら、もしこの正面が過度に狭ければ、大きな成功をもたらす戦略的機動を期待する軍の攻勢は至難となるであろう。一方この狭い作戦正面は防御を策する軍にとってはより容易に防護する手段を与えることになる。しかしながら、もし作戦正面が過度に広大であれば戦略的攻勢作戦の成功は覚束ないことになろう。なぜなら過度に広い正面巾は、敵に良好な防御線を与えることはできないにしても、少なくとも攻撃部隊相互間の間隔が開きすぎて、作案が良く練られた戦略的機動の成果を消滅することになるからである。したがって、一八一二年のロシア戦役に見るように、より広大な戦場ではマレンゴ、ウルム、イエナのような見事な作戦と同様な結果は得られなかったのである。なぜならその主要な退却線を遮断された軍は当初予期したよりも異なった地帯に撃退されて、別途に退却線を見つけなければならないことになるからである。

戦略陣地も防御線とほとんど同一の様相を生じる。この陣地の重要な条件は、対峙する敵部隊よりも迅速に集中することであり、また軍の各軍団すべてが敵の妨害を受けずに集結できるように容易かつ確実に連携を保つことである。したがって、彼我の兵力がほとんど同一である場合は中央あるいは内部陣地が有利であろう。なぜなら外部陣地は必然的に正面をより一層拡大し、常に兵力を分散する危険に陥ることになるからである。戦略陣地を形成する各軍団の大機動性もまた、各軍団が活動する戦場の異なる諸点において交互かつ連続的運用を行うことによって、また安全にあるいは敵軍に対し優越することができる。最終的に、軍は予め一乃至二個の戦術陣地を偵察し、そこに軍を集結し、敵を迎え、敵の企図を良く察知するや直ちに運用可能な全兵力を持って戦闘を遂行するために、戦略陣地を占領することになろう。以上はナポレオンがリヴォリ、アウステリッツの戦場を、ウェリントンがワーテルローの戦場を、カール大公がワグラムの戦場を準備した例に見ることができる。

軍が野営をするにせよ、あるいは陣地の近くに十分に緊縮した舎営地を設置し、そこに少なくとも部隊の一部を舎営するにせよ、将軍たる者はこれらの陣地の正面が過度に展張しないように特に注意しなければならない。その表面はいわば戦略方陣とも称することができ、また、ほぼ等しい三面を示す表面は、最良のように見える。すなわち各師団が、敵の衝撃を受ける共通の中心部に対し、方陣からすべての諸地点に平均的に到着するよう前進する距離空間だけを有しなければならない。

加えてこれらの戦略陣地はおおむね戦いの方策によるので、戦略陣地は各様の方策を取り扱っている多くの論文のなかで示されている。したがって、我々は無駄な反覆に陥ることなく、その主題について何にも付け加えることはないことを認識するであろう。

同様な方策の中で混同する主題から離れる前に、私は戦略防御線について少々述べなければならない。戦略防御線の各線もまたその展開中にも戦略陣地の正面を超えようとする敵と苛酷な戦闘を実施するときに、戦術防御のために集合しなければならない特別な地点を持つことは否定できない事実である。たとえば河川のかなりの部分を監視する軍は、監視する河川の全線を優勢な力でもってしても保持することはできないので、該線の中央部の少々後ろの所に予め良く選定した戦場に監視師団を集結させ、全力を集中して敵に対峙しなければならない。私は今、戦術の領域に含まれ第三十項で扱う戦闘陣地に関しては何ら留意していないし、ここでは戦略防御線についてのみ論じることにする。

戦略防御線に関してここで唯一言えることは、征服あるいは一時的に占領する意図を持って他国に侵入する攻勢軍は、前の成功がいかに大きかろうとも、情勢の面で逆の運命に変る場合に、この状況を避けるために必要とする良好な防御線を準備し、常に慎重に行動するということである。ただし、これらの防御線は第二十三項で述べる臨機のあるいは一時的な作戦基地の方策のなかに入るので、ここではその概要を補足するために示すだけに留めたいのである。すべてが密接な関係にある科学においては、これらの反覆は当然無益なことである。

第二十一項　作戦地帯および作戦線

作戦地帯は、軍が単独で行動するにせよ、あるいはその機動が他の軍と共同でなされるにせよ、決定された目的に向かって前進する戦域の一部であることを理解しなければならない。たとえば一七九六年の全般戦争計画において、イタリアはフランス軍右翼の作戦地帯であり、バイエルンは中央軍（ライン――モーゼル軍）の作戦地帯であり、フランケンは左翼軍（サンブル――マース軍）の作戦地帯であった。

作戦地帯は国土地形の状態によって、あるいはその国土に軍の行進可能な道路が少ない場合、しばしば唯一の作戦線のみを示すことがある。しかしこの場合はきわめて稀であり、作戦地帯は通常数個の作戦線で示され、その作戦線のいくつかは将軍の計画に基づき、その他の部分は企図された戦域の大連絡線に与えられる。

それでもすべての道路が作戦線であると思ってはならない。疑いなく戦況の変化に応じて、当初占領されてない良好な道路が一時的な作戦線となり得る場合がある。しかし、行進する派遣部隊だけが依存する道路あるいは道路が主たる企図の範囲外の方向に存在する場合に限り、実際の作戦線と混同してしまい不条理なこととなろう。それらに加えて可能な三つあるいは四つの道路が、互いに僅か一乃至二日行程の行進で、同一作戦正面に通じる状態といえども、三つの作戦線を形成するのではない。なぜなら、作戦線という名称を与えることができるのは、一軍の中央および両翼の各々が一乃至二日の行進行程の範囲内に行動可能な十分な空間を有する場合だけにふさわしいのである。その地域は作戦正面に至らせる少なくとも三つあるいは四つの道路の存在があってこそ成立する。

作戦地帯および作戦線の用語は、互いにこれまでにしばしば混用されてきたように思われ、作戦線、戦略線、不測の連絡路も同様であったと思われる。

したがって作戦地帯という用語は戦いの全域の大部分を示すのに用いられ、作戦線とは軍が数条の道路を通過するにせよ、一条の道路を通過するにせよ、軍が企図を達成すべき戦いの全域の一大区域を示すのに用いられる用語であると信じている。戦略線の用語は戦域の各決勝点相互にせよ、あるいは軍の作戦正面との間にせよ、各決勝点を連結する重要な諸線を指す名称である。すなわち同一の理由により、決勝点の一つに到達するために、あるいは一時的に主作戦から方向変換して決戦的機動を行うために行進する諸線にその名称が与えられる。交通連絡線は、作戦地帯の範囲において軍の諸部隊を結ぶ通行可能な道路を指す名称にふさわしいと思われる*。

*この定義は、私が最初に述べた定義よりも少し異なっているが、私には要求のすべてを満足するように思える。この論考および次の論考において用語の定義を発展させるために引き続いてその機会を持ちたい。

これらの概念をより明確にするためにさらに例を挙げよう。たとえば一八一三年にオーストリアが対ナポレオン同盟(55)に加担した後、連合国の三軍はザクセンへ、別の一軍はバイエルンに、もう一つの軍はイタリアに侵攻すべき筈であった。したがってザクセン、より詳しく述べるならば、ドレスデン、マクデブルク、ブレスラウ間に位置し、故に主要な戦闘力が集中する作戦地帯を形成した。この作戦地帯はライプチヒの目標点に通じる三条の作戦線を有していた。第一は、エルツ山脈を走破し、ドレスデンおよびケムニッツを経てライプチヒに至るボヘミア軍の作戦線であった。第二は、ブレスラウから出発し、ドレスデンあるいはヴィッテンベルクを経てライプチヒに向かうところのシュレージェン軍の作戦線であった。第三はベルリンを出発し、デッサウを経てライプチヒの目標点に向かうスウェーデン皇太子(56)軍の作戦線であった。これらの各軍は二乃至三条の平行する経路を行進し、その各路は相互に少々離れていたけれども三条の作戦線があったということはできないのである。

この例では、作戦線の名称は戦域にある各道路に適合していないが、しかし、戦域の部分が将軍の計画に含まれていること、また、将軍が戦いの手段のすべてを指揮する予定の戦域に良く適していることを、私の望み通りに十分に示しているであろう。それ故作戦主線とは、軍主力が道路に沿って行進し、宿営地を設置し、そこに弾薬、糧食を集積し、さらに必要に応じて退却線となる経路である。

この区別が明確になったところで、次に具体的な諸線に関係ある科学的概念について述べなければならない。なぜなら諸線の選択、確立、とりわけ方向を決定する方策は、おそらく戦争計画の中で最も重要な部分であるからである。

それに関係する方策のすべての具体的な諸線を一つの用語のみでもって区別するために、私は前述の関係する方策に機動線という名称を以前に与えており、当初は領土線という名を付けた。私の考えでは、それは唯一つの技術的表現、将軍が最も巧みな方法で、原則に最も適合し、最も明確に大きな成果が得られる諸線を選択することを想定することが可能な、各様の戦略的概念によって総括する真の手段であった。実際にこれらの戦略的概念をいずれも互いに異なった機動と考える向きもあるだろうが、機動線の用語はまったくの合理的なものでしかない。しかしながら、多くの軍人のように、この用語の中に含まれる比喩的意味を把握しようとせずに、線は機動ではないという私のこの平凡な真理にただ単に反対する者がいる。私はこの便宜的な名称を進んで捨てて、今後一時的な機動でしばしば採用する即座の戦略線にのみこの名称を与えよう。これは実際の作戦線と混同することを避けなければならない線であり、また第二十二項の主題となる線である。

作戦線の選定および方向に関する戦略的方策

各作戦域には二乃至三つの作戦地帯しか存在せず、その利益はたいていの場合局地に依存するので、もし作戦地帯の選定がきわめて限られた方策を必要とするならば、その選定は作戦線とまったく同様にはならないのである。なぜなら、各様の敵陣地、戦略的戦場の若干の連絡線、指揮官によって案出された機動と作戦線との関係は、多くの異なった種類に分かれるので、したがってそれ自体の関係において名称を与えられるからである。

独立した大軍団を形成せずに国境の同一方向に行動する軍の作戦線を単作戦線と呼称する。

複作戦線とは、二軍が同一の国境上で編成され、あるいはまた、兵力のほとんど等しく、しかも大距離および長時間の距離に分離して作戦する集団が、同じ一指揮官に指揮される作戦線であると私は理解している＊。

＊この定義は批判されてきた。そしてこの定義は実際に誤りであるとする正当な理由が生じてきたので、私は説明しなければならないと思うのである。まず機動線については、それは大道路のことではなく、戦略方策のことを意味していることを忘れてはならない。ついで四十八時間内に合一するために互いに離隔して、二乃至三つの道路を行進する軍は二乃至三つの作戦機動線を持たないことも認めなければならない。モローおよびジュールダンは互いに独立した二個集団七万人を率いてドイツに入った時に、まさに複作戦線を形成した。しかし派遣部隊がマイン側に前進するためにバ・ラン県(57)から出発し、一方オ・ラン県からウルムに向けて他の五乃至六個集団が出立したフランス軍は、私が機動を示す用語を用いる意味において複作戦線を形成することはなかったのである。同様にモルティエが一個集団をもってヘッセンを占領し、主要な企図の側面に位置するためにカッセルに向かって前進している間に、ナポレオンは、バンベルクを経てゲーラに向かって前進する七個集団を統一して、付随の派遣部隊とともにまさに全般作戦線のみを形成した。領士線は二条線からなるが、作戦線は複線ではない。

内線作戦線(58)とは一乃至二個軍が敵の数個集団に対抗するために形成する作戦線である。ところでこの線は、敵が大集団で対抗してくる可能性を持つ前に、各軍団を相互に近接させて各軍団の運動を連結し得るような方向を与えなければならない＊。

＊あるドイツ人作家は私が中央陣地（central Stellungen）を内線作戦線と混同していると述べた。その批判内容は間違っている。軍は敵の二個集団が駐留している面前で中央陣地を設置できるが、内線作戦線を持つことはない。これらの二つのことはまったく異なるものである。他の者は、複作戦線など意味することを示すために、私が作戦の二条線という名称を使用して、よりうまくなさしめたであろうと強く主張した。これに関しては、特に、領域によって作戦域を想像しようとするならば、この場合の理論はもっともらしく思える。しかし、あらゆる条線の如きは線であり、私はそれを単に言葉の食い違いと思うのである。

外線作戦線(59)は内線作戦線と反対の結果を示すもので、一ないしは数個の敵集団の両外翼に対し同時に形成する作戦線である。

求心作戦線とは作戦基地の前方あるいは後方同一点に到達するために、離隔した諸点から出立する数線を称する。

離心作戦線とは単一の集団が一点から出立して分岐する数点に向かうために分割して遂行する作戦線である。

深作戦線とは作戦基地から出立し、目的地に到達するために地上を経る長大な作戦線をいう。

私は相互支援が適する同一範囲内に二個軍が行動する時に、その二個軍間の関係を指示するために補助作戦線の名称を用いる。たとえば一七九六年におけるサンブル――ムーズ軍は、ライン軍に対して補助線を成し、一八一二年にはバグラチオン(60)の軍はバルクライ(61)に対し補助作戦線であった。

偶発的作戦線とは最初の作戦計画を変更して、作戦に新方向を与える事象によってもたらす作戦線である。このような作戦はきわめて稀であるが、非常に重要で博識を有し、活動的な天才指揮官だけが普通に良く利用できるのである。

なおこれらの専門語の他に一時的作戦線および決定的作戦線を付け加えることができる。前者は、軍が最初の成功の後、敵軍をさらに強力に、あるいはより直接指向して撃破するかもしれないが、当初の決戦的企図を追求する作戦線を指す。しかし、一時的作戦線は作戦線の類と同様、一時の戦略線の類にも属するように見える。

これらの定義は、私の思考がいかに先人たちの著者の思考と異なっているといえども、十分に私の考えを示している。実際に先人たちはこれらの線を物理的関係からのみ観察したにすぎない。ロイドおよびビューロー(62)は、これらの線に軍の倉庫および補給廠に関する評価からのみ作戦線の名称を与えている。特にビューローは、軍が倉庫の近くに野営するときはもはや作戦線は存在しないと主張した。次の例はこの逆説を十分に覆すことができよう。私は次のように想定する。野営中の二個軍のうちの第一軍がオー・ラン県にあり、第二軍はデュッセルドルフの前方あるいは国境のまったく別の要点に配置したとする。両軍の大補給廠が直接ライン川流の彼岸にあると仮定しよう。つまり最も確実で、最も有利で、そして支援可能な最も近い位置に所在していることに反論の余地はない。この両軍は攻勢あるいは防勢の目的を有し、したがって計画された諸企図に関係する作戦線を有していることは明白であろう。

１　二個軍の防勢的領土線は、軍が援護すべき第二線の地点まで達することになる地点から出ている。ところで軍は、もし敵軍が我が分離している間隔に定着することになれば、互いに遮断させられるであろう。メラスがアレッサンドリアで一年間を支える備蓄を有していたにもかかわらず、勝ち誇った敵軍にポー川の線を占領されると直ちにミンチオ川の作戦基地を遮断させられてしまった＊。

＊一般にこの主張は異議に陥りやすいと信じられている。私はそうは思わない。募兵ができず、軍をボルミダ川およびタナロ川とポー川の間に収縮したメラスは、使者あるいは郵便物もほとんど受け取ることができなかったし、もし救援がなければ、日を重ね次第滅びるか降伏せざるを得なかったであろう。

２　もし敵が二個軍に対して逐次に撃破するために兵力を集中するならば敵の単線に対して複線となる

であろう。もし敵もまた二個軍団を編成して、敵がより迅速に集結し得る一方向を与えるならば、複外線は複内線に対することになるであろう。

ビューローは、なお一歩進んで真理を述べている。すなわち、彼は自国において軍事行動を行う軍は、外国で戦う軍に比して当初の作戦線に依存することが少ないと主張しているのである。なぜなら作戦線を設定する際に、軍は自国内のいずれの場所においても、求めるある程度の利益や支援基地の諸点をあらゆる方向に見出すことができる。同時に、軍は多くの危険を冒すことなく、これを失うことがある。しかし、それにもかかわらず軍には、まったく作戦線がなくても良いという意味ではない。

前述の内容からビューローは不適切な基礎の観点から立論したように思える。つまり、彼の著作には時折いくらかの誤った原則に強く動かされ、その原則が含まれているのである。なおこの主題については戦いの一般原則と一致するように思われるいくつかの原則の跡付けを、完全な一連の証拠を挙げて立証することを試みたい。そこで、すでに示した十八世紀の最後の戦争、フランス革命戦争の作戦線に限定して、(『大作戦論』第十四章の七年戦争の作戦線の例を用いながら)一貫した作戦線の分析を再生したいのである。そこで、当初の戦略的方策についての基本概念を成す重要な論説をここで述べることにより、全体として完全になるであろう。

フランス革命戦争における作戦線に関する考察

勝算の見込みが非常に変動する恐ろしい戦いの当初は、プロイセンおよびオーストリアの両国のみがフランスの敵対国であった。そして戦域はイタリアまで拡大していたが、イタリアは目標から過度に離れていたので、相互に監視するだけに留まっていた。ヒューニンゲンからダンケルクまで広がった空間の作戦場の展開は、三つの作戦地帯で示された。その作戦地帯の右方はヒューニンゲンからランダウまで、またランダウからモーゼル川までのライン川の線を含み、モーゼルおよびムーズ両河川間の地域は中央の作戦地帯を形成していた。左方はジヴェよりダンケルクに至る国境の延びたところを含んでいた。

一七九二年四月にフランスが宣戦布告をした際に、フランスの意図は敵の集結に先んじようと欲し、前述した三つの作戦地帯域に十万人を配置し、一方のオーストリア軍は、ベルギーに三万五千人以下の兵力を有していた。したがって、さほど抵抗のないベルギーをフランス軍がなぜ攻略しなかったのか、その動機は理解しがたいものがある。宣戦布告から連合軍の集結までには四ヶ月の期間が過ぎていた。しかしながら、プロイセン王がフランス軍兵力の強大さを考慮し、政体に課せられた付随的な利益のために軍を犠牲にしないことにとらわれて、ベルギーへの侵攻がシャンパーニュ州への敵の侵攻を妨げることにならなかったのであろうか。また、シャンパーニュ州への侵攻は世人が期待する結果にならなかったとしても、ヨーロッパの様相を変化させなかった原因は何であろうか。プロイセン軍が七月下旬頃コブレンツに到達したときに、フランス軍はもはや侵攻戦を遂行できなかったのは確かであり、またその役割が連合軍に運命づけられていた。連合軍がどのように侵攻戦を遂行したかは周知の通りである。

前述した国境線に展開したフランス軍は、約十一万五千人を数え、国境線に沿って一四〇リューにわたって配置され、五個軍団に分かれていたので、さほど有効な抵抗を遂行することは不可能であった。なぜならこれらの軍団の抵抗を挫くには中央に対して作戦し、軍団の集中を妨害すれば十分であったからである。この軍事的理由のほかに国家的理由が付加され、意図する目的がまったく政治的であり、迅速で有力な作戦を遂行しなければ達成できなかったのである。すなわち、モーゼルおよびムーズ両河川間に位置する領土線は、中央部を形成し、残部の国境線よりも防備が弱体であるので、連合軍にルクセンブルグの優れた場所を作戦基地として与えている。したがって、この計画は見識ある選定といわざるを得ないが、この実施は計画に応じることなく終わってしまうのである。

ウィーン宮廷はこの戦争に最大の関心を有していた。なぜなら姻戚関係があり、戦争の結果が不利になった場合は自国の諸州が危険にさらされることがあったからである。にもかかわらず主要な役割がプロイセンに委ねられたことは、理解するには困難な政治的思惑に依るものであるが、オーストリア宮廷は約三十個大隊の侵攻兵力だけを協力したにすぎず、四万五千人の兵士が監視のためブリスガウ、ライン川、フランドルに置かれた。したがってその後に圧倒的な兵力が展開される勢力はどこに隠されていたのであろうか。侵攻軍の翼側援護以上に付与するもっと有効な行き先はどこであろうか。オーストリアがその他多くの高価な犠牲を払った驚くべきこの方法は、のちにオーストリア軍が戦場に出現すべき瞬時に際して、不幸にもプロイセン軍が戦場より去る決心をしたことを説明してはくれまい。

私がこの戦争術とは無関係なこの観察を続けるならば、オーストリア軍はブリスゴウではなく、プロイセン軍の翼側を援護すべきだった軍団の存在と緊密に連携し、モーゼル川に直面して、メッツ付近の野営地にリュクネール将軍(63)を阻止するということである。にもかかわらず、プロイセン軍はその作戦に成功するために要する十分な行動をとらなかったことを認めなければならない。プロイセン軍は八日間をほとんど無為にコンスの野営地で過ごしたのであった。もしイスレット付近にいるデュムーリエ将軍(64)に対し機先を制すれば、あるいはデュムーリエをもっと本気で駆逐するよう試みたならば、孤立した数個師団に対して連続的に敵を圧倒し敵の集結を不可能にして、集中した軍団のあらゆる利益を再び有したであろう。私は、同じ状況でフリードリヒ大王がデュムーリエの談話を聞いたならば、彼はそれを正当化したであろうと信じる（この談話は、もし彼の敵対者が大王であったならば、彼はとっくにシャロンの後方遙かに押し返されていたであろう、と彼がグランプレで語ったことである）。

オーストリア軍はこの戦役においても、一切を維持するためにすべての点を防護しようとするダウン(65)およびラシ(66)の誤った方式が未だにかなり染みこんでいたことを証明している。モーゼル、ザール両河川方面が暴露しているのにもかかわらず、ブリスゴウに二万人の兵力を有する意図は、一村も失うことを恐れ、また軍を崩壊させるほどの大派遣部隊を形成することを促す方式であることを示している。大勝利は大軍と共にあるということを忘れて、オーストリア軍は侵攻されないために国境線の全長に亘って軍を展開することが必然であると信じていたのである。この様な方式ではあらゆる地点に大軍の接近を許してしまうのだ。

私はこの戦役についてこれ以上語りたくはない。デュムーリエが連合軍に対する追撃を理由なくして放棄し、戦域を中央から極端に全般戦場の左側に転移したことだけを考察したい。そもそも、彼はこの転移によって大目的を達成可能なのかについて、その認識に欠けていた。また、彼の軍団でもってムーズ川を下りナミュールに向かっている一方、モンス付近にあるサクスーテッシェン公(67)軍の前線を攻撃しようとしていた。もし敵軍をニューポートあるいはオステンド方向の北海に撃退したならば、ジェマップの方向よりも有利な戦闘を実施して全体的に敵軍を殲滅したであろう。

一七九三年の戦役は誤った作戦方向の影響についての新しい事例を示している。オーストリア軍は勝利し、ベルギーを再奪取した。なぜならデュムーリエがロッテルダム市街の入り口まで作戦の前線を過度に拡大したからである。この時まで連合軍は称賛に値するものがあった。この富める地方を再奪取する望みではあったが、デュムーリエの広域正面の最右翼に対して指向した企図は正当化できる。オーストリア軍はフランス軍をヴァランシェンヌ地域からの砲火の下に撃破し、壊乱させた。フランス軍内部は疲労困憊し、まったく無秩序状態に荒廃し、抵抗が不可能となってしまった。しかし、オーストリア軍はなぜいくつかの城塞都市の面前で六ヶ月も留まり、公安委員会に新軍編成の時間を与えたのであろうか。フランス軍の悲惨な状況、ダンピエール(68)軍の残余の貧弱な状態を回顧すれば、連合軍がフランドルのいくつかの城塞都市の前で観兵式を挙行しようなどと思いつくだろうか。

侵攻戦は、攻撃する国が首都に何よりも固執するときは、特に有利である。大君主の政府治下にあって通常の戦争遂行においては国の政府が司令部となる。しかし、脆弱な君主の治下や、共和国においては、まして主義主張の戦いであれば都は通常国民の力の中心にある*。

*連合軍によるパリの占領はナポレオンの運命を決した。しかしこの状況は、私の主張を損ねるものではない。軍隊を持たないナポレオンはヨーロッパ全体の責任を負い国民自体はナポレオンの大義を切り離した。もし彼が五万人以上のかつての兵士を有していたならば、パリは実際に司令部となっていたであろう。

もしこの真理を疑って見ていたならば、この機会にその真理は正当化されたであろう。フランスはまさにパリにあり、国民の三分の二は圧政の政府に対して反旗を掲げる程であった。もし、連合軍がファマールでフランス軍を撃破した後、敗残兵を監視するためオランダ兵およびハノーヴァー兵を残置し、イギリスおよびオーストリアの大軍がプロイセン軍やオー・ラン県の無効な軍隊の一部と協同して、ムーズ、ザール、モーゼルの三河川に向かって軍事行動を指向したならば、十二万人の大軍は確実に侵攻線の援護のための側面の二個軍団とともに行動し得たであろう。さらに私は、戦いの方向を変更することなく、あるいは大きな危険を冒すことなくオランダ兵およびハノーヴァー兵にモブージュおよびヴァランシエンヌを遮蔽する任務を遂行させ、主力を以てダンピエール軍の敗残兵を追撃することができたと実に信じているのである。しかし数度の勝利を収めた後に、二十万の兵が攻囲戦を実施したけれどもごく僅かな土地も獲得できなかった。フランスに侵入する脅威を与える瞬時においてさえも、何と自分たちの国境を護らんがために防御陣地に十五乃至十六個軍団を配備したではないか。ヴァランシエンヌおよびマインツが屈したとき、全軍をカンブレーの野営地に向ける代わりに、一方はダンケルクに、他方はランダウ方面に離心的に戻ってしまった。

戦役の当初に一般戦場の右側方に最大の努力を指向し、後に最左側方に転移したことも非常に驚きであった。このように連合軍がフランドルで行動中にも、ライン川河畔に所在した相当数の部隊からは支援はなかった。そしてこの部隊が攻勢に転じるとき、連合軍はサンブル河畔において無為のまま留まっていた。このような誤った術策は、一七六一年におけるスービーズ将軍(69)やブロイ将軍(70)に、また七年戦争の諸作戦に似てはいないだろうか。

一七九四年には、その状況はまったく一変して、フランス軍は難儀な防勢から光輝ある攻勢作戦に転じた。この戦役におけるフランス軍の戦いの術策は疑いなく良く練られていたが、この術策が新しい戦争の方式のように示されているのは誇張されたものといわざるを得ない。この主張の正鵠なことを確認するため、前述のフランスの戦役と一七五七年の戦役における各軍のそれぞれの配備に着眼をしてみると、いずれも多かれ、少なかれ同一であり、作戦方向もまったく類似している。フランス軍は二個の大軍に集められた四個軍団を有し、またプロイセン王は山脈の出口付近に二個軍を編成する四個師団を有していた。これらのフランスの二個の大軍団は一七九四年には ブリュッセルに集中的方向をとり、一七五七年におけるフリードリヒ大王およびシュベーリン(71)は一七五七年にプラーグ方向に集中的方向をとった。これらの二つの計画に存在する唯一の差異は、フランドルに在るオーストリア軍の部隊は、さほど分散することが少なく、その配備は、ボヘミアに在るブローネ(72)の部隊よりも拡張されていなかった。しかしこの差異は一七九四年の計画にとって決して有利ではない。さらに北海の位置は計画に対してより不利を与えることになろう。オーストリア軍の右翼を包囲するために、北海海岸と敵部隊の集団の間にピシュグリュ将軍(73)を敢えて急きょ転回させた。これは大作戦に与えられる最も危険で最も欠陥のある方向である。この動きは一八〇七年にベニヒセン軍がヴィスワ下流河畔でロシア軍を危うくさせたのとまったく同様である。プロイセン軍が後方連絡線を遮断された後、バルト海方向に押し戻される運命に遭ったのもまた、この真理を証明するものである。

さらに、もしコーブルク皇太子(74)が日常為しているように作戦を遂行したならば、ピシュグリュをして、ジュールダンが支援できなかった一ヶ月前に、この大胆な機動を実施したことを後悔させることができたであろう。ランドルシーの前方で、中央に在って攻勢任務を与えられたオーストリアの大軍は、歩兵百六個大隊と騎兵百五十個中隊から編成されていた。その右側にはフランドルを防護するためクレールフェイト(75)軍団を有し、左側にはシャルルロアを防護するためカウニッツ公(76)の軍団を有していた。そしてオーストリア軍はこのランドルシーの攻囲戦で勝利し、その城門を開放することができた。オーストリア軍は、フランス軍のシャピュイ将軍(77)がフランドルに牽制攻撃する計画を発見したので、十二個大隊をクレールフェイト軍団に増援した。ずっと後になって、漸くフランス軍の成功を知ったときヨーク公爵の軍団が救援のため動こうとした。しかし、その時 ランドルシー前方に在った軍の残部は何をしたのか。この軍勢が転進したので、ヨークの軍団はフランス侵攻が遅れたのであろうか。コーブルク皇太子は、大派遣部隊をフランス軍の砲撃に曝したままにし、ベルギーにおけるフランス軍を強化させてしまうほど、それ以前に中央に配備する利点のすべてを失っていたのではないか。最終的にオーストリア軍はシャルルロワのカウニッツ公に軍の一部を派遣し、カトーに一個師団を残した後に運動を起こした。この大軍を分割する代わりにトゥールコワン方向にすぐに向かったならば、歩兵百個大隊および騎兵百四十個中隊が同地に集結し得たであろう。その時ピシュグリュ将軍の名高い牽制攻撃は、自国の国境から遮断せられ、北海と敵の二つの城塞都市の間に閉じ込められ如何なる結果となったであろうか。

フランスへの侵攻計画は、単に外線作戦に根本的な欠陥があっただけではなく、この計画の実施に欠陥があった。すなわちクルトレーへの牽制攻撃は四月二十六日に起きたが、ジュールダンは一ヶ月以上も遅れて漸く六月三日にシャルルロワに到着した。これは真にオーストリア軍にとってその中央陣を活用する素晴らしい好機であったはずなのに、何としたことか。もしプロイセン軍が敵の右翼に、オーストリア軍が敵の左翼に機動したならば、つまり両軍がムーズ川方向に機動したならば、形勢はまったく一変したと私は思うのである。実際にオーストリア軍の集団は、フランス軍部隊の散開線の中央に向かい、各部隊の集中を妨害することができたであろう。整然とした戦いにおいて隣接する線上にある軍、しかも中央両翼の部隊と予備隊により同時に容易に援護されている軍の中央を攻撃することは危険なことがあり得る。しかし、約百三十リューに拡張された線においてはまったくその状況とは異なるのである。

一七九五年に、プロイセンおよびスペインが対仏同盟から離脱し、ライン川河畔の戦域は縮小され、イタリアはフランス陸軍のために栄光の新戦場を開放した。この戦役における作戦線もまた複線であった。前任者よりも優れていたクレールフェイトは、デュッセルドルフおよびマンハイムを経て作戦することを望み、集団を交互にその作戦線の両点に到達させ、マンハイムおよびマインツの作戦線において決定的勝利を得たので、フランス軍のサンブル――ムーズ軍は、モーゼル川を援護するためにライン川を再渡河して撤退せざるを得なく、ピシュグリュをランダウに再度戻さなければならなかった。

一七九六年におけるライン川河畔の作戦線は、一七五七年の、また一七九四年のフランドルの作戦線にならって計画されたが、その結果は一年前におけるものとまったく異なっていた。ライン軍およびサンブル――ムーズ軍は作戦基地の両末端から出発し、ドナウ川に向かって集中すべき方向を執ったが、一七九四年と同様に二つの外線を形成した。コーブルク皇太子よりも敏腕のカール大公は、自己の内線の利を生かして、部隊を集中する地点により接近させ、ついで彼はモローの眼から避けて行進し、ラトゥール・モブール将軍(78)の軍団を掩蔽しているドナウ河畔に直ちに到達し、ジュールダンの右翼に全兵力を投入して圧倒した。ヴュルツブルクの戦いはドイツの運命を決定し、巨大線に広げていたモロー軍は撤退を余儀なくされた。

ナポレオンはイタリアにおいて非凡な将来を辿るべき道を歩き始めた。彼の戦いの方式はピエモンテ軍とオーストリア軍をそれぞれ孤立させることである。彼はミッレージモの戦闘により、敵に二つの外的戦略線を執らせ、モンドヴィーの戦闘、ついでロディの戦闘で敵を順次に撃破した。ナポレオンが攻囲するマントヴァ要塞を救援するためオーストリアの大軍がチロルに集中しようとしていた。オーストリア軍は二個軍団が湖により分離して行進する過失を犯し、行進の迅速性はフランス軍よりも劣っていたので、ナポレオンはマントヴァ攻囲戦を一時断念して、ブレシアの隘路から出る最初の敵縦隊に対して、主力を以て攻撃し、撃破して山地内に後退させた。二番目の縦隊も同地に到達したけれども、そこで撃破されチロル地方に退却し、右側方の縦隊と連携を執らざるを得なくなった。これらの教訓を得ることなく、ヴルムザーはロヴェレートおよびヴィチェンツァの両線を援護することを欲していた。ナポレオンが最初の縦隊をラヴィス方向に圧倒して撃退した後、攻撃方向を右側方に変え、左側方の作戦線に向かいブレンタ川峡谷で敵を攻撃し、この大軍の敗残兵をマントヴァに逃走させ、そこで漸く降伏させることになった。

一七九九年に戦争が再開し、フランス軍は一七九六年における二つの外線を形成するのに失敗したが、このような状況下でライン川やドナウ川河畔に三つの作戦線を形成し、左方の軍はバ・ラン県を監視し、中央軍はドナウ川に向かって行進し、イタリアおよびシュヴァーベンの側面を固めるスイスは、他の二軍と同様に第三番目の強大な軍によって占領されていた。この三つの軍団は、作戦基地から約八十リューの距離にあるイン川渓谷においてのみ集結可能な状態であった。カール大公は同等の兵力を有していたが、シュトッカッハの戦いで圧倒した中央軍に対し軍を集結したので、スイス地方に在るフランス軍はグリゾンおよびスイス東方に退避せざるを得なかった。

連合軍もまた敵と同様な過失を犯したのである。すなわち、後に高価を払うことになる中央の堡塁の奪取を追求しないで、連合軍はスイスおよびバーラン県に複作戦線を形成した。スイスに在る軍はチューリッヒにおいて圧倒され、一方のバーラン県に在る軍はマンハイム地方で遊兵となっていた。

イタリアにおけるフランス軍はナポリに二つの企図を有していた。そのナポリで三万二千人の兵士が無為に占拠していたが、大打撃戦が実施されるべきアディジェ川河畔ではこの軍はあまりにも弱体で酷な不運に遭遇した。ナポリ軍がイタリア北部に帰還して、モローの軍隊と反対の戦略方向を採用することで失策をなした(79)。一方のスヴォーロフ(80)は配備していた中央陣の利益を巧みに得て、ナポリ軍の最初の部隊に対し前進して、他軍から僅かに離れている距離のところでその部隊を撃破した。

一八〇〇年には形勢はまったく変化し、ナポレオンがエジプトから帰還し、その戦役において作戦線の新たな術策を編み出している。すなわち十五万の兵はスイスの両側面に急行し、一方はドナウ川の側面に、他方はポー川河畔に進出した。この巧緻な行進は巨大地域の征服を確実にするであろう。この時まで近代史において未だ類似の術策は出現していない。フランス軍は互いに支援し得る二つの内線を形成している。これに対してオーストリア軍は相互に連絡が取れない外線的方向を採らざるを得ないように形成されていた。フランス軍の巧妙な術策によって、予備軍は敵の作戦線を遮断し、フランス軍自体が国境およびライン軍との関係を十分に維持し、第二次線を形成するのである。

付図１は、この真実および二つの交戦両軍の各状況を提示している。ＡおよびＡＡは、予備軍およびライン軍の作戦正面を示している。ＢおよびＢＢはオーストリア軍メラスおよびクレイ将軍の作戦正面である。ＣＣＣはサンベルナール、シンプロン、サンクトゴッタルド、シュプリューゲンの各峠を示す。Ｄは予備軍の二つの作戦線を示している。Ｅはメラスの撤退路を描写している。ＬＧはマレンゴで起きた衝突を印し、ＨＪＫは後退路線を維持するフランス師団を示している(81)。メラス将軍は自己の基地から遮断され、反対にフランス軍の将軍は、国境および第二次線との連絡を完全に維持していたので、危険に遭遇することなく行動が可能であることが解る。まさに戦役全体の概略を示す注目すべき事象の分析は、軍事行動における機動線の選択の重要性を認識するに十分ではないかと思う次第である。このことは実際に

付図1

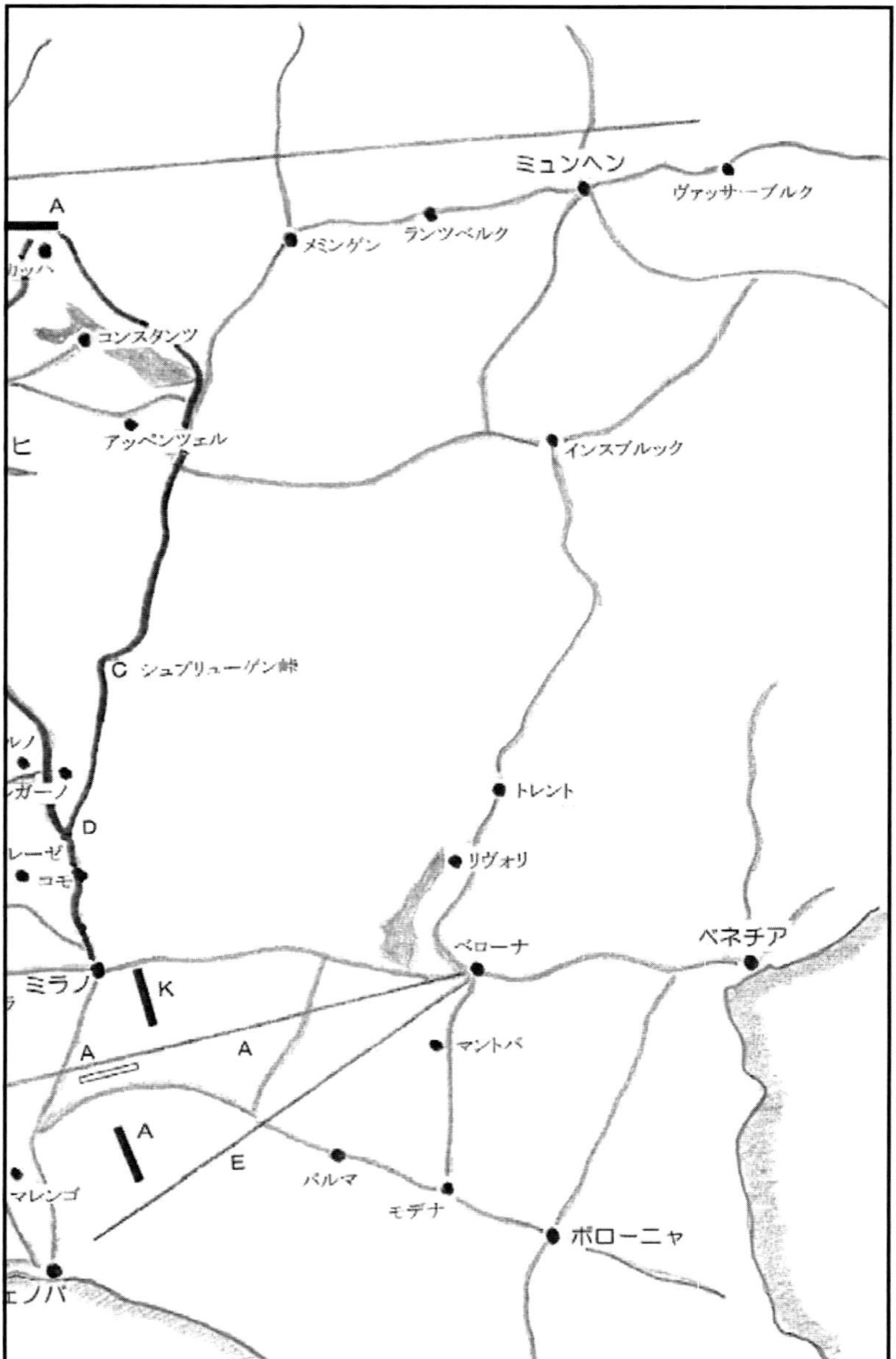
ミュンヘン
ヴァッサーブルク
A
メミンゲン
ランツベルク
コンスタンツ
アッペンツェル
インスブルック
C シュプリューゲン峠
トレント
D
コモ
リヴォリ
ベローナ
ベネチア
ミラノ
K
A
A
マントバ
A
E
パルマ
マレンゴ
モデナ
ボローニャ

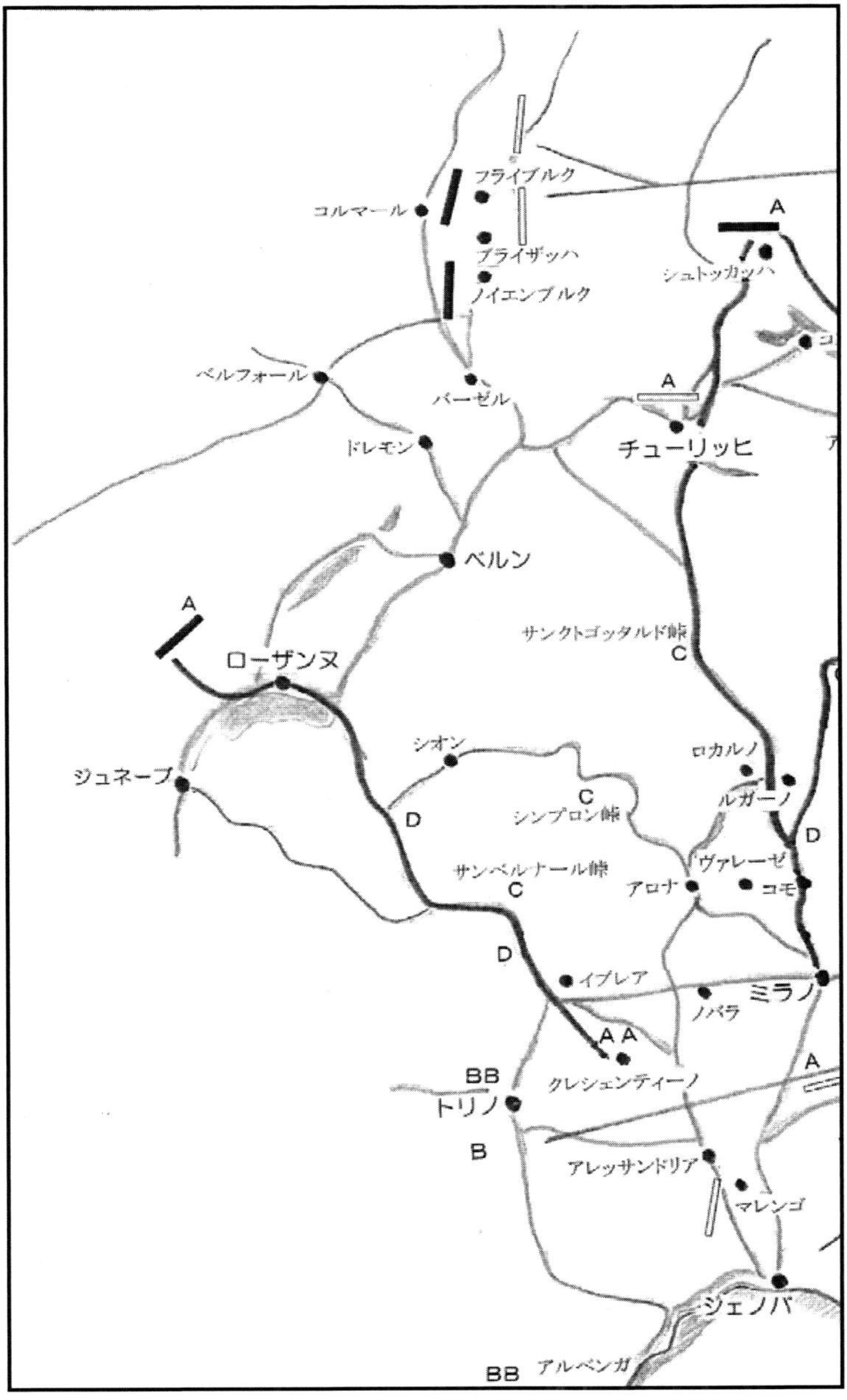
フライブルク
コルマール
ブライザッハ
ノイエンブルク
A
シュトッカッハ
ベルフォール
バーゼル
A
チューリッヒ
ドレモン
ベルン
A
ローザンヌ
サンクトゴッタルド峠
C
シオン
ロカルノ
ジュネーブ
C
シンプロン峠
ルガーノ
D
D
サンベルナール峠
C
ヴァレーゼ
アロナ
コモ
D
イブレア
ミラノ
ノバラ
A A
クレシェンティーノ
BB
トリノ
A
B
アレッサンドリア
マレンゴ
ジェノバ
BB
アルベンガ

敗北の不幸を補い、侵略を防止し、勝利の利得を拡大し、ある国の征服を保証し得るのである。

成功した最も著名な戦役の術策およびその結果を比較する際に、前にいくつか反覆して示した基本原則に関係があることが解るであろう。つまり、単作戦線および内線作戦線は最も重要地点に、また戦略的機動の手段、敵よりも多数の師団、強大な集団により、作戦中に設定されることを目的としている。さらに、戦敗を招いた者は基本原則に反する過失があったことを納得するであろう。なぜなら、作戦線が多過ぎる場合は、圧倒する敵集団に対し、薄弱となり、孤立する部分を顕す傾向があるからだ。

作戦線に関する格言

一八〇五年最初の出版本(82)の中に掲載された本章の中から前記の事象について、引き続き再度十分に分析した結果から、次の格言を引き出し得ると私は信じている。

1　戦争術が作戦域の決勝点における戦闘に可能な限り最大の兵力を投入することにあるならば、この目的を達成する主要な手段である作戦線の選択は、良き作戦計画の基本的な根本原理として考えられる*。ナポレオンはこのことを一八〇五年におけるドナウヴェルトに向かう、また一八〇六年のゲーラに向かう任務を自己の集団に与えた作戦方向により証明したのである。この巧妙な機動は軍人による考察があまりなされていない。

*私は予め全般作戦計画を描くことは不可能で在ることを繰り返し述べることにする。分かっているのは到達を意図する目標地点を示し得る最初の計画、ついで目標地点に到達する一般的な方式、そして、そのために形成する最初の企図のみである。その他の目標は当然最初の作戦の結果と作戦中に生じる新たな機会に依存することになる。

2　作戦線を取り決める作戦方向は作戦域の地勢的状況のみならず、次のことは後で明らかにするが、戦略的な戦場に存在する敵部隊の位置によって決定される。しかし、如何なる場合においても作戦線の方向は、敵部隊の中央あるいは一翼に対してのみ向ける術を心得る必要があろう。ただ、我が限りなく優勢な兵力を有する場合においてのみ同時に敵の前面および両翼を攻撃することが可能となろう。他の状況ではこれは重大な過失を招くであろう**。

**軍の優劣を兵士の数だけで謀ってはならない。それらの数量的な割合は大いに関係はあるけれども、指揮官の能力、部隊の士気、軍組織の質、また兵種の均衡、その優越は常に相関している。

一般的に次の原則を定めることができよう。もし敵が過大に拡張した正面に兵力を分散する過失を冒した場合は、最上の機動線の方向は敵の中央部に指向し得る。しかし、その他のすべての場合において、機動線の方向の選択が自由にできるときはその一翼に向けて、次いで敵の防御線および作戦正面の後背に作戦方向を指向しなければならない。

機動線の方向の利点は、単に敵軍の一部でしかない一翼に方向を指向するだけは得られず、むしろ敵の防御線の後背に脅威を与えることの方が大きな利点が得られるのである。その例は次に示す。ライン軍が一八〇〇年にシュヴァルツヴァルト（黒い森）(83)の防御線の最左翼に到達し、戦闘をほとんど交えることなく敵を屈服させた。次いでドナウ川の右岸に達し、二つの戦闘を行ったが決定的成果を得なかったけれども、作戦線の良好な方向によって、シュヴァーベンおよびバイエルンへの侵攻の誘因となった。最右翼方向に、次いでメラス軍の後方に対して、サンベルナール峠およびミラノ経由で予備軍を投入し、行進させた結果、再び多くの輝かしい戦果を得たのである。これらのことは十分に原則を思い知らされるのである。

この機動は全体にアルプス地図（付図１）上に線引きした線に類似していることが分かるであろう。少なからぬ閉鎖的なある方式と明白に矛盾しているのだが、敵の作戦基地に平行する作戦基地を求め、また三角形の頂点が敵の戦略正面の中心に指向する九〇度の角度を形成する複作戦線を求めるのは真実である。もちろん以上の格言が望ましいことを示すためにすでに十分記述してきたのであるが、しかしながら、ビューローの解説者たちが書き加えすぎて誇張された状況を気にかけないかぎり、また必要とする複作戦線が後で見るように国内でないかぎり、敵の中央正面に作戦行動を実施する必要があるときに、ビューローの直角の方式の採用を妨げるものは何にもないのである。

3　敵の作戦正面の一端に達したにもかかわらず、後方に及ぼす安全なくしてこと足りるということを信じるのは不可である。なぜなら、この種の行為のような場合には、自己の連絡線が遮断されることがあるからである。この危険を避けるために、軍は作戦線に地形および戦略的方向を考察する必要があり、後退線を確保して後方を安全にするか、もしくは軍が作戦線の変更により作戦基地に戻ることを可能にする一翼に達することが重要である。作戦線の変更については後述する（格言12を参照）。

そのような方向を選択することは非常に重要であるので、その決定如何だけで指揮官として将軍の重要な資質を示すものであり、そのことをより理解するために二つの例を述べることをお許し願いたい。

たとえばナポレオンが一八〇〇年に、サンベルナール峠を通過した後、トリノを経てアスティあるいはアレッサンドリア方面に右側を前進し、あらかじめロンバルディアおよびポー川左岸を確保することなく、マレンゴにおいて戦闘を行った。その状態から判断してメラスの後退路よりもナポレオンの後退路の方がより完全に遮断されたであろうが、しかしナポレオンは、必要となればサンベルナール峠方面の次級のカザレおよびパヴァイアの二点を有しており、またアペニモ山脈方面のサボナおよびテンダを有し、ナポレオンは不利な場合にはヴァールあるいはスイスのヴァレー州に退くすべての手段を有していた。

付図2　1806年の戦略隊形

作戦線の方向について５つの格言の理解に資する

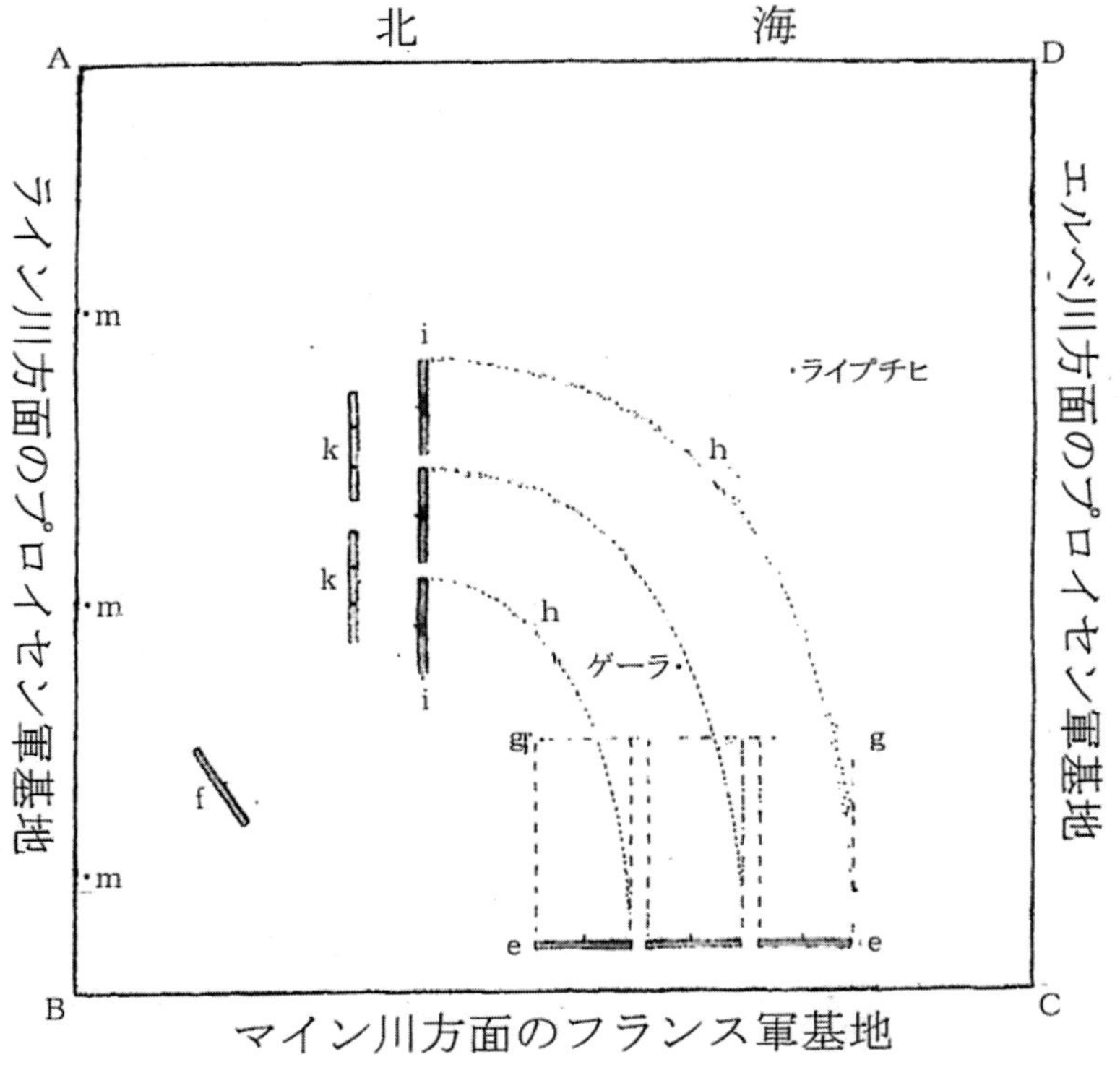

マイン川方面の基地から発進したフランス軍はフランケン山脈の背面から **g.g** に集中する。ついでフランス軍はエルベ川方面の基地からプロイセン軍（**k.k**）を遮断するために戦略正面の転換（**h.i**）を実行する。そのことはプロイセン軍の連絡線 **h.g.e** のすべてを網羅するのである。

同様に一八〇六年の戦役（付図2を参照）で、もしナポレオンがゲーラからライプチヒの右側方向に前進していたならば、そこでワイマールから戻ってくるプロイセン軍を待つこととなり、ブラウンシュヴァイク公爵がエルベ川の基地から遮断されたのと同様に、ライン川の基地を遮断されたであろう。ナポレオンはゲーラからワイマールの西方に戻るとき、ザールフェルト、シュライツ、ホーフの三経路の作戦正面の前方に位置していた。その三経路は十分に防護された後方連絡線であった。最悪の場合にプロイセン軍は、ゲーラおよびベイリュース間に投入してナポレオンの後退路線を遮断することを考えたのではなかったか。さすればプロイセン軍には、最も自然な線であるライプチヒからフランクフルトへの良好な敷石の道路と、その上ザクセンからカッセルを経てコブレンツ、ケレン、ヴエーゼルまで至る十の道路が解放されていたはずだった。以上、これらの方策に関する重要性を証明するには十分であるので、次に述べる格言に戻ろう。

4　慎重な作戦を遂行するには同一国境において二つの独立軍を編成してはならない。そのような編成方法は大同盟か、あるいは通常の場合よりも多くの危険な障害に身をさらすことなく、同一作戦地帯で戦闘を遂行しない巨大な兵力を有する場合においてのみ可能である。それでも二つの独立軍を編成する場合には、常に二個軍のうち主力軍に属する将軍一人の指揮官の隷下に置くことがより優れた価値がある。

5　前項で述べた原則によれば、同一の国境で同等の兵力の二個軍は、複作戦線を採用するよりは単作戦線の方が有利であることは確実となろう。

6　しかしながら複作戦線は次の場合に必要となる。まず戦域の地勢により、ついで敵が我と同様複作戦線を採用して編成する大集団の各軍団に対し、軍の一部を対抗させなければならない場合である。

7　この場合、内線作戦線あるいは中央作戦線は複外線作戦線より好ましいことがある。なぜなら内線作戦線を保持する軍は、二個軍間の作戦計画を各部隊に共有させることが可能となるし、またその戦いの成功を確実にするために敵の集中に先んじて大兵力を集中することが可能となるからである*。

*軍の各部隊が主力からある程度行進しなければならない程度に離隔している場合、特に戦役全体として単独で行動しない時には、勝利を確実にするのは中央の戦略陣地であって、複作戦線ではない。

複作戦線がそのような利点を与える状況にある一個軍は、非常に複雑な戦略的運動により、交互に打撃を与えて敵部隊を連続的に圧倒することができよう。この運動の成功を確実にするには、敗戦したままに留まっている敵軍の一部の前方に監視部隊を残置し、その部隊が激戦に陥らないよう指示し、ついで地形の起伏を利用して敵の前進を抑留するだけで、主力軍に帰隊するように為さなければならない。

8　複作戦線は明らかに兵力優勢の場合に適しているので、二個軍団は敵により各個に圧倒されることなく二方向に機動が可能となる。この仮定において問題は、唯一の点に集中しすぎる欠陥があり、優勢の利点を奪われてしまい、一方、兵力を減少して一部でもってしては行動ができなくなる。にもかかわらず、複作戦線を形成するときは、戦域の地勢および二個軍団のそれぞれの状況により、最も重要な役割を果たすことになる軍の一部を常に正当に増強する賢明さが必要であろう。

9　最近の戦争の主な事象は、それぞれ異なる二つの格言の適切さを明らかにしている。第一の例は、兵数優勢な二個集団の敵に対し、相互支援され、相対し、ある程度距離が離隔している内線にある二個集団が、敵により狭隘な地に押し込められても、同時に圧迫されたままにならないことである。その実例はナポレオンの有名なライプチヒの戦例に見るごとしである*。第二の例は内線作戦線にあって、内線作戦線相互が大距離に拡大して、逆方向に過剰に離隔させないことが必要である。この様な時は、監視している補助的な軍団に対し、敵が決定的な成功を獲得する機会が生じるのである。しかしながら、追求する主たる目的が非常に決定的で、戦いの全体の運命がその目的達成の如何によって決まるような場合には、このやり方が採られることがある。この場合において二義的な地点に起こることは無視してよい。

＊ライプチヒに先立つ最後の移動において、ナポレオンは実のところ唯一の作戦線しか有せず、彼の軍は中央戦略的陣地のみを形成していただけであった。しかしその中央陣地に適用される同例もまた作戦線の原則に則った例証である。

10 同様な理由により複求心作戦線は複離心作戦線より利がある。前者は戦略原則に一致し、さらに連絡線および軍需品を防護する利を与える。しかし軍が危険を免れるためには、二個軍が合一の措置をする前に敵の合一した兵力に個別に遭遇しないよう術策を準備しなければならない。

11 しかしながら離心作戦線は、戦闘に勝利した後であれ、敵軍の中心を敗って兵力分離に成功した戦略的作戦の後であれ、望ましい作戦線である。それ故、分散する敗敵の息の根を止めるために、集団に中心から離れた方向を与えることは当然のことでなければならない。つまり、分散する方向に向かったといえども、この集団は内線作戦線にあるとみなされる。つまり、この集団は敗走する敵の集団よりは相互に接近をもたらし、集中しやすいのである。

12 時折、軍は戦いの中途で作戦線を変更せざるを得ない場合がある。これを偶発的作戦線の名称で示してきたのであるが、この機動は最も難しくかつ最も重要であり、大なる成果を得ることがある。しかし明敏な方策に欠けるときは大失敗もあり得るのである。なぜなら困難な状況にある軍を救援する時以外はほとんど用いることはない。フリードリヒ大王がオルミュッツの攻囲戦を遂行した後、同様な作戦線の変更を実行した例を『大作戦論』の第十章に掲載している。

ナポレオンはいくつかの作戦線の変更を企図した。なぜなら、彼は大胆な侵攻作戦において予期しない事象に対処すべき同様な企図を有する習慣があったからである。アウステルリッツの戦いの時、不利な状況の場合に際して作戦線をボヘミア経由でパッサウあるいはラティスボンに変更して解決したのであった。いくらか荒廃しているウィーンの地を奪取する代わりに、新しくかつ豊饒であったボヘミアの地に向けたのであり、かたやカール大公はそのことを予察していたのである。

一八一四年にナポレオンはより大胆な機動を遂行し始めたが、地方により少なくとも支持されており、彼はアルザスおよびロレーヌの城塞地帯を根拠地とし、連合軍にパリへの経路を開放したのである。もしモルティエおよびマルモンがナポレオン軍本隊に加わっていたならば、またその上五万人の兵数を有していたならば、この企図は最も決定的な結果を伴っていたであろう。そして彼の輝かしい軍事経歴として刻印が押されたであろう。

13　前述の第二番目の格言のように、国境の地勢や作戦域の自然地形は、作戦線より生じる利益と同様に、作戦線の方向に大きな影響を及ぼすのである。敵に対し突出した角度を形成する中央配備は、ボヘミアやスイスのように、最も大きい利益がある。なぜなら、その中央配備は自然に内線作戦線を形成するし、また敵の側背を攻撃することが容易であるからである。この突出した角度の両側面は非常に重要なので、堅固にするために自然の地形・地勢を利用し、あらゆる技術資源を投入しなければならない。

突出する角度を有する中央配備が欠如すれば、次の説明図のように機動線のおよその方向により補うことが可能であろう。

ＣＤはＡＢの軍正面の右翼に機動し、ＨＩはＦＧの左翼に向かう時はＡＢ、ＦＧの外線作戦線の各両端に複内線作戦線ＣＫおよびＩＫを形成し、その複内

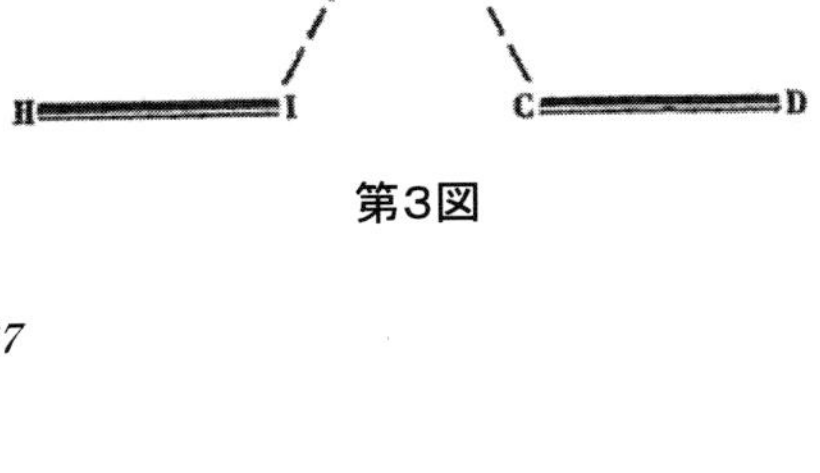

第3図

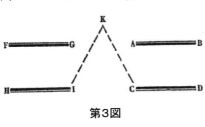

線作戦線は交互に総兵力を集中して敵部隊を各個に撃破することができるであろう。その方策は一七九六年、一八〇〇年、一八〇九年(84)の諸戦役における作戦線に結果が示されている。

14 作戦基地の全般地形もまた、作戦線の方向に大きな影響を及ぼす。もちろん作戦線の方向は各作戦基地の状況に依存するのである。また、このことはこの章で前に記述したことを思い起こせば確かめることができる。実際、37頁の前述項に記載されている付図の簡単な例から、国境および作戦基地の形態から生じる大きな利益は、敵の作戦基地に垂直な作戦線の延長線上に存在する。つまり敵の作戦線に平行であることが分かるであろう。そのことは敵の作戦基地に通じる地点上の作戦線の占領を容易にし、また、敵軍の連絡線を遮断することになるであろう。

しかし、もしみずからの作戦を決勝点に向けずに、作戦線の選択を誤るならば、作戦線に垂直な敵の作戦基地に対するすべての利益は失われるに違いない。Ｅ軍がＡＣとＣＤの二つの作戦基地を所有し、ＧＨの右翼方向に延びずに、Ｆ地点の左翼に前進するならば、作戦基地ＣＤの戦略的利益のすべてを失うことは明白であろう。

したがって作戦線の方向を適切に定める大妙術は、今まさに見たように作戦基地および軍の行進との関係を考量し、自己軍の連絡線を危うくすることなく敵の連絡線を遮断するように可能ならしめる方策にある。このことは最も重要な戦略的問題にして最も困難な問題である。

15 前述の場合とは無関係に、決定された作戦線方向に関して明らかに影響を及ぼすことがもう一つ存在する。すなわち、その戦役において多数の勢力を有し、無傷である敵の面前において大河川の渡河を実行する主要な企図が含まれている場合である。

この場合作戦線の選択は、指揮官である将軍の意志のみに、あるいは指揮官が敵の作戦線のある部分に対して攻撃できる利益のみに依存しえないことはよく感ぜられることである。なぜなら、最初に考えられることとは、より確実に渡渉可能な場所を知ることであり、これを実行するに必要な具体的手段をいかに見出すかを知ることであるからである。一七九五年にジュールダンが実施したデュッセルドルフに向かうライン川の渡河の理由と同様に、一八三一年にパスケーヴィッチ元帥(85)がオシークに向けてヴィスワ川の渡河を決心した理由は何であったのか。すなわちその理由とは、ジュールダンは船橋の装備一式を十分保有していなかった。したがってフランス軍はオランダで購入した大きな商船を遡航させなければならなかった。ロシア軍も同様にトルンおよびダンツィッヒで商船を購入し遡航させた。この二つの状況において、渡河地域はプロイセンの中立的地域であったので、敵はそれらの航行を妨害することができなかった。これらの船は河川の流れに遡航することが容易であったのである。この容易性は一見計り知れない利益、一七九五年および一七九六年の二度にわたるフランス軍の侵攻を導いたが、にもかかわらずそのことがまさに失敗を招いたのである。なぜなら、そこから生じた複作戦線により、軍が部分的に敗北を被る手段を与えてしまったからである。パスケーヴィチは思慮深く、補助的な単一の派遣部隊のみをヴィスワ川上流を渡河させた。しかも、すでに主力軍がウォーヴィチに到着した後のことであった。

軍船橋を十分保有しているときは、渡河の不安定さの懸念に左右されることは少ない。しかしながら、渡河地域の特性や敵軍の配備によって最大の成功の機会を与える渡河地点を選定しなければならない。一八〇〇年におけるライン川の渡河についてナポレオンとモローの間で議論が行われたが、私はその議論を『革命戦争史』(86)の十三巻に記載した。この議論は戦略および戦術についての問題を示す最も綿密で異色な方策の一例である。

勝利を得た後に、少なくとも敵の逆襲に対して必然的に船橋を援護する必要性があるので、渡河地点の選択は渡河に引き続いて最初の前進に適する方向に影響を及ぼすのである。にもかかわらずその選択は、どんな場合にもまさに原則の適用を示しているのである。なぜなら終局的に中央あるいは側端の主渡河の二者択一の選択に限定されるからである。

少々延びた警戒線に対して、中央地点の渡河を余儀なくされて合一した軍は、警戒線の一部隊を潰走させるために二つに分岐する作戦線に分けて、敵を合一できないような状態にすると、船橋についてほとんど懸念することはないのである。

もし河川の巾線が短く敵軍がより集中したままならば、また渡河後河川に垂直な戦略正面を築く手段を有するならば、その時に船橋方向の外側の敵部隊を駆逐するために河川の側端を渡河するのがおそらく良いであろう。さらに河川渡河に関して第三十七項でこの主題を取り扱う。

16

なお渡河について見逃してはならない作戦線に関する別の方策が存在する。自国において定める作戦線の可能性あるいは敵国内で定める作戦線の可能性との間には著しい違いがある。敵国内の特性も作戦線の成功の可能性について影響を及ぼす。軍がアルプスやライン川を越えイタリアもしくはドイツで戦いを遂行するとしよう。まず軍は次等級の国々を見出そうとするであろう。そしてそれらの国々の指揮官たちが互いに同盟を結んでいるとしても、これらの小国、また同様に住民たちの現実の利益の中には衝動的な統合を妨害する競争心や、大国に対して感じる圧力が存在する。逆にフランスに侵攻するためにアルプスあるいはライン川を通過するドイツ軍の作戦線は、イタリアに侵攻したフランス軍の作戦線よりもより多くの危険にさらされる。なぜなら第一に、フランス軍の統一された行動力と意志を有する総集団の兵力と衝突することになるからである*。

*二国間の戦争において、また内部に擾乱のない国における通常の可能性について、ここで私が述べたことをただ理解させたいだけなのである。党派間の争いの可能性については例外である。

防御に任ずる軍は、自国に作戦線を有し、自国の住民、行政機関、産業、都市、要塞等、公的倉庫および個人の特殊倉庫、兵器廠、嗜好品など、すべての資源を有することができる。しかし、他の国では少なくとも普通の状態ならそうはいかないのである。自国の国旗に対抗する色の旗を常に見ることはなくても、このような場合においてさえも、民衆の力の諸要素の中に敵が自国に対するあらゆる有利性を見出し、いっそう対抗することになろう。

私は地方の特性もまた作戦線の可能性に影響を及ぼすことを述べた。実際に今表現した変化の作戦線のほかに肥沃な富める産業地方における作戦線の設定は、より不毛で荒涼とした地方における作戦線よりも多くの有益性を攻者に与えることは確かであり、特に国民全体と戦わないときは有益である。肥沃で、産業に富み、人口の多い地方においては、軍全体にとって無数の必需品を見出すことが可能である。一方、小屋と麦わら、馬の飼料を得るだけで、残りの必需品すべてが満たされない地方では、軍自体で軍需品を運ばなければならない。したがって戦いの困難性は限りなく増大し、活発で大胆な作戦は滅多に遂行できないし、多くの危険が伴うであろう。シュヴァーベンにおける快適さと富めるロンバルディアに非常に慣らされていたフランス軍は、一八〇六年にウトゥスクの泥濘に、また一八一二年にリトアニアの沼沢森林にほとんど消滅してしまった。

17

さらに作戦線に関する法則がある。この法則については幾人かの著者が高度の重要性を主張している。そのことは作戦線が幾何学の公式に陥っているときに非常に正しいように思える。しかし、実際の適用においては空想のような類に入るであろう。この法則によれば、各作戦線の側面の地域はすべての敵を作戦線の深さと等しい距離に排除することが必要であるとしている。さもないと敵が後退線に脅威を与えることになるとしている。以下述べるように、幾何学的に解釈する考えは、《中心が真ん中（**mittelstes Subject**）にあり、半径（**Halbmesser**）が作戦線の長さに等しい半円の外側に敵を撃退するまでは一作戦を安全に遂行できないのである》としている。

次に多少理解困難なこの原理を立証するために、以下を示しておく。反対側に延びた直径を有する円周の角度は、直角を形成し、その結果、作戦線としてビューローによって求められた九〇度の角度が示された。つまりこれは有名な戦略的カプ・ポリチ(87)こそが唯一の道理にかなった理論である。そこから寛大に結論を下すならば、戦い自体が三角法で行われることを望まない人々は無学である。

この格言は熱烈に支持され、また大変もてはやされた記事にされたけれども、戦いが起こるたびに、否定されるようになった。国土の自然・地形、河川の流れや山脈、両軍の士気、民衆の精神、指揮官の能力や活動力の状態は、角度、直径、円周でもってしては測定できないのである。おそらくある程度の勢力の敵軍団が、大いに懸念される後退線の翼側に対して黙認するかどうかは分からないのである。しかしこの格言を極端に推奨することになれば敵国において第一歩をなすすべての手段を奪われてしまうであろう。最近の会戦やいわゆる数学的法則の価値のなさを明らかにしていないオイゲン公(88)やマールバラ公(89)の戦いにも見られないのだから、それだけますますこの格言から解放されるのは当然である。一八〇〇年にウィーンの城門にいたモロー将軍は、オーストリアがまだフッセン、シャルニッツ、全チロルを支配していたことを知らなかったであろうか。ピアチェンツァに滞在していたナポレオンは、メラス軍がトリノ、ジェノア、テンダ峠を占拠していることに気付いていたであろうか。私は最終的に、サヴォアのオイゲン公の軍隊がトリノを支援するために、作戦基地から数里離れたミンチオ川にフランス軍を残したまま、ストラデッラおよびアスティを経由して前進した時、どんな幾何学的図形を形成したのであろうか、と問うてみたいものだ。

私の考えでは、これらの三つの事象を挙げるだけで十分である。なぜならナポレオンやフリードリヒ大王のような天才の前のみならず、スヴォーロフ元帥やマッセナ元帥などのような偉大な気骨のある軍人の前では幾何学者のコンパスが色あせてしまうことを証明することができるからである。

しかしながら、私は、非常に高度の段階まで計算を学んできて、学術に精通した将校たちの能力を決して見下しているのではない。それどころか私はそのような将校に深い敬意を抱いているのである。しかし、私の経験から次のことを考えていることをお許し願いたい。将校たちの学術が築城や防御陣地の構築あるいは攻撃に、そして計画の作成および地図・表図の作成に欠くことができないとしても、またその学術が実務に適用する方策のすべてに現実の効用があるとしても、学術は静力学の法則に支えられて、そこから精神の推進力が主要な役割を果たす戦略、大戦術の方策において若干の助けのみにならざるを得ないであろう*。尊敬すべきユークリッド幾何学(90)派の人たちと同様な軍人は、実際に軍を巧みに指揮する最も高い能力があるだろうが、名誉と成功でもって軍を指揮するためには少々三角法を忘れなければならないであろう。少なくともナポレオンがとった方策、その最も輝かしい作戦は、まさに精密科学よりも学芸の詩歌の分野に入るように思える。つまりその理由は単純なもので戦争は情熱的な劇であり、まったく数学的な作戦行動ではないからである。

＊人は一般に戦略は特に作戦線の手段を術策することであることに反対するであろう。そのことは真実であろう。しかしこれらの作戦線の一つが、適切な地点に、あるいは深淵に至らせるかどうかを知るために、また到達したい点の最短距離を予測するために、幾何学の必要性はないのである。なぜなら一枚の配備図はコンパスよりも有効であろう。私は数学者ラプラスに概ね匹敵する将軍を知っていたが、彼になぜある戦略線が他の線よりも望ましいか、またオランダ地域が大陸国家の軍隊によって特に守られる時に、ムーズ川の線がいかにオランダにとって重要であるかを決して理解させることができなかったのである。

人々はこの様な私の脱線する話を許してくれるであろう。私の話はうぬぼれた表現であると非難されてきた。その非難に対して、私は私自身が守ることは当然であり、自分の批判に望む唯一の厚意であり、また自分が批判者に対して公正であるように相手も自分に対しても公正であることである。批判者たちは定形的論争を望み、あまりにも杓子定規的である。自分は論争を活発に、大胆に、猛烈に、時折実に大胆不敵に遂行するであろう……スウーム クイック（Suum cuique：誰にでも彼の与えられるべきもの）(91)。

杓子定規な法則と同じ原則から生じるあらゆる慎重さを妨げようとすることは少しも考えていない。なぜなら杓子定規な法則を無視すると何が起こるか分かったものではないからである。しかし、幾何学的な戦争遂行に帰着することは大将軍の天分に鉄鎖を科することとなろう。そして過剰な衒学趣味のくびきに屈服するであろう。私の弁明のために同様な理論に対して、また無知なる弁明に対しても私は常に反論するのである。


内線作戦線およびその作戦線が意図した攻撃に関する考察

私は、この項では主題となった論議に関してここに一言付け加えるために、しばらく注意をそらすことを読者に対してお詫びしたい。私はこの項の終末でこの考察を記述するかどうかためらった。しかし、この考察が先に述べた教説に関して有益な説明が含まれるので、ここであらためて考察を述べた方がよいと思った次第である。

私に対する批判者の非難点についてまったく同意することはできなかった。その批判者のいく人かは、用語の意味や定義について異議があったし、その他は批判者が理解し得なかった若干の見解点に対する非難があった。後者は、最終的に私の根本的な教説を否定するために、これらの教説を変更するような条件が、彼らが推量する教説（私は正式に否定するものであるが）と実際に同様であるかどうかを懸念して問うこともなく、また正しく、教説の適用を認める際に、偶然に惹起した例外的な事象が当代の経験によって、また原則に基づいて是認された法則を破ることができないことも考えることなく、ある重要な事象の条件を取り上げて非難したのである。

私の内線作戦線あるいは中央作戦線に関する格言に異議を唱える軍事著述家の多くが、ライプチヒに向けて行った原則に反する方式によって成功した連合軍の有名な行進を私の作戦線の格言と対立させた*。この忘れがたい事象は、一見して作戦線の原則を信じる軍人たちの信頼を動揺させるように思える。しかし、永遠の歴史における非常に格別な希有の場合に現れる他に、多くの例により支えられる法則に対し結論づけられるものは何もないことは明白であろう。これらの事実から示してきた教説に対する最小の反論を引き出すことができるどころか、教説が逆にまったく揺るぎない信念になることを示すのは容易だろう。実際に私の批判者は、相当の数の優位にある場合、私が優勢な軍隊のために最大の利益として複作戦線を推挙したことを忘却してしまっている。特に軍が集中し、決定的な突撃の瞬間が到来するやいなや、敵に対して共通の努力を遂行するように指揮運用される場合がそうである**。ところでシュヴァルツェンベルク、ブリュッヒヤー(92)、スウェーデン皇太子、ベニヒセンの各軍による前進において、私が採用した方式に有利となるに相違ない、数の上での優勢な場合をまさに想起するのである。劣勢な軍に関しては、この章で述べた原則に従うように、敵の中央でなく一翼に対して努力を指向することが必要であろう。したがって私に反する意見に抗して私の格言を二重に証明することになる。

*私が作戦線の格言をはじめて提示したのは三十三年前のことである。ナヴァールで起きた最新の出来事は、作戦線の原則がどのくらい正しいか、また非常に単純な原則がどの程度に無視されているかを示しているのである。間隔が広がった三つの大軍団によって脅威を受けていたドン・カルロス(93)の部隊は、有利な位置にある中央配備により完全な勝利を獲得した。無知な者がエヴァンズ(94)の敗北を不変の原則を無視したことが唯一の敗因であると知った時に、その無知な者は敗因を裏切りと叫ぶのであろう。もしスペインにおいて一〇年来次々に後を継いだ将軍が、一〇年来の原則を適用するよう気をつけていたならば、同様な敗北を被ることはなかったであろう。しかし、読書や瞑想することは無敵であることを不断に自称する男たちにとってあまりにも

通俗的なことである。

＊＊『大作戦論』 第Ⅱ巻 第十二章一五八頁を参照。

さらにもしドレスデンとオーデル川間にナポレオンが採用した中央配備が、彼にとって致命的になったとするならば、一言で言えば結局作戦線方式とはまったく無関係に実行した失策によって、クルム、カツバッハ、デンネヴィッツの戦いが失敗に帰したのである。私が提案する作戦方式は、あまり重要でない地点においては守勢の状態を維持して、最も重要な地点に対して主力を以て攻勢を遂行することにある。堅固な防御陣地あるいは河川の後方において、決定的打撃を遂行し、敵軍の中枢の防御陣地が完全に崩壊して作戦が終了するまでは、他の地点に対する脅威に警戒努力を払うことができるようにする。優勢な軍が欠如している間に、補助的任務を有する軍が決定的敗北にさらされるのは、作戦線方式の採り違いであり、まさしく一八一三年のライプチヒ会戦で惹起した事象である。

実際に、もしドレスデンで勝利したナポレオンが、クルムでの敗北どころかボヘミアに君主の軍隊を追撃していたならば、プラハの前に脅威を与え、おそらく連合軍は崩壊したであろう。ナポレオンは連合軍の後退を本気で妨害しなかった過失を犯したのである。この過失に、彼は連合軍の優勢な兵力に対して、兵力劣勢であった地点での決定的戦闘に加入する同様な重大な過失が加わった。カツバッハではナポレオンの指令に従わなかったのは事実である。なぜならフランス軍はブリュッヒャーの到着を待ち、ブリュッヒャーの危険な機動により好機が生じた時、ブリュッヒャー軍に襲いかかるように命ぜられていた。一方、マクドナルド(95)は逆に連合軍の前方に踊り出たが、土砂降りの雨が時々刻々と降る中で、連合軍の前を通過し、軍団が孤立してしまった。

仮にマクドナルドが命ぜられたことを成し遂げたとしても、またナポレオンがドレスデンの勝利に続いて行動したとしても、内線作戦線、内線戦略配備、求心的複線の作戦線に基づく作戦計画が最も輝かしい成功を得ることに納得させられるであろう。この方式の適用によっていかに作戦するかを認識するには、一七九六年におけるイタリア会戦、また一八一四年におけるフランスの作戦(96)を一読するだけで十分判断できる。

これらの異なった考察に対して、ザクセンにおけるナポレオンの作戦線が苦しめられた運命によって、中央作戦線を判断するのは正しくないのである。このことを示すために、重要な状況をも付け加えなければならない。すなわちナポレオンの作戦正面が右翼にはみ出し、また、滅多にないがボヘミアの国境の地形的状況によって側面攻撃さえ受けるものだった。しかしながら、同様な欠陥を有する中央配備は、欠陥がない配備とは比較できないのである。ナポレオンがイタリア、ポーランド、プロイセン、フランスの戦いでこの方式を採用した際、側面および後方に設定された敵の打撃にさらされることはなかった。オーストリアは一八〇七年にこの方式に飛び抜けて脅威を与えていたが、ナポレオンと平和協定を結んでおり、武装解除された状態にあった。

作戦方式を判断するために、相互の勝算の機会は等しいと仮定することが必要である。

一八一三年においては地形的にもまた各部隊の状況にもこうした仮定は成立しなかった。私に対するアリスタルコス(97)批判の軽々さを示すこうした真実をあげなくても、ナポレオンの補佐者たちが原則通りに行う戦闘を求めずに、厳しい交戦を受け入れるべきではなかったという、最も単純に適用が強く求められた筈の原則をくつがえすことが可能な証として、その補佐者たちによって被ったカツバッハ、デンネヴィッツの戦いの敗北を引き合いに出すことは愚かしいように思える。もし、他の諸点に努力を指向するために弱化した軍の一部が、監視軍団の役割に満足しないで、悲惨な戦闘の前に自体をさらす失策を犯すならば、中央作戦線の方式を採ることで期待することに、一体どんな利益があるのであろうか＊。その時敵軍は偶然に原則を適用していたが、その原則である内線作戦線を採ってはいなかった。さらにライプチヒ会戦に続く戦いは、異議のあった格言が正しいことをすぐに実証することになる。ブリエンヌの戦闘からパリの戦闘までシャンパーニュ地方におけるナポレオンの防御戦は、私が中央集団のために述べたことが実証されたことを示した。

＊失敗の危険よりも、より大きな危険を冒さない戦いを必ずしも拒絶することができるとは限らないことを私はよく知っている。そこでマクドナルドは、ナポレオンの指示をよりよく理解し、彼の指示とはまったく反対なことを為さなかったならば、ブリュッヒャーとの戦闘を受け入れることができたであろう（この根拠は拙著『ナポレオン自身が語った政治的・軍事的生涯』第五巻を参照）。

しかし、これらの二つの有名な戦いの経験は戦略的問題を生じさせた。つまり理論に基づく単なる主張による解決は非常に難しいということである。戦闘をしなければならない相手の兵力があまりに大きい時に、中央集団の方式がその利点を失うかどうかを知ることである。モンテスキュー(98)のように、最大の企図を確実に成功させようとして大規模な準備を行うことにより、それが却って台無しになることを私は納得しているので、断定的に強く言うのである。各々三万から三万五千人からなる孤立した三個軍に対して、中央地帯を占領している十万人の一個集団が、それらを順次に撃破することは確実であろうが、以下のいくつかの主たる理由によって、四十万人の一個集団が十三万五千人の三個の軍を順次に撃破する可能性はないことは議論の余地がないように思える。

1　なぜなら、戦いの当日に非常に大きな集団を戦闘に着かせるために地形状況と時間を確認する困難性から見て、十三万から十四万の戦闘員からなる一個軍は、より大きな兵力に対して容易に抵抗することが可能である。

2　なぜなら、たとえ戦場から駆逐されても最低十万人の兵力が残っていれば、撃破されたままにならず、他の二個の補助軍の一つと合流を待ち、後退行動の良き方法を確保することができよう。

3　なぜなら四十万人の中央集団は、給養するために大なる制約を受けるほどに、地方から食糧を得ることは当然不可能であることを別にしても、食糧、弾薬、軍馬、その他の軍需品を大量に必要とするので、集団は機動性が鈍重になり、他の作戦地帯への輸送努力には困難が伴う。

4　要するに、中央集団が敵の複外線作戦線に対抗しなければならない二分割された軍は、敵を阻止するだけにとどめる命令によって、八万から九万人の軍を必要とすることは確かなように思える。十三万五千人が窮地にあることが問題であるので、したがって監視軍が激戦に愚かにも巻き込まれるならば全軍が敗北するかもしれないし、連続する敗北の痛手は主力軍が得る多くの利益を凌ぐ程に嘆かわしいことになろう。

これらの疑いのすべてや酌量すべきあらゆる理由にもかかわらず、たとえば一個軍を意のままに任せられたならば、私はナポレオンに内線の指針を与えることに躊躇しなかったであろう。あるいはここにこそ私は他の可能性のすべてにおいて、前出で述べた格言にしたがって、敵の作戦正面の先端に向かう指針を彼に与えるであろう。そして、私の論敵に対して反対の方式による運用の楽しみを残しておくのである。この経験ができるならばオイゲン公、マールバラ公、フリードリヒ大王、ナポレオンの軍事行動により正当化されて、それは私の確信を深めてくれるであろう。

私は議論の余地がないと思われる原則を擁護しようと試みてきたので、私は前の論説に対して、著名だが短期で不誠実な作家たちが唱えている根拠のない異論に答えるために、この機会を捕らえたいのである。

最初はバイエルンのキシランダー大佐(99)であるが、彼は戦略論講座で私が根本原理として用いた原則をしばしば拙劣に解釈した。さらに、博識であるこの著述家は、小冊子や最新の新聞定期刊行物における私の著作に対する評価で、彼は公正を欠き、辛辣であると知られていた。彼は自分の間違いについて私の反論の刊行を待つことなく認めたのであるが。第二版においても私の著作への同様な評価を繰り返した。

まったく率直に自己の誤りを認めた彼に敬意を払って、私は論じてきた主題に戻ることはしない。しかし、彼の著作は、実証科学の正統的形式により、魅惑的な著作の数に入れても良いくらいであるが、それでも私は戦争術の利益のために、彼が私の原則論に対して最終的に反対の方式に戻るために、突飛な方式を土台なしに掲げていると非難している点に関連して、これまで述べてきたことを強く主張しなければならない。

私は、まったく彼が理由もなく私のせいにし、また少なくとも一貫していないとする矛盾が存在しないことを繰り返し述べる。私は求心的方式も、また離心的方式もまったく述べていなかったのである。私の著作のすべてが原則の不朽の影響を証明するものであり、また、作戦は巧みで幸運であり得るために、根本的原則の適用を産み出さなければならないことを証明するものである。しかしながら、離心的作戦あるいは分散作戦、また求心作戦も非常に良くなるか、あるいは非常に悪くなり得るかは、総じて各部隊の状況に依るものである。たとえば離心作戦は、複外線作戦線を形成して分離する二敵の各部隊を各個に撃破するために、中央から離れ、分岐する方向に行動する集団が適用するときは望ましい作戦である。そのような例は、一七六七年の戦いの終わりにロスバッハおよびロイテンの見事な戦いをなしたフリードリヒ大王の機動である(100)。さらにナポレオンのほとんどの作戦がこの例であった。ナポレオン好みの機動は、敵の戦略正面を突破しあるいは迂回した後に、敵を中心から外れるように追求して分断するために、非常に計算された行進により、大規模集団を集中することにあった。この機動の目的は敗者が分散するように仕掛けるためであった*。

*ナポレオンの最も見事な作戦のなかで、一八〇九年におけるラティスボン周辺の戦闘の例のように、二十四時間内に求心および離心機動二方式を交互に採用したいくつかの例があったことを考える際に、二つの機動方式

を次から次へと賞賛する人がいるとしても、キシランダー大佐はそんなに驚かないであろう。

話代わって、求心作戦の遂行は次の二つの前提条件において望ましい。一、確実に敵前に到着する要点に、分割の軍が集中を目指す場合。二、敵軍に予め察知されず、また集中する敵軍により各個に撃破されずに、二個軍が通常の目的に対して作戦行動を目指す場合。

しかし問題を逆にすると結果はまったく逆になるであろう。その場合どれほどの原則が不変であるのか、また各方式に対し混同しないよう注意することがどれほど必要であるのかを確かめるであろう。実際に前述の二つの前提条件において非常に有益であるこの求心的作戦は、各部隊の異なる状況において適用した場合には最も有害になるであろう。たとえば、もし敵部隊が内線にあり、もう一方の敵部隊が近傍にある敵軍に対して、求心的に前進する二個集団が離れた地点から出発するならば、その前進は二個集団が合一する前に敵部隊が集中する事態を生じさせて、必然的にその二個集団は敗北を被ることになろう。この例は一七九六年にカール大公を前にしてモローおよびジュールダンが行った事例である。一つの地点からあるいはデュッセルドルフおよびストラスブールほどの遠距離ではないが、多少離れた二つの地点から出発する場合は、その危険に立ち向かうことができる。ガルダ湖の両岸を通ってミンチオ川に赴こうとしていたヴルムザーおよびカスダノヴィッチ[101]の求心的に移動している縦隊にいかなる運命が待っていたであろうか。ブリュッセルでナポレオンとグルシー[102]が行った悲惨な結果を忘れてしまったのであろうか。ソムブレフから両軍がすべて出発し、両軍は一方はカトル・ブラ経由で、他方はワーブル経由でブリュッセルに求心的に前進しようとしていた。ブリュッヒャーおよびウェリントンは戦略的内線を採ろうとして、ナポレオンとグルシーの前で合一して、そしてワーテルローの恐ろしい不幸をナポレオンに与え不変の戦いの原則を明白に世界に証明したのである。

同様な事象が世の論理のすべてよりも良く証明するものである。どんな作戦方式でも原則の適用を行う場合に限り良好に遂行される。私がこれらの原則を創作したという思い上がりはまったく有していないのである。原則はいつの時代でも存在し、たとえばマールバラやオイゲンは言うに及ばずカエサル(103)、スキピオ(104)、執政官ネロ(105)*も原則を良く適用したと言えるからである。しかし、教訓が原則自体の証拠から由来する、また原則の適用を軍人読者にいつも入手できる教範のなかで見出して、原則を適用することは大きな成功の可能性を有することで以て、私こそが諸原則を最初に明示した人物であると信じている。教条的な形式は教師に都合が良いだろうし、私はそれをいくらか気に入っているが、若い将校にとって教条的な形式は、私の『大作戦論』に取り入れた歴史的形式と同様に明晰でもあり、また力強い例証でもあるという考え方を疑問に思っている。

*イタリアにおけるハンニバルの勢力に死の一撃を加えた執政官の見事な戦略的機動は、現代戦の最も見事な発展と肩を並べることができよう。

私に対する批判のいくらかは、皮相的に捉えられた作戦線の用語に対する非難に、また真実の作戦線の用語は河川であるという最も奇妙な主張に限っていた。誰も、ドナウ川またはライン川は軍隊が軍事行動を可能にする作戦線であるとは敢えて思うことはないであろう。これらの河川は、指揮官が河川の真ん中で軍を航行させる奇跡的な力を有する場合を除いて、軍の作戦遂行のためではなく、補給配分が容易であるのでせいぜい供給線となろう。私の批評家はおそらく河川でなくて渓谷について述べたかったことを言っているのであろう。しかしながら、私は渓谷と河川は互いに非常に異なっていること、また渓谷は線ではなく面であることを批評家に指摘しよう。

したがって、学術的意味と同様に自然の意味においてその定義は二重の意味に間違っている。しかし、それを許容すると仮定するならば、河川が軍の作戦線として役立つために、やはり河川は常に軍が前進する方向に流れていなければならないが、反対方向に流れていることが多いのである。河川の多くは作戦線と同様に考えられず、むしろ防御障害物に用いられる。ライン川はドイツにとっても、またフランスにとっても障害物であり、ドナウ川下流地方はトルコあるいはロシアにとって障害物であり、エブロ川はスペインにとって障害物である。ドナウ川はイタリアからフランスに侵入攻撃する軍隊に対して障害物となる。エルベ川、オーデル川、ヴィスワ川は西方から東方に、あるいは東方から西方に侵入する軍隊に対する障害である。

道路は作戦線ではないかという主張も正しくない。なぜならシュヴァーベンを経由する舗装された多くの経路は多くの作戦線であるとはいわないであろう。おそらく、道路のない作戦線は疑いなく有り得ないのであるが、道路それ自体は作戦線ではないのである。

私は作戦線の論点に関して少しばかり展開してきたのである。なぜならこの論点を戦略機動の礎石としてみているからであり、また詭弁を信用させない方策にとって重要であるからである。読者はこれらの議論について意見を寄せるであろう。私に関しては、私は科学の進歩に良き信頼を求める本質的な意識を保有している者である。自尊心を非難されることなく、私は科学の進歩に寄与した点で自尊心をくすぐることができると信じている。

第二十二項　戦略線

機動の戦略線については第十九および第二十一項ですでに記述した。機動の戦略線は作戦線とは基本的に異なるのである。多くの軍人がこれらの線を混同しているので、定義づけておくことは無益ではないであろう。

戦略線には第十九項で見たようにいくつかの種類がある。ドナウ川、ムーズ川、アルプス山脈、バルカン山脈の線のように、それらの位置やその国の形態との関係により普遍的で永久的な重要性を有する戦略線については、ここに紙数を割く必要はない。この戦略線は戦域の決勝点に関して述べたように、あるいはすでに述べた防御線のなかで示したように、戦略線は自然地形により示されるので、それらの記述以上に述べることはない。なぜなら、ヨーロッパの軍事地理の細部かつ徹底的な研究以外のどんな研究にも、また無限の背景がこの鮮明な背景と一致することはないと考えている記述にも、それらをゆだねることを知らないからである。カール大公は南部ドイツに関する記述においてこの種の研究の優れた範例を残した。

しかしまた、最直路あるいは最も利益のある経路により、重要な要所から他の要所に通じる連絡線、つまり軍の戦略正面から企図を達成し得るすべての目標点に至るような連絡線のすべてを戦略線と名付ける。

戦略線は戦域全体に縦横に延びているが、ある目的地に通じようとする戦略線は、少なくとも一定の期間はそれ自体実際的な重要性を有していることは明らかである。この事実を以て、全戦役のために採用された一般の作戦線と軍の作戦の如何によって不確定な戦略線間に存在する大きな差異を把握するには十分であろう。

結局、物的あるいは領土的戦略線とは無関係に、すでにこれらの線――いずれも異なる機動からなる――の配置とその選択において一種の方策が存在することを述べた。これらの線を名付けて機動の戦略線と称する。

一般の戦場としてドイツを選んだ一軍は、アルプス山脈とドナウ川間の地域あるいはドナウ川とマイン川の地域を、最終的にフランケンの山岳地帯と海の間の地域を作戦地帯として定める。この軍は採用した作戦地帯上に一つの作戦線、あるいは内線方向と中央方向、さらに外線方向に設定し、多くても二つの求心的作戦線を設定するであろう。軍は作戦企図が進展するにつれて漸次二十の作戦線を採ることになろう。軍はまず自軍の各翼のために、一般作戦線に至る単一の線を有することになろう。ついで、もし軍がドナウ川とアルプス山脈間の作戦地帯で作戦を遂行する場合、事態に応じてある時はウルムからドナウヴェルトとラティスボン方向に、またある時はウルムからチロル方向に向かう戦略線を採用するであろう。要するに、状況の変化に求められるところに従って、ウルムからニュルンベルグあるいはマインツに向かう戦略線を採用することができよう。

したがって、用語の混乱をなすという非難を受けることなく、作戦線について前項で述べたすべての定義が必然的に戦略線についても生じ、また同様にそれから引き出される格言も生じるのである。これらの線は決戦の準備を行う段になると求心的にならざるを得ないが、勝利後は離心的でなければならない。戦略線が単一であることは稀である。なぜなら軍は唯一の経路を行軍することは滅多にないからである。しかし、線が二重、三重、四重となるとき、もし兵力が等しければ軍は内線作戦線になるべきであろうし、もしくは極めて大なる兵力であれば外線作戦線を採るべきであろう。確かに単独の一軍団を外部方向に投入する時、もしくは兵力が等しい場合においても、大きな危険に会うことなく、大成果を達成しようとする時に、これらの格言の適応をしばしば避けることがあるが、しかし、このことは個別に扱う派遣部隊に関する範囲に入ることなので集団の原則に適応することはできないであろう。戦略線が敵の作戦正面の一翼に対し、努力が指向される場合に内線作戦線でなければならないのは勿論である。

以上から、作戦線について示した格言のすべてが再生することができる唯一の格言であるということのように思える。読者は格言について繰り返すことを非難しないであろうし、読者は格言を如何にうまく適応することができるかを知るであろう。

しかしながら一般に注意すべき重要なことは、即座の戦略線を選択する際に、作戦線を敵にすっかり暴露して攻撃されないように強く留意することである。このことは大きな危険を避けようとし、あるいは大きな成果を求めようとするときに容認されることがある。しかし、少なくともその場合においても作戦は長く継続することなく、また前に示した突然作戦線を変更して、必要な場合は危険を免れる手段を準備するような心がけが必要である。

これらの各種の方策を歴史の教訓に適用することは、理解するには良い手段である。その最初の例にワーテルローの会戦を採りあげよう。プロイセン軍は作戦基地をライン川に設定し、作戦線はケルンおよびコブレンツからルクセンブルグおよびナミュール方向に通じていた。ウェリントンはアントワープを作戦基地とし、作戦線としてブリュッセルへの短い経路を採っていた。ナポレオンのフルーリュスへの急襲は、ブリュッヒャーをして心配が無用に見える自軍の作戦基地ではなく、イギリス軍の作戦基地に平行して戦いに応じることを決心させた。しかし、そのことは許せることであった。なぜなら最悪の場合には、常にヴェセルに、あるいは少なくともナイメーヘンに帰り着くことが期待し得るし、最後の場合にはアントワープに避難し得たからである。しかし、もしプロイセン軍が強力な同盟国の海軍を欠いていたならば、殲滅されていたであろう。

リニー付近で撃破されてジャンブルーに、ついでワーブルに退避したブリュッヒャーが選択できた戦略線は、僅か三つのみであった。すなわちマーストリヒトに直通の線、より北方のフェンロに通じる線、モン・サン・ジャンあたりのイギリス軍に通じる線であった。ブリュッヒャーは、大胆にも最後の戦略線を採用し内線戦略線を適用することによって勝利を得た。おそらくナポレオンは生涯を通じて初めて内線戦略線を無視したのではなかろうか。ジャンブルーからワーブルを経てモン・サン・ジャンに至る線はプロイセン軍の作戦線でもないし、会戦線でもなく、戦略機動線であったと考えるのがふさわしいと思われる。すなわち、両軍運用の重要な合流における軍の安全を謀るための自然的作戦線を無防備にして、中央あるいは内線を大胆に選択したことは、その決心の根底にあるものが戦いの原則に一致していることを表している。

少々不利な例はデンネヴィッツにおけるネー(106)の例である(107)。ベルリン方向にヴィッテンベルクに進出した彼は、連合軍の最左翼に達するために右方に伸びた。しかし、この機動により、却って本来の後退線を優勢で戦い慣れした敵部隊の打撃にまったく暴露したままになっていた。ネーがナポレオンと連携を維持する任務を有し、その企図はヘルツベルクあるいはルッカウを経て合流することになっていたことは事実である。しかし、ネー元帥は、彼の最初の行進から戦略線の変更を確かめ、それを自軍に知らしめるために、少なくとも兵站および戦術措置のすべてを採らなければならなかった。しかし彼はそれらの措置を忘れたのか、あるいはその退却を想定することを嫌悪したのか、何ら処置することはなかったのである。彼がデンヴィッツにおいて受けた流血の損失は、軽率が招いた悲しい結果であった。

戦略線の各方策を最良に表示する作戦は一七九六年におけるブレンタ川峡谷におけるナポレオンの作戦であった。その一般作戦線は、アルプス山脈から始まって戦闘が止まったヴェローナに達した。ナポレオンはヴルムザーをロヴェレト方向に敗走させ、追撃してチロルに侵入することに決するや、アディジェ川の渓谷においてトレントおよびラヴィスまで前進した。ナポレオンは、其処でヴルムザーが疑いなく背後を突くために、ブレンタ川を渡りフリウーリに向かったことを知った。ナポレオンはこれに対して次の三案だけを作案した。すなわち、不利な状況にさらす危険を冒してアディジェ川の峡谷に留まる第一案、ヴルムザーよりも先にヴェローナまで後退する第二案、あるいは壮大ではあるが危険な第三案は、ヴルムザーの到着後小石だらけの山岳の険しい断崖に囲まれたブレンタ渓谷に入る案であるが、二つ目の問題としてオーストリア軍に遮断される恐れがあった。

ナポレオンはこの三案のなかから選択するのに惑う男ではなかった。彼はトレントを援護するためにヴォーボワ(108)をラヴィスに残し、その兵力の残りをバッサノに投入した。この大胆な行進の輝かしい成果は世人の知るところである。たしかにトレントからバッサノに至る経路は軍の作戦線ではなかったが、ブリュッヒャーがワーブルに至る経路に比していっそう大胆な機動戦略線であった。にもかかわらず、三日から四日間にわたる作戦遂行が肝心で、その終末にナポレオンはバッサノで勝者となるか、あるいは敗者となるであろう。前者の場合はヴェローナおよびその作戦線に直接連絡を通じ、後者の場合は急遽トレントに戻り、それでヴォーボワと合して、同様にヴェローナあるいはペスキエラに後退する。この地方は困難な地勢であり、ある意味で大胆な行進となり得るし、他方却って便宜も与えることがある。というのも仮にヴルムザーがバッサノで勝利したとしても、その方向からナポレオンの先に進出し得る経路がないので、彼はトレントに戻るナポレオンを悩ませることはできなかったであろう。もしラヴィスに残留するダヴィドヴィッチ(109)がヴォーボワを撃退し得たなら、ナポレオンを少々困惑させたかもしれない。しかし、このオーストリア将軍は以前ロヴェレトで撃破され、数日間フランス軍の所在も知ることなく、フランス軍はまったく面前にあると思いこみ、ナポレオンがバッサノで撃退され、すでにトレントに戻っている時に、攻勢を採るということにはほとんど考えることがなかった。もしダヴィドヴィッチがヴォーボワを圧迫してロヴェレトまで前進していたとしても、アディジェ川の淵に、フランスの両集団に包囲され、ヴァンダムがクルムにおいて遭遇したような運命に陥ったであろう。

私は、時間と距離の計算は大規模な活動と相俟って、一見してまったく思慮を欠いた企図でさえも成功させることができることを示すために、ここにこの戦闘について冗長な叙述を敢えて行ったのである。これから判断すると、しばしば一時的に一軍を無防備になる作戦線の方向に投じることが可能になる状況がある。しかし、実行の迅速性によるにせよ、あるいは敵をだます陽動作戦によるにせよ、また我が如何なる方策を敵に知らしめないようにするにせよ、敵が作戦線から利益を受けないようにするために、すべての手段を採らなければならない。しかし、これは危険な機動の一つであるから緊急の場合以外に用いてはならない。

以上機動戦略線を提示した各種の方策について十分明らかになし得たと信ずるので、読者の各々は機動戦略線の選択を左右するその色々な種類および格言の真価を汲み取ることが出来るであろう。

第二十三項　一時的作戦基地あるいは戦略予備隊による作戦線を確実にする手段方法

攻勢を採って他国に侵攻するときは、一時的な基地として考えられる臨時の作戦基地を構築しなければならない。もちろん、その基地は自国の国境の作戦基地のように強くないし、また安全でもない。この場合橋頭堡があり、軍の大補給廠を防護するため敵の襲撃に対し安全な場所があり、また予備隊が集結に役立つ一つあるいは二つの大都市を含む河川は、優れた作戦基地であるといえよう。

しかし、もし敵兵力が仮定の作戦基地から国境の実際の作戦基地に通ずる作戦線の付近にある場合は、このような河川は一時的作戦基地として使うことはできないのは言うまでもない。たとえば一八一三年にオーストリア軍が中立を守ったならば、ナポレオンはエルベ川に真の良好な作戦基地を得たであろう。しかし、オーストリアがナポレオンに対し宣戦すると、エルベ川の作戦基地は背後に置かれ、もはや一時的な企図を支援するのに適した作戦旋回軸に過ぎず、敵の攻撃を受けて、はからずもエルベ川が本格的に阻止されることになれば、ついには危険なことになるであろう。

ところで、敵国内で敗れた軍すべてが敵国内に引き続いて留まる場合は、自国の国境との連絡が遮断され、敵が実施する企図に対し常に暴露しているので、遠隔にある一時的な作戦基地は真の作戦基地というよりも、むしろ瞬時の支撐点であり、いわば一時的な防御線の範疇に入ることを認識しなければならない。

何はともあれ、侵攻した地方において敵の攻撃に対し安全な部署で、一時の作戦基地を構築するに適当な支撐点を適切に常に得ることは、もはや望むことはできないのである。

この場合には、その場所に戦略予備隊を配備して補うことが可能であり、これは近代方式における固有の創意であり、研究するに値する問題として利がある。

戦略予備隊

かつてはほとんど考えられなかった予備隊は、近代戦において重要な役割を果たすようになった。今日では、上は後備軍を備える政府から、下は散兵の小隊長に至るまで予備隊を保有することを願うのである。賢明なる政府は、軍事政策に関する章で述べたように、緊急の場合にのみ立ち上げる後備軍の他に、現役軍を補完する良き予備隊の保有に配慮する。加えて将軍が軍を指揮しているときは、いかに予備隊を配備するかは将軍の任である。一国には一国の予備隊があり、一軍には一軍の予備隊がある。各軍団、同様に各師団あるいは各支隊に至るまで、各々もまた予備隊を確保することを忘れてはならない。

一軍の予備隊は二種類の区分がある。すなわち戦闘準備が整っており、戦闘線にあるものと軍を補充して予備隊を保持する目的とした区分である。後者は態勢がすべて整い戦域の重要地点を占領し、戦略予備隊として任務に就くものである。同様な予備隊を考慮することなく実施する多くの軍事行動は、おそらく企図を達成することなく良き結果をもたらすことはないであろう。また戦略予備隊の配置は、配備する軍の大きさのみならず、国境の性質、作戦正面、あるいは目標・目的と作戦基地との間にある距離にも左右される。しかし、いったん一地方に侵攻することを決心したからには、防勢に転じる可能性も考慮しておかなければならない。ところで作戦基地と作戦正面の中間に予備隊を配備することは、戦闘開始の当日に現役軍の予備隊が到着するのと同じ利点を与えることになる。なぜなら敵の脅威が大きい要点に、戦闘中の軍の兵力を割くことなく予備隊を急行させることができるからである。実のところこの様な予備隊の編成は、勢い現役軍から連隊規模の勢力を割かなければならない。しかしながら、これは常に自国内から増援部隊、つまり教育される新兵、訓練して動員される民兵、兵員補充所、復帰する病後帰休者を予期することができるある程度大規模の軍にしか認められない。したがって弾薬および装備実験所のための中央補給廠の方式を組織することにより、また軍から往還する諸支隊のすべてをこれらの補給廠に合体させ、より堅実にこれらの部隊を精鋭な素質を有する大隊に合すれば、優れた任務を果たし得る予備隊を編成することができよう。

ナポレオンはどの作戦においても予備隊を組織することを忘れなかった。一七九七年、ノーリク・アルプス[110]に向かって行進中に、ナポレオンはまずアディジェ川方面にジュベール[111]軍団を掌握し、ついでローマ州から戻ったヴィクトール[112]の軍団をヴェロナ周辺に配置した。一八〇五年、ネーおよびオージュロー[113]の軍団はチロルとバイエルンにいて交互に予備隊の任務を遂行し、同様にモルティエとマルモン[114]もウィーン周辺地域で予備隊として任務を遂行した。

ナポレオンは一八〇六年の戦役において作戦指導中にライン川方面で予備隊を編成し、モルティエはヘッセン州を支配するためにその予備隊を運用した。同時にマインツにおいてケレルマン[115]配下の第二予備隊が形成され、その予備隊の編成が進捗するにつれ、ラインおよびエルベ両河川間の地域を占領し、その間モルティエはポメラニア州に召還された。ナポレオンが同年末までにヴィスワ川方面に向けて前進を決心したとき、彼はエルベ川河畔に兵力六万人の一軍を集結し、大示威を遂行しようとした。その目的はイギリス軍に対してハンブルグを援護すること、またオーストリア軍の配置がフランス軍にとって不利であることが明白であったので、オーストリア軍にも示威することが必要であった。

一八〇六年、プロイセン軍はハレに類似の予備隊を編成したが、その配置は良くなかった。もしエルベ川に向かうヴィッテンベルクあるいはデッサウ付近に設置していたならば、またそのように努めていたならば、ホーエンローエ公[116]やブリュッヒャーにベルリンあるいは少なくともシュテッティンを占領する時間的余裕を与えることにより、予備隊は軍を救うことができたかもしれない。

これらの予備隊は特に二つの作戦正面を示す地方において有効となる二つの目的を果たすことができよう。すなわち第二の作戦正面を監視すること、また、もし敵が両翼側に脅威を与えようとするとき、あるいは敗地にまみれ敵が予備隊に迫る場合、必要に応じて主力軍の作戦に参加することができよう。この際、支隊を派遣して危険に陥る過失は避けなければならないことを付け加えることは無駄なことであろう。予備隊を設けないで済ませる時は、いつでも危険が伴うことは必定であるが、その際少なくとも補給廠の兵力を予備隊として使用することは止むを得ないであろう。はるかに遠い国に侵入する時あるいは敵の侵入を被る自国内においてのみ、予備隊は有効のように思える。なぜなら、もし国境紛争のために国境を越える五乃至六日行程の戦いを行うとすれば、予備隊を派遣することはまったく不必要であろう。ただ自国がたいていの場合予備隊なしで済ませている時は次の処置が必要であろう。厳しい侵略を被り、招集して新軍を編成する場合には、同様に新たな予備隊を編成し、大補給廠に用いられている要塞の防護下に、防備野営地に予備隊を配備することが必要不可欠であろう。これらの予備隊を配備する判断は将軍の能力である。国の状態、作戦線の縦深、防塞点の特性、特にある敵方の地方の近接状態によって、これらの予備隊を配備する判断は将軍の能力である。さらに、将軍は予備隊の位置、そして精強師団から支隊を抽出して現役軍を弱化させないように、運用する支隊の手段を決定しなければならない。

この予備隊は国境近傍の実際の作戦基地と作戦正面の間に、あるいは目標点と作戦基地との間に在る最も利益に関わる戦略点を占領しなければならないことは当然であろう。もしすでにこれらの要点が我にある場合にはこれを守らなければならない。またこれらの要点が敵に占領されている場合は、監視あるいは包囲する。もしこの予備隊のための支撑点として用いる地点がないならば、予備隊は少なくともいくつかの塹壕陣地あるいは橋頭堡を設けるための築城作業を実施し、軍の大補給廠を防護し自軍の兵力を倍増するよう努めなければならない。

さらに作戦転換軸に関する防御線について第二十項で述べたすべては、一時的な作戦基地にも、また同様に戦略予備隊にも適用でき、そして戦略予備隊が同様な作戦転換軸に適切に位置している時は利益が倍増するであろう。

第二十四項　陣地戦の旧方式および行進の現行方式

一定の方法に従った戦争を遂行する旧式の方法は、陣地方式により理解することができる。つまり、幕舎野営にある軍が軍の倉庫およびパン焼き機で給養を受け、相互に監視しつつ、一方は一要塞都市を攻囲し、他方はその攻囲を援護し、また一方は一小州の占領を切望し、他方は攻撃しない、いわゆる陣地によって敵の意図に対して抵抗する戦いの方法である。この戦いの方法は中世からフランス革命まで一般に遂行されていた方式である。

フランス革命の過程において大きな変化が突然現れた。まずさまざまな方式が生じたが、そのすべてが技の改良ではなかった。一七九二年における戦いの方法は、一七六二年の一定の形式に従った戦いの方法によって始まった。フランス軍は各要塞に舎営して防護し、連合軍は要塞を攻囲するために野営して対峙した。まさに一七九三年に連合軍がフランス共和国において内外から攻撃する状態となった。共和国は連合軍に対し百万の兵員を十四個軍に編成して戦線に投入し、部隊は他の戦闘方法を採用して戦った。つまり、フランス軍は天幕を携行せず、従軍商人等、倉庫を持たずに行進し、野営あるいは衛戍地区における舎営をしたため、軍の機動は幾分敏捷になり、作戦成功の手段となった。また戦術も変化し、指揮官たちは横隊よりも運用が容易な縦隊を編成した。また戦闘中のフランドル地方およびヴォージュ山地が隔絶した地域であるために、兵力の一部を散兵として戦闘に加入させ、縦隊を援護した。

当時の状況により生じたこの方式は、初めは望外の結果をもたらし、成功した。プロイセンおよびオーストリア軍部隊や指揮官たちも狼狽した。オーストリア軍の将軍の中でも、コーブルク大公の戦勝に貢献したマックは、散兵線の薄い隊形に対抗するために横隊線を拡張することを訓令して名声を上げた。しかし憐れむべきこの男は、散兵が火線により騒擾している間に、縦隊が陣地を奪取することを知らなかったのだ。

当初フランス共和国の将軍たちは武辺一辺倒の男たちであり、主要な戦争指導はカルノー(117)および公安委員会により達せられたが、なかには稀に良好なものがあっても、多くは良くなかった。しかし、この戦争の最良の戦略機動の一つは、カルノーの創始であることを認めなければなるまい。一七九三年末、選り抜きの部隊で編成した一個予備隊を運用して、順次にダンケルク、モブージュ、ランダウを救った。この一小軍は大急ぎで輸送され、各地にすでに集結している部隊の協力を得て、敵軍をフランス領土から駆逐することができた。

一七九四年の戦役はすでに述べたように良くない状況で始まった。それはサンブル川方面におけるモーゼル川の軍の戦略機動をもたらした諸状況の影響であり、予め熟考された計画のせいではなかった。にもかかわらず、この機動はフルーリュスの戦闘の成功とベルギーの占領を決定した。

一七九五年の戦役においてフランス軍は大過失を犯したので、その失態は叛逆者がいたせいだと責任転嫁するほどであった。つまりフランス軍とは対照的に、良き指揮統制を行ったオーストリア軍クレールフェイ、シャステレ、シュミット、またマックおよびコーブルグ大公も戦略を良く理解していたことを証明した。

一七九六年にカール大公がジュールダンおよびモローに勝利した理由は、単に内線作戦線を適用した唯一の行進であったことは世人の知るところである。

それまで、フランス軍は給養をより容易に調達しようとしたのか、あるいは将軍たちは部下指揮官たちが考えるような戦闘配備を任せたままにし、すべての師団を横隊に配置させることが正当であると考えていたためか、作戦正面を拡大していた。そして予備隊としては、もし敵が軍団のいくつかの師団のうち、一つを撃破したならば、まったく回復できないほど役に立たない微弱な派遣支隊に過ぎなかったのである。このような事態の時にナポレオンはイタリアにおいて行動を始めていた。すなわち、ナポレオンの行進の敏捷さはオーストリア軍およびピエモンテ軍を攪乱させた。なぜなら無用な携行装備品等から解放され、近代軍が持つすべての機動性を凌いでいたからである。そして幾多の行進および戦略的戦闘を実施してイタリア半島を攻略した。

一七九七年ウィーンへの行程は大胆な作戦であり、ライン川地域からの増援部隊が到着する前に、カール大公を撃破しなければならない妥当な理由があった。

一八〇〇年の戦役のめざましい特性は、戦争計画の企図および作戦線の方向に関して新時代の兆しをみたことであり、第十九項で述べたように、軍の捕捉あるいは撃破のみを目的とするこれらの大胆な目標点は時代を画するものであった。戦闘隊形も同様に縮小し、二乃至は三個師団から編成する軍団を有する軍の組織はより合理的になった。近代戦略方式はこの時から完全に実行された。なぜなら一八〇五年および一八〇六年の両戦役は、一八〇〇年に解決を見た大問題の論理的必然の結果に過ぎなかったのである。戦術に関しては、ナポレオンが設定し、かつて採用していなかった縦隊および散兵戦術は、イタリアの地勢にはきわめて適していた。

今日重大かつ主要な問題が生じている。その問題とはナポレオン方式がすべての適応力に、すべての時代に、すべての各軍に適合するかどうか、あるいは逆に政府や将軍たちが一八〇〇年から一八〇九年までの事象について熟考した後、陣地線の定形方式に戻ることが可能であるかどうかを決めることである。七年戦争の行進および野営の効果を「七週間戦争」*の状態と、あるいは一八〇五年のブローニュ森の野営地から出発して、モラビア平野に入るまで三ヶ月を要したことと比較し、ついでナポレオン方式が往時のものと比較して好ましいかどうかを決めるべきである。

＊ナポレオンが一八〇六年の戦役を形容して名付けた。

フランス皇帝のこの方式は、毎日約十リューを行進して戦い、ついで宿営して休息するものであった。皇帝は私に対して余はこれ以外の戦いを知らぬといわれたのである。

この大将軍の冒険的性格が、彼の個人的立場と、またフランス精神の風潮とが合わさったものであり、彼が生まれつきの王であったにせよ、あるいは政府の令下にある将軍に過ぎなかったにせよ、他の指揮官が彼の立場にあったとしても遂行し得ないことを彼に敢行させたということに対して、反対する者があるだろう。もしこのことが私にとって争うことのない真実に思えるとしても、並はずれて大規模侵攻の方式と陣地戦方式との間にある中間策があろう。そのためにわれわれはナポレオンの大胆で猛烈な行動を模倣することなく、ナポレオンが切り開いた道に追随することが可能であろうし、また陣地戦方式はおそらく廃絶になるであろうし、あるいは少なくとも著しく変更改良されるであろう。

もし戦法が行進方式の採用により拡張するならば、疑いなく人類は利益を得ることよりも失うことの方が多いであろう。なぜなら迅速不意の侵入および日々その地方から略取して給養する大集団の野営は、四世紀から十三世紀までヨーロッパを襲った蛮族の荒廃の悪さと同様であると改めていうまでもないからである。しかし、おそらくこの行進方式は早々と断念すべきものでないことは、少なくともナポレオン戦争が示した大きな真理により明らかである。距離の遠隔は敵の侵略から自国を防ぐことにはならない。防衛する国家は良き城塞および防御線方式、良き予備隊および軍事制度、良き政治制度を持たなければならない。また人民が民兵を組織し、予備隊として現役兵に編成されて、ますますいい状況で軍の兵力は増加するものであるが、軍の兵力が増加すればするほど迅速な作戦方式の決定と急速な展開が必要となる。

その後社会的秩序がいっそう沈静化して安定するならば、国民が自己生存の戦いをすることなく国境の緩衝域を増やす、あるいはヨーロッパの均衡を保持することに関係する場合に限って戦う場合は、国民の新権利が採決されて、相互に規模を増大しない軍隊を保有することが可能となろう。それからまた、大国と大国の間の戦争において混合戦方式、つまりナポレオンの激烈な急襲進撃と前世紀の堅固な方陣方式との間の中間に戻る八万から十万人の兵員からなる軍を見ることになろう。この様な時勢に至るまで非常に大きな結果を生じたこの行進方式を受容しなければならない。なぜなら能力があり積極的な敵に直面してこれを断念しようとするものは、おそらく敗北を招くことになろう。

今日行進技術とは、縦隊行進における部隊の戦闘序列の術策からなる兵站の些事細部、出発・到着時刻、行進間における警戒措置、部隊相互間の、あるいは命ぜられた要点との連絡法、参謀部の機能の重要な責務部分を遂行する万事のみに精通するだけではない。これらの具体的な万事に加えて戦略の大作戦に属する行進に関する術策があるのである。たとえば、メラスの連絡線を襲撃するために、サンベルナール峠を経たナポレオンの行進、また一八〇五年にオーストリア将軍マックを遮断するために、ドナウヴェルトを経た行進、さらに一八〇六年の戦役では、ゲーラを経てプロイセン軍に対して迂回しようとした行進、フランス将軍マグドナルドに対抗するために、トリノからトレビア州に向かうロシア将軍スヴォーロフの行進、タルチノに、ついでクラスノイエに向かうロシア軍の行進は、兵站上の関係ではなく、戦略上の関係による決定的作戦であった。しかしよく考えてみるとその巧妙な行進はわれわれが提示した、またこれからさらに進めていく原則を適用する手段に過ぎないのである。見事な行進を実施することは決勝点に大兵力を結集することに他ならないのである。

ところで行進技術のすべては、第十九項で示した内容からこの決勝点を適切に決定することである。実際に作戦線が敵の戦略正面の一末端に、また後退線に指向してなければ、サンベルナール峠を経た行進は、何によって行われたのであろうか。ウルムおよびイエナの行軍は、もし同じ機動でないならばいったい何であったのか。第二十二項において紹介した内線戦略線の適用でないならば、ブリュッヒャーのワーテルローに向かう行進は何であったのか。

それでは結言を述べよう。一軍の集団を継続的に敵の作戦正面における諸要点に投じることを目的とする戦略機動は、巧妙な行進といえよう。すなわち集団は25頁に述べた一般原則により、敵軍の各部に大兵力を投入すべきことを適用しているのである。一七九三年末、フランス軍がダンケルクからランダウまでに実施した作戦、一七九六年、一八〇九年、一八一四年のナポレオン軍の作戦はこの種の典型として挙げられる。

今日における行進技術の重要点の一つは、自軍縦隊の移動のよき術策であることである。すなわち、敵に暴露せずできるだけ最大の戦略正面を採り、射程外にできるだけ長時間存在するように術策することである。着目する実際の目標について欺騙することに成功して、軍はよりいっそう容易かつ迅速に機動することができ、容易に給養することが可能となる。大機動と機動集中を交互に採用することは大統帥の証である。

すでに提示した一連の格言に戻ることになるので、適用に関してはこれらの術策すべてについて繰り広げて述べることは無用であろう。

しかし、なお側面行進と称する行進の一種が存在するのをまったく沈黙したままにはできない。いつの時代にも側面行進は危険な機動としていわれてきた。しかしこの主題に関しては、何ら満足すべき著述を見ることはなかった。もし側面行進が敵の戦闘線前において実施される戦術的機動であると解釈するならば、時には成功することがあるかもしれないが、とにかく側面運動は難しい作戦であることは疑いないのである。しかし通常の戦略的行進について語るとなると、私は兵站に関して最も普通の警戒が無視されない限り、側面行進の危険は何もないと理解している。戦略運動において敵対する両軍団は、彼我縦隊の前衛相互が離隔している距離を数えて約二日行程の間隔により常に離隔していなければならない。そのような場合は一陣地から他の陣地に移動する戦略的道程においては実際の危険はないのである。

しかし、側面行進がまったく受け入れられない二つの例がある。その一つは作戦線、戦略線、作戦正面の方式が企図の全過程において敵に対して側面を呈する場合である。その第一の例は、ドレスデンおよびナポレオンが率いる二十五万の兵を懸念することなく、連合軍がライプチヒに向かう有名な行進計画である。すなわちその計画は、一八一三年八月にトラッヒェンベルクで決定されたもので、もし私がユングフエルタイニッツからアレクサンドル皇帝(118)に対して請願をせず、陛下が計画変更を認可されなかったならば、おそらく連合軍にとって致命的となっていたであろう。第二の例は、ボロジノにおけるナポレオン軍のように深遠な作戦線を保有する場合である。とりわけ、もしその作戦線に唯一の適当な後退線のみが与えられているならば、この後退線を確保しておかなければ側面のあらゆる運動は、大失策に陥るであろう。

いくつかの副次的な連絡線を有する地方では、側面運動は比較的危険が少ない。なぜなら必要な場合、当初の作戦線が妨げられたならば作戦線を変更することが可能になるからである。ただし、軍の兵士たちの身体および士気の状態、多かれ少なかれ指揮官および部隊の精力的な気骨も、等しく側面運動の好機に影響を及ぼすものである。

イエナおよびウルムについてしばしば引き合いにした行進は、実際の側面機動であった。キウゼッラ川を渡河後ミラノに向かう行進のように、また、オシェク付近におけるヴィスワ川を渡河するため、パスケーヴィチ元帥が実施した行進もまた、実際の側面機動であった。ところでこれらの側面機動が成功したことはよく知られている。

敵の面前で側面機動を実施する戦術運動はある程度異なり、この戦術運動でネーはデンヴィッツで、マルモンはサラマンカで、フリードリヒ大王はコリンでそれぞれ苦痛の報いを受けた。

しかしながら、戦術史上著名であるロイテンにおけるフリードリヒ大王の側面運動は、この種の真の機動であったが（『大作戦論』の第六章を参照）、この機動は高所に隠蔽していた騎兵の集団によって援護され、野営地において不動のまま留まっている一軍に対し、戦闘を実施して大きな成功を収めた。なぜなら攻撃の瞬間において実際に側面を露呈したのはダウン(119)であって大王ではなかったからである。その他、右方あるいは左方に展開することなく直接に戦闘に入るために、小隊間隔で縦隊の行進する旧式の方式を用いる縦隊の側面は、実際は戦闘において横隊正面を形成するので、敵横隊線に平行に移動することは側面の行進ではないことを認知しなければならない。

オイゲン公がトリノの線を迂回するためにフランス軍野営地の面前で行った有名な行進は、ロイテンの行進に比してなおいっそう大規模のものであったが、その成功はロイテンに劣ることはなかったのである。

私は繰り返すがこれらの異なる戦いを見るに、それらは戦術的運動であって戦略的運動ではない。すなわち、マントヴァからトリノに向かうオイゲン公の行進は当世紀の最大の戦略的作戦であったが、フランス軍野営地を旋回するため戦闘の前日に実施する運動に係わる問題がここに存在するのである。にもかかわらず五日間に示す結果の差異は戦術がこの点でもより変わりやすいことの証拠である。

行進のロジスティク分野に関しては、軍事技術の副次的兵科の一つのみを形成するけれども、行政分野として幾分か見なされる大作戦に非常に近い位置を占めている。したがってロジスティクに関して、二つの言及を行い当本の第四十一項でいくらかの一般の概念に結びつけなければならないと信じている次第である。

第二十五項　倉庫および行進に伴う倉庫の関係

迅速かつ長時間を行進するには給養が必要であるので、行進方式の最も多く関連する術策は倉庫の術策である。しかし、特に敵国内において兵数の多い軍を給養する術は最も困難な一つである。一般に経理学は特定の科目として論ぜられるので、読者に対しては戦略と共通する部分に限って参照させるに留めたい*。

*ロシア軍の元経理総監であるカンクリン伯爵(120)の著作はあまり推薦できない。またその著作は、糧秣の管理方法については満足すべき点が少ない。

古代の給養システムはよく知られていない。なぜなら、ヴェゲティウス(121)はローマ帝国の経理について述べているが、複雑なその手段の基を明らかにしていないからである。ダレイオスやクセルクセス(122)がトラキア（ルメリア）において巨大な軍隊の給養をなしたことを理解するには困難なままであり、当時において三万人を給養することは困難なことであったであろう。中世においてはギリシアの諸帝は蛮人を養い、また後に至る十字軍もまたかなりの多数の兵員を給養したのである。

カエサルは「戦争は戦争を養わなければならない」と述べたが、彼は一般に通過した国を犠牲にして、つまり略奪により給養したと推断される。

中世は万事にわたって蛮族の大移動が目立つのであるが、ヨーロッパに連続して侵攻した匈奴、ヴァンダル、ゴート、蒙古の諸族の兵数や、彼らが進軍中いかに給養されていたかについて正確に知ることは大変興味深い。かたや十字軍の経理を知るのも少なからず探求心をそそるものがあるが、この主題に関する資料データを欠くので、推測で満足をせざるを得ないであろう。

近代史の初頭においてフランソワ一世(123)は、肥沃なイタリアに侵攻するためにアルプスを越えたが、フランス軍の勢力は僅か四万から五万人に過ぎないので、ティチーノおよびポー両河川の肥沃な峡谷において給養可能として、大倉庫を付帯しなかった。

ルイ十四世およびフリードリヒ大王の治下には兵数はかなり増大し、また彼らの国境付近において戦闘し、軍に付随する倉庫およびパン焼き機により給養したが、このことが作戦を大いに制限した。なぜなら兵員の携行可能な大量の口糧数、補給廠から野営地まで荷馬車が往還するに必要な日数により、軍隊は輸送手段に見合った距離を越えて、倉庫から遠隔に離れることはできなかったからである。

フランス革命において、倉庫を軽視して補給物資なしにベルギーおよびドイツに侵攻した多くの軍隊は、ある時は民家に宿泊給養し、ある時はその地方から徴発し、遂には略奪等により給養した。民宿を狙いとする軍の行進は、特に兵員数が十万から十二万人以上に上らず、数縦隊に分かれて行進する場合は、ベルギー、イタリア、シュヴァーベン地方のライン、ドナウ両河川岸の肥沃地においては可能である。しかし、その民宿は他の地方では困難で、特にロシア、スウェーデン、ポーランド、トルコでは不可能である。兵士の両脚の力強さのみに依存する他に策のない時は、軍が如何に迅速さと激烈さでもって行動するかを理解しなければならない。この方法はナポレオンに大きな利益を与えたが、実行不可能な地方においても大規模に濫用された。

将たる者は、侵攻した国において存在する資源のすべてを企図達成のために利用することを知らなければならない。もし官憲がその地に在るときに徴用を課する際は、購買を正当に行うために公平かつ合法的に官憲を運用しなければならない。もし官憲が存在しないときは有力者からなる臨時の官署を設置し、特別な権力を付与すべきである。必要な軍需品は、作戦線の原則に応じて軍の機動に最も確実に、そして最も好ましい地点に集積する。補給品を準備するために、市町村に可能なもっとも多くの部隊を駐留させるが、駐留によって住民に過度の負担を掛ける場合は補償することもあろう。軍は糧食および秣の他に、補給品は軍が駐留するところに到達するように、駐留する国内に補助的な車廠を設置する。

前進に際し倉庫を設置することなく、慎重に企図し得ることに関して、その可能性と不可能性と適切に見分けるような規則を確立することは困難である。なぜなら地方、季節、兵力、住民の精神状態などのすべてが術策に影響を与えるからだ。しかし次の条項は一般に格言とすることができよう。

１　人心に敵意のない人口密度の高い豊かな地方において、十万から十二万の兵員からなる軍は、敵に向かって進むか、あるいは敵から十分遠ざかることによって、安全に一定の広さの地域を確保するために、その地域から資源を得れば、一作戦に求められた全期間において行進することができる。しかし、最初の作戦は決して一ヶ月を越えてはならない。この間は集団の大部は機動しているので、軍の不時の需要に応じ、また特に同地点に駐留しなければならない部隊を給養する予備の補給物資を備えるだけで十分である。たとえばナポレオン軍はマックをウルム市周辺に拘束するために、その半分以上の兵力を集結させ、ウルム市が降伏するまでビスケットで給養を行ったが、もしビスケットが無かったならば、この作戦は失敗したであろう。

２　この間に可能な活動のすべてを以て、地域の資源を集積することに専念し、予備の倉庫を設定して、作戦成功後休息陣地に集結するにせよ、あるいは休息陣地から出発し、新任務へ前進するにせよ、軍の需要に応じなければならない。

３　購入あるいは徴発によって集積された倉庫は、できる限り三つの異なる連絡線を等間隔に並列させ、一方では軍の各翼側に補給することができ、他方では継続的に徴発の範囲が可能な限り最大になるような便宜性を有しなければならない。最終的には全体とまでいかなくとも、少なくとも一部が諸補給線から補充できる手段を持たせる。この最終的な目的では両翼の補給所が主要な作戦線上に設置されることはまったく無駄ではない。この主要な作戦線は通常中央の作戦線である。この予防策により実際に二つの利益を得るであろう。その一つは倉庫と敵間の距離が離隔しているので、倉庫が敵襲に対して良き防護が可能である。もう一つは軍を作戦線の唯一の要点にのみ集結させ、敵に対して不意に猛烈な攻撃を仕掛けて主動性を取り戻し、敵が獲得した一時的な優勢を奪うために、敵の後方に向かって集中機動を実施することが容易となろう。

4　人口が非常に稀薄で土地があまり肥沃でない地域においては、軍は最も基本的な資源に欠けることがあり得るので、倉庫からあまり離隔せず慎重に移動し、作戦期間に十分給養可能な予備補給品を携行し、必要なときは大補給廠の根拠基地に向けて退却することも必要である。

5　国民間の戦争およびスペイン、ポルトガル、ロシア、トルコで起きたように、住民が全部残らず逃げ出し、またほとんど破壊された地域において、正規の補給倉庫による給養をすることなく、また作戦正面の付近で確実な補給可能な基地を持たずして行進することは不可能である。以上のことはまったく不可能であるとはいえないが、侵入軍を非常に困難にする。

6　大量の糧秣を集積するだけでは十分でない。それらを軍に補給する手段が必要であるが、特に企図を迅速に実施する行進を望む時には最大の困難が伴う。倉庫の運行を容易にするには、まず、第一にビスケット、米などのような最も携行容易な食料品からなることが必要であり、ついであらゆる道路を通過し得るような、軽量で堅固な輜重隊の荷馬車が必要であろう。また、すでに述べたように軍隊は、できる限り多くの荷馬車等を国内から集め、所有者あるいは馭者を厚遇することに留意しなければならない。駐車場を梯形に設置し、馭者の住居から過度に離隔しないように、また継続して用いる資源を節約しなければならない。最後に兵士は、主な糧食が欠乏した場合に備えて、数日間のビスケット、米あるいは小麦粉を携行することに慣れる必要があろう。

7　臨海地域は軍の補給のために非常に大きな便宜性を与える。というのも制海権を有する軍は、補給に欠乏することがないからである。しかし、この利益は大陸の一大陸軍にとっても利益が無いとは言えないのである。なぜならその倉庫と連携を確実にしようとするから、もし敵がその主力を以て海岸に反対側の側端に行動するならば、きびしい不幸に曝されることがあるからである。もし軍が海岸からかなり離れているならば、連絡線に敵の脅威あるいは遮断の恐れがあるし、また軍が前進するに従いあらゆる種類の物質的資力を増加しなければならない。

8　着荷を容易にするために海を利用する大陸の陸軍は、陸上に海上の手段とは無関係な予備の補給物資を蓄積する主要な作戦基地を所有することを無視してはならない。また、海と反対方向における戦略正面の一端に後退線を設けるべきである*。

*私が述べたいのは機動の価値を十分に自覚しているヨーロッパ諸国間の戦争についてのみであることがおわかりであろう。戦いにおける懸念がほとんど無いアジアあるいはトルコの遊牧民族には、この法則は当てはまらない。それらの民族は軍事教書も、また目前で犯した失策を罰する軍隊も所有していない。

9　軍が作戦線として使用可能な道路に多少並行して流れている大河川や航行可能な川は、運河と同様に糧食の輸送に大きな便宜性を与える。これらの河川輸送は大航海の輸送の便宜性とは比較にならないけれども、少なからず非常に貴重である。なお河川に平行な作戦線は最も有利であり、特に接岸が最も容易で、荷車等の多大な混雑が少なければいっそう有利であるという理由でもって結論を引き出せる。しかし、すでに述べたように大河川そのものが実際の作戦線である時はまた別で、敵が河川に対して外翼方向に攻撃して海に圧迫した場合困難な状況に陥るので、部隊の主力は河川から離隔することを常に注意することが必要である。

なお、その他敵国内においては食糧の到達のための河川の利益を十分に得ることは稀であるので注意が必要である。なぜなら船舶を破壊されることもあり、また軽装備の部隊が航行を乱すこともあるからだ。補給を確実にするために、河川両岸に部隊を配備することも必要であろうが、デュルンシュタインにおけるモルティエ元帥のように必ずしも危険が無いとは言えない。友好国あるいは同盟国の場合は異なり、河川の利益は実際に多いものである。

10　パンあるいはビスケットが欠乏するときは、しばしば家禽の肉でもって軍の緊急時の需要を満たすことが必要である。人口の多い地方では家禽類はいつも豊富で、ある期間は給養することが可能であるが、これらの資源はすぐ消耗してしまう。そして部隊を略奪に誘うことになる。したがって、なし得る限りの手段を用いて家禽肉類を正規に入手し、為し得ればこれを購入し、特に軍の行進範囲外において購入した牛を追随させることが必要である。

この章を終わるに際して、私はナポレオンが語った風変わりに思われることを明示せざるを得ないのである。当初の戦役において、敵軍が常にあまりに良く給養されているので自軍の給養に困窮している時、敵の後方を衝いて十分に補給品を獲得するしかなかったとナポレオンが話したことを私はかつて聞いたことがあった。この方法は疑いなく不条理と思えるような格言であるが、しかしこのことは無謀な企図が成功することを説明し、実際の戦争はいかに熟慮した方策とは大きな差があるかを示しているのである。

第二十六項　要塞あるいは塹壕線による国境防衛および攻囲戦

要塞は果たすべき主要な二つの目的を有している。第一は国境の防護である。第二は野戦軍の作戦を支援することである。

要塞に拠って国境を防護するということは、一般に意義が少々不鮮明である。前に防御線について述べたように、疑いなくいくつかの国や地方では周辺が自然の大障害によって守られており、さらに築城工事を加えることで防護が堅固になり、その接近が非常に困難となる。しかし、一方開豁地においては、そのようなことはより微妙となる。アルプスやピレネー、低高度のカルパティア、リーゼン山地、エルツ山地、ボヘミアの森、フォーレ‐ヌワール、ヴォージュ、ジュラの各山脈は、いずれも皆良質な要塞方式により多かれ少なかれ援護される状態にある（私がアルプスと同様に高度のあるコーカサス山脈について言及していないのは、おそらくコーカサスの地域が戦略的大作戦の戦場にまったく適さないからである）。

諸国境の中でもフランスとピエモンテの国境は最良に援護され、ストゥーレおよびスーズ峡谷、アルジャンティエール、モン‐ジュネーヴル、モン‐スニのよく知られた唯一通行可能な各通路は、石積み工事の堡塁でもって閉塞され、ついでピエモンテ州の平地に通じる峡谷の隘路出口に相当大きな要塞が見られる。突破するにはこれ以上の難関は他に存在しないように思われる。

しかし、これらの見事な人工物で施された防御組織が軍の通過を完全に妨げることは不可能であることを認知しなければなるまい。なぜならまず峡谷に構築されている小砦は、奪取が可能であり、ついで通行不可能と判断される道路が常に存在し、そこに到着した敵は大胆にも工事によって活路を開くことができる。ガイヤール(124)により非常によく描写されたフランソワ一世によるアルプス越え、ナポレオンのサンベルナール峠越えや、マチュウ・デュマ(125)によって巧みに叙述されたシュプリューゲンの遠征は、ナポレオンがこの将軍に正当にも語った一人でも足を踏み入れるところはどこでも軍は通過できることを証明している。このような格言は少々誇張されているが、一面において大統帥の特色を示すもので、彼自身はこの応用でもって大きな成功を収めたのである。山岳戦については後段でさらにいくらか述べることにしたい。

地方によっては、第一線には直接存在しなくても少なくとも第二線において大河川で援護されている所がある。これらの河川線は交易や近隣関係を遮断することなく、国を分けているように見えるが、どこでも実際の国境線を形成しているわけではない。なぜならトルコ人がモルダヴィアに根拠を置く限りは、ドナウ川の線はベッサラビアをオスマントルコから分離するものとは言えないからである。同様にライン川も、決してフランスとドイツ間の実際の国境ではなかろう。フランスは長い間ライン川右岸上に要塞を保有し、一方のドイツは左岸上にマインツ、ルクセンブルグ、マンハイムの橋頭堡、ヴェセルを有しているからである。

しかし、もしドナウ、ライン、ローヌ、エルベ、オーデル、ヴィスワ、ポー、アディジェの諸河川が、国境の初めの線になければ、作戦正面を援護するために、満足すべき防御組織を形成することができる諸地点に加えて、永久防御線として強化することを妨げるものではない。

この種の線の実例として挙げられるのは、バイエルンとオーストリアを分かつイン川である。この線は、南はチロルのアルプスにより、北はボヘミアの連山とドナウ川と接して、拡がりのないその正面はパッサウ、ブラウナウ、ザルツブルクの要塞により援護されている。ロイドはいくぶんか詩的な表現でこの境界を、三つの見事な要塞を形成する幕壁と、最も激流である川の一つを濠として保持している二つの難攻不落の稜堡と比較しているが、彼は少々物理的利点を過大評価している嫌いがある。なぜなら、難攻不落と称したことは一八〇〇年、一八〇五年、一八〇九年の各戦役における三つの凄惨な戦闘で否定される羽目に陥ったからである。

ヨーロッパ諸国の大多数は、アルプスやイン川の国境と同様な恐るべき国境を有するどころか、大多数の地点に面して開豁平野の地方、あるいは山岳地帯に接近する地方が存在している。本書ではヨーロッパの兵要地誌を提供する意図はないので、各地方に一様に適用できる一般的な格言を提示するに留めたい。

国境が開豁地方に存在するときは、そこに数多くの要塞を構築し、強化するためにそれらの囲壁に部隊を配備して、国境地域に決して侵入させないといった形式に則った完全なる防御線を構築する考えを放棄しなければならない。その地域に巧みに選定された良好ないくつかの要塞を設置して満足することは賢明であろう。この方法は侵攻する敵を阻止するのではなく、敵の前進の障害を増大させ、一方敵を撃破するために現役軍の運動を援護し、促進するためにある。

確かに要塞が敵軍の前進に絶対的な障害となることは滅多にないが、要塞が敵軍に困難を与え、敵兵力を分かち、迂回させることは議論の余地のないことである。他の面では、要塞は反対に要塞に所属する軍に便宜を与え、行進を保障し、河川の付近の要塞は縦隊の進出を容易にし、倉庫、翼側、機動を援護し、最終的には必要となれば避難所となる利点のすべてを与えるのである。

したがって、要塞は軍事行動に影響を与えることは明白であるが、要塞を構築する、攻撃する、防御する術は、工兵という特殊兵種の職務である。これらの分野を取り扱うことは、目的に照らして無関係であろう。戦略に係わる諸要点について論じることに限定したい。

第一は要塞を構築するに便利な位置を選定することである。第二は通過するために要塞を無視し得る場合、また攻囲をしなければならない場合を決定することである。第三は要塞の攻囲およびその援護に任じなければならない野戦軍との関係である。

適切な位置にある要塞は作戦に利あるのと同様に、重要な線の方向にない要塞は致命的である。守兵を置くことで兵力を割かれることは軍にとって厄介なことであるし、また兵力と財力を徒費することは国家にとっても災禍となる。ヨーロッパにおいては、このような要塞が多々あることを私は敢えて主張するものである。

国境に非常に近く、多くの堅固な要塞により国境を取り巻こうとするのは不幸な思考である。この方式はヴォーバン(126)が考案したとされているが誤りである。ヴォーバンは、ルーヴォア(127)大臣が大多数の無益な地点に要塞化しようとした案を是認どころか反対したのである。戦争術のこの分野に関する格言は次の一般原則に帰することができる。

1　国家は国境から首都までの間に三線にわたって梯形に配置する要塞を保有しなければならない＊。第一の線には三つの要塞を、同様に第二の線にも、また国家の中心に近い第三の線には大きな駐屯地を置けば国境の至る所に概ね完全な組織を形成する。もしそのような正面が四つあるならば、要塞の数は二十四個から三十個あることになろう。

＊一八二九年の記念すべき戦役は未だこの真理を証明している。もしオスマントルコがバルカン山脈の隘路に堅固な石積みの城塞を有し、またファーキ地方に堅固な要塞を保有していたならば、ロシア軍はアドリアノープルに到着することができずに、当時の事態は複雑になっていたであろう。

この要塞の数はすでに多すぎるとし、オーストリアでさえもこのような多数を保有していないと反論するであろうが、フランスは国境から僅か三分の一（ブザンソンからダンケルクまで）のところに四十余の要塞を有している。しかし国の中心における第三線の要塞の数は十分ではなかろう。これらの要塞に関して裁定を下すために、数年前に委員会が開催され、要塞をさらに増加すべきことが決定されたが、このことは要塞の数はこれまで過度に多かったことではなくて、むしろ重要地点の要塞が欠乏していることを示しているのである。一方第一線の要塞は、あまりにも多く重ね合わせて設置されているけれども、それらの要塞は存在する以上維持しなければならない。フランスは国境を画するピレネーおよび大西洋の海岸に加えて、ダンケルクからバーゼル間に二正面を、さらにバーゼルからサヴォワまでの一つ、他はサヴォワからニースまでの一つを有している。つまり防衛すべき六正面を有し、要塞の数を数えると四十から五十個を要することになる。すべての軍人は、スイスの正面および大西洋海岸の正面は北東の正面よりも小さいので、その要塞の数で必要数は十分であることに同意するであろう。要塞化の目的を達成するために重要なことは、巧みに練られた方式に応じて要塞を設置することである。オーストリアが数少ない要塞の状態であるのを見る場合に、ドイツの小連邦により取り囲まれ、それらの小連邦は脅威どころか、かれらの要塞がオーストリアの防備態勢に寄与しているのである。

その上右記に示した数は、ほとんど同程度に敷衍して四個の正面を呈示する一国にとって、必要と思われるもののみを示している。ケーニヒスベルクからメッツの諸門まで巨大な突出部を形成するプロイセン王国は、フランス、スペイン、オーストリアと同様な方式に基づいて要塞化するわけにはいかないのである。したがって、この数はいくつかの国の地理的位置、あるいはその広がりにより、特に海岸要塞をそこに加えることにより増減し得るであろう。

2　要塞は常に第十九項に示した重要な戦略的要点に設置しなければならない。戦術的関係においては敵に支配されず、我の進出を容易にし、敵に封鎖されない場所に選定して要塞を設置するよう努力すべきである。

3　自軍の防御のためあるいは野戦軍の作戦を容易にするために、より多くの利益を得る要塞は、両岸を支配する大河川に拠ることは議論の余地がないことである。すなわちマインツ、コブレンツ、ストラスブールおよびその対岸を含むケールはこの類における真の模範例である。

この真実を正しいと認めるとして、二つの大河川の合流点に設置された要塞は異なった三つの作戦正面を支配する利点を有し、それらの重要性は増大することもまた認識しなければならない（その例はモドリン要塞である）。マインツはマイン川の左岸にグスタフブルク要塞を有し、またその右岸に位置するカッセルはヨーロッパにおける最高の駐屯地を有していた。しかし、この駐屯地は二万五千人の守備兵を要しているのだが、国家はその膨大な数を配備できていないのである。

4　人口多く商業都市に囲まれている大要塞は軍に資源を供給し、特に市民による守備兵に対する援助が期待できる場合は小要塞に比し遙かに有利である。メッツはカール五世(128)の全軍を阻止したし、リールはオイゲン公やマールバラ公をして作戦遂行を一年の長い期間にわたって見合わせた。ストラスブールは何度もフランス軍の堡塁となった。最近の戦いにおいて、フランスに対してヨーロッパ諸国の各国民が武装して突進したため、これらの諸要塞は突破されてしまった。しかし、一〇万人のフランス軍の面前に対峙する十五万人のドイツ軍が、このような完備した要塞を無視してセーヌ河畔に侵入するのに支障がないであろうか。この問題について私が断言することは留保しておきたいのである。

かつては要塞、野営地、防御陣地により戦いが遂行されたが、これに反して最近は物的にも、また人工的障害物にも顧慮することなく、編成部隊に対してのみ戦いを行なうようになった。このような戦いの仕方のいずれかに一徹に従うこともまた、間違いである。真の戦いの手法はまさに両極端間の中庸をとることにある。

疑いなく最も重要なことは、敵をまず完全に撃破し、ついで戦いを続行しようとする敵の組織的集団を壊乱させることを常に狙うことであろう。この決勝点を達成するために城塞を顧慮することなく通過することができる。しかし成功未だ半ばにあるならば、適当な処置をすることなく侵入を続行することは無謀なことである。その他、彼我各軍の状況および勢力、また人民の精神の如何に依ることを考慮しなければならない。

単独でフランスに対して戦うオーストリアは、一八一四年の大同盟の作戦を繰り返すことはできないであろう。同様に五万人のフランス軍は、一七九七年ナポレオンが為したように、ノリクム州(129)のアルプスを越えてオーストリアの中心に侵攻する冒険をおそらく敢行し得ないであろう*。このような事象は例外的な状況から偶然惹起するのである。

*私はナポレオンがイタリアのフリウーリ地方において攻勢を採ったことを非難はしない。彼はライン川より

二万の軍勢の来援を待って、三万五千のオーストリア軍に対峙し、援軍の来着前にカール大公軍を攻撃し、活発に成功に導いた。なぜなら彼は自軍を強力な敵に対して攻撃を行う危険に曝すことに何ら躊躇することがなかったからである。彼は過去の経験と彼我それぞれの状況から法則通りに作戦したのである。

6　以上述べたところから次の結論が見出されるであろう。要塞は基本的に支援後拠となるが、その濫用は兵力を分割しなければならないから、現役軍の兵力を増加しないと微弱となろう。戦いにおいて敵軍を当然撃破することを欲する軍がこの目的を達成するために、いくつかの要塞の間に危険無く入り込むことができるが、この際要塞を監視するように気をつけなければならない。しかしドナウ、ライン、エルベの各河川のような大河川を渡河して敵地に侵攻するとき、この河川上に所在する要塞の少なくとも一つを落として、確保すべき後退線を保持しなければ企図を実施してはならない。このような要塞を支配する軍は、攻囲戦の資材を用いて引き続き他の要塞を落とし、攻勢を継続することが可能となろう。なぜなら戦闘中の軍が前進すればするほど、攻囲中の軍団は敵に妨害されることなく企図を満足に終わらせることができるからである。

7　もし住民が友好的であれば大要塞が小要塞に比して遙かに有利である。しかしながら、遮蔽する敵を容易に拘束するためでなく、戦闘中における軍の作戦に便宜を与えるためには小要塞もまた重要度を有するものと認めなければならない。ケーニヒシュタイン城塞は一八一三年におけるフランス軍にとって、エルベ川の一橋頭堡を獲得したこととなり、ドレスデンの大要塞と同様に有利となった。

山岳地帯では良好な位置に設置されている小城塞は大要塞と同等の価値を有している。なぜなら隘路を閉塞するだけであり、軍の避難場所ではないからである。一八〇〇年、アオスタの峡谷においてナポレオンの軍がバルドの小要塞によって危うく阻止されるところであった。

8　したがって、以上のことから国境の各所には避難所となる一つあるいは二つの大要塞、二流の要塞、さらに野戦軍の有効な軍事行動を容易にする適切な小哨所が点在しなければならないことが演繹される。浅い濠を保有する城壁に囲まれた都市は、休息所、補給所、病院などが設置され、国土を転戦する軽軍団に守られ、とりわけ現役兵の勢力を割かせないために、哨兵を動員された民兵に任せることができるならば国土内では非常に有効である。

9　戦略的方向外にある大要塞は国家および軍のために実際不幸なことである。

10　海岸に沿う要塞は、単に海上作戦の術策あるいは軍需品補給輸送のためにのみ重要であるにすぎず、見せかけの支援後拠とする見通しを大陸軍に与えてしまうことで厄介なことになるであろう。一八〇七年にベニヒセンは、ケーニヒスベルク市は食糧調達が容易であることで、同市に拠ったロシア軍をもう少しで危険に曝すところであった。一八一二年に、もしロシア軍がスモレンスクに集中することなくデュナブルク、リガに支援後拠を求めていたならば、ロシア軍は海上の方に圧迫され、その勢力の基地から遮断されて全滅の憂き目にあったであろう。

攻城戦と野戦軍の作戦との間における関係については、次の二種類が存在する。

もし侵攻軍が通過する途中に在る要塞を攻撃無しで済まそうとするならば、要塞を囲むかあるいは少なくとも監視しなければならない。空間的に接近する地積に数多く要塞が在る場合は、全軍団を一人の指揮官の隷下に残留させ、状況に応じて包囲するかあるいは単に監視に留めなければならないであろう。

要塞を攻撃すると決心した侵攻軍は、特に正規の攻城戦を準備するために十分な兵力を有する軍団に担当させる。残余の軍は攻撃前進を続行するか、あるいは陣地を占領して攻城戦を援護する。

かつては全軍でもって要塞を包囲する誤った方式を有していた。つまり軍が攻囲防御線(130)や対塁(131)に潜んでしまい、攻囲戦は多額な費用がかさむし、また労苦が伴った。一七〇六年トリノの前線における有名な局地戦において、四万人を率いるサヴォワのオイゲン公は、約六リューに亘る堡塁を保持し、塹壕化して守備していた七万八千人のフランス軍に対して、特に至る所で敵よりも劣勢であったにもかかわらず勝利したが、この可笑しげな方式を消滅させるに十分な戦例であった。

また、アレシア包囲のためカエサルによって実行された素晴らしい工兵作業の物語を聞いて、まさに称賛するにもかかわらず、またそれでもなおギシャール(132)の叙述書を読んでも、現時点でその例を敢えて模倣する将軍は一人もいないであろう*。しかしながら攻囲防御線に関して非難は多々あるけれども、敵の守備兵あるいは援軍の部隊が包囲部隊を脅かすことができる出撃口を支配する分派堡塁(133)を設置することで、攻囲陣地を倍に強化することは攻囲軍団のために必要であることを認識しなければならない。この例はナポレオンがマントヴァで、またロシア軍がヴァルナで行った包囲戦で見ることができる。ともかく経験が証明するところに依れば、攻囲戦を援護する最良の手段は、攻囲戦を妨害する敵の軍団を撃破し、できる限り遠くに追撃することである。この場合は敵対する兵力数が弱小でないときに採用しなければならない。さらに敵の救援部隊が到着する経路を援護する戦略陣地を先立って占領しなければならない。そして敵の援軍が接近するや否や、指揮官はまず敵の援軍を攻撃するために、監視援護部隊と攻囲軍団から不用となる部隊のすべてを合一し、強力な打撃によって攻城が継続できるかできないかを決心しなければならない。

*ここでは密接に関連する線のみが問題となる。分派堡塁により包囲陣地を要塞化することを怠ってはならない。一七九六年にナポレオンは、マントヴァの前面で監視援護部隊が企図する賢作およびきわめて巧妙な作戦の模範を示した。したがって読者に革命戦争史のなかで述べたことを参照として示したい。

塹壕線

前述した攻囲防御線および対塁の他にもう一つの類がある。それは攻囲防御線や対塁よりも巨大かつ広範で長い永久要塞と同類に属している。なぜならこの様な塹壕線は国境の一部を防護するように設置しなければならないからである。

この塹壕線を、優勢を取ろうとする軍の一時的避難所として構築する要塞あるいは塹壕で囲まれた防備野営陣地、それらの類似の塹壕線の方式と同様な類に入れると、不条理である。

前述のフュッセンあるいはシャルニッツの城塞のような城塞方式の類に入り、狭い峡谷を閉ざす広狭な塹壕線についてはここで問題にならないと考える。しかし、たとえばヴィサンブール城塞の例のように、数リューにわたり、そして国境全体を閉鎖してしまう宿命的な塹壕線が問題である。たとえばヴィサンブール城塞は、ライン川右岸およびヴォージュ山地の左側に支えられて城塞の正面前を流れるラウテル川によって守られている。しかしこれらの塹壕線は敵の攻撃の避難所となる必要条件をすべて満たしているように見えるが、しばしば攻撃され突破された。

ライン川の右岸に向かうシュトールホーフェンの塹壕線は、ライン川の左側のヴィサンブールの塹壕線と同様な役割を果たしたが、同様に不幸であった。クヴァイッヒやキンズィヒ塹壕線もまた同様な運命を辿った。

一七〇六年におけるトリノの戦線(134)およびマインツの戦線（一七九五年）は、攻囲防御線として用いられたにもかかわらず、その兵力や、少なくともその長さや、さらには降りかかった運命によるものでなかったとしても、すべてに可能な防御線とまったく類似性を持つ塹壕線として用いられた。

しかし、それらの攻囲防御線がいかに自然障害により適度に補強されたとしても、防者を無力化する遠大な防御線の長さとは無関係に、たいてい常に迂回されることは確かである。軍が塹壕に引き込んでしまうと側面に回られ包囲され、危険に曝される。また常に避難所を迂回されて正面から攻撃される。そのことは明らかに愚かなことであり、もはやそのようなことに再び陥らないようにすべきであろう。

何はともあれ、攻撃あるいは防御の方法について若干述べている戦術に関する事項〔第三十五項(135)〕を参照してもらいたい。

とりあえず次のことをここで述べることは無駄ではないであろう。密接に連なる攻囲防御線等に軍を入れ込んでしまうことが今日馬鹿らしく思えるのと同様に、攻城軍団の兵力、陣地の安全性、あるいは隘路の防御、さらなる先で述べる範疇に入るその他のことを増強するため、分派堡塁の用法を無視することは不条理であろう。

第二十七項　戦略に対する防備野営陣地および橋頭堡の関係

ここで普通の野営の基礎的なことや、前衛の援護の手段について、また哨所の防衛のための一時的な城塞に提供する資材について詳しく述べることは場違いであろう。防備野営陣地のみが、一時的ではあるが支援基地として軍に寄与するから、大戦術および戦略の方策に属する。

一七六一年におけるフリードリヒ大王を救ったブンツェルヴィッツの野営陣地、一七九六年のケールおよびデュッセルドルフの野営陣地の例を見れば、このような避難所は重要性を有していることがわかるであろう。一八〇〇年におけるウルムの野営防御陣地に拠ったクレイ将軍は、モローの軍をまる一ヶ月にわたってドナウ河畔に留めた。ウエリントンがトレシュ・ベドラシュの野営防御陣地に拠って利を占め、またシュムラ要塞(136)がドナウ河畔とバルカン山脈間の地域を防御するトルコ軍に利益を与えたことは良く知られている。

この問題に関する主要な法則から言えるのは、防備野営陣地は戦略要点および戦術要点の両面からも設置しなければならない。もし一八一二年のロシア軍にとってドリサ川の防備野営陣地が無益であったならば、それはスモレンスクおよびモスクワ付近で旋回すべき防御方式の真の方向外に位置していたためで、ロシア軍は数日間の後にそれらの防備野営陣地を放棄すべきであった。

戦略的思考において重要な決勝点を決定するために得られた格言は、あらゆる防備野営陣地に適用可能と思われる。なぜなら防備野営陣地を設置することがふさわしいのは、唯一同様の決勝点に基づくからである。これらの防備野営陣地の用途は次のように変化する。攻勢作戦の出発点、大河川の渡河を保障する橋頭堡、冬季宿営の支援基地、そして撃破された軍の避難所として利用することができる。

しかしながら、防備野営陣地がいかによく設置されたとしても、トレズ・ヴェズラシの防備野営陣地のように、海上を背にした一半島において、イギリス軍の再乗船を防護するために行われなければ、敵の迂回に対して安全な戦略地点を見出すことは非常に困難であることは確かなことであろう。このような防備野営陣地の右方あるいは左方を通過するならば、直ちに軍がその守備を放棄せざるを得なくなるか、あるいは包囲される危険を冒すことになろう。一八一三年の戦役においてドレスデンの防備野営陣地は、ナポレオンに二ヶ月にわたって重要な支援基地を与えたが、しかし連合軍によって迂回されるや否や通常の要塞が有する利益さえも失うことになった。なぜならその支援基地の期間を延長したため食糧品が欠乏し数日間に二個軍団が犠牲となった。

これらの真実にもかかわらず、防備野営陣地は防御軍に一時的な支援基地の地点を与えるに過ぎない運命だとしても、たとえ敵が戦略上それらの傍を通り過ぎる時ですら、防備野営陣地は常に本来の目的を果たし得ることを認識しなければならない。要は、防備野営陣地は背面から打撃されないのである。つまりこのことは、防備野営陣地の全正面が一度に攻撃されることはないということである。次に防備野営陣地の設置に際し重要なことは倉庫を安全にするにせよ、後退線の最も近い野営陣地の一部あるいは正面を援護するにせよ、一要塞の近傍に設置することである。

一般論において、両岸を支配するため他側に広大な橋頭堡を備えた河川に位置するような防備野営陣地、またマインツあるいはストラスブールのような資源豊富で大城壁を設けた都市の近傍に位置する防備野営陣地は、一軍に議論の余地のない利益を確保するであろう。しかしそれはほとんど時を稼いで増援部隊を集合するための手段としての一時的な避難所に過ぎないであろう。敵を駆逐する段階になるときは常に開豁地における作戦に移行しなければならない。

これらの防備野営陣地に関する第二の格言は、自国においてあるいは作戦基地の近傍においては特に有利ということである。もしフランス軍がエルベ川河畔の野営陣地に集合するならば、敵にライン川およびエルベ川間の地域が占領され、たちまちにフランス軍は敗北するであろう。しかしフランス軍がストラスブール周辺の防備野営陣地において一時的に包囲されても最小の支援で優勢と作戦を維持することができよう。そして包囲する敵軍はフランスの真ん中において、救援軍と防備野営陣地軍の間に在ってライン川を再度渡河することになり多大な困難に直面するであろう。

これまでもっぱら戦略的観点から防備野営陣地について考察してきた。しかしながらドイツの数人の将軍たちは、防備野営陣地は要塞を援護しあるいは攻囲戦を妨害するために適していると強く主張してきた。その主張は少々詭弁を弄した論のように思える。軍が斜堤(137)上に留まる限り攻囲を困難にすることは疑いなく、そして防備野営陣地と要塞とが相互に支援するものだと言えよう。しかし防備野営陣地の真の主要な目的は、常に軍が必要な時に一時的な避難所を与え、あるいは決勝点に対して出撃し、また大河川の彼岸に進出するため攻勢手段を与えるに在るというのが私の考えである。もっぱら攻城を遅らせるために要塞下に軍を隠し、軍を側面に廻して遮断することは、私には愚行に思われる。世の伝えるところではヴルムザー伯の例ではマントヴァの抵抗を数ヶ月間延長したと言われている。しかし、その軍はそのために危険ではなかったのか。この犠牲は真に有益であったであろうか。私はこれを信じない。なぜなら要塞が一旦救出され糧秣補給がなされ、また攻城廠がオーストリア軍の支配下に陥ったからには、攻撃は封鎖に変化せざるを得ないからである。しかしながら、要塞が飢えのみで陥落させることができなかった以上、ヴルムザーはその開城を遅らせるよりは、むしろ早めなければならなかったであろう。

一七九五年にオーストリア軍がマインツ前方に設けた防備野営陣地は、少なくともフランス軍が攻城実行の手段を保有していたにしても、ライン川を越えない限り、実際に同市の攻城を妨げたであろう。しかしジュールダンの野営地がラーン河畔に、またモローがフォレ・ヌワールに出現するや否や、オーストリア軍は防備野営陣地を放棄し、要塞を固有の守備隊のみに任せて見捨てたのであった。したがって一城塞が抜群の場所に位置することにより、敵がその城塞を奪取することなく通過することは不可能であり、その城塞を占領することを余儀なくされたならば、さらにその城塞に対する攻撃を妨害する特別な目的を有する防備野営陣地を構築することは至当であるが、ヨーロッパに所在する要塞のなかで果たしてそのような陣地を占めていることに満足する要塞がどのくらいあるであろうか。

ドイツ人著者たちの要塞と防備野営陣地に関して共有する考えから離れて、私はむしろ反対に、河川近傍の一時的な城塞の近くに防備野営陣地を設置する重要な問題、つまり要塞と同様な河岸にそれを設置する方が良いのか、あるいは反対側の河岸に設置しなければならないかどうかが決定されなければならないと思うのである。これらの二つの案のいずれかを選択しなければならない場合に、もし要塞が同時に両岸にまたがっていなければ、私は後者の案を躊躇することなく決心するであろう。

実際に避難所として役立ち、出撃を有利にするために、防備野営陣地が敵側に対して川の対岸にあることは大変必要なことである。この場合大きな危険が懸念される。それは敵が数リューの距離を隔てて渡河して背後から防備野営陣地を衝くことである。ところで要塞が防備野営陣地と同じ側面に在るならば、要塞は防備野営陣地にまったく利するところがないのである。これとは反対に、もし要塞が防備野営陣地に面して反対側にあるならば、敵は背後からほとんど衝くことは不可能であろう。ドリサ河畔の防備野営陣地（一八一二年）を二十四時間維持できなかったロシア軍の例を見るに、もし要塞が防備野営陣地の後背を安全にするデュイナ川の右岸に在ったならば、敵に対して長い期間抵抗が可能であったであろう。モローはケールでカール大公の力戦に対してまる三ヶ月間にわたって立ち向かったが、もし対岸にストラスブールがなかったならば、防備野営陣地は容易にライン川を渡河する敵の迂回に遭う羽目になったであろう。

実のところ、防備野営陣地はこれと同一の河岸上にある防備された安全な位置にあることが望ましく、また両岸にまたがる要塞は二つの目的をうまく対応することができよう。最近構築されたコブレンツ要塞は新要塞方式として画期をなすものであろう。プロイセン軍がコブレンツ要塞に採用した防備野営陣地と永久要塞の利点を同時に兼ね備えた要塞は、奥深い研究が望まれるであろう。しかしもしこの大きな施設がいくつかの欠陥を有したとしても、ライン川に行動する軍にとって大きな利点を与えることを確認することだけでわれわれには十分であろう。

実際に、大河川に沿って一時的に設置された防備野営陣地の不便さは、前述した通りで防備野営陣地が河川の彼岸に在るような有効性を発揮し得ないのである。しかしこの場合に、橋梁の破壊によって種々の危険に曝されることになる。すなわち橋梁が破壊されることは軍がエスリンクにおけるナポレオンの軍と同様な状況に陥ることであり、まったく食糧あるいは弾薬の欠乏が生じ、一時的な築城は常に保障し得ず、唯一迅速かつ強力な攻撃手段のみとなり危険な状態となる。コブレンツ要塞に採用されたように永久要塞に附する分派堡方式は、軍と同一の河岸上にある都市の倉庫を防護し、また破壊された橋梁の修理完了まで、敵の攻撃に対し倉庫を防護して危険を防止する利点がある。もしこの都市がライン川の右岸上に在って、河川左岸に一時的な防備野営陣地が存在したならば、事は反対に倉庫にも軍にも確実な保障はないであろう。

もしコブレンツ要塞が分派堡なしの普通の要塞方式であったならば、大勢力の軍は容易に避難場所とはならないであろうし、特に軍は敵の面前に容易に出撃することも叶わないであろう。しかしながら、コブレンツ要塞が最高の施設であるとするならば、接近が非常に困難であり、ライン川右岸を守リ、封鎖がより容易で、大軍が出撃するには激しい論争が起きるエールンブライシュタイン要塞に対して、非難することができよう。

石工の塔を使ってリンツの防備野営陣地の築城を施すために、マクシミリアン一世(138)が採用した新システムについてよくいわれてきている。私はそのことについては聞きかじりと『軍事傍観』(139)の中に書き加えられたアラール大尉の説明によってのみ知ることができたのであるが、これについて適切に論じることはできないのである。私は次のことを認識しているだけのことである。すなわち、敏腕のアンドレ大佐がジェノアで採用した石工の塔システムを見て、それが活用され、かつ完全であるように思ったので、マクシミリアン大公の新システムも成功しているように思っただけのことである。リンツで建設された石工塔は、堀と斜堤により援護されて敵から見通しが悪いので、その塔からは集中的な接地射撃が可能であり、また敵のカノン砲の直接射撃に対して遮蔽し得る利点を有していた。側面が良好に防護され、胸壁(140)により連結された塔は、非常に利点を有する防護野営陣地となり得るが、常に取り囲まれた防御線となりいくらか不都合な問題が存在する。もし塔の相互が離隔し、まさに戦いが始まろうとする時に、各塔の中間に野戦築城を構築して用心深く援護されている場合は、防備野営陣地が前進堡あるいは通常の分派稜堡によって援護されている場合よりも疑いなく価値があろう。しかし、塔はコブレンツの独立した強化要塞と同様な利益を有しているようには思えないのである。これらの塔三十二乃至三十六個数の内、左岸にある八個はペルリンスベルクを瞰制する強化角面堡塁に付随していた*。右岸に存在する二十四個の塔については、その内の七乃至八個は不完全な塔に過ぎない。この防御線の周囲は約一万トワーズ(141)あるいは五リューである。各塔の間隔はおよそ二百五十トワーズであり、あとで戦いになる場合は柵を巡らせて援護された道路によって結合されることになる。これらの塔には石工事がなされ主要な防御力を構成する砲座を有する三層の砲台があり、したがって二十四ポンド砲十二門を含み、二門の榴弾砲が最上層の砲座に置かれている。これらの塔は大きくて深い濠が掘られており、それらの掘削土は高い斜堤を構築し、そのことは塔が直接射撃に対して安全であるということである。しかしながら、据砲する砲座を防護することは困難であろう。

＊私が描かれている計画を見たところではアラール大尉の塔よりも二あるいは三個多く記載されている。

この大堡塁は、リンツの第一線に稜堡城壁を構築した費用の概ね四分の三の費用を費やした。他の堡塁は、城壁構築に必要な費用の四分の一以上は費やしていないし、その上まったく異なった目的を果たすことを断言する。もしこれらの堡塁が正規の攻囲戦に耐えることとして考慮するならば、極めて欠陥があることは確かである。しかし、大軍がドナウ川両岸を避難地とし、また進出するために防備野営陣地としてみなすと、これらの目的を十分に果たし、一八〇九年の戦いのような戦いにおいて大きい重要性があることは確かである。もしこの様な時が来たならばおそらくこの大都市を救うこととなろう。

この大方式を完成するには、多分リンツの周囲を正規の稜堡線で囲むほうが良かったであろう。つぎにリンツとトラウン川間にドナウ川によって形成された大きな入り江のみが防備野営陣地として成立するので、約二千トワーズの直距離内で東側の突出部とトラウン川の河口間に七つから八つの塔の線を設置する。かくして第一線城塞および野営陣地が城壁に守られる二重の利益を有することとなったであろう。たとえ防備野営陣地が少し狭かったとしても、とりわけ右岸およびペルリングスベルク砦の八個の塔を保持したとしても、地積は大軍にも十分であったであろう。

私はこの防備野営陣地の欠陥を述べなかった。なぜならドナウ川の両岸の全地所について正しい計画を持たなければならないからだ。またリンツには何度も訪れたけれども、私が判断するには十分正確なリンツ周辺の地形を思い出すことができないからだ。ただ驚くべきことは、野営を余儀なくされた際に撤退を容易にする城中砦は、少なくともリンツ周辺になかったのである。ほとんどの砲撃を沈黙させた後でさえも、軍はこれらの塔の間にはおそらく浸透できないといわれた。そのことに反論の余地がないわけではない。なぜならその場合、敵味方同様に被害を与えることなく、非常に狭い場所を占めている両軍に対して隣接する塔から射撃をすることは容易ではないであろう。さらに、もし私が詳しい情報を与えられたとしても、砲兵射撃を城壁内部に直接指向することはできないであろう。しかしながら、七番から十番目の四つの塔からの射撃を沈黙させた後、強力な集団がリンツまで進出するとして、スヴォーロフあるいはネーのような指揮官、イスマエル(142)やフリートラントの軍人たちが戦ったとしたなら、どんな戦いが惹起するかは神のみぞ知るのである。

私はドナウ川を背にして構築された二十一番から二十九番目までの九つなどの必要性もまったく理解できなかった。一体十万人のど真ん中にボートで上陸することを恐れないだろうか。これは左岸に置かれた敵の砲兵に反撃するためなのか。必要な時に応じてドナウ川のような濠に守られて地表に開設する砲兵だけで十分であったのであろう。にもかかわらずこれらの塔に関してアラール大尉の興味ある説明は、起こった事例の列挙において、いくら筆の誤りがあったとしても、少ない砲手の数でもって、塔は全攻撃範囲に対して最大の火力を得るために考え出されたことを示している。ジェノワのように山岳要塞（異なった要塞様式として初めて採用された）、同様にブザンソン、グルノーブル、リヨン、ベルフォール、ブリアンソン、ヴェローナ、プラハ、ザルツブルクの各要塞、また山岳の峡谷を掩蔽する要塞は貴重である。防備野営陣地の縄張りに関して、その縄張りは少々広く、予備の唯一の防御線を完全に満たすに要する九千から一万トワーズの空間は、少なくとも百五十個大隊の予備隊を必要とするであろう。しかしその場合でも、おそらくドナウ川に沿う側面と同様両岸を同時に守ることは稀であろう。ところで実際の防御は、トラウン川河口からドナウ川上流まで、ほとんど四千トワーズの距離でしか含まれないが、防備野営陣地を適切に守るためには八〇個大隊を要するのである。部隊が欠落した場合でも、塔には五千人の守備兵を常に必要とするであろう。しかし三十二個の小支隊に分散した兵士では出撃する力はなくしてしまうであろう。

終わりに際し次のことを述べよう。もしウイーンがそのまま古い城壁を所有し、その守備兵がその古い城壁を有効に利用することを決心したならば、敵は前者のリンツと同様に城壁と塔の線の二つの施設を敢えて攻略するために二度の対応を考慮する必要がある。かくて敵はドナウ川河谷に沿って懸念なく首都に進出するであろう。ウルム、イエナ、ワーテルローのように敵軍を殲滅することがないにしても、あるいはリンツの防備野営陣地を弱体化させて、進出することができるのはケルンテン地方の経路によってのみである。

橋頭堡

一時的な野戦築城の中でも極めて重要なものは橋頭堡である。渡河、特に敵前において大河川渡河を実施する困難性は、橋頭堡の大なる有効性を十分に証明するものではなかろうか。橋頭堡は敵の攻撃から安全な状態におかれるので、むしろ防備野営陣地が無くても橋頭堡は欠くことができないのである。河川の両岸に向かって撤退を余儀なくされる場合に生じる悲惨な事態に対して橋頭堡こそが安全にするのである。

橋頭堡がより大きな防備野営陣地を備え、これに城中砦が利用できる場合は二重の利益を生じる。もし橋頭堡が防備野営陣地を備える対岸をも含む時は、その利益は三重となる。このとき橋頭堡および防備野営陣地の二つは適切な相互支援が可能であり、また両岸を同時に確実に監視することができる。これらの堡塁は特に敵国および永久要塞の存在しない全正面において重要であることを付け加えることは無駄なことであろう。なお、私は防備野営陣地方式と橋頭堡方式との間には主たる差異があると見ている。すなわち防備野営陣地は分派し、閉塞した堡塁から構成される場合が好ましく、一方橋頭堡は多くは閉塞しない隣接する堡塁から構成される場合には良とする。隣接する防備野営陣地は、全延線を守備するに要するある程度十分な兵力によってのみ守ることができよう。しかし、もし閉塞した堡塁から構成されているならば、微弱な軍団で敵の攻撃に対して安全であろう。

けだしこれらの防御堡塁は、防備野営陣地と同種に帰し、また防御堡塁の攻撃あるいは防御も共に特に戦術に属するものであるから、第四章第三十五項で述べることにし、ここでは戦略的重要性を示すに留めて置く。

第二十八項　＊山地における戦略的作戦

＊本項はまず大派遣部隊に適用することを述べるものであった。しかし少々活性的で戦略・戦術混用の作戦に属することなので、私はその特別な理由から以上の内容を第五章第三十六項(143)に記述することにした。

もし山地戦の作戦において戦略の潜在的な可能性の部分について洞察することができなければ、あらゆる局面下において戦略を提示することはできないかもしれない。まったく難攻不落であると見なされる哨所の局部的な稲妻形塹壕を分析することは敢えて望まない。それは戦闘における戦術の感性に訴える部分を成しているのである。今ここでは唯単に山岳地方と本章の主題を形成する諸項との関係を述べるものである。

山岳地方は戦争の術策に四点のまったく異なった見解を呈示する。その山全体が戦いの全戦域となる場合があり、あるいはその戦域の一部に過ぎない場合もある。また、地表面全体が重畳する山岳地帯があり、あるいは単に山岳の一地帯しかなく、そこから軍が広くて肥沃な平野に下り得ることが可能なこともある。

スイス、チロル、ノリクムの各州*トルコやハンガリー、カタルーニャ州やポルトガルのいずれかの州を除けば全ヨーロッパは、前記の山岳の一地帯を有するだけである**。それ故軍は単に困難な隘路、一時的障害物を通過する必要があるだけで、この障害物は危険であるよりはむしろ一度踏破してこれを奪取するならば、苦労の暁に成功する軍にとって利益となり得るのである。実際、軍が障害物を一旦克服して平地に戦いが移行したときに前に踏破した山脈を一種の一時的基地として、それによって後退も可能となり、また、一時的な待避所を見出すことができる。このような後退する事態が発生した場合に着目すべき唯一の重要な事項がある。すなわち後退を余儀なくされた場合に決して敵に先んぜられないように留意しなければならない。

*私はケルンテン、シュタイアーマルク、カルニオラ、イルュリアの各地方の名称として理解している。

**コーカサス山脈についてはここでは述べることはしない。なぜなら小戦闘が繰り返す舞台であるこの地域は厳密に研究されることがなかったからであり、帝国の大紛争においては常に第二次的として見なされてきたからである。またこの地域は決して大戦略的作戦域にはならないであろう。

部分的にフランスをイタリアから分離するアルプス山脈も同様にこの原則の例外ではない。ピレネー山脈の高さはさほどないけれども広がりがあり、これもまたその範囲に入る。カタルーニャ州は唯一ピレネー山脈からエブロ川まで山地が地域の表面全体を覆っている。もし戦いがこの州に限定されるならば、戦場は山の多い地域であり、必然的にその地域に適応する別の術策を要する。

この観点からハンガリーは、ロンバルディア、カスティーリャと少々異なる。なぜならカルパティア山脈はピレネー山脈と同様険しい山脈が東部および北部の部分に存在しているからだ。これらの山脈は一時的な障害にすぎず、そこを踏破し、ヴァーク川、ニトラ川、タイス川流域にせよ、モンガッチ平野にせよ進出する軍は、ドナウ川とタイス川間の広大な平野において大問題を決心しなければならない。唯一異なることとは、アルプスとピレネーの山脈には少ないけれども立派な道路があることであり、ハンガリーには立派な道路が不足しており、あっても実用的な道路が極めて少ないということである*。

*私は一八一〇年におけるその国の状態について語っているのであり、私は道路の改善をなし、戦略的大道路網の開設のために、オーストリア君主が政治の全力をもって生じた大活動があったその後のことについては知らない。

ハンガリーの北部において、高くはないが奥行きが深いこの山脈は、全体として山岳地帯の戦場の類に属するように思える。しかしながら、その山岳地帯の戦場は一般の戦場の一つを形成するにすぎないので、もしタイス川あるいはヴァーク川の河谷で決定的作戦が起きた場合は、山岳地帯を軍の撤退地域として求めることができ、山岳地帯は一時的な障害に属するものとみなすことができよう。隠しきれないことだが山岳地帯の攻防は最も興味ある二重の戦略的研究となるであろう。

大して重要ではないボヘミア、ヴォージュ、シュヴァルツヴァルトの山脈もまた、山岳の一地帯の範囲に置かれる。

チロルやスイスのように全山岳地帯の作戦域の一地帯のみを成すときは、これらの山岳地帯の重要性は相対的にすぎず、多かれ少なかれ山岳を要塞のように単に遮蔽するだけに留め、河谷において大問題を決定しようと努めるべきであろう。もちろん、もし山岳地帯が主要な戦場を成すならばこれは別の問題である。

山岳の占領が河谷を支配し得るかどうか、あるいは河谷の占領が山岳を支配し得るかどうかは長い間の疑問であった。非常にひらめきと才能のあるカール大公は、後者の主張に傾倒を示し、ドナウ川河谷が南部ドイツへの成功の足がかりとなったことを証明した。それはある程度意を得ていると思われるが、しかしながらこの種の問題はその国の相対的な兵力と意志に依存しなければならない。もし六万人のフランス軍がバイエルンに侵入して、等しい兵力のオーストリア軍に対峙する際に、イン川に到着する増援部隊と交代する目的でもってチロルに三万人を投入したとするならば、フランス軍がシャルニッツ、フュッセン、クフシュタイン、ローファーの出口の翼側に同様な主力を残して、イン川の線まで前進することは非常に困難であろう。しかしこのフランス軍が十二万人の兵員を有し、敵に相対する軍が優越を確保できるに十分成功したならば、一八〇〇年にモローが実施したように、十分な派遣部隊を常に準備してチロルの出口を遮蔽し、リンツ方向に進出することができよう。

これまで山岳地方は単に副次的地帯として見なすにすぎなかった。もし山岳地方をあらゆる戦いの主要な戦場として見なすならば、問題は少々様相が変化し、戦略的術策は複雑化するように見える。一七九九年および一八〇〇年の両戦役は、均しくこの技術的分野での興味ある教訓に富んでいる。私はこの戦役に関して出版し、その事象等について歴史的説明により私自身も教訓を把握し活用し、その本の反響が最上であるかどうかをまず知りたいのである。

私が論説した論文の内容、すなわちフランス総裁政府がスイスに無謀な侵入を遂行した結果について、また作戦域を拡大し、テセル島からナポリまで単一の戦場を設定した致命的な影響について想起すれば、三世紀にわたってスイスの中立を保障していた合意の中で、オーストリアおよびフランス政府を動かしたひらめきをあまり称えることはできないのである。各人は一七九九年におけるカール大公、スヴォーロフやマッセナ将軍の興味のある戦役を注意して読むとこの真実を納得するであろう。また一八〇〇年におけるナポレオンやモローの戦いについても同様であろう。前者は山岳地帯全体が戦場となった場合についての作戦の典型である。後者は山岳地帯の帰趨が平地での戦いを決心しなければならない戦いの範例である。

私はその研究から生じた真理のいくつかについてここに概説することにする。

全体に山岳で遮断された地方が彼我両軍の主要な作戦の戦場になった時、開豁する地方に適用できる格言を戦略の術策に適合させることはまったくできない。

実際に敵の作戦正面の両先端を攻撃する横断機動はより実行が困難となり、また同様に往々にして不可能となることがある。そのような地方において単に相当な兵力を有する軍は、数少ない渓谷においてしか運用できない。その渓谷で我が前進を遅延するために十分な兵力の前衛を配置することに留意するであろう。企図を失敗させる手段に備えるほど、行進は長時間になるからである。さらに渓谷を分離する支脈では通常軍の機動には不適な小道のみが存在するので、支脈を横断する行進は軽師団だけが行うことができるのである。

重要な戦略要点は、本質的に主要な渓谷の合流点に、あるいはもし望むならば渓谷に挟まれる河川の合流点に定められるが、あまりにも位置付けが明白なので、盲目にでもならなければ見誤ることはない。しかしながらこれらの戦略要点は少なく、大兵力でこれらの要点を占領する防御軍に対して、攻撃軍は防御軍を撃退するために多くの場合、直接あるいは精鋭部隊でもって行う攻撃に頼らざるを得ないであろう。

しかしながら、この場合大戦略機動はめったに遂行されないし、また困難である。このことで大戦略機動が重要でないというのではない。反対に、もし攻撃軍が敵の後退線に沿う大渓谷の交通の結節点を奪うことができたならば、防御軍にとって、これの喪失は平地におけるよりもいっそう厳しいものとなることは確実である。したがって、この線上の接近困難な一つもしくは二つの隘路を占領するならば、多くの場合十分に敵の全軍を撃破することができる。

さらに攻撃側が防者を打破するのが困難であるならば、防御軍もやはり同一の場合にあるものと認めなければならない。つまり、防御軍は攻撃軍が決勝点に集団で到達し得ようとするすべての出口を援護しなければならないし、また脅威を受けている地点に急行する必要がある時に、横断行進を妨害する障害により遮断されるからだ。こうした横断行進の類と、山岳において平地と同様に容易にこれを行うには、困難が伴うことについて私が前述したことを補完するために、一八〇五年にナポレオンがウルムのマックを遮断するために為したことを想起させることをお許し願いたい。もし仮にこの作戦があらゆる方向からシュワーベン地方を縦横する百の道路によってお膳立てされていたならば、また、もしドナウヴェルトからアウグスブルク経由でメミンゲンへの長距離の機動を為すための横断経路が存在せず、作戦が山岳地域においで実行できなかったならば、さらにマックは唯一の道路に依ってのみ脱することが可能なスイスあるいはチロルの渓谷の一箇所に方向転換するよりも、簡単に百の道路のお陰で同様に後退し得たであろうことは必定であったに違いない。

別の観点から、開豁地域で防御をせざるを得なくなった将軍は、集中した兵力の大部分を維持するであろう。なぜなら、もし敵が兵力を分割して防御軍のすべての後退路を占領するならば、この数多く孤立する敵師団を撃破し、防御部隊の後退が容易となろう。しかし、かなり険しい山岳地方では軍は通常一つもしくは二つの主要な出口のみを有するだけである。その出口に地域の同じ方向から達している他のいくつかの渓谷は敵軍によって占領されていると、兵力の集中は非常に難しく、重要な唯一の渓谷を無視するならば、厳しい支障をきたす結果となろう。

山岳防御の任務に当たる将軍に法則はおろか、助言を与えようとする際に感じる困難ほど、実際に山岳における防御戦略の困難性をよりよく明示するものはない。もしあまり広くない唯一の決定的作戦正面のみを有し、四乃至五つの渓谷からなり、あるいは山脈頂上から二乃至三日行程で到る渓谷の中央の結節点に集中する路線のある防御だけの問題であるならば、疑いなくこの作戦正面の防御は実に容易であろう。これらの各路線の最も狭く、最も転回が困難となる隘路の点に良好なる堡塁の建設を命じれば十分であろう。ついでこれらの堡塁の防護のもとでいくつかの歩兵旅団を配置して敵の前進を妨害し、一方、軍の半分を予備隊として渓谷の中央結節点に配置するならば、あるいは最も脅威を受ける前衛の援護に当たり、あるいは攻者が進出しようとする場合、これを迎撃するためにすべての縦隊を集中して、集団で襲いかかることができる。以上の措置に加えて前衛の指揮官たちに良き教訓を与えるならば、堡塁の重大な警戒線が突破されそうになるやいなや最大の集結部隊をもって割り当てるにせよ、敵の翼側の山岳において戦闘を続行することを命じるにせよ、防御指揮官たちは山岳地域の特性が後者に与える数多くの困難のおかげで不敗の自信を有することができよう。しかし、このような作戦正面の隣の右側に多少同様な他の作戦正面があり、左方に第三の正面がある場合に、敵の最初の接近に見舞われるという無視できぬ事態を見ないために、これらの作戦正面を同時に防御することが重要になる場合にこの命題は変わる。つまり防御線の広がりが増大するにつれ、防者は二重の苦境に陥り、この前衛の警戒線の方式はまったく危険となり、他の方式を採用することも容易ではない。

これらの真理をよりよく納得するには、一七九九年のスイスにおけるマッセナの状況を思い起こすことであろう。マッセナはジュールダンがシュトッカッハの戦闘で敗北した後、バーゼルよりシャフハウゼンおよびライネックを経てサンクトゴッタルド峠まで、そしてフルカ川を渡ってモンブラン山までの線を保持し、その前方バーゼル、ワルドシュート、シャフハウゼン、フェルドキルヒ、クールの各付近において敵と対峙した。ベルレガルド(144)軍団はサンクトゴッタルド峠に脅威を与え、さらにイタリア方面軍はシンプロン峠およびサンベルナール峠の軍に対峙しようとした。そのような範囲の線を如何に防御することができるであろうか、すべての損失の危険をおかして、如何にして一大渓谷を無防備のままに残し得るであろうか。ラインフェルス州からジュラ山脈のゾロトゥルンまでは僅か二日弱行程であり、そこはフランス軍が陥ったネズミ取りの罠の峡谷であった。まさにこの地は防御の転換点であった。しかし、如何にしてシャフハウゼンを無防備のままにしておくか、如何にしてライネクおよびサンゴタール峠を放棄するか、ヘルヴェチア共和国を連合国軍に委ねることなく、如何にしてヴァーレ州およびベルンに到る通路を開放すべきであろうか。一個旅団を以て援護を全うすることを欲するならば、出現を予想する敵集団に決戦を遂行する際に、軍は何れに布陣すべきであろうか。平地に軍を集結することは自然の方法であるが、難所である隘路のある地方では、この方法は敵に対し地方の鍵を委ねることに他ならない。また劣勢軍を危険に巻き込むことなく、集結可能な地点は何処であるのかについてはもはや知るものがいない。

ライン川およびチューリッヒの線から撤退を余儀なくされた後のマッセナの状況判断では、マッセナはジュラ山脈の線が敵の侵攻を阻止する防御の唯一の戦略点であるように思われた。そこで彼は、ライン川の線よりも短いアルビス山脈の線を無謀にも固守する考えであった。それでも占領するには依然として長い距離が残っていて、オーストリア軍の打撃に曝すような状況にあった。そこで、オーストリア帝国最高法院が、ベルガルド軍をヴァルテリナを経てロンバルディアに推進する代わりに、ベルンに前進させるかあるいはカール大公の軍に合流させることを命じていたならば、マッセナは万事休すだったであろう。したがってこれらの事象は、もし高い山岳地帯が戦術防御に有利であるとしても、分散せざるを得ず、機動力を増進させ、また時折攻勢に移行することでこの不便さの救済策を求めなければならない戦略防御にとっても、同様な有利性はないことが証明されるように思える。

クラウゼヴィッツ将軍の論理にはしばしば欠陥が見出されるのであるが、彼は逆に山岳戦の困難な部分は機動であるから、防者は局地的防御の有利性を失う危険があるので、僅かな機動でも避けなければならないと主張している。にもかかわらず受動的防御は積極的攻撃によって遅かれ早かれ敗れることは必定であると結論づけている。つまり、彼はここで攻撃の主導性は山岳地帯においても平地におけるのと均しく有利であることを示そうとしているのである。もしこの点を疑うとするならば、マッセナの山岳戦は蓋し彼の主張を否定することになろう。なぜならマッセナは、スイスにおいてグリムゼル峠およびサンクトゴッタルド峠まで敵を捜索する必要があった時でさえも、その都度敵を攻撃して自軍を保持した。ナポレオンもまた一七九六年にチロルにおいてヴルムザー、アルヴィンチ(145)に対して同様な行動を遂行した。

細部の戦略的機動に関して、サンゴタール峠を越えムッテンタール渓谷に向かうスヴォーロフの遠征に伴なった不可解な事象を察知するならば理解することが可能であろう。ロイス川の渓谷においてルクールブ(146)を捕捉するようスヴォーロフが命じた作戦機動に思いをいたすと、ルクールブ将軍と彼の師団を救った精神、活動、確固不動の不撓不屈の意志に感嘆するのではなかろうか。その後スヴォーロフがシャシエンタル渓谷およびムッテンタール渓谷において ルクールブと同様な状態に陥ったが、彼と同様な巧妙さで災厄を乗り切った。これに劣らずモリトール将軍(147)の十日間の見事な戦いは、並々ならぬ称賛に値すると思われる。この戦いで特筆するのはグラールス州において将軍率いる四千人は三万人以上の連合軍に包囲され、四つの素晴らしい戦闘の後にリント川後方を固守し得たことであった。これらの事実を研究してみると細かな理論の空虚さを強く知ることを得、主たる山地戦において、堅固で英雄的な意志力は世のすべての教えよりも価値があることを確かめることができる。このような教訓を述べた後であるけれども、敢えて言いたいのは山岳戦の主たる法則の一つは、渓谷においては高地を確保せずに無知であってはならぬ。少々取るに足らない格言であるが選抜兵のすべての指揮官はこれに無知であってはならぬ。さらに付け加えると山岳戦において何よりもまず考慮すべきことは敵の連絡線に作戦を指向しなければならない。結局これらの艱難地では河川等の大合流点の中央に設置し、戦略予備隊によって援護された一時の良き基地あるいは防御線は、大きな運動性と時折の攻勢でもってその地を防衛するための良き手段となると言えよう。

さて私はこの節を終わるに際して、戦争が真に国民的なものである時、そしてその人民たちが厳然たる理由のために士気を奮起する不屈の精神でもって自分たちの故郷を守る時に、山岳地方は特に防勢に有利であることに着目したいのである。したがって、攻者の前方に踏み出す各歩は大きな犠牲を払わされることになる。しかし戦いを成功でもって締めくくるには、山岳の住民たちが多かれ少なかれ規律ある多寡な勢力を有する軍隊による支援が得られることが常に必要である。そのような軍隊の支援がなければ、シュタンツやチロルの英雄たちのように勇敢な住民が間もなく屈服してしまうことになる。

また、山岳地方に対する攻勢は二つの可能性を呈示する。すなわち広大な平地の戦場に接する山岳の一地帯に対する攻勢は実行可能であろうか、あるいは特に全体が山岳地帯である戦場において攻勢は実行可能であろうか。

第一の場合は唯一の訓戒を与えることができる。すなわちこの場合は敵をして防御線を拡大せしめ、攻勢側は国境地帯の全体にわたって陽動作戦を実施し、ついで決戦を強要して最大の成果を期することになろう。つまり防御態勢を崩すことができるのは、陣地の局部では強化されていても数的に薄弱な警戒線であり、そして陣地の一点を突破すれば防御線全体が崩壊することになる。一八〇〇年のバード城塞の歴史を読んでみて、あるいはネーが一万四千人の兵員を率いてインスブルックに向かい、オーストリア軍三万人の中央を衝いて、一八〇五年にロイタッシュおよびシャルニッツを占領し、この中央点を奪取してオーストリア軍を四散させ敗退に追い込んだ成功を考えると、これらの著名な山岳地帯は勇敢な歩兵および大胆な指揮官を有しているならば通常突破し得るであろうと考えることができる。

実際にフランソワ一世がスーズ付近において待ちかまえる敵軍に対して迂回し、モンスニ山とケラース渓谷間の峻険な山岳地帯を通過したアルプス山脈越えの歴史は、克服しがたい障害でも常に乗り越えることが可能なことを示す例である。これに対抗するためには警戒線の方式に頼ることが必要であり、その方式は期待可能であることは既に述べたところである。唯一の渓谷内に設置したスイス軍およびスーズ付近のイタリア軍の陣地は、警戒線の配備に比してはるかに悪い状況にあった。さらに側面の渓谷を守ることなく、脅威を受ける危険な場所に軍が閉じ込められるのでこれまた不利な状況にあった。このような危機的状況を救うにはこれらの渓谷に軽軍団を投入し、トリノあるいはカリニャン方面に大軍を投入すべきであったであろう。ここに推奨する戦略があるのだ。

山岳戦の戦術的困難性および山岳戦が防御を確実にするように思われる大きな利益を考えると、唯一の渓谷に浸透するために多大な軍を一集団に集結して浸透することは最も無謀な機動として見なされがちであろう。また軍を実際に存在する道路の数と同数の縦隊に分割する傾向があるが、私の考えではこれは多くの幻想の中で最も危険な錯覚の一つである。その証拠にたとえばフォッサノにおける戦闘でシャンピオネ将軍の縦隊が遭遇した運命を見るだけで解るであろう。もし侵攻の脅威ある前面に五乃至六条の利用可能な道路が存在し、その道路の全てが脅かされるならば、せいぜい二個軍団でもって道路を開放することが必要である。さらに踏破しなければならない渓谷は、軍の機動と反対の方向にあってはならない。なぜならもし敵が多少なりとも進出するところに待ち受ける手段を講じるならば各個に撃破されるからだ。この方法はナポレオンがサンベルナール峠を通過するときに用いられたが最良のもののように思える。すなわち彼はモンスニ山およびシンプロン峠の右側と左側に二個師団を配備し、中央に最も強力な集団を置いて敵の注意をそらし、自軍の行進の翼側を防護してサンベルナール峠を通過した。

ただ一つの山の一地帯だけではなくその内部に一連の山脈を有する地方への侵攻は、短期間内に決戦を期待できる平地よりも、さらに長期間にわたりしかも困難である。なぜなら大集団が展開する戦場はほとんど存在せず、戦いは各個戦闘となるからである。このような山岳地帯では唯一の地点を頼って狭くて深い渓谷内に侵入することは、おそらく賢明なことではないであろう。なぜなら敵は出口を塞ぎ、軍を不利な状況に陥れることがあるからである。しかし、出口があまり離れてなくて、ほどほどの距離にある側面の二あるいは三線を採って敵の両翼に侵入することが可能なときは、諸隊は渓谷の集合点にほとんど同時に到達するよう方法で行進術策を採り、敵を各個に分離している支脈から駆逐するように留意して行進を予定すべきである。全体が山岳であるいくつかの地方の中でもスイスは、もしスイスの民兵が統一された精神をもって駆り立てられたならば、明らかに防御戦術が最も容易であろう。もしこの様な民兵を使うことが可能であれば規律ある正規軍は、三倍の兵力ある敵に対して抵抗できるであろう。

地方の特性、資源、民心、軍隊の状態如何により無限に増えてくる紛糾に対して、固定化した教訓を示すことは愚の骨頂であるが、ただし良く検討され、提示された歴史には山岳戦における真の教訓がある。カール大公の行った一七九九年の戦役記および私が『革命戦争批判戦史』のなかで述べた同じ戦役記、セギュール(148)およびマチュー・デュマの編纂した「グラウビュンデン戦史」、サン‐シール(149)およびシュシェの編纂した「カタロニア州戦史」、バルテルリーナおけるローアン公(150)の「戦役史」、ガイヤールの編纂したアルプス山脈越え（『フランソワ一世史』）は、山岳戦の教訓のための良き資料である。

第二十九項　大侵入および遠隔地遠征に関する付言

国家政策と関連ある遠隔地および大侵入戦について既に述べたことである。今軍事的見地から簡潔にこれを考察することにしよう。もっとも本題に関する適当の場所を本書中に定めることは少なからず困難を感ずるところである。なぜなら一方で、本題は戦略的術策よりも叙事詩やホメロス的な物語に属するように思える。それでもやはり他方では大距離は大困難および災いをもたらす機会を増加させるし、にもかかわらずこれらの冒険的遠征は他の戦争において再発見する作戦のすべてを示している。実際にこれらには会戦も戦闘も、攻囲戦も作戦線も含むのである。したがって大侵入戦および遠隔地遠征は、本書中の各主題を形成する多少異なる戦争術の諸分野に入る。しかしながら、本書ではこれらを一体として考察することだけが重要であるので、また作戦線の観点から他の戦争と異なるものがあるから、これらを含む次章で述べることにする。

遠隔地遠征は次の数種に区分される。第一は単なる補助として大陸横断を実施したもので、すなわち第五項干渉戦の論中に述べたものである。第二は大陸に対する大侵入戦で、多少友好的、中立的、態度が曖昧的あるいは敵意を有する広い地方を経て実施するものである。第三は第二と同質の遠征であるけれども、一部は陸上にて、一部は海上に多数艦隊の協力を受けつつ実施せられるものである。第四は海外的遠征であり、遠隔の植民地を建設、防御あるいは攻撃をするものである。第五はさほど遠くはないが大国に対して行われる大規模の上陸侵攻である。

すでに防衛あるいは同盟を結んだ列強を援助するため、遠く派遣された外援軍団が被るいくつかの難点について第一章第五項干渉戦の論中で指摘した。戦略的観点からドイツ国と協同して行動するために、ライン川河畔あるいはイタリアに分遣されたロシア軍は、敵国あるいは中立国を経て遠距離に侵攻する場合よりも、大いに有利に、さらに強い状況にあるのは疑いない。その作戦基地、作戦線、一時的支撑点は、皆その同盟国と同一であり、防御線内には避難所を、倉庫には糧食を、兵器敞には弾薬を保有しており、一方反対の場合において資源は、ヴィスワ河畔あるいはニーメン河畔に依存して入手するのみで、他の不成功に終わった大侵攻戦の類と同一の運命に遭遇するであろう。

しかしながら補助的な戦いと、自国の利益のために、またその資源でもって企図された遠隔地への一時的な侵入戦との間に、根本的な相違があるにもかかわらず、補助軍の役割を果たすことが自国への義務である時に、この外援軍の有する危険と、特に補助軍隊の総司令官が陥る苦境は、まったく除去できないのである。一八〇五年の戦役はまさにこの実例を示しているのである。ロシア軍三万人を率いるクトゥーゾフ大将(151)はバイエルン国境に沿うイン川まで前進したが、合流しなければならないと思ったマック軍は、まったく壊滅し、その後残余の一万八千人の兵員をキーンマイエル(152)がドナウヴェルトまで連れ戻した。ここにおいてこのロシアの将軍は総数僅かに五万弱の兵員をもって、十五万の兵員を有するナポレオンの激烈な活動に対して危険に曝すことのみならず、クトゥーゾフはその国境より三百リュー離れた距離に孤立させられたことで彼の不運は著しく増大されたのである。もし五万の第二軍がオルミュッツに到着せずに、クトゥーゾフを収容しなかったならば、この様な状況はまったく絶望的になっていたであろう。この間に参謀長ヴァイローテル(153)の失策に起因するアウステルリッツの会戦が行われ、作戦基地より遠く離隔したロシア軍をしてさらに危機にさらし、ほとんど遠隔な同盟国の犠牲にさせようとしたが、幸いにも単独講和が成立し、危うく国境まで帰還するだけの余裕を得ることができた。

ノヴィの勝利の後、特にスイス遠征におけるスヴォーロフの運命、オランダのベルヘンにおけるロシア軍のヘルマン軍団の遭遇する運命は、このような司令部で期待される指揮官のすべてが良く熟考しなければならない教訓である。ベニヒセン将軍は一八〇七年においては不利な状況はあまりなかった。なぜならヴィスワ川とニーメン川間における戦闘で、彼は自己の基地に支えられ、また作戦は連合軍にまったく依存することがなかったからである。一七四二年にフリードリヒ大王が単独講和を結ぶため、見捨てられることになったフランス軍がボヘミヤおよびバイエルンにおいて遭遇した運命もまたここに思い出される(154)。実はフランスはプロイセンの連合軍として戦っており、補助軍としては戦ってはいない。だが最終的には、軍事行動を危うくする不協和点が出ないほどに政治的結合は決して密着していなかった。この実例については、すでに政策目標点について第十九項で述べたところである。

広域大陸を通り抜ける遠隔地への侵入戦に関して、教訓を求めることができるのは唯一歴史を通じてのみである。

ヨーロッパは半分が森林で覆われ、主に牧場、そして家畜が群れていた時代、民族全体がヨーロッパ大陸の端から端まで移動のために馬および鉄のみを必要としていた時代に、ゴート族、西ゴート族、フン族、ヴァンダル族、アラン族、ヴァリャー族、フランク族、ノルマン族、アラブ族、タタール族は帝国を侵掠して生存した。しかし火薬や砲兵の発明以来、また大常備軍の組織化以来、とりわけ文明および政治が諸国家をより緊密な関係にし、諸国間に相互支援の必要性が明らかになってきたので、そのような事象はもはや生じなかった。

民族の大移動とは無関係に、中世でも依然としてかなり軍事遠征が行われた。カール大帝の軍事遠征、ほとんど同時代のオレーグ皇太子(155)およびイーゴリ(156)によるコンスタンティノープル近くまで侵攻、またロワール川までアラブ人の遠征は、九世紀および十世紀の時代における特徴を現している。つまりこれらの事象はその時代の軍隊や国家を形成する要素と同様に、現代から彼らの時代までには遙かなる昔のことであるし、また順を追って述べてきた戦略的教訓よりも多くの道義上の教訓があるので、もし余裕があるならばこの著述の終わりに短い概要を書くことで満足したい。

火薬の発明以来遠征の例として挙げられるのは、シャルル八世のナポリ遠征、またシャルル十二世のウクライナ遠征だけでほとんど遠征はなかった。なぜそうなのかというとスペインのフランドル遠征およびスウェーデンのドイツにおける遠征は、特殊な戦いであったからだ。前者の戦いは内乱に属する戦争であり、後者はスウェーデンのドイツにおけるプロテスタントを支援するだけの背景を有する戦いであったように思える。さらに遠征のすべてが強大な兵力でもって行われることはなかった。

現代ではそれこそナポレオンだけが強大な正規軍をもって、ヨーロッパの半分、つまりライン川端からヴォルガ川近傍に移動させることができたのである。模倣をしたいと思っても、将来すぐには実行されることはないであろう。そのような企てを成功するには、ダレイオス王に対する新たなアレクサンドロス大王およびマケドニア兵が必要であろう。すなわち真に贅沢な快楽を享受している現代社会の軟弱な精神でも、ダレイオス王時代のような軍隊に我々を戻すことができようが、しかしそれでアレクサンドロス大王や彼のファランクスは一体何処で見つけられるというのであろうか。

ある理想家たちは次のように想像してきたのである。すなわち、ナポレオンが新たなマホメットとして政治的教義を有する軍隊の頭目になっていたならば、またイスラム教徒の楽園の代わりに集団の兵士たちに耳に心地よい自由を約束したならば、その自由がいかに美辞麗句であってもその自由の適用がいかに困難でいかに形式的であったとしても、自己の目的を達成したであろうと。世論の戦争に関する記事に留意するのと同様に、政治的教義の支持は優れた補助手段となることを信じることは認められるけれども、コーランさえもはや今日一地方以上に広がることはないことを忘れてはならないのだ。なぜならそのために大砲、爆弾、砲弾、火薬、小銃が必要なのだ。同様な道具一式でもって距離は術策において重要であることを、また遊牧民的移動はもはや季節には関係ないことを忘れてはならない。

作戦基地から二百リューの侵攻は今日では骨の折れる企てとなる。ドイツへのナポレオンの侵攻は主義思潮の支えなしに成功した。なぜなら隣の大国に対して支配し、またライン川の大障害を基盤として、この侵攻は最初の線にナポレオンの旗のもとに従う衛星諸国家群——これらの国家間はほとんど統一されていなかったが——を見出したからである。そのために作戦基地は突然にライン川からイン川に移った。ドイツの侵攻において、ナポレオンはウルムの戦闘、アウステルリッツの会戦、シェーンブルンの講和(157)後に、ベルリンの陥落がフランス軍の全力の攻撃に無防備のままであるドイツを奪ってしまった。すでに遠征の数のなかに含めてポーランドの最初の戦いに言及したことに関して、敵が躊躇したお陰でナポレオンが成功したであろうことは他で述べた。もっとそれ以上には彼の適切な方策があったし、その方策は大胆不敵かつその巧みでもあった。

スペインおよびロシア侵攻は不幸にも失敗に終わったが、その原因は有利な政治的公約の欠落ではなかった。一八〇八年にマドリッドの代表団およびロシア人民に行ったナポレオンの傑出した宣言は均しく信頼を得たものであった。

確立された新しい政治的秩序のなかでは十分信用できるドイツに関しては、それでも大戦の切り離せない災禍と、また大陸封鎖令の犠牲と、さらにその上急進的教義に対する反感により、民衆の熱意を失ったナポレオンは庶民集団に気に入られるために、ドイツの社会的秩序を揺るがさないよう留意していたのである。

フランスに関しては、ナポレオンは一八一五年に代償を払って、確かなる成功の一つの要素として、政治理論を当てにするのが危険であることを学んだ。なぜならその政治理論が動乱を引き起こすとするならば、効果をもたらすことはできないからだ。一般大衆に対して感情を爆発させるには、自由で内容が乏しい説教は不十分であり、打倒するために理論家や演説家に武器を与える別の結果をもたらしただけであった。なぜならランジュイネ(158)、ラ・ファイエット(159)、そして彼らの機関誌は、政敵の銃剣に劣らず政敵を崩壊させるのに寄与したからである。

ナポレオンが民衆の主張を満たそうと十分にしなかったことは、おそらく非難されるであろう。しかし、彼は人間と政治的情熱の爆発が常に無秩序や無政府状態を導き、また自由をもたらす主義・思潮が遅かれ早かれ爆発を常に導くことを無視するには、人間とか政務に対してあまりに多くの経験を積んでいた。彼は、波のまにまにまったく操縦不能に陥った国家という船を届けることなく、民主主義の利益を保証し、定着させることを十分に為したと信じていた。この観点から彼に対して十分でなかったという非難の代わりに、リシュリュー枢機卿(160)のように、自国で使用される危険な武器が隣国で利用することを彼が知らなかった理由の多くについていえるかもしれない。しかし、このことは本主題とあまりにもかけ離れているることなので、侵攻の軍事方策に戻ることにしよう。

さらに大距離に起因する機会とは別に、軍が一旦作戦しなければならない戦場に到着するや、他の戦争と同様の作戦を実施することになる。したがって遠距離侵攻に伴う最大の困難は、もとより遠距離にあることから、唯一有益な原則として，縦深があり横拡大作戦線に関する格言、戦略予備隊あるいは一時的作戦基地に関する格言を推挙し得るのである。そして、これらの格言が諸々の危険にすべて対処し得るわけにはいかないけれども、この様な場合には特に格言の適用が必要となる。

一八一二年の戦役はナポレオンにとって実に悲運であったけれども、遠距離侵攻の例として挙げる手本であった。つまり、シュヴァルツェンベルクの王子[161]およびレイニエ[162]をブグ川に沿う地域に残置する彼の細心さ、一方ドヴィナ川を援護するマクドナル、ウディノ[163]、ヴレーデ[164]、スモレンスクを援護しようとしたベルーノ、オーデル川とヴィスワ川の間に建て直しをしようとしたオージュローたちの配置は、適切な作戦基地を設定するために人間的に可能な用心深さを無視することはなかったことを示している。しかし、そのことは同時に、壮大な企図がその成功を保障するために整える大規模な準備により、却って失敗を招くことを証明しているのである。

ナポレオンがこの大規模な戦闘で冒した失策は、あまりにも政治的予防策を無視し、ドヴィナおよびドニエプル両河畔に駐留した各軍団を唯一の指揮官の元に統一しなかったこと、またヴィルナに留まること十日間に及び、右翼軍の指揮をその負担に堪えられない弟に委ね、最終的に他のフランス軍の将軍と同様に、献身を捧げられないと思われたシュヴァルツゼンベルクの王子に任務を任せた。私は火事のモスクワに駐留した失策については言及しない。なぜならこの災害はたとえ直ちに後退して被害を小さくしても、おそらく救済されることはなかったからである。世人はクレムリンの城壁まで凶暴的に突進して、その距離の長大さ、それに伴う困難と兵士への心遣いを問題にしなかったと非難するが、糾弾するあるいはその行動を是とする論には、彼がその企図を言明したように、スモレンスクに留まって冬を過ごす代わりにスモレンスクを通過しようとした、あるいは通過を強いた真実の動機を知ることが必要である。またロシア軍を予め撃破することなく、スモレンスクとヴィテプス間に陣地を構築して留まる可能性があったかどうかを確かめることも必要であろう。

この非常に大きな過程に判断を自ら仕立てることはしたくない。その裁断の権利を不当に取得する者すべてが、常に同様な任務に対処する能力があるわけではなく、また任務を果たすために必要な情報を欠くことを私は認知している。オーストリア、プロイセン、スウェーデンが抱いていたナポレオンに対する恨みの念をナポレオン自身が忘れていたことは真に事実である。すなわち彼はヴィルナとドヴィナ川との間において決着がつくことを大いに期待していた。彼はロシア軍が勇敢であると正しくその真価を認めていたが、その国民の精神と活力を知らなかったのである。なかんずく軍事大国の関心と真摯な協力を確保せずに、ナポレオンは揺るがせたい巨大国に対して攻撃するために、隣接した諸国家において信頼に足る基地を得ようとし、勇敢で熱情的だが、軽はずみで独立国家を成す条件のすべてを奪われている人民の助力を基に彼の企図のすべてを達成出来ると思い込んだ。結局、束の間の情熱から可能性のあった利益のすべてを引き出すことなく、時宜を失した思慮により利益を失ってしまった。

この種のあらゆる企図の宿命は、企図の成功を確保するための主要点を示し、また第一章第六項(165)で述べたように、唯一の効果的な格言は、《作戦域に十分近く、関係ある大国の確実な協力なしで企図を決して試みてはならない。その大国の国境に適当な作戦基地を設けて、あらゆる補給品を含む補給物資を前方に集積し、また不利の場合には避難所に供給し、また必要な場合には攻勢を執るための新しい手段を講じるためである。》ということである。

戦略の教訓のなかで見出したい戦闘指導の法則に関して、前述の政略上の用心がなければ、企図そのものが、戦略的法則を明白に侵害するだけとなるので、ますます無謀なことになろう。けだし第二十一および第二十二項目に示した縦深のある作戦線の安全に関して、また中間の一時的作戦基地の形成に関する各種の用心は、繰り返して述べるが、企図の危険を弱めるのは本来の軍事的手段だけである。ここで距離、障害、季節、地方についての正しい評価、いわば作戦時期を決定するために作戦予測の十分なる正確さ、および控え目な勝利判断を付け加えよう。

なお、遠距離大侵攻の成功を獲得する教訓を引き出すことが可能だと、少しも考えていないのである。ところで四千年を経た人類史では五乃至六人の栄光ある征服者が出たが、国や軍隊が破滅した事例は無数あった。

これらの大陸的侵攻に関して不可欠事項はほとんど言い尽くした後ではあるが、半ば大陸的、半ば海上遠征に関して為すべき考察事項がごく僅か残っている。それは前述の遠隔地遠征の区分の第三に属する。この類の企図の遂行は砲兵の発明以来はなはだ稀となった。また、私が信ずるところではこれまでのなかでは十字軍がその最後の実例と思われる。おそらく、いくつかの小中級国家の手の間に制海権が継続して在った後、良質の艦隊は有しているが、遠征などに必要な地上軍を有していない島国に、制海権が移行したことにその原因が在ると見なす必要があるのではなかろうか。

いずれにせよ以上の根拠は次の二つの事例、つまりクセルクセスがあらゆる種類の大小の船舶四千隻を従えて、ギリシアを征服するために地上軍を侵攻せしめ、またアレキサンダー大王が陸上経由でマケドニアから小アジアを経てテュロスに、一方テュロスの海岸に船舶を達着させ突進したが、現代はもはやこのような時代ではないことは、明白にその特徴を併せ有しているのである。

しかしながらもしこうした一時的侵入が行われなくなっても、大陸への大遠征が強力な支援国と協力して行われる時は、戦闘艦隊および輸送船隊の支援は、常に巨大な援助となり得ることは確かなことである*。

＊おそらくは、海上に陸軍の基地を持つことを欲する者を批判した後で、私がこのような作戦を推奨しているようだといわれる話である。だが重要なのは軍が受領する中間基地に補給品を継続的に輸送する手段であり、沿岸での作戦を遂行する手段ではない。

にもかかわらず、あまり過度に期待してはならない。なぜなら風は変わりやすく、嵐が一旦吹き荒れると全軍が期待する艦隊を破滅させてしまうことがある。連続する輸送は危険を伴うことは少ないが常に確実な方策はないのである。

オーストリアやスペインに対するナポレオンの侵攻に見るような、隣接する国に対して実行する侵略については、ここでは述べる必要はないと信じている。これは通常戦を多少遠くに押し進めたものであるので特別なものではないし、その術策は本書の諸項目のなかで十分記述されている。

民族の敵愾心の大小、作戦線の縦深性の浅深、主要な目標点への距離の長短、通常の作戦方式の変更を求め得る唯一の変形要素である。

隣接国に侵攻する危険は確かに遠距離の侵攻よりも少ないように思われるが、実際は、隣接国に戦いを挑む侵攻も危険に遭遇する機会は結構少なくないのである。スペインのカディスを攻撃しようとしたフランス軍は、ピレネー山脈に基地を有し、またエブロおよびターホ両河畔に中間基地を設置したとしても、グァダルキヴィル川に墳墓の地を見出さなければならなかったであろう。これと同様他の部隊がバルセロナからオポルトまでの戦いを行っている間、一八〇九年にハンガリーの中央部のコモロンを攻囲したフランス軍は、ヴァグラムの平地にて敗れてしまったかもしれず、そうなればベレジナ川まで侵攻する必要もなかったであろう。前歴、利用可能な兵数、すでに獲得した勝利、国の状態は、皆執るべきその企図の自由度に影響を及ぼし、将軍の大きな能力はこれらの用い方および環境を釣り合わせるものであろう。政略が隣接国侵攻において行使する分野に関して、もし遠隔地の侵攻よりも政略の必要度が少ないことが真実とするならば、第六項（征服欲あるいは他の原因による侵攻戦）で述べた格言を忘れてはならない。すなわち敵ではないけれども、弱小国との同盟を為すのは有益ではないであろう。一五五一年におけるザクセンのモーリスの告白(166)および一八一三年のバイエルンの宣言(167)と同様、一七〇六年におけるサヴォア公の政略の変更(168)がこの時代の事象に及ぼした影響は、戦域の隣国のすべてと結託する重要性があり、もしこれらの隣国が共同して行動することができなければ、少なくとも厳格な中立を確保する重要な方法を採らなければならないことを十分に示している。

なお最後に海外遠征の記述のみが残っているが、乗船そして上陸は戦略よりもむしろ兵站および戦術の軍事行動に属するので、特に海上侵攻で論じる第四十項(169)を参照することになる。

戦略の要約

自ら課してきた仕事は、通常作戦計画を作成するあらゆる戦略的方策に関する論述により、ほぼ果たされたように思える。

しかしながら、本書の冒頭に述べた戦略の定義から見たように、戦いの最も重要な作戦の大部分は、作戦に役立つ方向に資するための戦略に属し、同時に部隊自体の戦闘に資するための戦術にも属している。したがって混合作戦を取り扱う前に大戦術および戦闘の方策、ならびに戦いの基本的原則の適用を得ることができる格言をここで提示することが必要である。この方策によってこれらの半分は戦略的、半分は戦術的な作戦全体をいっそう良く把握することができる。今まさに読んできた本章の内容を最初に要約することをお許し願いたい。

方策を記述している各項から、可能なすべての作戦域における一般原則を適用する方法に関する結論を以下述べることにする。

1　敵の基地に対して突出し、直角に交わる作戦線の有利性について第十八項で詳説した内容に従って、二つの作戦基地が有する相互の方向が得る利益を利用することを知ること。

2　戦場において通常戦略上で示される三つの地帯の中で、敵に最も致命的な打撃を加え得ると同時に、自らの危険が最も少ない地点を選定すること。

3　一七九六年にカール大公、また一八一四年にナポレオンあるいは同年にスルト元帥(170)が、国境に並行して退却するために示した求心的方式の例を防勢に適用する際に、作戦線を適切に設定して、正しい方向を与えること。

攻勢に際しては反対に、ナポレオンが敵の戦略正面の末端に自軍の戦力を指向した方向によって、一八〇〇、一八〇五、一八〇六年の各年に成功を確実にし、あるいはその中央に対して適切に指向した方向によって一七九六、一八〇九、一八一四年(171)の各年に極めて成功した方式に従わなければならない。すべては諸軍の各態勢に従って、また第二十一項に示した諸格言に応ずるものである。

4　諸師団の主力でもって常に作戦を実施するために、そしてまったく逆に敵軍主力の集中を阻止し、あるいは敵の相互支援を阻止するために、適切な作戦方向を与えて可能性のある機動戦略線を選択すること。

5　統一および集中の精神に基づいて、すべての戦略陣地ならびに戦略上の決戦の場に必要不可欠の地域を全体的に把握するために必要とする大派遣部隊を適切に運用すること。

6　終わりに、打撃を加える重要な要点に対して、連続かつ交互に集団を運用することにより、つまり敵軍の一部に対して優勢な兵力を指向して戦闘を行うという主要な目的を達成するように、大集団に可能な限り最大の活動力および最大の運動性を与えること。

迅速で継続的な行進を実行することにより自軍の部隊活動を増加し、同時に敵兵力の大部分を無効にすることができる。しかし、行進の迅速性が多くの成功を得るのに十分ということならば、努力を巧妙な方向に導くことでその効果は増大する。つまり、これらの努力が作戦地帯の戦略決勝点に指向される場合に敵に最も致命的な打撃を与えることができるのである。

しかしながら、他の点を除いて常にこの決勝点を採択することはできないので、その場合、敵の孤立した一部に自己の兵力を迅速・継続的に用いる方策により、その敵は敗北を避けられなくなり、結果的にすべての企図の目的を部分的に達成することで時折満足しなければならないことがある。集団を運用する際に迅速および鋭敏の二条件を良好な方向に一致させる時には勝利は勿論、また大成果の獲得も確実となろう。

この真理を最も良く実証した作戦は、頻繁に述べた一八〇九年、一八一四年の戦役、また第二十四項にすでに述べた一七九三年末カルノーに命令された戦役であり、その詳細は私の『革命戦争史』の第四巻に記述している。およそ四十個大隊がダンケルクからメナン、モブージュ、ランダウに順次に搬送され、すでに同地にある諸軍を増援しつつ四つの勝利を獲得してフランスを救った。この行進の術策に対して戦域の決定的戦略拠点に適用することの価値を付加することができるならば、この行進術のすべてが賢明なる作戦に包含されていること見出すであろう。しかし事実はそうでなかった。なぜならオーストリア軍は当時対仏同盟の主力であり、その退却線をケルンに向けていたから、フランス軍は全力を挙げて最大の打撃をムーズ川方面に加えるべきであった。公安委員会は緊急の危機を十分見積もっていた。そして私が試みた観察は機動の長所をまったく減少するものではなかった。その観察は戦略原則の半分を含み、残りの半分はナポレオンがウルム、イエナ、ラティスボンで遂行したように、最も決定的な方向に対し同様な努力の指向を確実に行ったことにある。戦略上の戦争術のすべては四種の適用の中に含まれる。私はすでにその動機を案配して、しばしば同一の記述を反覆してきたことをお許し願いたい。

私は思うのである。戦略の大目的は、自国において作戦が生じる場合には、その作戦に最も好ましい戦域で準備して軍に対する実際の利益を確保することはいうまでもない。要塞、橋頭堡、築城防御陣地の位置、大決勝的方向における連絡線の開設は、これらの術策としての最も関心のある分野を形成している。これらの作戦線および決勝点が永久的なものにせよ、応急的なものにせよ容易に認識できる諸特色をすでに示した。ナポレオンはシンプロンおよびモンスニ峠の歩道によってこの類の教訓を与えたし、オーストリアは一八一五年以来賢明にチロル州からロンバルディア州沿いに、またサンクトゴッタルドおよびシュプリューゲン峠への道路を設置し、また計画されたあるいは既設の各種要塞により利益を得たのである。

訳註

(1) ジャン・ピエール・フレデリック・アンシロン（一七六六〜一八三七年）。ドイツ（フランス系）の歴史家、士官学校教授、プロシア皇太子の家庭教師、後に外相を歴任。『文学と哲学の論文集（**Mélanges de littérature et de philosophie**)』（一八〇一年）及び『一五世紀以降のヨーロッパ政治体系の革命の描写（**Tableau des révolutions du système politique de l' Europe depuis le XVe siècle**)』（一八二三年）の著書がある。

(2) 原著は前項の ***Tableau des révolutions du système politique de l'Europe depuis le*** XVe であり、アカデミー・フランセーズの称賛を受け、またベルリン・アカデミーに認められた。この本は史的展開における心理的要因を初めて認知したものである。

(3) ニコライ一世（一七九六〜一八五五年）。パーヴェル一世（ピョートル三世とエカテリーナ二世の次男）の三番目の息子。絶対専制君主で帝国内の全住民をロシア化しようと試みた。クリミア戦争中死亡した。

(4) 大戦術の定義については、第四章（大戦術と戦闘）の冒頭に記述している。すなわち大戦術とは軍団以上の戦略的規模における戦闘準備の良き方策及び良き戦闘指導を行う技法である。

(5) ジョミニが称するロジスティク（**Logistique**）は、兵站と訳しているが、ジョミニが定義するロジスティクは、戦略・戦術計画を遂行するための諸手段と諸準備からなり、戦場へ部隊を移動させていく実際の手法を指している。たとえばそのための幕僚活動はロジスティクの中に含まれ、行進計画を核としている。もちろん軍需品の補給・給養も含む。現代の兵站の定義は、軍隊が戦闘あるいは非戦闘行動において効率よく実動可能なようにその建設と支援を提供する局面をいう。以上の差異を認識して、本書では原語のロジスティクを邦語の兵站として用いることにする。

(6) ジョミニは小戦術の定義に兵種の戦術を含めているが、独立して行動する師団、連隊、大隊の戦術も含まれている。

(7) エー・デュ・シャトレ（**Hay du Châtelet**）（一六二〇〜八二年）。フランスの著述家。主に政治領域及び政治と戦争との関係の著書がある。彼の初版は ***Observations sur la vie et la mort du maréchal d'Ornano***（オルナノ元帥の生涯と死に関する考察）があり、軍事関係では一六六八年にパリで出版された『戦争論または軍事政策論

(Traité de la guerre, ou Politique militaire)』がある。

(8) コドマンノス・ダレイオス三世（在位BC三三六～三三〇年）。BC四世紀中頃のペルシア帝国の最後の王。アレクサンドロス大王との戦いでイッソスの戦い（BC三三三年）、またガウガメラの戦い（BC三三一年）に敗れた。バクトリアで再興を図ろうとしたが総督ベッソスに殺された。

(9) アレクサンドロス三世（BC三五六～三二三年）。マケドニア王。前項の戦いでアケメネス朝ペルシアを破り、東方大遠征により大帝国を築いた。

(10) ポール・ギデオン・ジョリィ・マイゼロア（一七一九～八〇年）。フランスの軍人、軍事史家。一七六六年に『戦術の理論、実践、歴史に関する講義（**Cours de tactique, theorique, practique et historique)**』を、一七七七年に『戦争の理論（**Theorie de la guerre)**』を出版した。一七八五年に王立アカデミーの会員となった。

(11) ヘンリー・ハンフリー・エヴァンズ・ロイド（一七一八?～八三年）。イギリス生まれでウェールズ陸軍将校。軍事思想家。軍歴はオーストリア軍に対してフランス軍に、ジャコバイトの反乱ではハノーヴァー朝軍に対して僭王軍に、プロシア軍に対してはオーストリア軍に、オーストリア軍に対してはプロシア軍に、トルコ軍に対してはロシア軍に参加して戦った。そうしたところから国際スパイとしての風聞もあった。彼は一七六〇年にヨーロッパの各国陸軍情報を含む『ロイド大尉の一覧表（**Capt. Lloyd's List)**』を出版したが、その後『フリードリヒ大王とマリア・テレジア女王並びに女王の連合国との間のプロイセンドイツにおける最近の戦争（**The History of the Late War in Germany between the King of Prussia and the Empress of Germany and her Allies, London, 1766.)**』など彼の戦略思想を表現する多くの著述書がある。その主眼は「作戦線の原則」をもとに一般原則の樹立であった。ジョミニの戦略理論に影響を与えた。

(12) 一七九六年の総裁政府の作戦計画は、主力をドイツ戦線に指向し、イタリア戦線は二次的作戦であった。ナポレオンの構想は、ピエモンテ及びロンバルディアに対してイタリア方面軍が攻撃することにより、北方の主戦線からオーストリア軍の注意をそらし、その間にアルプス越えに軍を進め、チロルでモロー将軍と合流してウィーンに進撃することであった。

(13) オーストリアの北イタリア支配における行政及び軍事的拠点であり、かつ有名な「方形砦」の最南端に位置する要塞である。

(14) リュー (lieue) はメートル方採用前の距離の単位で、約四キロである。

(15)『大作戦論』の第二版の第七巻と第八巻の原稿は検閲に委ねられていた。検閲の理由はジョミニがこの原稿の幾つかの節でナポレオンの作戦を批判したことで監視されていた。

(16) ギリシア神話の怪物の名で、女の顔と胸を持ち、翼の生えたライオンの体をしている。旅人に謎をかけては解けない者を食い殺した。

(17) 一七五七年六月一八日のコーリンの戦い、同年十一月五日のロスバッハの戦い、同年一二月六日のロイテンの戦いを指す。

(18) フリードリヒ大王 (一七一二〜八六年)。プロイセン王 (在位一七四〇〜八六年)。軍隊を強化し国土を拡張、プロイセンをヨーロッパの強国に成した。著書に *Principes généraux de la Guerre* (1748), *Pensées et règles générales pour la guerre* (1755), *Réflexions sur les projets de campagne, deux Testaments politiques* (1752 et 1768) がある。

(19) 一七六〇年八月一五日のリグニッツの戦い、同年十一月三日のトルガウの戦い、一七六二年六月二四日のヴィルヘルムスタールの戦い、同年一〇月二九日のフライベルクの戦いを指す。

(20) アーサー・ウエルズリ・ウェリントン公 (一七六九〜一八五二年)。イギリスの軍人、政治家。ナポレオンに対抗して、ポルトガルに遠征してフランス軍を牽制した。一八一五年六月一八日ワーテルローの会戦でナポレオンを破る。

(21) 優勢な敵との戦闘を回避し、敵の消耗を待って攻勢に出る戦略を称する。BC二一六年カンネーにおいてローマ軍がカルタゴのハンニバル軍に殲滅された。その後ローマの政治家であり、軍人のファビウス・マクシムス・ウェルコス (BC二七五頃〜BC二〇三年) がカルタゴ軍に対してこの戦略を採用したことから、この持久戦略を別称するようになった。

(22) ルイ一四世 (一六三八〜一七一五年)。フランス王 (在位一六四三〜一七一五年)。ルイ十三世の子。数次にわたる対外戦争、中央集権、重商主義政策などによりブルボン絶対王政の黄金期を築いた。太陽王とも称された。

(23) フランス東部のアルザス地方の県。

(24) フランスのコート・ダジュール地域圏の県である。東縁はイタリアとの国境を成す。名前は古代ローマの属州アルペス・マリティマエに由来する。県庁所在地はニース。

(25) ユダヤの大立法者。イスラエル民族の出エジプトと荒野の遍歴を指導した。シナイ山で神から十誡を受けたといわれる。モーセはヘブライ語の読み。

(26) カール大公（カール・フォン・オーストライヒ・テッセン）（一七七一～一八四七年）。神聖ローマ皇帝レオポルト二世の第三子。オーストリア大公。軍人。軍事評論家。ライン軍を指揮してフランス軍と戦い（一七九六～九七年）、しばしば勝利を得、のちに軍事参議院議長となり、軍制を改革した。ナポレオン軍と戦って、アスペリンの会戦（一八〇九年）に勝利したが、同年ワグラムの会戦では、早期に戦闘を中断して和平交渉に入ったため、軍司令官を免ぜられた。著書に『戦略原則（**Grundsätze der Strategie**）』『ドイツとスイスにおける一七九九年の戦史（**Geschichte des Feldzugs von 1799 in Deutschland und der Schweiz**）』がある。

(27) ジャン・バプティスト・ジュールダン（一七六二～一八三三年）。フランス軍元帥。ワティニー、フルリュスの両戦闘でオーストリア軍を破る。

(28) ナポレオン・ボナパルト（一七六九～一八二一年）。コルシカ島アジャクシオの貴族家父長的家庭に生まれた。ブリエンヌ幼年学校（一七七九～八四年）、パリ陸軍士官学校（一七八五～九一年）に学び、卒業後マルセイユに配属。ツーロンを砲撃して占領。イタリア国境砲兵司令官に任ぜられ、革命戦争に参加。ヴァンデミエールの王党反乱を鎮定し、国内軍司令官に任ずる。イタリア遠征、エジプト遠征などで活躍して、一八〇四年帝位につき第一帝政を開く。一二年、ロシア遠征に失敗し、一四年退位。エルバ島に流され、帰還してワーテルローの戦いに敗れ、セント・ヘレナ島に流され、其処で終焉する。

(29) ラエティア（レート）地方のアルプス山脈。現バイエルン／チロル地方にまたがる地域。

(30) ドイツ西部の地域。その中心の二つの都市、ミュンスター市とオスナブリュック市で三〇年戦争の講和条約が結ばれた。ドイツのバイエルン地方北西部の地域。七年戦争においてウエストファリア地方は、プロイセン・イギリス軍対フランス軍の戦域となった。一七五九年八月一日、連合軍四万五千がフランス軍六万と当地方のミンデンで激突し、フランス軍が敗退した。

(31) ドイツのバイエルン地方北西部の地域。

(32) ブルンスヴィック・ヴルフィンビュッテル・フェルディナンド大公（一七二一～九二年）。プロシアの軍人。フリードリヒ大王の側近中きっての敏腕家であり、七年戦争において連合軍を率いてミンデンの戦闘でフランス軍に対して顕著な勝利を収めた。

(33) ルイ十五世（一七一〇〜七四年）。フランス王（在位一七一五〜七四年）。ポーランド継承戦争、オーストリア継承戦争に介入。イギリスと貿易および植民地競争で対立し、七年戦争（一七五六〜六三年）で敗退し、フランスはインドおよびカナダ領を失った。

(34) 一八〇六年の対プロイセン戦役において一〇月一四日、ナポレオンがイエナ・アウエルシュタットの戦闘でフリードリヒ大王が作り上げたプロイセン軍を壊滅させた戦いを指している。

(35) イタリア戦役における一八〇〇年六月一四日にマレンゴの戦いが惹起した。このマレンゴの戦いは、ナポレオンの戦争方式を最も劇的に例証を示した戦いであった。

(36) ウルムの戦いは、一八〇五年八月三一日にナポレオンはイギリス侵攻を断念して戦力の指向をオーストリア軍に転換して惹起した戦闘である。グランド・アルメ二十万を密かにブルゴーニュ地方に行進させ、オーストリア将軍マック軍の後方連絡線を断つ方向に各軍団を集中させ、マックは降伏し一〇月一七日ウルムは陥落した。

(37) 一八〇六年一〇月八日フランス軍はプロイセンに侵攻し、イエナ地方でプロイセン軍を捕捉した。一四日のイエナの戦闘ではナポレオンは正面攻撃を敢行して、退却するプロイセン軍を追撃し、二五日ベルリンに入城した。プロシア軍は一一月七日降伏した。このイエナの会戦ではジョミニはナポレオンの参謀として参加していた。一方のクラウゼヴィッツはアウグスト王子の中尉副官としてプロイセン軍の捕虜となり多くの将校と共にフランスに護送された。

(38) ナポレオン戦争の一八一三年は、ライプチヒ会戦の年と称され、反ナポレオン同盟である新大陸同盟に始まり、諸国民の戦争（ライプチヒの戦い）で終結する年である。この会戦後連合軍はフランス本土に侵攻することになる。

(39) ジャン・ヴィクトール・モロー（一七六三〜一八一三年）。フランス軍将軍。フランス軍のライン・モーゼル軍を指揮して戦功を挙げるが、ナポレオンと対立しアメリカに亡命、のちロシア軍に入る。ドレスデンの戦場で致命的な戦傷を負い死亡した。

(40) アドルフ・エドゥアール・カシミール・ジョゼフ・モルティィエ（一七六八〜一八三五年）。フランス軍元帥。ナポレオンの参謀長を務める。ネー第六軍団長の幕僚を務めたジョミニを嫌い、ジョミニの昇進を阻む。七月革命後ルイ・フィリップの側近となり首相を務める。フィエスキによる国王暗殺未遂事件の巻き添えで爆死。
(41) この戦争はギリシア独立戦争（一八二一〜二九年）と関連があり、オスマン帝国（トルコ）支配下のギリシアを独立させた戦争である。苦戦していた独立軍に対して、ロシアのニコライ一世の南下政策に基づくギリシア援助を機会に、イギリス、フランス、ロシアの連合艦隊が二七年にナヴァリノの海戦でトルコ、エジプト連合艦隊を破り、ギリシアは独立を達成した。
(42) カール・マック・フォン・ライプリヒ（一七五二〜一八二八年）。オーストリア将軍。一八〇五年一〇月二〇日にウルムでナポレオンに降伏した。オーストリア軍事法廷はマックに死刑を宣告したが禁固二年に減刑された。
(43) パウル・クレイ・クラジョヴァ（一七三五〜一八〇四年）。ハンガリー出身のオーストリア軍将軍。七年戦争間に軍人の経歴を歩み始めた。最初の戦績はトランシルヴァニアにおけるワラキア人の反乱を鎮圧した。ナポレオン戦争では、イタリア戦役で不適切であった野戦軍元帥メラスと交代し、シェレール将軍率いるフランス軍をマニヤーノにおいて、引き続いてモロー軍を撃破した。しかし一八〇〇年月一二月三日に、クレイ将軍とカール大公の軍勢は、ホーエンリンデンでモロー将軍により大打撃を受け、オーストリアはフランスとの戦いは終結した。
(44) ミヒャエル・メラス（一七二九〜一八〇六年）。トランシルバニア出身。オーストリア軍に一七歳で入隊し、将軍まで昇進。革命戦争におけるイタリア戦役でカッソヴォ、ノヴィで勝利し、活躍する。ジェノアに籠城するマッセナ将軍を攻囲戦で降伏させた。
(45) 一七九二年のフランス革命戦争勃発時、オーストリアを主とする連合軍が、フランスに侵攻したが、デュムーリエ将軍がヴァルミーの戦いに勝利した。その後一一月六日、オーストリア軍を攻撃することなく、一部の兵力でもって攻囲し、監視するに留めた。本文はこの攻囲軍を指している。
(46) フレデリック・アウグストゥス、ヨーク公（一七六三〜一八二七年）。イギリスの軍人。国王ジョージ三世の次男。陸軍に入り、ドイツで軍事を研究した。一七九三年イギリス軍司令官としてフランドルに派遣され、このときダンケルク遠征を行ったが、失敗に終わる。また一七九九年、陸軍総司令官としてイギリス・ロシア連合軍を率いてオランダで戦うが連合一ができず失敗に終わる。のちに陸軍の改革を行った。
(47) ナポレオンのモスクワ遠征敗退後、ナポレオンは一八一三年末までにフランス軍の再編成を行ない、連合国との戦闘再開の時を迎える。

(48) レヴィン・アウグスト・ベニヒセン（一七四五〜一八二六年）。ロシア軍将軍。アイラウの戦闘（一八〇七年二月八日）後、ロシア皇帝から最高位のセント・アンドリュー勲位を受賞するが、その六ヶ月後のフリートラントの戦闘で敗北して批判され退役するが、一八一二年の戦役で復活し、タルチノの戦闘で足を負傷して、参謀総長クトゥーゾフと口論し、再度退役に追い込まれた。

(49) グランド・アルメ（La Grand Armée）とはフランス陸軍各軍団の総体兵力を指す用語である。フランス革命時における国家の軍事力基盤の造成に際して、一八〇〇年から一八〇四年にかけてフランスの軍事的潜在能力を引き出すような改革が行われた。まず手始めにグランド・アルメとして前線用兵力二〇万を擁した。

(50) ルイ・ガブリエル・シュシェ（一七七〇〜一八二六年）。フランス軍元帥。父親の絹製造職人の後を継ぐ意図であったが、一七九二年にリヨンで国防軍の騎兵に志願した。ナポレオンに仕えイタリア戦役などで戦功を立て元帥となる。ルイ十八世の王政復古に際し貴族の地位を与えられた。ナポレオンの百日天下の際に再びナポレオンに仕え、ワーテルローの敗戦後一旦その地位を失ったが復帰した。

(51) アンドレ・マッセナ（一七五八〜一八一七年）。フランス軍元帥。一七九七年リヴォリ、チューリッヒなどで戦功を立てて、ナポレオンから勝利の女神の愛児と称された。

(52) 一七五六年八月二十九日、敵の意図を知ったフリードリヒ大王は、兵力七万人を率いてザクセンに侵攻し、ドレスデンを占拠した。この時ザクセン軍一万四千人は、エルベ河畔のピルナの防備陣営に後退したが、封鎖され降伏した。

(53) ダゴベール・ジークムント・フォン・ヴルムザー（一七二四〜九七年）。オーストリア軍将軍。二一歳の時フランス軍に入隊二年間勤務する。一七九五年、フランス軍に包囲されたマントヴァ要塞の救援作戦を実施したが救援は失敗に終わり、一七九七年二月二日マントヴァ要塞は陥落した。

(54) 一八一五年六月一六日に惹起したリニーの戦闘は、この二日後に起きたワーテルロー会戦に連動する戦闘であった。つまり、諸国民戦争に敗れて流されていたエルバ島から帰還したナポレオンがワーテルロー会戦で敗れるまでの戦闘であった。また、この戦闘は、ワーテルローの南方に所在するカトル・ブラ部落でウエリントン将軍率いるイギリス軍と対峙して戦っていたネー将軍の戦闘とも連動していた戦闘であり、この時ナポレオン主力部隊はリニー部落でブリュッヒャー率いるプロイセン軍を撃破した。

(55) 対ナポレオン同盟はロシア、プロシア、スウェーデン、イギリスに、一八一三年オーストリアが加わって五カ国となる。
(56) この人物はジャン・バプティスト・ジュール・ベルナドット（一七六三～一八四四年）である。もともとフランス軍将軍で、ナポレオンに抜擢され元帥となる。一八一〇年スウェーデンのカール十三世の皇太子となり、反ナポレオン同盟に加わった。のちにスウェーデン・ノルウエー王となる。
(57) フランス東部、アルザス地方北部を占める。
(58) この作戦線は現代の内線作戦とほぼ同意義と考えられる。内線作戦とは、外線作戦（中央位置に存在する敵部隊に面して、二乃至それ以上の部隊が外側から広く分離して包囲態勢で攻勢する作戦を称する）態勢にある敵軍に対して、時間と空間を利用して分離した敵部隊に対して各個撃破を図る作戦を称する。この作戦は各部隊の連携が必要であり、主力でもって分離している劣勢の敵部隊を各個に撃破することが成功の要因である。
(59) (58)を参照。
(60) ペーテル・イワノヴィッチ・バグラチオン（一七六五～一八一二年）。グルジア出身でロシア軍将軍。一八一二年九月七日のボロジノの戦闘で重傷を負い、二四日死亡した。
(61) ミハエル・ボグダノヴィッチ・トーリー・ド・バルクライ皇太子（一七六一～一八一八年）。ロシア軍野戦軍元帥。一五歳の時ロシア軍に入隊。露土戦争やナポレオン戦争に参加。アイラウの戦闘で重傷を負うが、アレクサンドル一世は彼を中将に昇進させた。一八一四年パリに進駐し、野戦軍元帥に進級した。
(62) アダム・ハインリヒ・デートリヒ・フォン・ビューロー（一七五七～一八〇七年）。プロシアの軍事著述家。著書として『新戦争体系の精神』があり、ロンドン、パリで軍事著述家として活躍する。「戦略」、「戦術」、「作戦基地」、「作戦線」の用語を最初に用いて論述した。作戦指導を幾何学的な説明で試み、ジョミニの戦略論に影響を与えた。
(63) ニコラ・コント・リュクネール（一七二二～九四年）。フランス軍元帥。フランス革命防衛戦争においてライン軍、北部方面軍を指揮した。のち反逆罪で処刑された。
(64) デュムーリエ将軍（一七三九～一八二三年）。本名はシャルル・フランソワ・デュ・ペリエ。革命防衛戦争の中で、ヴァルミーの戦いに勝利しベルギーを占領するが、オランダ攻撃に失敗し、敵軍に寝返る。

(65) レオポルド・J・フォン・ダウン（一七〇五～六六年）。オーストリア軍元帥。七年戦争におけるコーリンの戦闘（一七五七年六月一八日）でフリードリヒ大王軍を撃破した。フリードリヒ大王を撃破した、あるいは善戦した数少ないオーストリア将軍の中の一人であった。

(66) フランツ・モーリッツ・フォン・ラシ（一七二五～一八〇一年）。オーストリアの軍人。七年戦争に功があり、元帥となる。のちトルコ戦争で失敗して退役となる。

(67) サクス・テッシェン公（一七三八～一八二二年）。フランス革命前ポーランド総督、次いでネーデルランド総督に任ずる。フランス革命戦争のヴァルミーの戦闘でサクス・テッシェン公軍はフランス軍に敗北し、サクス・テッシェン公はオーストリアに帰国した。

(68) ピコ・ド・ダンピエール（一七五六～九三年）。軍人一家出身。革命軍中将。フランス防衛連隊の将校に任ぜられ、イギリス、ついでベルリンに旅行してベルリンでプロイセン戦術を学ぶ。フランス革命時ヴァルミーの戦いでデュムリエ軍の師団長に任ぜられる。連合軍がブリュッセルを再奪取したとき、デュムリエ将軍が連合軍に寝返ったので、ダンピエール将軍が軍の指揮を執り、六月八日ヴァランシェンヌ郡のコンデ・シュール・レスコを攻囲中戦死した。

(69) シャルル・スービーズ（一七一五～八七年）。フランス軍元帥。オーストリア継承戦争、七年戦争に参加した。

(70) ヴィクトール・フランソワ・ブロイ伯（一七一八～一八〇四年）。フランス軍元帥。七年戦争におけるベルゲンの会戦、コルバッハの戦いに勝利した。フランス革命直前にヴェルサイユ駐屯軍を指揮して、三部会に憎悪され、ドイツに亡命し、反革命軍をシャンパーニュで指揮した。その後イギリス軍、ロシア軍に勤務した。

(71) クルトC・シュヴェリン（一六八四～一七五七年）。プロイセン野戦軍元帥。オーストリア継承戦争の第一次シレジア戦争におけるモルヴィッツの戦闘で、苦戦に陥ったフリードリヒ大王に逃げるよう説得し、本人は踏みとどまりオーストリア軍に勝利した。七年戦争におけるプラーグの戦闘で戦死した。

(72) マキシミリアン・ユリセス・フォン・ブローネ（一七〇五～五七年）。オーストリア軍元帥。オーストリア継承戦争においてイタリア戦役に参加および七年戦争におけるロボシッツの戦闘で敗北。七年戦争におけるプラーグの戦闘でシュヴェリン元帥が戦死した同日に、致命的な戦傷を負い死亡した。

(73) シャルル・ピシュグリュ（一七六一～一八〇四年）。フランス軍将軍。フランス革命戦争で昇進し、のち王党派と結び、ナポレオン暗殺の陰謀に加わり、捕らえられて獄死した。

(74) ヨシアス・ザクセン・コーブルク皇太子（一七三七～一八一五年）。オーストリア軍将軍。一七五九年に大佐としてハプスブルグ軍に入隊。七年戦争などに参加。一七九三～九四年のフランス革命戦争にオーストリア軍、ネーデルランド軍を率いてフランス軍と戦い、ネールヴィンデンの戦闘（一七九三年）、アルデンハウベンの戦闘（一七九四年）に勝利する。

(75) カール・ヨゼフ・ド・クルワ・クレールフェイト伯（一七三三～九八年）。オーストリア野戦軍元帥。七年戦争、対トルコ戦争に参加。一七九三年にフランス革命戦争においてナールヴィンデンの戦闘、マーストリヒトの解放に勝利、続いて一七九四年にアルデンハウベンの戦闘に勝利する。

(76) ヴェンデル・アントン・カウニッツ公（一七一一～九四年）。オーストリアの政治家。マリア・テレジア、ヨーゼフ二世、レオポルト二世を補佐し、フリードリヒ大王に対抗し、フランスと同盟を結ぶ外交革命を成すなど外交、内政に貢献した。

(77) シャルル・ベルタン・ガストン・シャビュイ（一七四〇～一八〇九年）。一七九二年にフランス野戦軍元帥を務め、一七九三年に師団長となる。

(78) ラトゥール・モブール（一七六八～一八五〇）。ナポレオン軍の将軍。フランス革命勃発時ソワソン部隊の大佐となり、国外逃亡を図ったルイ十六世及びその家族を確保してパリに連行した。九月虐殺事件の折オーストリア軍に逮捕され、解放された後ブリュッセルで家族と共に過ごし、フランスに帰国後軍務に就きナポレオン戦争に参加し負傷した。一八〇五年に准将に昇進。モスクワ退却時片足を失う。王政復古時侯爵となり、一八一九年陸軍大臣を務め、ネー将軍の死刑判決に列席していた。

(79) 二つの企図とは、ナポリ王室およびイギリス艦隊から擁立初期のローマ共和国を防護することであった。もう一つは南部イタリアに新共和国を擁立することであった。防衛指揮官ジャン・エティエンヌ・シャンピオネ（一七六二～一八〇〇年）は、三万二千人の兵力以て、フランス軍よりも優勢なオーストリア軍マック将軍を制してナポリを占領し、一七九九年に南部イタリアにパルテノペア共和国を擁立せしめた。

(80) アレクサンドル・ヴァシーリーヴィッチ・スヴォーロフ公爵（一七二九～一八〇〇年）。ロシア軍将軍。七年戦争および露土戦争に参加して、功を立てた。フランス革命戦争におけるイタリア戦役ではクレイ将軍の後を継ぎモロー軍をアッダ川河畔のカッサノの戦いで撃破した。オーストリア・ロシア連合軍司令官として、フランス軍をイタリアに破った。しかしアルプス越えで皇帝の不興を買い失意の中に没。彼の著名な教範『勝利の科学』（*The Science of Victory*）がある。

(81) 付図Ⅰに示されているＬＧおよびＨＪＫについては、ＬＧとＨＪが不明瞭である。

(82) ジョミニの処女作は一八〇五年出版の『大戦術論』(***Traité de grande tactique, ou relation de la guerre de sept ans, extraite de Tempelhof, commentée et comparée aux principales opérations de la dernière guerre; avec un recueil des maximes les plus importantes de l'art militaire, justifiées par ces différents événements,*** **Paris, Giguet et Michaud, Magimel, 3 vol.**)である。これは七部からなり、フリードリヒ大王の戦役に関する最初の五部、革命戦争を六部、七部は六部までの各戦役に関して異なる戦闘隊形の一般適用を取り扱っている。この本を皮切りに『大作戦論』に発展する著述過程を辿ることになる。

(83) ドイツ南西部のライン川右岸地域を称する。

(84) 一八〇九年の戦役は対オーストリア戦争を指す。すなわちナポレオンは、一八〇七年からイギリスとヨーロッパ大陸間唯一の貿易経路を封鎖するためにイベリア半島、特にポルトガルをまず攻略した。これに対してウェリントン率いるイギリス軍がナポレオン軍を牽制するために介入した。この間一八〇九年一月オーストリアは復讐とドイツを解放するためにフランスに対して戦争準備を行い、四月にバイエルンおよびイタリアに侵攻した。

(85) イワン・フィヨードロヴィチ・パスケーヴィチ（一七八二〜一八五六年）。ロシアの軍人。対ナポレオン戦争に参加してフランスに進軍した（一八一四〜一五年）。一八二八年対ペルシア、二九年には対トルコ戦争を指揮した。三一年にはポーランド暴動を鎮圧した。五四年、クリミア戦争にロシア軍を率いて参戦した。

(86) 『革命戦争史』(***l'Histoire des guerres de la Révolution***)の書名は、革命戦争の批判と軍事史（**L' Histoire critique et militaire des guerres de la Révolution**）の略名である。この本は十五巻からなり、一八二〇年から一八二四年までの間に出版された。

(87) カプ・ポリチ（**caput porci**）は、四世紀頃用いられたラテン語で豚の頭を意味するが、「楔形戦闘隊形」を意味する軍事用語である。

(88) オイゲン公（一六六三〜一七三六年）。本名はウジェーヌ・ド・サヴォワ・カリニャン。フランス出身のオーストリアの将軍。対トルコ戦争、オーストリア継承戦争などで活躍し、機動戦の名手で知られた。

(89) マールバラ公第一世（一六五〇〜一七二二年）。本名はジョン・チャーチル。イギリスの将軍。スペイン継承戦争中ブレンハイムの戦いでルイ十四世のフランス軍に大勝し、マールバラの名でフランスのシャンソンに歌われた。イギリスのチャーチル首相及びイギリス皇太子妃ダイアナ・スペンサーの先祖にあたる。

(90) 幾何学体系の一つであり、古代エジプトのギリシア系哲学者エウクレイデス（ユークリッド）の著書『原論』に由来する。

(91) **Suum cuique** はラテン語のフレーズであり、ローマの作家、雄弁家、政治家であるマールクス・キケロー（BC一〇六〜BC四三年）によってこのフレーズは有名にされた。「**Justitia suum cuique distribuit**」（「正義は、誰にでも彼の与えられべきものを与える。」**De Natura Deorum**）に由来する諺である。

(92) ゲプハルト・レベレヒト・フォン・ブリュッヒャー（一七四二〜一八一九年）。プロイセン軍の陸軍元帥。初めスウェーデン軍に勤務し、七年戦争でプロイセン軍に捕らわれ、以来プロシア軍に勤務した。騎兵大尉のとき、フリードリヒ大王により罷免されたが、のち復帰する。騎兵司令官としてフランス革命軍と戦い武名を挙げた。一八一三年プロイセンおよびロシアの軍団からなるシュレージェン軍司令官となり、フランス軍をカッツバハ河畔に破り、ヴァルテブルク付近でエルベ川を渡り、ライプチヒの会戦に決定的な勝利の因を作った。リニーの戦いで負傷したがワーテルローの戦いで連合軍の勝利に寄与した。

(93) ドン・カルロス（一七八八〜一八五五年）。全名（**Carlos Maria José Isidoro de Borbón**）。カルロス四世の次子、フェルナンド七世の弟。ナポレオン軍のスペイン撤退後、王位継承権を回復したが、マリア・クリスティナが王妃となった。カルロスの継承権は喪失したが、フェルナンド七世の死後保守反動勢力のカルロス党に支持され、カルロス五世と称したので内乱が勃発し、いわゆるカルロス党戦争（一八三四〜三九年）が勃発した。カルロス党の軍部がカルロスから離反し、クリスティナ党と講和したので、カルロスはフランスに亡命しモリナ伯と称した。

(94) ジョージ・ド・レイシ・エヴァンズ卿（一七八七〜一八七〇年）。イギリスの将軍、政治家。半島戦争、第一次カルロス党戦争、ワーテルローの戦いに参加。

(95) エティエンヌ・ジャック・ジョゼフ・アレクサンドル・マクドナルド（一七六五〜一八四〇年）。フランス軍元帥。ナポレオン指揮下でワグラムの戦いに武勲を挙げ元帥、公爵となる。半島戦争、ロシア遠征、フランス防衛戦に参加し、ナポレオンの退位を連合軍と交渉した。第一王政復古を支持し、一八一五年貴族院議員となる。

(96) 一八一四年のフランスの戦い。一八一三年十一月八日に連合軍はナポレオンに、フランス東側の領土線をアルプス山脈とライン川の線にすることを条件に和平を申し出たが、彼はこれを拒否し、連合軍はフランス領土に侵攻し、ナポレオンはフランス本土防衛戦を戦うこととなった。

(97) ギリシアの天文学者及び数学者のアリスタルコス（BC三一〇〜二三〇年頃）の名から採られた。太陽系の太陽中心のモデルを最初に唱え、ギリシアのコペルニクスと称せられた。一五四三年にコペルニコスが地動説を唱えるまで、プトレマイオス・クラウディオス等の地球中心説により反対されていた。

(98) レーモン・エムリ・フィリップ・ジョセフ・ド・モンテスキュー・フェザンサック（一七八四〜一八六七年）。フランス軍中将。ネー将軍の副官。アイラウ、イエナ、スペイン、ロシアの各戦役に参戦。著書に ***Journal de la campagne de Russie en 1812, Tours: A. Mame, 1849; Souvenirs militaires de 1804 à 1814***, Paris: J. Dumaine, 1866 がある。

(99) ヨーゼフ・カール・アウグスト・キシランダー（一七九四〜一八五四年）。一八一二年にバイエルン陸軍に特務中尉として入隊、翌年アウグスブルク要塞勤務となる。一八一八年に戦略に関する本を出版してミュンヘン士官学校に招聘される。一八二〇年にバイエルンのマクシミリアン皇太子の軍事科学の教育を担当する。その後著述に励み、ドイツ議会軍事委員会のババリア代表に選ばれ大佐の階級を与えられた。

(100) ロスバッハの戦い（一七五七年一一月五日）及びロイテンの戦い（一七五七年一二月五日）は、共に七年戦争（一七五六〜六三年）の緒戦であり、フリードリヒ大王の斜行行進などの戦術的優位により、それぞれフランス軍、オーストリア軍を撃破した戦いである。

(101) ペートル・ヴィートゥス・カスダノヴィッチ（一七三八〜一八〇二年）。ハンガリア貴族出身のオーストリア陸軍中将。マリア・テレジア指揮官十字勲章授与者。バヴァリア継承戦争（一七七八〜九年）において活躍する。フランス革命戦争では、ドイツ南部ライン川右岸地域を防御中、ギョーム・アンリ・デュフール将軍の攻撃を受けるがこれを撃退し、デュフール将軍を捕虜にした。

(102) エマニエル・マルキ・ド・グルシー（一七六六〜四七年）。フランスの軍人。革命戦争、ナポレオン戦争に従軍し、ライプチヒ会戦に功があった。しかしワーテルローの戦いでワーヴルでプロシア軍を撃破したが、ブリュッヒヤー軍を追撃して遮断できず、それをウェリントン軍に合流させ敗因を作った。一八一九年アメリカに亡命、七月革命後、下院議員・元帥（三一年）となり、翌年上院議員になった。

(103) ガイウス・ユリウス・カエサル（BC一〇〇～四四年）。通称シーザー。ローマ最大の政治家・軍人。貴族出身のスラに迫害を受けるが、スラの死後政治家となり活躍する。軍人としてガリアを平定する。四四年に終身ディクタトルとなるが、王位に即位する意図ありと見られて、元老院会議においてブルトゥス等に暗殺される。

(104) スキピオは古代ローマの貴族の名家を指す。本文のスキピオは、パブリウス・C・S・大アフリカヌス（BC二三六～一八四年）を指す。ローマの政治家・軍人。カンナエの戦いに生き残り、カルタゴを攻略し、BC二〇二年にハンニバルをザマに破る。

(105) ガイアス・クラウディアス・ネロ（BC二一四？～一九九年）。ローマ軍騎兵指揮官。BC二〇七年にマルカス・リヴィウス。サリナトール共に執政官となり、メタゥルス川でカルタゴ軍を破り、ハンニバルの弟ハスドルバルを戦死させる。紀元前二〇四年にサリナトール共に行政長官に任命される。しかし、両名は仲が悪くスキャンダルにまみれる。

(106) ミシェル・ネー（一七六九～一八一五年）。フランス軍元帥。フランス革命戦争を戦い、一七九九年に軍団長を命ぜられ一八、〇五年にエルビンゲン公爵の称号を授与される。イエナ、アイラウ、フリートラントの各会戦で武勲を立てた。モスクワ攻略戦に際し、ボロジノの会戦に活躍し、退却作戦時には中央軍を指揮して功をあげモスクワ公となる。第一王政復古時貴族となったが百日天下にはナポレオンを支持し、ワーテルロー敗戦後反逆罪でパリにおいて銃殺刑に処せられた。

(107) この例は、一八一三年八月二六・二七日のドレスデンの戦闘後、ナポレオンは、ネーにたいしてウディノの指揮権を継がせ、ベルリンを奪取するよう命じたが、ネーは九月六日に情報不足のまま、デンネヴィッツで連合軍と衝突し、ベルナドットにより敗北を蒙った戦闘を指す。

(108) クロード・アンリ・ベルグラン・ド・ヴォーボワ（一七四八～一八三九年）。フランス軍の将軍。一七九八年六月にナポレオンにより、マルタ島守備隊司令官を命ぜられた。同年九月にフランス軍守備隊に対して反乱が起こり、イギリスのネルソン艦隊がマルタ島を封鎖して反乱を支援した。ヴォーボワはヴァレッタに駆逐されて、攻囲され一八〇〇年九月五日、フランス軍は降伏した。彼の名はパリの凱旋門に刻まれている。

(109) ポール・ダヴィドヴィッチ男爵（一七三七～一八一四年）。オーストリア軍の陸軍大将。マリア・テレジア騎士勲章受章者。ナポレオン戦争中に主たる役割を果たした。

(110) アルプスの東端、ドナウ川南岸の地方を称する。

(111) バルテルミー・カトリーヌ・ジュベール（一七六九～九九年）。フランス軍将軍。十五歳の時学校を退学して砲兵隊に入隊したが戻されて、法律を学ぶ。フランス革命戦争時、革命軍に入隊し下士官として勤務する。中尉となってイタリア戦役に参加。逐次功績を挙げて将軍となる。

(112) クロード・ヴィクトール－ペラン・ペルーノ公（一七六四～一八四一年）。通称ベルーノ公。フランス軍元帥。フランス革命戦争、ナポレオン戦争に参加。一七八一年、砲兵部隊の少年ドラム手として志願。九一年に擲弾兵として国民衛兵に加わり、各戦闘に参加、特に一七九三年のツーロンの攻囲戦で重傷を負い、少将に昇進した。その後各戦闘で功績を挙げ、フランス軍大将から元帥に登り詰める。王政復古時の軍に留まり、軍事法廷に勤務し、ネー元帥の処刑に投票した。さらに国防大臣に任命された。

(113) シャルル・ピエール・フランソワ・オージュロー（一七五七～一八一六年）。フランス軍元帥。一七才で騎兵隊に入隊。有名な剣士であったが喧嘩で将校を殺し、スイスに逃亡し、下士官としてロシア軍やプロイセン軍に入隊したが、脱走してナポリ軍に入り、ポルトガル勤務となった。フランス革命が勃発するとフランスに戻り、ヴァンデ県の反乱鎮圧に名声を博し、九三年に一挙に師団長に昇進し、ナポレオンの配下で革命戦争に参加。九六年のカスティリョーネの戦いで武勲を立てた。ナポレオン戦争ではアイラウの戦闘前に元帥に任命されたが、この戦いで重傷を負った。ルイ十八世の復古後ルイ王に仕え貴族の称号を受けるが、ナポレオンの百日天下の間にナポレオン軍に寝返ったので、ルイ王は彼をフランスに対する反逆者であるとして軍人の肩書き及び年金を剥奪した。

(114) オーギュスト・フレデリク・ルイ・ヴィエス・ド・マルモン（一七七四～一八五二年）。フランス軍元帥。ツーロン攻囲でナポレオンと知り合い、幕僚となりマレンゴの戦いで名を挙げた。のちナポレオンを裏切り、一四年敵と秘密協定を結んだ。王政復古後貴族となり、三〇年の七月革命に司令官になったが鎮圧できずにヴェネツィアに亡命した。

(115) フランソワ・クリストフ・ド・ケレルマン（一七三五～一八二〇年）。フランス軍元帥。ドイツのザクセン地方出身でフランス軍に志願する。七年戦争、ルイ十五世のポーランド遠征に出征して逐次昇進し、九一年将軍となる。

フランス革命戦争時には九二年のヴァルミーの戦いでプロイセン軍を撃破する。彼の長くて幅広い経験はナポレオンの最大の助言者であった。

(116) フリードリヒ・ルートヴィヒ・ホーエンローエ公(一七四六〜一八一八年)。ヴュルテンベルクの貴族出身。一七六八年にプロイセンア軍に入隊し、間もなくライン防衛軍の指揮官となる。フランス革命戦争、ナポレオン戦争に参加するが、〇六年イエナ会戦でナポレオンに敗れ、フランス軍の捕虜となる。

(117) ラザール・ニコラ・マルグリット・カルノー(一七五三〜一八二三年)。軍事技術者。政治家。九二年国民公会委員となり、ルイ十六世の死刑に賛成投票した。公安委員会に入り、軍需工業の整備、徴兵制施行により、十四軍団の近代的軍隊を創出し、作戦指導によりフルーリュスの戦勝を見て戦局を有利に導いた。その後政局の揺動により、流刑の憂き目に遭うが、ドイツに逃れナポレオンの百日天下には内相となり、貴族に列せられたが、王政復古時に追放された。没後パンテオンに改葬された。

(118) アレクサンドル一世―パヴァロヴィッチ(一七七七〜一八二五年)。ロシアのロマノフ王朝の皇帝。フランス革命戦争及びナポレオン戦争において、イギリス、オーストリア、プロイセンと結んでナポレオンに敵対した。二度の対仏戦争に敗れティルジット和約を結び大陸封鎖の励行を約したが、地主貴族の強い反抗を受け、これを破棄した。これがナポレオンのロシア遠征の一因ともなった。

(119) レオポルド・J・フォン・ダウン(一七〇五〜六六年)。オーストリア軍元帥。七年戦争でフリードリヒ大王軍を撃破した数少ないオーストリア将軍であった。トルゴウの戦い(六〇年)では惜しくも敗れたが、ホッヒキルク(五八年)、マクセン(五九年)の戦闘では勝利した。

(120) ゲオルク・フォン・カンクリン(一七七四〜一八四五年)。ロシア軍経理総監。政治家として一八二三年から二十一年間財務大臣を務めた。超保守主義者で鉄道建設や農奴解放に声を大にして反対した。著書にドイツで出版された ***Military Economy***(『軍事経済』)がある。

(121) フラヴィス・ヴェゲティウス・レナトゥス(四世紀末〜五世紀初頭)。ローマの軍事著述家。著書に ***Epitoma rei militaris***(『軍事技術概論』)。この本は四巻からなり、募集、軍事組織、戦術・戦略、要塞、海戦からなる。また、この本は中世、ルネサンス時代に影響を与えた。

(122) クセルクセス一世(ペルシア王在位BC四八六〜六五年)。BC四八〇年にギリシア遠征を企て、アルテミオンの戦いで敵海軍を破り、テルモピュライの戦でスパルタ王レオダニスを敗死させ、アッティカの地を荒掠させたが、サラミスの海戦で大敗して、帰国するが、ギリシア軍の反撃に苦しんだ。晩年は宮中の腐敗、陰謀のため国勢次第に衰え、長子と共に犠牲となった。

(123) フランソワ一世（一四九四〜一五四七年）。ヴァロア家三家系の最後であるアングレーム・ヴァロア家の始祖ジャン・ド・アングレームの孫。人文主義的教育を受け、人文主義者を重宝する。先王ルイ十二世の後を継いでイタリア戦争を続行し、一五一五年にマリニャーノで大勝を博した。しかし、二五年のパヴァイアの戦いで大敗し、捕虜となり屈辱的なマドリード条約で釈放された。

(124) ガブリエルーアンリ・ガイヤール（一七二六〜一八〇六年）。フランスの歴史家。一七七一年に「アカデミー・フランセーズ」の会員に選ばれた。彼の著述は『フランソワ一世史（Histoire de Françoi 1）』（5vol., 1776-1779)を含めて九つに上るが、最も重要な著書は『フランスとイギリスの敵対関係史(Histoire de la rivalité de la France et d' Angleterre）』(11vol., 1771-1777)である。

(125) ギョーム・マチュウ・デュマ（一七五三〜一八三七年）。フランス軍将軍。貴族の家系でモンペリエで誕生する。二十歳でフランス軍に入隊。アメリカ革命戦争に参加し、フランスに帰国後、フランス革命時ラ・ファイエットと共に活動する。彼は軍事活動と共に執筆活動も行った。彼の著述『軍事情勢の概要（Précis des événements militaires)』(Hamburg, 1800)および『マチュウ・デュマ伯中将の回想録（Souvenirs du lieutenant-général Comte Mathieu Dumas)』(Paris, 1839）がある。

(126) セバスチャン・ド・ヴォーバン（一六三三〜一七〇七年）。フランスの軍人。戦術家、築城家。五一年コンデ公の軍隊に士官候補生として入隊。五三年国王軍隊に入隊し、シェヴァリエ・ド・クレルヴィルの下で軍事技術を学ぶ。築城術を完成し、攻城術を確立した。

(127) フランソワ・ミシェル・ル・テリエ・マルキ・ド・ルーヴォア（一六三九〜九一年）。フランスの政治家。六八年に陸相となり、ルイ十四世に重用され常備軍を三十万人に増加し、軍備の充実に努めた。コルベールの死後王の主要な側近となったが、のち王の寵を失った。

(128) カール五世（一五〇〇〜五八年）。母方の祖父フェルナンド五世を継いでスペイン王となり、父方の祖父マクシミリアン一世の後を承けてドイツ皇帝となった。ハプスブルグ家の勢力の伸長を好まぬフランス王フランソワ一世は、彼と四回にわたり戦争を遂行したが、カール五世はこれに勝利し、また二九年にウイーンを包囲したトルコ軍を撃退した。宗教改革に反対したが、五五年に信仰の自由を認めた。晩年には帝位を弟フェルディナント一世に、またナポリ、オランダ、スペインを子のフェリペ二世に譲って、自らはユステのジェロニモ修道院に隠退した。

(129) 古代ローマ帝国の属州。アルプスの東端、ドナウ川南岸の地方で、ほぼ現在のオーストリアにあたる。

(130) 攻囲防御線（circonvallation）は、籠城軍を援助する支援軍を阻止するため、また攻囲軍が攻囲準備をするために設置する。

(131) 対塁（contrevallation）は籠城軍の出撃と射撃に備えて要塞の周囲に設置する防備施設である。また、対塁から要塞に接近するための接近壕を設けて攻囲する。

(132) カール・ゴットリープ・ギシャール（一七二四～七五年）。ドイツのマグデブルクに出生し、フランスの難民家族の出身。軍人学者、著述家として『古代ギリシア及びローマに関する軍 事論文（**Mémoires Militaires sur les Grecs et les Romains**)』（**Hague, 1757**）やカエサルのスペイン遠征を述べた『古代軍事の若干の諸点に関する批判及び歴史論文（**Mémoires critiques et historiques sur plusieurs points d' antiquités militaires**)』（**Berlin, 1773**）がある。

(133) 分派堡塁は要塞間の間隙を埋め、また要塞の弱点を補うために設置する。攻囲軍の最終目標である要塞から離れたところで攻城戦を始めなければならぬよう敵に強要する狙いがあった。ナポレオン戦争時代から分派堡間を鎖状につなぐ塹壕と連携して敵を阻止する方式が出現した。この思想は一八〇九～一八一〇年にウエリントンがリスボン郊外に建設したトレシュ・ベドラシュの防御線にも現れていた。

(134) スペイン継承戦争（一七〇一～一三年）の一環としてトリノで行われた会戦。この継承戦争はフランスのルイ十四世の侵略戦争である。スペインの王位継承問題をめぐりフランス・スペインとイギリス・オーストリア・オランダ諸国が抗争した国際戦争であるとともにイギリスとフランスの海上権争奪戦の一環として世界的規模をもって展開された戦争である。トリノ会戦はルイ・ジョゼフ・ド・ヴァンドーム公爵フランス軍元帥率いるフランス軍とオイゲン公率いるオーストリア軍が九月七日にトリノで衝突しフランス軍は大敗した。

(135) 第四章（大戦術及びその戦闘）第三十五項（要塞、防備野営陣地あるいは塹壕防御線への強襲攻撃。一般的な奇襲攻撃。）

(136) バルナから約六九マイル西方のブルガリア東部の丘陵に在る要塞。一八一〇年六月二十三日から二十四日間の戦闘でトルコ軍はこの要塞でロシア軍を阻止した。

(137) 斜堤（glacis）は、築城用語で氷を意味するフランス語の glace に由来し、稜堡式築城の防御施設の要素を成す。その機能は攻囲部隊は要塞本体の防御部隊を観測することなく、防者の観測下に登坂しなければならないので、攻者にとって不利である。

(138) ヨーゼフ・マクシミリアン一世（一七五六～一八二五年）。初代バイエルン王。ナポレオンと結び王位を得、一八一三年に反仏連合に転じ領土拡大に成功した。

(139)『軍事傍観』(*Le Spectateur militaire*) は、副題として軍事科学、軍事技術、軍事史選集が付記されているようにフランスの軍事問題を扱った雑誌である。十九世紀の最も重要な雑誌の一つで一八二六～一九一四年まで出版された。

(140) 胸壁は胸土とも呼称し、築城用語である。塹壕等の前部に土や石を盛り上げ、敵の射撃による破片や弾丸を避けるために設置される。

(141) トワーズ（toise）は、フランスの昔の長さの単位で約二メートル。

(142) ここで述べられているイスマエルの人称は、イランのシーア派第七代イマームの子孫であるイスマエルを指すと思われる。彼はイラン民族復興独立の意欲を結集して一五〇二年トゥルクメン族を撃破した。タブリーズを都として全イランを統一し、民族的結合をはかるためにシーア派をイラン国教とした。

(143) 第五章（戦略・戦術の同時関与の多様作戦）第三十六項（牽制攻撃及び大派遣部隊）

(144) ハインリヒ・フォン・ベルレガルド（一七五六～一八四五年）。オーストリア陸軍元帥。政治家。対トルコ戦争で顕著な功績を挙げた。ドイツにおける一七九六年の戦役では野戦元帥を務め、翌年にはカール大公の幕僚としてイタリア戦役に参加する。一七七九年にスイス東部において軍団の指揮を執る。その後文官及び軍人として功績を残した。

(145) ヨゼフ・アルヴィンチ（一七三五～一八一〇年）。トランシルヴァニア出身のオーストリア軍将軍。一七九四年にシャルル・デュムーリエ将軍の部隊をネールヴィンデンで撃破するが、ナポレオンの北イタリア戦役におけるアルコレ、リヴォリの戦いで、　最終的にナポレオンに圧倒された。

⑭⑥ クロード・ルクールブ（一七五九～一八一五年）。フランスの将軍。八歳の時軍隊に入る。フランス革命勃発時伍長に進級。一七九一年に大佐に進級。一七九八年に師団長に昇進し、スイスでロシア軍スヴォーロフ将軍と戦い、チューリヒ第二次戦闘で功績を挙げた。

⑭⑦ ガブリエル・ジャン・ジョゼフ・モリトール（一七七〇～一八四九年）。一七九一年にモーゼル軍の第四大隊に入隊し、一九九五年旅団長に昇任。フランス革命戦争およびナポレオン戦争間ナポレオン麾下で活躍する。特にアスペルン・エスリンクの戦闘間アスペルンの優れた防御は最もよく知られている。

⑭⑧ フィリップ・アンリ・ド・セギュール（一七二四～一八〇一年）。フランス軍元帥。七年戦争に参加し、クロスターの戦闘で捕虜となった。ルイ十六世治下に陸軍大臣を務め軍事力強化に尽くした。

⑭⑨ ローラン・グヴィオン・サン-シール（一七六四～一八三〇年）。フランス軍元帥。革命戦争、ナポレオン戦争に参加。野戦指揮官として有能であったが、一八一三年ライプチヒの戦いで降伏し、部下三万三千人と共にボヘミアの虜囚となった。翌年帰国しルイ十八世は彼を貴族の地位を与え、ワーテルローの会戦に参加することなくルイ十八世の帰国と同時に国防大臣を務め、枢密院議員となった。

⑮⓪ アンリ・ローアン公（一五七九～一六三八年）。ブルターニュ地方の旧家に生まれる。著述家。フランスの将軍としてユグノーを率いてルイ十三世に対抗した。

⑮① ミハイル・イラリオノヴィッチ・クトゥーゾフ（一七四五～一八一三年）。ロシア軍将軍。若くして軍隊に入り、ポーランド、トルコで戦いクリミア攻略中に一眼を失った。ナポレオン戦争では一八〇五年に対仏第一軍司令官となり、ロシア・オーストリア連合軍指揮官としてアウステルリッツの会戦で負傷した。プロイセン・ロシア連合軍司令官として従軍中に没した。

⑮② ミヒャエル・キーンマイエル（一七五五～一八二八年）。オーストリア軍将軍。一九歳でオーストリア軍歩兵連隊に士官候補生として入隊。バイエルン継承戦争。対トルコ戦争に参加して、逐次昇進し大佐に進級した。ナポレオン戦争で少将に進級し、一八〇五年に軍団長としてマック将軍の配下でウルム会戦に参加した。その後各戦闘に参加して大将に進級したが、一八一三年、一四年の戦役では現役指揮官としては参加していない。おそらく病気であったと思われる。

⑮③ フランツ・フォン・ヴァイローテル（一七五五～一八〇五年）。オーストリア軍将軍。七五年士官候補生として

歩兵連隊に入隊。革命戦争の初期段階で少佐に進級。九九年の戦役でクライ将軍の参謀長となり顕著な功績を挙げた。ホーエンリンデンの戦闘時カール大公の参謀長を務めた。参謀長としてアウステルリッツ会戦の敗北の責任を取らされ、会戦終了後二ヶ月半で失意の内に死亡した。

(154) 第一次シレジア戦争（一七四〇～一七四二年）において、プロイセン、バイエルン、フランスの同盟軍は、ボヘミア作戦に敗れ、プロシア軍の後方連絡線はカール公軍により、遮断される脅威を受け、フリードリヒ大王はシレジアに撤退せざるを得なくなった。一七四二年五月一七日コトゥジッツの戦闘でオーストリア軍に勝利したフリードリヒ大王は、マリア・テレジアと六月一一日、単独のブレスラウ講和条約を結んだ。

(155) ロシア・ノヴゴロドのオレーグ王子（？～九一二年？）。最初のキエフ大公。ロシアの建国者リューリックの死後政権を握り、キエフを占領し、都をノヴゴロドから移し、近隣のスラヴ諸族を征服した。コンスタンチノープルに遠征し、東ローマ皇帝から貿易上の特権を得た。

(156) ロシア・キエフのイーゴリ大公（八七七～九四五年）。リューリックの子。オレーグの後を継ぎ、コンスタンチノープルを二度攻囲するが、キエフ艦隊はギリシア火により撃退される。九四五年に暗殺された。

(157) この講和はナポレオンがヴァグラムの戦い（一八〇九年七月五～六日）にオーストリア軍を撃破したのち一八〇九年一〇月一四日に締結した。オーストリアはポーランド領をロシアとワルシャワ大公国に、ザルツブルクその他をバイエルンに、アドリア海東岸のイリリア諸州をフランスに割譲したほか、八五〇〇万フランの償金支払いと十五万人への兵力削減を約した。

(158) ジャン・ドニ・ランジュイネ伯（一七五三～一八二七年）。フランスの政治家、弁護士、法学者、ジャーナリスト、歴史家。レーヌ大学の教会法学教授、聖職者民事基本法（**Constitution civile du clergé**）の起草に携わる。

(159) マルキ・ド・ラ・ファイエット（一七五七～一八三四年）。フランスの軍人、政治家。アメリカ独立戦争を援助し、フランス革命時、国民軍総司令官を務める。一七九一年にオーストリア軍に捕まり五年間虜囚となった。アメリカ革命戦争に対する貢献により、アメリカで名声を博し、最初のアメリカ名誉市民権を得た。

(160) リシュリュー枢機卿（一五八五～一六四二年）。フランスの政治家。リュソンの司教。一六一五年に宮中司祭、一六二四年にルイ十三世の顧問官となった。二二年に枢機卿となり、間もなく宰相となった。その政策はユグノー派の政治的勢力を抑え、貴族の専横を抑え国王を中心とする中央集権を確立した。対外的にはハプスブルグ家の支配を弱化させ、フランスをヨーロッパに君臨させることであった。三十年戦争ではドイツの新教徒やスウェーデンのグスタフ王を支援した。さらに諸改革等を実施し、文芸の保護にも意を注ぎアカデミー・フランセーズを創設した。

(161) シュヴァルツェンベルク（カール・フィーリップ）王子（一七七一～一八二〇年）。オーストリア軍元帥。八八年に帝国騎兵隊に入隊し、対トルコ戦争で勇名を馳せた。フランス革命戦争ではカトー‐カンブレジの戦闘でフランス軍団を撃破した。ナポレオン戦争では一八一三年のライプチヒの会戦に参加して大勝し、パリに入城した。

(162) ジャン・レイニエ（一七七一～一八一四年）。フランス軍将軍。フランス革命戦争勃発時砲手として陸軍に入隊。ナポレオン戦争の一二～一三年においてナポレオンの配下で軍団長に昇進した。ライプチヒの会戦でザクセン軍の突然の寝返りで捕虜となり、一四年にフランスに戻ったが二週間後に死亡した。

(163) ニコラ・シャルル・ウディノ（一七六七～一八四七年）。フランス軍元帥。アウステルリッツ、ワグラムの戦いなどで名を挙げ、ナポレオン没落後はルイ十八世に属し、王政復古後貴族に列せられた。

(164) カール・フィーリップ・フュルスト・フォン・ヴレーデ（一七六七～一八三八年）。ドイツ（バイエルン）軍の元帥。バイエルン軍を指揮してオーストリア軍と戦い、一八〇五年ティロルを攻略。ナポレオンのロシア遠征に参加したが、オーストリアと和して、バイエルン及びオーストリア軍を率いてナポレオン軍と戦いハナウで敗戦した。ウィーン会議ではバイエルン代表として出席した。

(165) 第一章（戦争政策）第六項（征服の意図もしくは他の理由による侵略戦争）

(166) イタリア戦争の末期フランスのヴァロア王朝とハプスブルク家の対立は激化し、フランスはカール五世に包囲される形勢となった。カール五世の帝国覇権に対し、フランス王アンリ二世はモーリスと連合を成した。この時にモーリスは宗教的告白によってドイツのプロテスタント諸侯の合意を取り付け、ドイツの自由性を維持すべくカール五世に抵抗した。

(167) ライプチヒ会戦時一八一三年に休戦中のオーストリアがナポレオンに宣戦布告して連合軍に加担し、ついでバイエルンが、フランス軍から離脱し、一三年一〇月八日ライド条約で連合軍に加入することを宣言した。

(168) スペイン継承戦争の当初サヴォワはフランスと同盟を結んでいたが、一七〇三年頃からオーストリアは、サヴォワを懐柔しようと接近していた。〇六年のトリノ会戦でフランス軍が壊滅的打撃を受けたとき、サヴォワ公はフランス同盟を解消し、オーストリア側に付すこととなった。

(169) 第四十項（上陸侵攻）

(170) ジャン・ド・デュ・ニコラ・スルト（一七六九～一八五一年）。政治家。フランス軍元帥。スペイン遠征で大功を立てる。王政復古後陸相、首相を歴任。

(171) ナポレオン戦争の一八一四年の戦いはフランス防衛である。一三年一一月八日、連合軍は追いつめられたナポレオンに対し降伏を薦めたが、彼は拒絶した。連合軍は三方から外線態勢でパリを目標として攻勢をかけた。一四年二月一〇日から一四日にかけて、ナポレオンは巧妙な機動により、シャンポベール、モンミライユ、シャトー・ティエリー、ヴォーシャンの戦闘で連合軍を撃破した。

第2部

【解説】ジョミニの著書と戦略理論

今村 伸哉

【解説】ジョミニの思想とその時代――フランス革命～ナポレオン戦争の再解釈から

竹村 厚士

【解説】ジョミニの著書と戦略理論

今村 伸哉

第一章　ジョミニの生涯と経歴*1

ナポレオンの戦略・戦術の謎解きをした男、アントアーヌ・アンリ・ド・ジョミニは一七七九年三月六日、スイス西部のヴォー州の小さな町パイェルヌで生まれ、三月二十五日町の教会で洗礼を受けた*2。この時ジョミニの父、バンジャマン・ジョミニは三十三歳でパイェルヌ市の書記と公証人をしており、傍ら営利郵便業務をしていた。ジョミニの家系はスイスの血統ではなく、先祖がイタリアから移住してきた良き中流の家庭であった。ジョミニは、長兄のフランスア・ジャコブと四人の女姉妹を含めて六人兄弟の次男だった。

ジョミニの直系の祖父は地方の有力者であった。母のジャンヌ・マルキュアールの祖父はベルンにおける金融大富豪であり、ジャンヌは結婚に伴い夫のバンジャマンに十分な持参金をもたらした。母はジョミニのためにパリに資金の蓄えを準備し、後にジョミニがパリで快適な文筆活動をする基礎を与えていたのである。

ジョミニが十九歳になる直前の一七九八年一月、フランス軍の侵入によりヴォー地方に政変*3が起こり、ヴォー地方の諸都市代表はローザンヌにおいてベルンからの独立、そして「レマン共和国」の樹立を宣言したが、この時バンジャマンはヴォー地方の大評議会の議員になった*4。

ジョミニは幼少時代から軍事マニアで遊びのなかにも軍事物に際だって興味を示していた。彼が雄弁であることから、父の友人で哲学者でもある弁護士は、彼に弁護士になることを薦めていた。しかし両親は商業人としての職業に就かせたい希望を有しており、彼が十四歳の時スイスのアーラウの寄宿学校で特にフランス語、ドイツ語、数学、地理学を学ばせた。その後プレイスヴェルク商社に入り、バーゼルで職業訓練を受けている。彼自身の「回想録（Recueil de souvenirs）*5」に依るとこの時にナポレオンの壮挙を掲載している週刊新聞を検討し、特に新聞のモンテノッテ、ロディ、カスティリョーネの戦い*6の解説記事に関心を寄せていたし、十七歳の時ナポレオンの特集記事やイタリア陸軍雑誌*7を読みふけり、この少年時代から絶えず戦争・軍事問題の事象を知ろうと努力していた*8。

彼は一七九六年にパリの証券会社モーセルマンに入社し証券の公認仲介人となったが、この時彼はバーゼルに侵攻してきたフランス軍を初めて見ている。パリでは一五巻にものぼる量感のある『プロシア王フリードリヒ二世の遺作（Œuvre posthmas de Frédéric II, roi de Prusse）』の著作を読みふけっている*9。このパリ在住間にスイスのローザンヌ出身の亡命スイス急進派のラ・アルプ*10と交際して、熱心な革命派となっていた彼は、パリでスイス革命の情報に接するや否や急遽帰国した。

弱冠一九歳のジョミニは、一七九八年十一月の終わり頃か十二月の初め頃に、スイス共和国国防省に入省し、国防省の秘書官長に任命された*11。一八〇〇年四月二十三日付けで大隊長に昇進したが、一八〇一年二月九日に締結されたリュネヴィル条約*12の翌日に辞職した。彼の辞職の理由は自己の高い能力に対して評価されることがなかったとしているが、彼は周囲の人たちに結局は鼻持ちならぬ印象を与えてしまうほど横柄で短気な性格を顕していた。また、一説には彼がベルンで賭博に負けて作った借金を払うために軍需品の供給者に賄賂を求めたことが辞職の理由ともいわれている。事実、一八〇一年の初め頃収賄の疑いでジョミニに対する調査が行われており、曖昧模糊としたなかでジョミニに対してベルン地方裁判所は召喚したが、その時すでに彼はスイスにはいなかったのである*[13]。

ともあれ、彼がスイス共和国の国防省において経験したことは、彼の軍歴における最初の段階として明らかに認められる。この期間に二十歳の若い士官は、スイス部隊で活躍し始めていたが、彼が扱った規定の計画、国防省報告、公文書、時代に応じる憲法典の制定計画は、現在も未公開のままである*[14]。

彼は大隊長を辞任してから十八世紀後半の軍事界を揺り動かしたビューローとロイドの著書を自己啓発のために読み始めた。そしてピュイセギール、メニル‐デュラン、ギベールに到るが、彼は戦闘・戦術の多少完成されたシステムだけしか見出すことができず、戦争についての不完全な概念しか与えられなかった。一八〇二年にパリに戻り、デルポン社の軍需工場に入ったが、一八〇三年にそこを辞めて本格的に軍事研究に入ることになった。彼は古代から当時代に至る軍事史、特に七年戦争と革命戦争を分析し、さらに十八世紀のフランス啓蒙軍事史家の著作の殆どを読破し研究している*[15]。

一方、軍事経歴を積むためにフランス軍に入隊の希望を持ってミュラ元帥*[16]に接近し、また在パリロシア公使M・ドウブリに会ったが二人ともに断わられたのである。一八〇五年、最終的にフランス軍のブローニュの陣営において志願兵としてネー元帥に会うことになった。ネーはジョミニが脱稿した『大戦術論』の原稿を読み、感激してジョミニに前もって基金を渡し、非公式ではあるが彼に副官として大佐の地位を与えたのである。ブローニュの野営地では軍事問題に関してネーと共に長い談義を行ったが、ネーはジョミニにフリードリヒ大王とナポレオンの指揮能力を比較する本を書くよう奨励した*[17]。

後にナポレオンにも手渡した『大戦術論』の本となる彼の原稿は名刺代わりとなるが、この説明だけでネーがこの若いスイス将校に関心を駆り立てたであろうか。ところがそうではなかった。ジョミニはフランス軍に渇望した将校の地位を得るために戦略論を掲げるだけで頼ることはなかったのである。一八〇三年十二月以来、ジョミニの父親バンジャマンは、ジョミニをフランスに勤務しているスイス連隊の主計将校に推薦してもらうよう郡長のルイ・ダッフリー*18に依頼している。ダッフリーはネーと知り合いであったし、ジョミニはダッフリーがネーに推薦するであろうと期待していた。一八〇四年三月にピエール・フォン・デル・ヴァイディット将軍こそがベルティエ将軍*19に司令部に勤務できるよう推薦していたのである*20。

ネーがジョミニに肩入れしたもう一つの理由があった。スイス連邦共和国の母胎となるスイス誓約同盟は、フランス革命により革命派と反革命派に分裂して紛糾していた。一時治まったスイスも一八〇二年に反仏暴動が起きた。この時、ネーはスイス総督を務めていたがヴォー州はフランスを支持した。この縁でジョミニはネーの注目を引いたのである。

このようにジョミニがフランス軍に入隊した背景には、支援者から恩恵を受けた事実と推薦、そして彼の『大戦術論』の原稿が及ぼした効果があったのである。しかしながら第六軍団内で、初めてフランス軍人として登場した若いスイス人に対して強烈な嫉妬心が渦巻いた。それでもジョミニは、臆することなくこの軍団内で作戦・戦術を熟考する機会が与えられたのである。そして一八一三年八月十四日の日付でジョミニがロシア皇帝軍に勤務するまで、ナポレオンの壮挙に参加することになる。

ウルムの包囲戦、アウステルリッツの会戦に向かう一八〇五年の戦役において、ジョミニはネー元帥に随伴しウルムの包囲戦でネーに顕著な助言を行った。十月十二日にネーはジョミニの洞察力と大きな価値を有していると判断して、ナポレオンに対してジョミニを正規の副官に採用するよう懇願の手紙を書いた*21。

十二月二日、ナポレオンがオーストリア・ロシア連合軍を撃破したアウステルリッツの戦いが惹起したが、この時ジョミニが所属するネーの第六軍団はチロル地方に派遣されていたので、ジョミニはアウステルリッツの三帝会戦には参加していなかった。この会戦後の幾日か経って、ナポレオンに第六軍団の作戦関係を報告する担当幕僚として勤務しているとき、ネー元帥の急送便を扱っている間に、ジョミニは彼の処女作『大戦術論』をナポレオンに献呈することになった*[22]。この背景には国務大臣マレ長官*[23]が十二月中に、シェーンブルン宮殿に滞在しているナポレオンにジョミニの『大戦術論』の原稿の幾つかを読んで貰うように話を付けていたのである。ナポレオンは、この原稿を副官に読ませた後、ジョミニが戦争のシステムを理解していることを認めて著書にするよう薦めた*[24]。そして、十二月二十六日、フランスがオーストリアとブレスブルク条約を締結した翌日、ジョミニを正規の参謀副官に任命し、大佐の階級を与える勅令に署名した*[25]。

第六軍団司令部の第一級副官となった彼の仕事は、ジョミニの判断力に磨きをかけ、一八〇六年の戦役間、一時期ナポレオンの司令部に派遣幕僚として勤務した時に、戦略思考を積んだことを彼の『回想録』*[26]のなかで説明している。なおジョミニによれば、ナポレオンがフリードリヒ大王の戦役に関して意見を求められた後、ナポレオンは来るプロイセンとの戦いの作戦会議のために、一八〇六年九月にジョミニをマインツに召還した*[27]。ジョミニはこの時初めてナポレオンに会ったのである。

この時期において、オーストリア戦役が終結する数ヶ月前にフランス軍司令部の参謀たちは作戦の継続に関して検討していた。ネー元帥の第一級副官、第六軍団の参謀長ジョミニは、プロイセンとの新たな戦争を考えていた。しかし、ネーはこの戦いに反対していた。そこで、ジョミニはネー元帥に面接してその支持を得るために、「プロイセンに対する戦いする戦いの可能性及び予察される作戦に関する観察(Observations sur la probabilité d' une guerre avec la Prusse et sur les opérations militaires qui auront vraisemblablement lieu)」*[28]の原稿を書いた。イエナの会戦はジョミニが予期していたとおり、作戦のすべてが遂行されたのである。

この小作品の日付の一八〇六年九月十五日はプロイセンとの戦いの数週間前であり、十月十四日のイエナの戦闘の前である。この作品はジョミニ戦略思想の一端を示しており、ジョミニはこの小論の導入目的を成す分析をナポレオン時代のヨーロッパにおけるプロイセンの政治状況の基礎に関して、あらゆる視点から考察しなければならないとした。そして彼はこの小論のなかで次のように述べている。

「プロイセン軍の戦闘隊形の戦列は二乃至は三列を形成しているので、プロイセン軍の中央陣を圧倒すれば分断され、孤立する。あるいはプロイセン軍が中央陣のみを形成している場合は、国境とロシアに対する連絡線を制する側端に機動する。そうすれば、陸軍は敵の弱点部分を圧倒し、全体として敵を破滅に導こう。もし陸軍が同時に結集して強力に遂行する方策がないとするならば、その時はザースフェルト、シュライツ、ホッフに対して絶えず前進しなければならない*29」

この戦いでジョミニはネーの傍にあって元帥を補佐して、ナポレオンと共に突進した。ナポレオンは一八〇六年十月二十五日にベルリンに入るが、ジョミニもまた皇帝の司令部と共にベルリンに入った。このときポーランドにおける戦役の危機が迫っており、ナポレオンは十一月末にポーランド戦役に関してシュレージェン占領の通達を出すために、ジョミニを召喚した。ジョミニはこの命令を受け、ナポレオンの司令部に遅れて到着しナポレオンの戦争の一連の計画に参加した。この時、ポーランド戦役についての懸念を彼の回想録のなかで次のように記述している。

「私はナポレオンがヴィスワ川に前進するために思考していることがわかった。というのもナポレオンは主力の前進した後にヴァンダム将軍*30を残そうとしていた。この攻囲戦において優勢な敵が将軍を困難に陥れるのではなかろうか。私はこの状況ではオーストリア軍だけが懸念される。ついでポーランドでロシア軍と対峙するかどうか。我々は今、雨期の時期に入っている。今や十一月七日または八日となってしまった。フランス軍の後方にオーストリア軍を遺して、ポーランドに侵攻するという考えは、私には特に恐怖であった。この時にこの国の唯一のザノニの地図を見ると、小湖や強大な沼地が道路を左右に分ける湿地帯が目に飛び込んできた。この遺憾な雨期の季節にヴィスワ川に推進することに何の利益があるというのか。勝ち目がこのような企図にどんな恐ろしい運命が現れるというのか*31」

なお、彼の『回想録』の記録には次の主要な五点がナポレオンに手渡されている*32。①ヴィスワ川に向かう軍の前進とオーストリア軍の可能行動、特にオーストリア軍が戦列に加入する場合の危険性について、②もしオーストリア軍が戦闘に加入すれば、ヴァンダムも救えないし、フランス軍も危険にさらされる。③冬季の真最中にポーランドに侵攻することは新たなポルタワの戦いを招く。④ポーランドで得る利益はなく、むしろプロイセンを繁栄させてその影響力を利用する方が利益は大きい。⑤ポーランドの再建はプロイセン、ロシア、オーストリアの政策がフランスの利益と結びつけられること

ジョミニはこのメモについて、ナポレオンが、皮肉混じりに述べたことを『私の子供達のための回想録(**Recueil de souvenirs pour mes enfants**)』のなかで次のように記録している。「おお、お前さんは政治家様だ。お前さんが良き軍人であることは知っていたが、下手な外交官だったとは知らなかった」*33。

彼の予想は一八〇七年二月八日アイラウの戦いで実現し、フランス軍は苦戦を強いられたのである。この戦役間、ネー元帥の正規副官のまま皇帝軍政室に留まっていた。この地位は恒久的に続かないし、おそらく管理的なものであったに違いない。この間ジョミニは著作活動を行い、『大戦術論』の題目の三巻から五巻までを出版した。そして第三巻と第五巻は新しい題目『大作戦論』として編集し、フランスのイベリア半島干渉におけるポルトガル遠征の時期に入っている一八〇七年と一八〇九年に出版された。

この時期、一八〇七年十一月にジョミニは第六軍団参謀長に昇進し、続いて一八〇八年七月二十七日に

フランス帝国男爵に叙位された。

一八〇八年五月にスペインとの戦端が開かれたのでネー元帥は第六軍団を率いて出陣したが、この時庇護者であるはずのネーとジョミニの間に不和が生じている。その理由はナポレオンがジョミニをベルティエの補佐者として派遣したことからネーが不快になったのではないかとされている。この戦役間にジョミニはスペインのテロ・ゲリラ戦を経験した。小規模のテロ・ゲリラはフランス軍に対し、どう猛な戦いを完全に遂行した。その主役は女子供、聖職者、農民であった。彼は自分の著書、『戦争術概論』にこの戦例を二つ挙げて注意を促している。

一八〇九年の夏に、ジョミニはスペインの状況を報告するためにネーの命令によりナポレオンのところに派遣幕僚として出頭したが、その年はベルティエの意のままに置かれた。この時ジョミニはベルティエと仲違いを起こしている。このことからベルティエはジョミニを憎み、ジョミニはベルティエを嫌った。そしてジョミニは一八一〇年に健康のためと称して数ヶ月間スイスに戻ったが、実はロシア軍に勤める交渉を行うためであった。十月にパリに戻り、その月の二十八日に辞職願いの手紙を出した＊34。しかしナポレオンは辞職を許さず、十二月に准将に任命したのである。この時ナポレオンはジョミニにイタリア戦役を著述するよう依頼し、ジョミニはその依頼を引き受けることになったが、ベルティエは、ネーやジョミニの協力者から引き離し軍の補給廠に留めおいたのである。このようにジョミニが庇護者や上級者は勿論同僚からも嫌われた原因の側面は、彼自身の性格で少年時代から利発であるが、自惚れでうるさ型の非難を受けやすく、誰とも争いを起こしていたといわれていた。

ジョミニがロシアに遁走したとき、ナポレオンが述べたとして書かれている次の言葉はさらに多くのことを語っている。「ジョミニは感受性が強く、粗暴で、短気な男であり、また予め計画された陰謀の一味となるにはあまりにも正直すぎる」＊35。

ナポレオンのジョミニの性格判断は正鵠を射ており、ジョミニの感受性の強さと怒りっぽさの心理的背景には、彼の性格の深層についジョン・シャイは次のように分析している。「野心、欲求不満、不安感、そしてたぶん抑鬱状態があっただろう。これらはものすごい怒りを垣間見ることと、彼の個人の書類からの発見された不幸な抜粋文が公刊されている。」

ジョミニは一八二三年にパィエルヌに戻って、彼は「この汚いあばら屋」としてその抜粋文を書いた。彼は、「自分を破滅させる息子の悪行を自粛させる」ために彼の十代の息子アンリを農夫か海軍に水兵として送り込むと脅迫したことを告白している*36。

一八一二年のロシア戦役間に彼はヴィルナ総督、次いでスモレンスク総督を命ぜられた。ヴィルナの統治間にリトアニアの軍事総督のディルク・ヴァン・オーゲンドール*37としばしば衝突した。ナポレオンはジョミニに対してヴィルナの統治の不満とベルティエが為した評価を下し、ジョミニとオーゲンドールの紛争の結果を見て、一八一二年七月ジョミニのスモレンスク総督を変える決心をした*38。

モスクワ遠征が失敗に終わりフランス軍は退却を開始したが、一八一二年十一月二十六～二十七日にベレジナ川渡河の際に、橋梁が破壊されていたのでジョミニは最も好都合な浅瀬の渡河地点を選択して貢献した。しかし彼はこの寒気と疲労のため重病になりパリで三ヶ月療養した。彼は一八一三年六月二日のリュッツェンの戦闘の日から皇帝軍に参加し、再びネーの参謀長に返り咲いた。この月の二十、二十一日のバウツエンの戦闘で参謀長として良く補佐をしたので、ネーは彼を中将に昇進することを推薦した。バウツェンの戦闘後フランス軍では褒賞および人事昇進が行われたにもかかわらず、ベルティエは第六軍団の状況報告が遅れたことを理由に叱責し、さらにナポレオンは彼を禁固刑に処したのである。

このナポレオン衰退の時期にフランス軍の将軍の何人かがフランス軍を去って連合軍に寝返ったのと同様に、三十八歳になっていたジョミニもまたフランス軍を去った。ジョミニは離脱した後、すぐに連合軍のシュヴァルツェンベルク王子の一般地区に一時的に分離され、監視下に置かれた*39。当然ジョミニは敵対フランス軍から離脱したことで監視されたであろうし、この間プラハにいたアレクサンドル一世と連絡を取り合っていたであろう。

やがて彼は、ロシア軍司令部に勤務し、この間フランス軍の情報は漏らさなかった。セントヘレナに流されたナポレオンはジョミニについて彼はスイス人ながら予を裏切らなかったし、彼は我が国を選ぶ権利を有していると述べている*40。

ジョミニは一八〇七年冬から一八一三年秋まで有意義な文献を出していないが、彼がフランス軍を去りロシア軍に入ったことを裏切り者として告発している者に対する弁明の小冊子、『一八一三年の戦役に関する覚書きの抜粋（**Extraits d' une brochure intitulee: Memoires sur la capagne de 1813**）*41』をその年の十月に出版している。その弁明は一八一三年の背信は逃亡でなく、「人類の隷属を目的とする因子」を放棄することであった。確かにジョミニは彼の軍事経歴を塞ぐ障害が彼のフランス軍から離脱する決心と無関係ではないことを認識している。しかしながら、ナポレオンの専制の血なまぐさい軍旗から離れる機会に過ぎなかったのである*42。ジョミニはこのようにナポレオンの圧政に対して非難しているが、片や彼の軍事天才への衷心からの賛美を妨げるものではなかった。ところが、弁明の小冊子に対する反論が起ったのである。ジョミニはロシア皇帝に随伴していたウイーン会議の途中から離れて帰還し、小冊子への反論に対処するためにパリ滞在を利用することにした。

ロシア軍に入ったジョミニはドレスデン、ライプチヒの戦いにロシア軍将軍として、またツァーリの軍事顧問として連合軍司令部で勤務した。スイス人として中立を維持することは無駄なことと感じつつも、フランスとの戦いには消極的で、かつてフランス軍に勤務したフランスに侵攻することを忌み嫌っていた。そのことも彼の悪評に関係したかもしれないが、彼が連合軍に到着して数日経って、一八一三年八月末にドレスデンの戦闘が惹起し、連合軍はナポレオン軍に敗れた。この時、連合軍のドレスデンへの機動について助言したジョミニは、敗戦の失敗の責任をオーストリア軍司令部に転嫁して、身を守ったのである*43。ジョミニの連合軍司令部における役割についてロシア軍将校たちは、戦争に参加させたくないという悪い評判を立て、またイギリス軍将校たちはジョミニが司令部で問題を起こすと見なしていたし、彼の勤務は正しく評価されなかったのである*44。

ロシアにおいてジョミニはヨーロッパの軍事思想を代表する者として受け入れられたが、それはあくまで教官としての役割に留められていたし、ツァーリの顧問的立場にあったが、ロシア全将軍の地位には列席できなかったのである*45。

フランス革命とナポレオン戦争終結後一八一四年九月一日から開催されたウィーン会議に、ジョミニは顧問としてアレクサンドル皇帝に随伴していた。この時彼はカール大公と戦略・戦術論議を何度も重ねる機会を持った。この会合がジョミニの著作活動に発展的な影響を与えることになる。そしてこの時から「フランス革命戦争の軍事史」に関する構想を練り始めた。

この頃、第一王政復古時に貴族の列席に入ったジョミニを熱烈に支援してきたネー元帥は、エルバ島から帰還したナポレオンを支持したことで、ワーテルロー敗戦後に反逆罪で告訴され裁判になった。ジョミニはネー元帥の助命のために奔走し、ロシア皇帝にも取りなしを依頼したが、皇帝はルイ十八世にもその他の誰にでも取りなしはしないと拒否したのである。ジョミニの努力もむなしくネー元帥は処刑された。ジョミニが期待したロシア軍事界における活躍が期待はずれに終わり彼は失望したが、確かなことは彼がフランスで軍事史の著書を追求するために、ロシア宮廷から事前の資金を得ることであった。そして一八一七年にジョミニはロシアを去り、一八二三年までパリに滞在し新しい研究に没頭したのである。

平和が戻りジョミニは一八二二年十月ヴェローナ会議に参加して、フランス、スイス、ロシア間の調停の時を共有した。この時、彼はイギリスの将軍ウェリントン公と会合して、ワーテルローの戦いにおける連合軍とフランス軍の戦闘隊形について戦術論議を行っている*46。

一八二四年に再びロシアに戻り、何ヶ月も留まっていた原稿を書き始めた。ジョミニの著述活動の資金援助についてアレクサンドル一世は莫大な貸付金を提供している。たとえば一八一七年に以前の著作の再版のために二万フランの貸付金を、さらに一八一二年から一八一四年までの戦役史を書くために六万フランを前払いとして与えた。また、ジョミニは友人となったロシア軍人のパスケーヴィチ*47の手厚い庇護を受けた*48。彼は一八一七年にジョミニのために書庫を与えている。パスケーヴィチが与えた書庫は、後に大評判となるジョミニの『ナポレオン自身が語った政治・軍事的生涯（Vie politique et militaire de **Napoléon raconteé par lui-même**）』の著作に便利であった。

その他一八一三年から一八六九年まで親交があり、ジョミニ思想を書物に著したニコライ・オクーネフ*49やロシアで最初にジョミニの図書を導入したディミトリ・ブツァーリン*50のような友人もいた。ブツァーリンはジョミニの最も熱烈な弟子でジョミニの指導の下で一八一三年の戦役について書いている。このような友人達の影響もあり、ジョミニの子供や子孫がロシアの要職に就き、ロシア人との血縁関係もできたのである。

一八二五年に、アレクサンドル一世の葬儀に参加したジョミニは、引き続きニコライ一世の即位式に参列したが、彼はロシアに長期間居留できるようにニコライ一世に懇願し、そして、パリの東郊、ヴァンセンヌの森の外れにある住宅街のなかにあった不動産を売却したのである。

ロシア宮廷での軍事専門家としてのジョミニの立場に対する反感は決して少なくはなかった。ニコライ一世には寵愛されてはいたがジョミニの期待は満足させられることはなかった。ニコライ一世が皇帝に即位した後、皇帝は一八二八年にジョミニに士官学校建設の計画を策定するよう命じた。しかし何人かの将軍は反対した。士官学校の設定の計画に対して将校の危機的精神を目覚めさせることになるという理由で反対したのである。一八三二年にジョミニが示した士官学校設立計画は破棄され、ジョミニが望んだ士官学校設立はならなかった。その結果とは明確にいえないが、第一次世界大戦で東部戦線におけるロシア軍のタンネンベルクの会戦の大敗北に見るように、一九一八年までロシア将軍には大作戦を指揮し得る資質をほとんど欠いていた＊51。

ジョミニのロシアにおける地位は、ヨーロッパの軍事思想を代表するものとして受け入れられロシア皇帝の耳となり得たけれども、しかしそれはあくまでもツァーリの将軍副官としての役割に留められ、ロシアの全将軍の地位には列席できなかった＊52。ジョミニは一八二八年にオスマン帝国に対する戦争で帝国軍務府に追従している。しかし彼の意見は常に理解されることなく、さらに戦場における彼の役割は作戦戦略の実行からほど遠く理論家が観客に対して説明する程度のものであった＊53。

一八三〇年の初めにジョミニの軍事経歴は塞がれてしまう。その後戦略を戦場で得る知識を決して得ることはなかった。したがって『戦争術概論』の出版に行き着く過程が一八三〇年の初め頃に輪郭が現れるならば、それは偶然ではない。一八三六年に将来ツァーリとなるアレクサンドル二世の家庭教師となり、教書の質を高めるため『戦争の主要な方策の分析的描写（Tableau analytique des principales combinaisons de la guerre)』の再版を行った＊54。ついで『戦争術概論』の初版は一八三八年後半にブリュッセルで出版された。この教書は一八五五年パリのタネラ出版社により編集されたが、編集上の制約から戦争政策、軍事政策、戦略の三章から構成されている。

彼は一八四八年にブリュッセルに引退する。クリミア戦争＊55が始まると、彼は、アレクサンドル一世の王子の戦争意図に対して、多くの戦略的覚え書きと注意を書いて戦争の助言を行っていた。しかし、ジョミニは戦争の間サンクトペテルスブルクに留まっていた。

この戦争が終わるときっぱりとパリに引退し、後年まで活発な精神でもって歴史の証言を著し続けた。彼は常時読書し、変わらぬ情熱を以て軍事史に関心を持ち続け、アレクサンドルの子息の成功を喜ぶ日々を過ごした。そしてロシアにおける最も重要な外交を託される一人となった。

ジョミニの著書と人となりは主として軍人だけが問題にしていたように見受けられるが、彼の文学的名声は文学者の間にも広がり人気があった。彼がパリに引退した後も著名な文学者、サント-ブーヴ*[56]は何度もジョミニに会っていたし、パリの新聞「タイムズ(le Temps)」に記載された、一冊にまとめられた五つの論文を献呈している*[57]。その他アルフォンス・ラマルティーヌ*[58]や歴史家たちの訪問も受けていた。

アメリカのジョージ・マクレラン将軍*[59]は、南北戦争終了後の一八六八年にジョミニを訪問したが、この時のジョミニは八十九歳になっていたが、マクレランは彼の印象を次のように述べている。「背は中背の人よりやや低く、少し腰が曲がっている。白髪、毛深い眉毛の下の目は眼光鋭く、輝いている。発音は明瞭、顔は年老いてやつれた鷲そっくりである。現代に関心を有し、記憶は完全である」*[60]。マクレランはジョミニに新しい兵器等について意見を求めたが、彼は火器、鉄道、通信等における現代の変化進歩について語り、それらの戦争にもたらす利点と変化を認めていたが、戦いの原則は変わらないと述べた*[61]。

晩年における彼は子供や孫に囲まれて平和な幸福な日々を過ごした。一八六九年三月二十二日九十歳でパリ近郊のパッシーの自宅で終焉した。

ジョミニが死亡したとき世界の新聞記事に死亡記事が掲載され、哀悼の意を表した。このときマクレランは哀悼の記事を書いている*[62]。

ジョミニの生まれ故郷パィエルヌ市中心地の東側の道路はジョミニを顕彰してジョミニ将軍通りと名付けられている。また一九六九年にジョミニの没後百年を記念して、彼の多くの文書資料がパィエルヌ資料図書館に展示された。また、同年にヴォー州立図書館が同じくジョミニ死後百年を記念してジョミニの著作集を発刊した。

＊註

1 ジョミニの生涯については同僚で、かつ友人であるスイス軍大佐フェルディナン・ルコント（一八二六〜一八九九年）が明らかにした著書（Ferdinand Lecomte, *Le Général Jomini, sa vie et ses écrits. Esquisse biographique et stratégique*, Paris,Tanera, 1860）、ジョミニの曾孫であるグザヴィエ・ド・クールヴィルの著書（Xavier de Courville, *Jomini ou le devin de Napoléon*, Pris, Plon, 1935.）、ジョミニ自身の回想録（*Recueil de souvenirs pour mes enfants*, Payerne: Société suisse d'études napoéoniennes, 2007）がある。

2 Comité du Centenaire Général Jomini, *Général Antoine-Henri Jomini, 1779-1869*, catalogue de l'exposition, Payerne, 1969, p.19.

3 十八世紀に入るとスイスとフランスは外交・経済により密接な関係になっていた。したがってフランス革命はスイスにも深い影響を与えたのである。フランスの革命理念はヴォー地方にも歓迎を持ってその運動が起きたが政府当局は、この運動を弾圧した。一七九五年にフランスに総裁政府が樹立されると革命は直接スイスに波及することになった。スイス各州にはフランスに同調する派と保守の反対派が対立していたが、フランスは巧みに個々の州に要求を出して、最終的に軍事力により州政府を屈服させていった。一七九八年一月にフランスはスイスに侵攻し、主戦派のベルンも同年三月フランス軍に敗れスイス誓約同盟は崩壊した。

4 Bluno Colson, ‘présentation’ Bruno Colson ed., *Antoine Henri Jomini, Précis de l'art de la guerre*, PERRIN, 2001, p. 8, n. 4.

5 ジョミニの『回想録』は *Recueil de souvenirs pour mesenfants* の名目で EMB, TAP 0195 / TAP 0196 に資料区分されている。一九六九年にジョミニの死後百年を記念してスイスのパイェルヌ市でこの資料が展示されたが、この資料はジョミニの子孫であるグサヴィエ・ド・クールヴィル家が保管している。この『回顧録』は二〇〇七年に刊行されている。

6 一七九六年八月五日に惹起した戦い。イタリア戦役におけるナポレオンの初期段階の戦闘。

7 **Ami-Jacques Rapin,** ***Jomini et la stratégie — Une approche historique de l'œuvre,*** **Payot Lausanne,2002, p. 77, n. 16.** このイタリア陸軍雑誌はイベリア半島で戦うフランス軍兵士に優先的に配布されていたが、フランスにおいても配布され、海外ではスイスに最も多く配布された。

8 **Jomini, Précis. pp. 6-7; Gat, p. 107.**

9 **Colson, p. 9.**

10 フレデリック・セザール・ラ・アルプ（一七五四～一八三八年）。スイスの政治指導者。ヘルヴェティア共和国創立の立役者。

11 **Colson, p. 9.**

12 リュネヴィルはロレーヌ地方のナンシー南東方の郡庁所在地。フランス革命戦争ではオーストリア軍は、一八〇〇年六月一四日、マレンゴの戦いでフランス軍に大敗北を喫し、フランスに降伏した。この条約は当地でフランス・オーストリア間に結ばれた和平条約であり、フランス革命戦争の終結及びフランスの勝利に終わったことを示す。

13 **Rapin, p. 21.**

14 **ibid., p. 20.** これらの史料はベルンの州立文書保管所に保有されている。関心を有する研究者たちは一連の史料に触れることは出来ないのである。なぜならフェルディナン・ルコントによって伝記調査にまとめられているからである。

15 **Jomini, Précis, pp. 5-13.**

16 ジョアシャン・ミュラ（一七六七～一八一五年）。フランス軍元帥。イタリア、エジプト遠征でナポレオンの副官を務め、ナポレオンの妹カロリーヌと結婚、ナポリ王（在位一八〇八～一四年）となる。

17 **Colson p. 10.** この話はジョミニの記憶に基づくのではなく、ネー元帥の覚え書、記録により示されたのに違いない。ネー元帥のジョミニへの奨励については Frederich A Praeger, *MEN IN ARMS A History of Warfare and its Interrelationships with Western Society*, New York, 1956, pp. 203-204 を参照。

18 ルイ・ダッフリー（一七四三～一八一〇年）。スイス防衛軍軍人。政治家。

19 ルイ・アレクサンドル・ベルティエ（一七五三～一八一五年）。フランス陸軍元帥。父親は地理学の技術者。ベルティエは二十五歳で軍に入隊した。アメリカ独立戦争にジャン・ロシャンボーやラ・ファイエットに伴って測量将校として参戦した。四十三歳の時にイタリアのナポレオン軍の参謀長を務める。ナポレオンがパリに帰還したときに、イタリアの軍司令官を命じられた。その後ナポレオンの幕僚長を務め、合間に二度ほど陸軍大臣を命ぜられている。マレンゴの戦いで軽傷を負った。一八〇九年の幕開けの戦いで、ナポレオンに一時期グランド・アルメの指揮官を命ぜられたが、優柔不断で、積極進取に欠け、彼自身はヴァグラムの作戦計画を作成して、フランス軍は勝利を収め、ナポレオンに対して面目を施した。彼は戦争に疲弊し、後にナポレオン皇帝を退位に追い込む反乱軍に参加した。ナポレオンの百日天下の時にはルイ十八世をヘントの宮廷まで護衛し、ナポレオン軍に参加しなかったので、ブルボン朝政府から褒賞された。一八一五年六月一日、窓から落下して死亡した。

20 Rapin, p. 26

21 Colson, p. 10, n. 8.

22 Rapin, p. 28.

23 ユーグ - ベルナール・マレ（一七六三～一八三九年）。政治家。外交官。フランスアカデミー会員。マレ大使は一七九三年七月二十五日、イタリアのノヴァーテ・メッツォーラでイギリス側に逮捕された。

24 Bruno Colison, *LIRE JOMINI*, WWW. STRATIST. ORG, la vitrine surinternet des travaux de l' Institut de Stratégie et des Conflits Commission Français d' Histoire Militaire.

25 参謀副官の階級は司令部将校のみに適用され大佐に相当する。

26 Rapin, p. 48, n. 1.

27 この召還は帝国『書簡集』Napoléon 1858-1869, vol. XIV に記載されている。Rapin, p. 28, n. 16. を参照。

28 Antoine Henri Jomini, *Observations sur la probabilité d' une guerre avec la Prusse et sur les opérations militaries qui auront vraisemblablement lieu / rédigées pour M. le maréchal Ney ...le 15 septembre 1806 par colonel Jomini*, s.l., s.n., 1806.

29 Rapin, p. 47.

30 ドミニック＝ジョゼフ・ルネ・ヴァンダム（一七七〇～一八三〇年）。フランス軍将官。フランス革命戦争、ナポレオン戦争に参加、一七九九年師団長となる。一八一三年八月クルムの戦闘で敗れ、捕虜となりシベリアに送られる。一八一四年ナポレオンの百日天下の時期にフランスに戻り第三軍団長を務めるが、フランス軍の敗北後ガンに逃れ、ついでアメリカに亡命する。一八二四年にフランスに戻る。

31 Rapin, p. 49, n. 4.

32 Ibid., p. 50, n. 5.

33 Ibid., p. 50, n. 6.

34 Comité, op.cit., p. 35.

35 Antoine Henri Jomini, *Vie politique et militaire de Napoléon, racontée Par lui-même, au tribunal de César, d'Alexandre et de Frédéric*, 4vol., Paris, Anselin,1827, vol.4: p. 305, 368-370.

36 John Shy, "Jomini", in Peter Paret, ed., *Makers of Modern Strategy: from Machiavelli to the Nuclear Age*, Princeton, NJ. 1986, p. 157, n. 30.（「ジョミニ」防衛大学校「戦争・戦略の変遷」研究会訳『現代戦略思想の系譜』ダイヤモンド社、一九八九年、一四一頁）
現在パリ在住のジョミニの子孫、セルジェ・オストログラドスキー氏によると、ジョミニの妻アデレード・シャーロット・ローズローゼルは男子二人、女子三人の子供をもうけた。ジョミニの不肖の子、カール・ゲンリコヴィッチ（フランス語名はシャルル・アンリ）は、ロシア軍に入り大佐で退官し、その後故郷のパイェルヌに戻った。次男のアレクサンドルはロシア外務省高官で歴史家であった（この話は筆者とオストログラドスキー氏とのメールのやりとりによる）。

37 ディルク・ヴァン・オーゲンドール（一七六一～一八二二年）。フランス軍中将。オランダ出身。一八一一年にナポレオンの副官を務める。一二年に東プロシア及びシレジアの総督に任命。一三年にはハンブルグの総督に任ぜられる。ナポレオンの退位後オランダに隠遁するも、ワーテルローの戦いに参加、ナポレオンが敗れた後ヨーロッパを脱出、ブラジルで農業経営を行い、当地で没した。オーゲンドールの『回想録』が一八八七年にハーグで出版された。その『回想録』の中で一八一二年のヴィルナにおけるジョミニの総督としての働きを強く批判している。Rapin, p. 285を参照。

38 Rapin, p. 52.

39 Ami-Jacques Rapin, *Guerre, politique, stratégie et tactique chez Jomini*, Droits d' auteur, 2015, p. 7.

40 Colson, p. 12, n. 13.

41 Antoine Henri Jomini, *Extrait d' une brochure intitulee: Mémoires sur la capagne de 1813* Leipzig, s.n.,1813.

42 Rapin, p. 53.

43 Ibid., p. 57.

44 Ibid., pp. 52-53. 当時のロシア軍はジョミニをはじめ外国から優秀な将校の人材登用を行っていたので、おそらく軍事行政と幕僚業務は良好な状態にあり、ジョミニが実際の幕僚業務に携わる機会はなかったのではないかと思われる。

45 Colson, p. 35, n. 96.

46 Jomini, *Précis*, p. 382.

47 イワン・フョードロヴィチ・パスケーヴィチ（一七八二～一八五六年）。ロシア軍将軍。一八一二年の対ナポレオン戦争に参加し、フランスに侵攻した。その後ペルシア及びトルコに対する戦争に参加した。またポーランド暴動を鎮圧する功績を立てた。

48 Rapin, p. 89, n.14.

49 ニコライ・オクーネフ（一七九二～一八五一年）。ロシア軍軍人。軍事著述家。

50 ディミトリ・ペトロヴィッチ・ブツァーリン（一七九〇～一八五〇年）。ロシア軍将軍、軍事史家。サンクトペテルブルク帝国図書館長。彼の著書は次の二冊が存在している。Buturlin, Dimitrij Petrovic, *Tableau de la campagne d'automne de 1813 en Allemagne depuis la rupture de l'armistice jusqu'au passage du Rhin par l'armée française*, Paris, A. Bertrand, Magimel, Anselin et Pochard, 1817. Buturlin, Dimitrij Petrovic, *Discours de M. de Boutourlin sur l' influence des ouvrages du général Jomini, lu à la séance de la Société militaire de Saint-Pétersbourg le 7 avril 1817*, Paris, Anselin et Pochard, 1827.

51 Daniel Reichel, "La position du général Jomini en tant qu' expert militaire a la cour de Russie," *Actes du symposium 1982; Service historique, Travaux d' Histoire militaire et de polémologie*, Lausanne, 1982, pp. 59-66. ジョミニが企画したロシア軍士官学校設立案は、アレクサンドル・チェルニシェフ陸軍大臣により破棄された。この事実はジョミニが終年近くなって彼の次男アレクサンドルに宛てた手紙に書かれている。

52 Sophie de Lastours, "Les grands traits de la pensée militaire Russe" *Stratégique*, n. 49, 1991, p. 75.

53 Rapin, p. 114; Shy, 'Jomini', p. 156, n. 29.（「ジョミニ」、一四〇～四一頁参照）

54 Ibid., .12. .14: この教科書は一八五五年パリのタネラ出版社により編集された。編集上の制約から戦争政策、軍事政策、戦略の三章から構成されている。

55 クリミア戦争（一八五三～五六年）は、ロシア皇帝ニコライ一世の南下政策をめぐって、ロシアのトルコ、イギリス、フランス、サルデーニャとの戦争。ロシアはオーストリアに期待したが動かず、ピエモンテがロシアに宣戦、ロシア軍は劣勢になり連合軍はクリミアに上陸し、五五年九月セヴァストポールを陥落させ五六年三月末パリ条約が結ばれた。

56 シャルル・オーギュスタン・サント - ブーヴ（一八〇四～六九年）。フランスの詩人、小説家、批評家。一八二四年から四年間、シャルマーニュ大学で医学を学び、一八二八年パリのサン-ルイ病院に勤務した。彼はロマン主義からサン・シモン主義に惹かれ、文芸活動を行い、一八六五年に上院議員になった。一八二四年に処女作品『最初の月曜日（Premier lundis）』を出す。ヴィクトル・ユゴーの『オードとバラード（Odes et ballads）』の書評を行い、ユゴーとの交際が始まり、ユゴーと親しい友人となったが、ユゴーの妻と情事を起こし文芸仲間と離反した。一八四五年にフランス・アカデミー会員になる。作品に『月曜日のお喋り（Causeries du lundi）』が在るが、小説の『官能（Volupté)』など、多くの作品を遺している。

57 Chareles-Augustin Sainte-Beuve, *Le Général Jomini. Etude*, Paris, M. Lévy, 1869, p. 232.

58 アルフォンス・ラマルティーヌ（一七九〇～一八六九年）。詩人、政治家、「瞑想詩集」によりロマン主義の旗頭となる。外相を務める。

59 ジョージ・ブリントン・マックレラン（一八二六～一八八五年）。アメリカの軍人。南北戦争時少将。彼は有名なポトマク軍を組織し、数ヶ月間北軍の参謀総長を務めた。戦争当初、軍に優れた訓練を実施して組織し北軍を挙兵した。ニックネームは、ヤングナポレオンあるいはリットルマック呼ばれていた。士官学校時代からナポレオンのファンで彼の写真はいつもナポレオンの肖像画を真似て右腕を右腹に添えて写った。

60 Stephen w. Sears, *George B. McClellaan: The Young Napoleon*, New York, Ticknor and Fields, 1988, p. 36; George McClellan, 'General Jomini', *The Galaxy*, vol. 7, Issue 6 June 1869, pp. 874-888.

61 Ibid., The Galaxy.

62 Ibid., The Galaxy; Stephen W. Sears, pp. 36-145.

第二章　ジョミニの著書と著作過程

ジョミニの著作の特色は主著として、『大戦術論』から『戦争術概論』に至る間に作成された著書と、支流として主著形成間に生じた批判に答えるため幾つかの小冊子がある。彼の著作の完結となる『戦争術概論』はジョミニ戦略思想の集大成である。

ジョミニの著作に対する野心は、ナポレオンのイタリア戦役における輝かしい戦果に刺激された二つの意図があった。一つはおそらく一八〇二年から一八〇三年の中頃にかけて書かれたであろう原稿が、公表されないままに終わった「軍の大戦術の理論と実践の講義録（**Cours théorique et pratique de grande tactique militaire**）」が、未完の形で述べられていた戦争術の格言、つまりその行動原理を明確にしたかったこと、他の一つはフランス革命戦争の終わり頃に出現した作戦遂行の変遷に関する戦争術の原則と格言を述べることであった*1。

一、最初の論文

今日ジョミニの政治思想についてはほとんど知られていないが、その局面は『一八一五年の戦役における政治と軍事概論（**Précis politique et militaire de la campaigne de 1815**）*2』のなかで幅広く論ぜられている。この著作の動機はジョミニの少年時代にフランス革命の嵐が母国にも吹き荒れた経験、さらにスイス共和国国防省勤務時代の政治的背景による意識と政策関与の経験に裏付けられていたであろう。比較軍事史と戦略分析は軍事作家として国際的名声を得ているジョミニの著作の基本をなしているが、彼自身の政治思想の永続する深い関心は絶えず維持されていたと思われる。

ジョミニ論文に関する処女作は、国防省勤務の一八〇〇年九月九日発刊の『スイス政府紀要（Bulletin helvétique）』に掲載された「平和は期待できるであろうか（Peut-on espérer la paix?）」*3である。この小論文は僅か四頁の記述にすぎないが、その内容はポーランド継承戦争、第一次シュレージェン戦争、七年戦争と十九世紀以前にヨーロッパに存在した政治―軍事状況間の類似性が論考されている。著者の狙いは、フランス革命戦争に次いで大陸に苦痛を与える戦いに先立つ状況を想起してオーストリア政府の政策を発表することであった。

一ヶ月後に同じ『スイス政府紀要』に、ジョミニの第二番目の論文として「良き政府の形成（Des formes d'un bon gouvernement）」が掲載された*4。この「良き政府の形成」が、後の『一八一五年の戦役における政治と軍事概論』に発展するジョミニの政治思想の骨幹をなしている。これらの史料は現在ベルンの州立文書保管所に保有されている*5。

二、「軍の大戦術の理論と実践の講義録」から『大戦術論』へ

ジョミニは当初の企画として一八〇三年に「軍の大戦術の理論と実践の講義録への予約案内書（Prospectus de souscription pour Cours théorique et pratique de grande Tactique militaire）」の二巻を作成していたが、彼自身が原稿の内容に不満があったこと、また編集費用を補う予約申し込みに欠陥があって廃棄した。そしてテンペルホーフ*6、ビューロー、ロイドの著書を読み、新しい論理的な原則に従って「軍の大戦術の理論と実践の講義録」を手直しして、表題を『大戦術論』に変更した。この原稿をネー元

帥に手渡ししたのである。原稿を読んだネー元帥は、七年戦争におけるフリードリヒ大王の作戦能力とフランス革命戦争におけるナポレオンの作戦能力を比較検討して、検討結果を付加するよう薦めた*7。

この『大戦術論』の正規の表題は『大戦術論、またはテンペルホーフ著書の抜粋である七年戦争史との関連、そして、様々な状況により十分に根拠を示した軍事術の最も重要な格言集でもって、七年戦争作戦事例と最近の主要な作戦事例の比較と批判』*8であるが、この著述の二巻は一八〇五年にブルゴーニュの陣営にいるときに脱稿した。その一巻がネー元帥付きの大隊長アンリー・ジョミニの署名（**Henri Jomini, chef de bataillon attaché au maréchal Ney**）入りで一八〇五年に出版された。著作の全体を七部に定めて著作品の順序を表している。第一部から第五部までは一七五六年から一七六二年までフリードリヒ大王の戦役に関して、第六部はフランス革命戦争について、第七部は前の巻に示された戦いに関して異なる戦闘隊形の一般適用を取り扱っている。

『大戦術論』はこの最初の二巻が原典である。第一巻の二十六章は一七五六年から一七五七年までの七年戦争を、第二巻の第七ヵ章は一七五八年の戦いを対象としている。内容は主に二人の著者、ロイドおよびテンペルホーフの著書に依拠しており、本著の要点は戦闘序列、戦略的行軍、作戦線についての教訓的論文である。この原典に見られるジョミニ思考の独立性はロイドおよびテンペルホーフの批評といっても過言ではない。

一八〇六年における『大戦術論』の新巻の出版は最初の出版計画が混乱してしまった。すなわち出版社が民衆の最大の関心事は最近の事件であろうという恣意によって、ジョミニは第三巻と第四巻を出版する前に、フランス革命戦争を主体とする第五巻を出版する。この第五巻の著述は一八〇五年の終わり頃ザルツブルクにおいて着手し、原稿はパリの印刷屋に渡されたのですぐに出版はうまく行ったように思える。この原稿は『一七九二年以来の対仏同盟に対するフランスの戦争批判に関して』*9の表題で一八〇六年に出版された。この本は十五章から構成され、内容は一七九二年から一七九三年までのフランス革命戦争を扱っている。なお最終的に一八〇六年に出版した地図は『大戦術論』の第一巻で研究された作戦に関する十八の図面が掲載されている。

三、『大戦術論』から『大作戦論』へ

(一)『大作戦論』初版

ジョミニは一八〇七年、『大戦術論』の第三巻と第五巻を『大作戦論』*10に表題を変更した。その第三巻を一八〇七年一月に出版し、第五巻は一八〇七年と一八〇九年にかけて出版された。その一方、ジョミニは最初の著作計画を一部変更せざるを得なくなった。また他方、『大戦術論』の第一巻に批判が明らかになった。この批判をジョミニは具体的に示していないが、推測すればその多くをテンペルホーフの七年戦争史の翻訳文に依存し、またその作戦図の多くを依拠したことではないかと思われ、剽窃ではないかという噂もあった。これに対して第五巻の序言に批判に対する弁明と思われる記述がある。

「……読者が私の著書を決してテンペルホーフの著書の翻訳に依存しているとは見ていないことを信じている。実際に第一巻では多くの章で彼の文章の抜粋を記載しているが、私はその抜粋文には出所を付記している。……本書の最後に新基地の運用に関して論評した。この論評はテンペルホーフの著書の翻訳にはまったく記載がないのである*11」

このような問題を引き起こしながらも、ジョミニは第六軍団司令部内での勤務およびナポレオン司令部に派遣幕僚として勤務した時期に軍事経験を積み、彼の戦略思想が形成されていった。

オーストリア戦役、プロイセンの戦役に参加したジョミニは、一八〇七年にはもはや以前のスイスの軍

事管理の役人ではなく、実戦を経験しながらポーランド戦役間に著作を完成していく。『大作戦論』の第四巻は一八〇九年に出た。第四巻の内容は一七六一年と一七六二年におけるフリードリヒ大王の戦いを八ヵ章に区分して述べている。本には「第六軍団参謀総長ジョミニ男爵」と署名されている。

前述したとおり第五巻は第三、第四巻が出版される前の一八〇七年から一八〇九年の間に発刊され、残りの三巻の出版は未定であった。

(二)『戦争術の一般原則要綱』を経て『大作戦論の抜粋』へ

『大作戦論』の第五巻には結論が含まれていなかった。

これをベルティエ元帥が、『大戦術論』に結論が欠落していると批判したといわれているが、ジョミニの『回想録』に依るとベルトランド将軍が『大戦術論』の論理の質について批判したと次のように述べている。

「ベルトランド将軍は私に対して『大戦術論』から得たいものが何なのかわからないと告げた。私は彼に第三巻、四巻をこれから書かなければならないので、その前に結論を出すことは難しいと告げた。この話題を取り上げたことで、私自身気分が悪くなり、私は上司に見て貰うために『戦争術の一般原則要綱』*12を書くことにした」

この原稿は、ポーランド戦役の終了後の一八〇七年に自費出版としてポズナニ市の印刷所で五〇〇部印刷され、『戦争術の一般原則要綱』の表題でブレスラウとベルリンの書店で売り出された*13。一八〇八年、原本はプロイセン・ドイツのテュニンゲンの軍事雑誌に「戦争術」と表題を短縮して掲載された。さらにこの原本の表題を「大作戦論の抜粋、第八章の第六部：著作の結論。真実の原則に帰着する戦争術*14と変更して、一八一〇年に再販された。そして一八一六年に出版された『大作戦論』の第二版の結論に再び置くことになった。この原本の原稿は早期に書かれおり、十四頁の小冊子ではあるがジョミニの戦略原則がかなり含まれており、戦略の集大成の手引きを委ねるものとして重要である。この小冊子を通じてジョミニはプロイセンで知られるようになる。

(三)『大作戦論』第二版

『大作戦論』の第二版である『ナポレオン皇帝の戦争と比較したフリードリヒ大王の戦争の批判史を含む大作戦論:戦争術の一般原則の選集とともに』*15は一八一一年から一八一六年にかけて出版された。この第二版は著作からの主な四つの変化を導入している。一つは表題が **Traité de grandes opérations militaires** から **Traité des grandes opérations militaires** に変更されている*16。二つはフリードリヒ大王の戦役の説明が初版に含まれている説明からかなり変更されている。三つは革命戦争の説明が初版で触れてなかった時期に拡大している。四つは各章のナンバーがこの著書の主要な二部の各章において一巻から他の巻に連続して付記されている。

この第二版の初巻は、おそらくフランス滞在の時とスイスで六ヶ月の休暇を得ているときに書かれたと思われる。この一八一一年の出版の財源に関して一八一一年の四月に、新『大作戦論』版に三万九千フランのクレジットが開かれたとされている*17。翌年の一月には上積みをジョミニは要求して、六月に紙代として二万フランが追加された*18。

第一巻の内容はオーストリア継承戦争から七年戦争を含んでいる。第二巻は一七五八年の戦役を叙述している。第三巻は一七五九年と一七六〇年の戦役を叙述している。第四巻は一七六一年と一七六二年の戦役を叙述しており、終章の表題は「戦争術の一般原則論」と表している。第五巻以降はフランス革命戦争について述べており、第五巻から表題を変えて『ナポレオンのシステムと比較した革命戦争の批判と軍事の歴史（Histoire critique et militaire des campagnes de la Révolution comparée au système de Napoléon）』となった。第六巻は同じく一七九四年から九五年の革命戦争が記述されている。第七、第八巻は一八一六年以前には出版されていない。第八巻で締めくくる第四十章は「結論」になっており、戦争術を左右する一般原則論が記述されている。それは「大作戦論」第二版の第四巻の結論章の繰り返しとなっている。

一七九六年と一七九七年の有名な戦いが書かれた二巻は、一八一一年に出た。この原稿はナポレオンの要求であったらしく検閲に委ねられており、空白の数ヶ月が過ぎたが、その理由は著者がナポレオンの作戦を批判した幾つかの節が原因で許可されずに監視されたからである*[19]。そして検閲印を得る前に一八一二年のロシア戦役が生じ、この『大作戦論』第二版の終わりの部分である第七巻と第八巻は、パリで再発見される一八一五年までお蔵入りとなっており、ようやくナポレオン戦争が終わった後の一八一八年に出版された*[20]。

以上述べてきた著作の過程でジョミニは、一八〇五年に『大戦術論』の初巻を発表したフリードリヒ大王の戦いと革命戦争の比較史の企図の大部分を達成した。この観点で見ると『大作戦論』の第二版は全体に第一版に記述した戦いの様相の差異を表す唯一の本である。すなわち前述の第五巻にフランス革命戦争の批判が記載されたことである。一八一八年以来『大作戦論』の継続的な出版は、特別な著述の主題である革命戦争の他に専らフリードリヒ大王の戦いに関して記述されている。

ナポレオンのモスクワ遠征が失敗に終わり、プロイセン戦役に入った一八一三年のバウツェンの戦闘後、フランス軍の褒賞においてベルティエの妨害に遭い昇任漏れしたジョミニは、ロシア軍に身を投じることになる。しかしフランス軍から離脱したことが裏切りとなって世の非難を浴びた彼は、弁明の小冊子『一八一三年の戦役に関する小冊子の覚え書の抜粋（Extrait d'une brochure intitulée Mémoires sur la campagne）de 1813』*[21]を出版した。

（四）『大作戦論』第三版および第四版

『大作戦論』の第三版が世に出た日付は一八一八年である。第三版の起草は、第二版の最後の巻が出た年一八一六年に始まり、ジョミニと出版社と調整した結果、第二版の八巻の見通しを決定したが、その八巻の中身は三巻が第一部としてフリードリヒ大王の戦いが述べられ、残りの五巻は第二部としてフランス革命戦争に関する内容である。ただし、一八一八年の初版三巻は表題のみを変えて『現代システムと比較したフリードリヒ大王の戦争批判と軍事史：戦争術の最も重要な原則選集に関して』*[22]として出版された。しかし表題が変わってもジョミニの意図は『大作戦論』の第三版として把握していたと考えても差し支えないと思われる。

第四版は一八五一年に一般的な表題、『大作戦論』*[23]としてパリで発刊された。ルコント*[24]はこの第四版についてジョミニが軍務の中で急いで書いてきた他の書と比較すると十分に熟考して書かれてきた唯一の版であると述べている。しかしその三巻では三十五章から構成されていることから第三版に近い。著者はその原典の構造を激変させていないが、いくらか表現を改善している。

（五）主著外の著書（一八〇六〜一八一九年）

一八〇五年に『大戦術論』の初巻から、一八二〇年に出版された『フランス革命戦争の批判及び軍事史*[25]』の初巻までの間に、ジョミニは主著および主著外の著書、訳書、論文がありその系統も複雑であるが、それらの著書等は彼の生涯を律動する事象に応じて、状況に適する可能性を見ることができるのである。そしてジョミニの戦略的考察に基づく著作の完成へと発展する。

一八〇六年に『一七九二年以来の対仏同盟に対するフランスの戦争批判に関して』が出版された。この年、イエナの戦いの直前に『プロイセンに対する戦いの可能性及び予察する作戦に関する観察』を書いたことと、一八〇八年に雑誌『パラス。国家と戦争術のための雑誌（Pallas. Eine Zeitschrift für Staats und Kriegs Kunst)』に、論文「戦争術」*26を寄稿したことはすでに述べたが、この論文にイエナの戦闘が描写されているが、歴史家ジョン・アルジャーによってジョミニのこの叙述には幾つか誤りの事実があると指摘されている*27。

一八〇七年冬から一八一三年秋まで有意義な文献は出版されず、彼が軍務に携わったこの期間で重要なことは最初の『大作戦論』の二巻の著述と修正に専念したことであった。この第二版が重要である理由は、この著述を皮切りにこれまでの軍事史中心の叙述から今後の著述を行う上で、成熟した戦略理論が加味されていく過程を示しているからである。

しかし、サラザン将軍*28の著作『ロシア及びドイツにおける戦争史』*29がジョミニとの間で論争に発展する問題を発起したのである。論争の発端はサラザンが本書の中でジョミニの一八一三年出版の小冊子のなかには誤りがあること、またジョミニが連合軍に寝返ったことでナポレオンの作戦計画が漏れたのではないかという懸念の存在を指摘したからである。

ウィーンからパリに帰還したジョミニは、己の小冊子に対するサラザンの抵抗に直面して修正が求められ、サザランとの論争を読者に報告することを決心した。そこでまず『一八一三年の戦役に関するジョミニ将軍とサラザン将軍との間の往復書簡』*30の表題で発刊した。

サラザンの反論に対する弁明は、三通りの形で弁護している*31。

弁明の第一はジョミニのフランス軍からの離脱はすでに第一章で既述したように、本音の処遇不満は別として建前としてはナポレオンの圧政に対しての動きであったことを弁明した。また、連合軍にフランス軍の作戦計画を漏らしていないことも明らかにしている*32。このジョミニの客観的な証拠は、次の通りである。ジョミニがナポレオンの計画を知らなかったことはジョミニと国防省の官房長シャルル‐ボナ‐

ヴァンテュール・カッセェーン*[33]との文通で明らかにされている。
弁明の第二はジョミニがナポレオンの作戦計画を連合軍に漏らしたかどうかの釈明であるが、セントヘレナ島に流されたナポレオンに随伴したモントロン将軍*[34]が一八二三年に初めて出版した『ナポレオン治世下のフランス史に寄与する覚え書』*[35]のなかで次のように述べている。

「フランス軍の秘の作戦計画、またネー元帥の軍団の状況を連合軍にもたらしたのはジョミニ将軍であるとするサラザンの本の著者は間違っている。……彼はピシュグリュ*[36]、モロー、ベルナドットのように予を裏切ることはなかった。しかしジョミニは大変不当な処遇に不平を持っていた。彼は名誉心によって盲目にされていた。彼はフランス人ではなく、祖国愛がフランス人になり得なかったのである*[37]」

一八一四年十二月にロシア皇帝に伴ってウィーン会議に出たジョミニは、カール大公と話し合う機会を持った。この会合はジョミニの以後の著作に発展的な結果をもたらした。一八一六年の終わりから、副官ジョミニ将軍はツアールスコエ・セロ*[38]の皇帝宮殿に長期滞在の時に論文と覚え書の執筆に取りかかる。論文はナポレオン戦争の終わり頃普及していく勢力均衡政策の文脈においてロシアの防御政策についてであったが、未刊に終わっている*[39]。

彼が期待したロシア軍事界における活躍が期待はずれに終わりジョミニは失望したが、確かなことは彼がフランスで軍事史の著書を追求するために、ロシア宮廷から事前の資金を得ることであった。そして一八二三年までパリに滞在し研究に没頭した。

ジョミニはウィーン会議の際にカール大公から薦められた大公の自著の一つである『戦略の原則』*[40]を一八一八年に戦略思想の考察の観点から翻訳を計画している。実際に訳出ししたのはジョミニの指示によるドイツ語に堪能なコク*[41]であった。この『戦略の原則』をフランス語の表題「Principes de la stratégie, développés par la relation de la campagne de 1796 en Allemagne（ドイツにおける一七九六年の戦いの事象を詳説した戦略の原則）＊42」として出版した。この出版に際し、出版社は当初ジョミニの名前のみを記載しようとしたが、カール大公の名声により売れ行きが良くなることを狙って大公の名を付記することになった。このカール大公の『戦略原則』のフランス語版は修正され、また、一七九六年の戦役に関するジュルダン元帥の回顧録と併せて、一八四一年にブリュッセルにおいて出版された＊43。

四、『フランス革命戦争の批判と軍事の歴史』

ジョミニの「回想録」によれば、一八一五年の冬の間、この期間はウィーン会議の時であるが、ジョミニはフランス革命戦争の批判と軍事の歴史の構想を練り始めていた＊44。そして、ジョミニの主著の二番目になる『フランス革命戦争の批判と軍事の歴史』＊45をフランス革命戦争に関する十五巻にも上る記念碑的研究ともいうべき形で一八二〇年から二四年にかけて出版した。この著書の革命戦争の記述に関しては『大戦術論』の第八巻の第六部に記載されているフランス革命戦争の初期（一七九二～一七九三年）の部分を取り扱っている。この革命戦争は、一八〇七年に出版された『大作戦論』にも取り上げており、さらにジョミニは一八一一年から一六年に出版された「大作戦論」の第二版の表題「ナポレオン皇帝の戦争と比較したフリードリヒ大王の戦争の批判史を含める大作戦論：戦争術の一般原則の選集付き」に、その革命戦争の後の一七九四年から一七九七年の部分を付け加えて、一八一七年から二三年の六年間に『フランス革命戦争の批判と軍事の歴史』の叙述を完成させた。

さらに、彼はこのウィーン滞在中に「ルイ十四世以降フランス革命までのヨーロッパ政治の動揺の描写（Tableau des oscillations de la Politique Européenne depuis Louis XIV jusqu, à la Révolution）」の著述も始めたが、この原著は一八二〇年に出版された初巻の『フランス革命戦争の批判と軍事の歴史』の第一章を構成している*46。

『フランス革命戦争の批判と軍事の歴史』の著述構成の特色は、第一にこの初巻は第一章と一八一一年に出版された「大作戦論」第二版の序章を含めて三ヵ章から構成されている。第二に一八一一～一六年に出版された「大作戦論」第二版の欠落していた部分を完全に史料を再生して正当化した作品に仕上げている。第三に一七九二年から一七九七年の戦役の取り扱いが一八一一～一六年に出版された「大作戦論」第二版では約千頁余りで記述が少ないのに比して、一八二〇年の九巻に関しては同じ戦役の取り扱いが、全部で三千頁以上にも扱われている。第四に幾つかの特殊な章が、たとえば一八一一～一六年の「大作戦論」第二版では取り扱ってなかった海外の作戦について述べられている。

一八二〇～二四年版の最後の六巻は一七九八～一八〇三年の戦いが記述されている。その記述の仕方は、情報に役立つ史料を強調して作戦を完全に描写しようとする努力が伺える。また同時にこの記述に一七九二年から一七九六年までのライン川および北方の作戦が加わり、さらにサン・ドマングの一部のフランス領の地図も加える三十六の地図を含む一巻を加えている*47。

ジョミニは『フランス革命戦争の批判と軍事の歴史』を一八一七年から書き始めているが、同時並行的に「大作戦論」の修正拡大も図っている。このような軍事史研究が論理的議論を要する論文の拡大に結びつくことになる。

『フランス革命戦争の批判と軍事の歴史』のなかで、各戦役は交戦国の政治状況、全般の作戦域、戦争計画、軍の機動の継続的な観点で述べている。さらに『大作戦論』の全体がこの著作のなかで繰り返し述べられている。この著作の一節を分析して読めば継続するこれらの基本概念が明白に見られる。そのことは著者の記述的技術というよりも、原著の内容に見られるのである。

たとえば一八二一年出版の九巻に述べられている一七九七年一月十四日のリヴォリの戦闘の解説は、フランス軍の陣形、そしてオーストリア軍の戦闘計画、対峙している両軍の状況の記述から始まっている。戦闘の結末について当初からオーストリア軍の計画の欠陥を叙述して説明している。オーストリア軍総司令官アルヴィンチ*48は、敵の変化に対する策略を無視しなかったけれども、彼の計画は予測が不良であったとして、ジョミニは本書の中で次のように指摘している。

「アルヴィンチの大軍による主攻方向は、すでにフランス軍が有利な防御準備しているバルド山麓からリヴォリ台地の要点を含む方向であった。彼はフランス軍の防御を予測し得なかった……たとえアルヴィンチがフランス軍の陣地を突破したとしても、敗北軍はその場所に閉じ籠もる。この見積もりは作戦を遂行する前に確立することである。そして、その作戦見積もりに依存する原則は、脆弱な軍団が遂行する牽制作戦に適用できるのである*49」

五、『ナポレオン自身が語った政治・軍事的生涯』

この表題は省略されており、原著の表題は『シーザー、アレキサンダー大王、フリードリヒ二世が参与する法廷においてナポレオン自身が語ったナポレオンの政治・軍事的生涯』*50である。

ジョミニは七年戦争とフランス革命戦争の研究の後、一八一八年頃からナポレオン戦争史の研究に専念してこの研究成果の出版を企図し、二四年の終わり頃に取りかかった。翌年アレクサンドル一世の葬儀のためロシアに戻った。そしてその著作は二五年の二月からその年の終わりまで続けられた。この日程で最初の二巻は終了し、第三巻はロシアで終了したと思われる。第四巻はパリで完成し、二七年後半に初版が出たが、この初版には著者名が付いていない。四一年に再版された本書にはジョミニの名が付いている。

何故初版が匿名にされたのかは明らかになっていないが、取り沙汰されている理由は、ロシア皇帝顧問でもあるジョミニは有利な立場にあり自由に表現が出来た反面、一八一三年の離脱者に対するボナパルト派の敵意に対する配慮もあったとする理由である*51。もう一つは、出版社は意図的にジョミニが「ナポレオン自身が語った政治・軍事的生涯」を書こうとしていることを宣伝して著者に注目を引きつけ、出版社は著者に正当な支払いをしないという怪しげな立場をとったという説もある。しかし、ジョミニが選んだ新しくて独特な文学的ジャンルのみに限られた著者匿名についての問題は論じ尽くされていないのである。

本書の内容は死亡したナポレオン皇帝が三つの魅惑ある戦争指導に照らして、彼の軍事技術を正当化する過程で死者との会話の形が有効に述べられている。しかしこの著作は真に対話形式を想定していないし、戦いについてのナポレオンの長談義に限定している。アレキサンダー、シーザー、フリードリヒ大王が主宰する裁判所で彼らは沈黙のままでいる。

著書の構成は四巻冊の全体二十二ヵ章からなり、第一巻はナポレオンの幼少時期を含めてイタリア遠征軍の指揮を執るまでナポレオンの初期に関する紹介章の後に、一七九六～から一八〇二年までの戦いを扱う五ヵ章から構成されている。第二巻は一八〇二～〇八年、第三巻は一八〇八～一一年、第四巻は一八一二～一五年のそれぞれの事象と戦争を著している。第二巻と第四巻のみに証拠文献が付されている。

著書の序文では次の表現から始まる。

「一八二一年五月五日、エリゼ宮の澄み切った空と穏やかさは、突然雲に覆われた。憤怒のアケロン川*52の流れ、荒れ狂う風は神の出現の知らせである。各々は好奇心と関心の感情により岸辺に飛びかかる。間もなく陰鬱で無口な渡し守のカロンの小舟が漂っているのを見る。彼は岸辺に近づきナポレオンの亡霊を降ろす。そこに見るのは一流の戦争指導者シーザー、アレキサンダー大王、フリードリヒ大王が居て、彼らだけがナポレオンに尋問する権利を有しているのだ。慣例的な賛辞は後にしてすみやかに最も緊急な問題に取りかかろう。マケドニアの山中からインドまで走破した、しかも勝利を持って帰ってきたアレキサンダーは、ナポレオンのモスコーからの撤退に驚きながらその原因を知ることを求めた。不敗で死んだシーザーは、ライプチヒとウオータローの失敗の釈明を求めた。専制啓蒙君主フリードリヒ大王は、君主制の迅速な破壊と一八一三年における輝かしい復活をナポレオンに説明するよう求めた。この貴族の裁判の会合に囲まれたナポレオンは思いを凝らし、直ちに話を始める＊53」

結言は次の文章で締め括られている。

「ナポレオンは本書の全体を通じてほとんど自分の物語で終始した。著名な戦争指導者たちは一致した見解、つまり大計画には失敗したけれども、ナポレオンは大計画を強力な精神と天才的力量で凌いだと言明したのである。そして彼らの各々は、特に彼らの才能に最も類似したより多くのものを提供したナポレオンの生涯の特徴にたいしていくらかの賞賛を与え、アレキサンダー大王は敵に破れたナポレオンを許した。シーザーは彼に対し、公的自由性の名残によって幸運をもたらし、防護する運命づけられた軍団でもって彼の可能性が強化されたことを鋭く見出した。また、フリードリヒ大王は彼がもたらした秩序と経済の精神を歓迎の意を表し、そして特に彼の戦争システムを聞いてナポレオンが新しい開発の皇帝であったことに賞賛し、喜びを表明したのである。この瞬間からナポレオンを加える四人の英雄は互いに切り離されないことになった。政治と軍事的教訓を無尽蔵な根源から生じた彼らの会談は、極楽浄土に住む著名な亡霊の魅力を醸しだしているのだ＊54」

この物語の叙述の形を分析すると、ジョミニが提示している説明は、自己の複雑な個性に調和させて先の業績をすべて利用している。ジョミニはナポレオン皇帝の戦役に関する彼固有の考察において、ナポレオンの政治と軍事に焦点を当てて、自己をナポレオンに身を置き換えて同一視に近い叙述を行っている。

そのことは効力のある反駁を受けることなく、むしろ権威を与えたのである。

死後の対話を構成する文学的ジャンルは彼の著書のなかで唯一の著書であるが、ナポレオンの軍事天才と彼の政治・軍事的生涯の解説者であるジョミニの分析能力との間の融合した物語は、ジョミニの経歴の危うさが現実に容認ができなかったフィクションの形式で表現されている。

このテーマと著作の内容は一八二〇年代のフランスの社会、とくに政界に対し重点的に反響した。当然この本は正統王朝派とボナパルト派との間に論争を巻き起こしジョミニに干渉した。この論争のなかで代表的なのはジャン・バプティスト・ド・ヴィレール*55は王党派的観念でこの著作品を攻撃した。ジョミニは本書の反論に対する自己の著作と名声を守るために、一八二七年の前半に三回に分けてフランス新聞(Gazette de France)に三つの論文を掲載した*56。これらの論文では、自己の著作の弁護のみならず、大戦略の方策を最も完全なる研究により構築された著書であることに自信を持って表明したのである。

本書は大衆にかなり大当たりした。それはジョミニの歴史本のなかで最も読まれたのであった。この読者の熱狂振りは、『フランス革命戦争の批判と軍事の歴史』一五巻の代わりになる物語風の四巻、そして当時の主要な俳優による叙事詩の流行により、大衆受けする安直さを説明できるのである。さらに『ナポレオン自身が語った政治・軍事的生涯』はロシア、ドイツ、ベルギー、イギリス、ブルガリアの各国で翻訳され人気を博した*57。

ところで、『ナポレオン自身が語った政治・軍事的生涯』に関わる支流の著作である『一八一五年戦役における政治と軍事概論』がある。この本はジョミニが『ナポレオン自身が語った政治・軍事的生涯』の第四巻、第二二章の一八一五年の戦役とワーテルローの戦いについて書き直すために、一八三四年に書き始めた。しかしこの第二二章の最初の原稿を失っていたので、一八二七年版の当該章をぎりぎりになって書き直した。その改訂部分を独立させて、表題を『一八一五年戦役の政治と軍事概論』として一八三九年の後半に出版したのである*58。しかし、この著作にはジョミニの署名はなく、頭文字Jのみが記されている。

『一八一五年戦役の政治と軍事概論』の英語版が一八五三年にアメリカで出版された。表題は若干変更されておりジョミニの名も明記されて『ワーテルローの戦いの政治と軍事の歴史』*59として、三版まで再版されている。

ジョミニは一八三〇年の初めに『戦争術概論』となる著作の叙述に入るが、この時期の人たちはナポレオン皇帝の後半の軍事的側面よりも、王政復古により生じた政治思想の問題に関心を寄せていた*60。このような状況のなかで、もはやナポレオンは、一八一四年の王党派の憲章の内容を分析する文献（文学作品）や伝統的君主制を支持するジョミニの政治的確信のような書物の語り手ではなかった。一八三〇年代の『戦争術概論』と『一八一五年戦役の政治と軍事概論』は異なる強い関心に応じている。つまりジョミニは明らかに第一の戦略の影響力と第二の政治の影響力を見分けているのである。

彼は、『一八一五年戦役の政治と軍事概論』と四年後に初版の再版である「戦争術概論」は、軍事科学であるのと同様に、満足する彼の政治観を表明していると考えていたし、またこれらの二冊が後世に何らかの評価を受けるであろうと信じていた*61。事実、彼はなんの謙虚さもなく、一八六一年にロシア皇帝アレクサンドル二世に手渡した覚え書きのなかで、モンテスキューの著書と『一八一五年戦役の政治と軍事概論』を比較検討するよう記したことになんら躊躇することはなかったのである*62。

六、『戦争術概論』

一八三〇年の初めにジョミニの軍歴は終わり、以後著述に専念することになり『大作戦論』に戦争術に関する理論的考察を導入する一連の合体について考えていた＊63。それはジョミニが長年にわたる軍事史研究から戦争術理論を構築する過程で、数多くの著作品の最終論ともいうべき『戦争術概論』が終着となる著作の叙述であった。つまり、著者の軍事・戦略思想形成の努力のすべてが集中した原著となる。

まずジョミニは、初版の『戦争術概論』の出版前に三〇年の初めに入れ子的に連続した二冊の本を出版した。これらの本は『戦争術概論』の著作の基盤となり、一つは『戦略・戦術の大方策研究入門』＊64で、他は『戦争の主要な方策の分析的描写』＊65である。

『戦争術概論』は初版から第三版まで出版された。第二版は一八五五年にパリのタネラ社から出版された。この著書の内容は一八三八年の原著を基にして若干修正されている。序論、項目数、補遺はその初版と変わらないが付録が二つ付加され今後の再版の参考版として作られている。第一の付録は「皇太子殿下に奉呈する戦略要綱（Résumé stratégique présenté à Son Altesse impériale）」および「良好な戦略的洞察眼を自ら得る手段に関する略述（Notice sur les moyens d'acquérir soi-même un bon coup d'œil stratégique）」で、前者は表題通りロシア皇帝の後継者のための軍事教書であり、後者は『戦争術概論』に表現された原則の教育的適用のためであった。

第三版はジョミニの死後、フェルナンド・ルコント大佐がジョミニ自身の願いに叶えて第二版を基準に編集された。死期が近づいているこの老スイス将軍は、明らかに自分の主要な著作の現代的意義について軍事作家としての評判を維持することを懸念していた。この懸念は、彼が一八五五年版の第二の付録「戦闘隊形について」を分離して一八五六年後半に出版したことからも知ることができる。この時期は第二次産業革命最中で一般技術革新と電信や鉄道などを産み出し、戦術・戦略に大きな影響を及ぼすことになった。十九世紀後半に入ってクリミア戦争以来、発達した火力の猛威により凄惨な戦いとなった。

このような時代背景におけるジョミニ将軍の懸念に対して、ルコント大佐は一般の技術革新と特別に鉄道の役割に関係する部分的な修正を新しい出版物に導入する気の重い仕事を委託しなければならないと考えた。ルコント大佐の『戦争術概論』の内容について最初の介入は一八九四年版の主本に、一八五五年版の第一と第二の付録を統合することから始まった。最初の付録は第三十項に変更されている。第二の付録は一八五五年版の第四十四項に関係ある三十頁を加えて第四十五項にまとめられた。

以上の『戦争術概論』の第三版はルコント大佐の介入の問題からジョミニの独自性が失われ、ジョミニの一八三八年と一八五五年版の『戦争術概論』でもって、一八〇五年に出版した『大作戦論』に着手したジョミニの知的過程は終了する。この期間において書かれた異色の研究の史的論説はジョミニの思考が視野広く深刻に考察され、また斬新的に形成されていったことを示している。

（一）『戦略・戦術の大方策研究入門』

『戦略・戦術の大方策研究入門』の狙いは、専門職将校に「戦いの原則」を認識させ、かつ初級将校を教育するため学校における教授職を設定すること、将校教育に歴史教育の重要性を説くことであった＊66。本書は『戦争術概論』の初版の基盤として自主的な著作として発刊している。

本書は六八頁の短編である。この著書の構成は序言に「大戦争の方策の定義」が三頁にわたって書かれ、その後に「戦争術の基本原則」の表題が附けられた四項目を設けている。その項目は第一項の作戦基地から第四項の作戦線まで作戦戦略に関する基本概念を詳説している。続く五項は機動として考えられる作戦線について、第五項の戦域の決勝点から第九項の補給所に至るまで適正に論じている。終わりに最後の七項は、大戦術と戦闘、河川や小流の渡河の戦闘線に焦点を絞り記述している。補遺として「作戦線に関する考察」が付されている。以上の十六項は若干表題を変えあるいは改訂されており、構築された本書の骨組みは『戦争術概論』の基盤となる。

(二)『戦争の主要な方策に関する分析的描写』

一八三〇年に出版された『戦争の主要な方策の分析的描写』の正規の表題は『大作戦論に導入するために、戦争の主要な方策、その方策と国策との関係についての分析的描写(Tableau analytique des principales combinaisons de la guerre, et de leurs rapports avec la politique des Etats pour servir d' introduction au Traité des grandes opérations militaires)』である。

本書の著述の動機は、ジョミニがロシア皇帝ニコライ一世から『大作戦論』のロシア語版の抜粋を作るよう命ぜられたことによる。その目的は、若い人たちが原則に適用できる戦争史を読む前に、その全体と結論が分かるように、主要な方策の専門用語を用いて入門編の一章を作成すること、ついで国家の軍事方針に基づいた軍事行政、軍事作戦の全体的な戦略を教示するため王位継承者と政治家に対する教育のための教科書として準備された。つまり王位継承者の教育、特に閣僚級の政治家に役だつ政治的領域と戦争の心構えについて一般的な概念を付加することであった*67。

序言に「大戦争の定義」が記述され、この本と前述の二つの著書はドクトリンの問題から一連の原則が創出されている。本書は、『戦略・戦術の大方策研究入門』に加えられた最初の九項は、「戦争政策(De la politique de la guerre)」の表題でもって一区分に再編されている。次の十五項は「本来の意味での軍事技術(De l'art militaire proprement dit)」の表題として区分されている。十六項は「大戦術と戦闘」の表題で区分され、最後の四項は「戦闘のための部隊隊形(De la formation des troupes pour aller au combat)」の表題で区分されている。この文体構造はいくぶん修正されて『戦争術概論』の部分を構成している。補遺として「作戦線に関する考察」および「主要な海外遠征についての概観」が付されている。

本書の全体として、戦争術を五つの部門に区分した。つまり第一は戦争政策(政治家と総司令官の担当事象である)、第二は戦略あるいは戦域で軍集団を運用する術、第三は戦いの大戦術と戦闘、第四は要塞の攻撃または防御を担当する工兵術、第五は細部にわたる小戦術である*68。

戦略のジョミニ的定義を純粋な作戦とするならば、戦争政策は最高司令官の関心事項である。戦争術の軍事分野に関しては、ジョミニは作戦における攻勢を強く奨めており、作戦基地、作戦線、戦線について手直しして体系化して述べている。彼は兵站の意義については、「軍の行進命令術、縦隊における部隊行進序列の方策、軍の出発時刻、行進計画」を含むと述べ、『戦争術概論』の第六章（兵站および軍隊運用術）に、「一般的兵站に関する寸言」、「偵察および敵の動向に関する情報を得る他の手段」の二項目を加えて具体的な説明を記述している。

（三）『戦争術概論』

ジョミニは一八三八年に『戦争術概論』の初版を出版した。ジョミニはこの概論に戦争に関する高度の思索的方策に関する最新の用語として、「戦争術概論、または戦略、大戦術、軍事政策の主要な方策の新分析的叙述」を表題として与えることになる。『戦争術概論』はこの表題の略称である。この初版は二巻本から成り、内容は『戦争の主要な方策の分析的描写』を若干修正しているが、『大作戦論』にかかわるすべての参考文献の注記を放棄している。このことは彼の著作の中でこの『戦争術概論』を自主的に原著であると見なす著者の意志を示したと思われる。この観点から『戦争術概論』は、ジョミニが企図するドクトリン的帰結であり、またジョミニの後世に伝わる参考文献として考えることができよう。

序言として「戦争の近代理論に関する略述」と「戦争術の定義」が付記され、また『戦争の主要な方策の分析的描写』の項目の中で「主要な海外遠征についての概観」が残されている。本書の内容に次の新しい項目が付け加えられ、項目は四十七項に増加した。「主義・主張の戦争」、「国民の戦争」、「戦争における最高司令官の指揮」、「軍隊の士気」、「防御線」、「作戦地帯と作戦線」、「戦略予備と臨時基地」、「山岳戦における戦略」、「敵の動きを判断する方法と大派遣部隊」、その他の項目に多くの改善が為されている。『戦争術概論』はすばやくまずドイツで、ついでスペイン、イギリスで翻訳されたが、イギリスでは第一巻のみであった*69。フランス語版に関しては、第二版が一八三八年にブリュッセルにおいて出版され、同じくブリュッセルで一八四〇年に、ジョミニ著の『現代システムと比較したフリードリヒ大王の戦争批判と軍事史：戦争術の最も重要な原則選集に関して』が出版され、ついで表題の長い『戦争術概論』*70が一八四一年に出版された。アメリカでは一八五四年に翻訳書が出版された。

＊註

1 Rapin, p. 24

2 Antoine Henri Jomini, *Précis politique et militaire de la campaigne de 1815, pour servir de supplément et de rectification à la Vie politique et militaire de Napoléon*, Paris, Anselin et Laguyonie, 1839.

3 Rapin, p. 19, n. 1.

4 Ibid., p. 19.

5 Ibid., p. 20, n. 2.

6 ゲオルク・フリードリヒ・テンペルホーフ（一七三七～一八〇七年）。プロイセン軍中将。一七五九年にプロイセン軍砲兵将校に任命。第三砲兵連隊長。彼の出自は貴族ではなかったが七年戦争で砲兵火力を発揮して、フリードリヒ大王に引き立てられる。軍事史、軍事理論家として、ジョミニを初めその他の軍事理論家等に大きな影響力を与えて国際的に著名を博した。テンペルホーフの著作は次の通り。
Georg Friedrich Tempelhof, *History of the Seven Year's War: His Remarks on General Lloyd, On the Subsistance of Armies, and On the March of Convoys, 2 vol.*, Lomdon, 1793; Manuel du *Bombardier Prussien, 1781; Geschichte des Siebenjährigen Krieges Deutschland zwischen dem, könige von Preußen und der*

Kaiserin Königin mit ihren Alliirten von General Lloyd, 6vol., Berlin, 1783-1801.

7 Frederich A. Praeger, *MEN IN ARMS: A history of Warfare and its Interrelationships with wester Society,* New York, 1956, pp. 203-204.

8 *Antoine Henri Jomini, Traité de grande tactique, ou relation de la guerre de sept ans, extraite de Tempelhof, commentée et comparée aux principales opérations de la dernière guerre; avec un recueil des maximes les plus importantes de l'art militaire, justifiées par ces différents événements*, Paris, Giguet et Michaud, Magimel, 3 vol., 1805-1806.
この三巻は同書の一八〇五年版の二冊を加えた巻数である。.

9 Antoine Henri Jomini, *Relation critique des campagnes des Français contre les Coalisés depuis 1792. Avec recueil de maximes sur l' art de la guerre justifies par ces événements. Pour faire suite au traité de grande tactique,* Paris, Giguet et Michaud, Magimel, 1806.

10 Antoine Henri Jomini, *Traité des grandes opérations militaires,* Paris, Giguet et Michaud, Magimel, 5 vol., 1807-1809.

11 Rapin, p. 28.

12 Antoine Henri Jomini, *Résumé des principes généraux de l' art de la guerre,* Glogau, 1807.
『大戦術論』の批判には、ジョミニの『大作戦論』の最初の二巻に結論がないとベルティエが批判したとする説と、ジョミニの回想録ではベルトランドがジョミニの著作の論理の質に問題があると批判した説がある。ジョン・アルジャーは前説を引き合いにした。ウイルヘルム・フリードリヒ・リュストーは、最初の著書 ***Feldherrnkunst des neunzehnten Jahrhunderts***（十九世紀の野戦における軍事術）を書いたが、彼の出版社がジョミニの著書をベルティエが批判した説を引き合いにして、リュストーの著書に結論(戦略の歴史的再考）を書くように求めた。
John I. Alger, *THE QUEST FOR VICTORY,* GREENWOOD PRESS,1982, p. 59を参照。

13 Rapin, p. 30, n. 17.

14 Antoine Henri Jomini, *Extrait du Traité des grandes opérations militaires, sixième partie, Chapitre VIII: conclusion de L'ouvrage. L'art de la guerre, ramenté à ses véritables principes*, Paris, Magimel, 1810.

15 Antoine Henri Jomini, *Traité des grandes opérations militaires, contenant l'histoire critique des campagnes de Frédéric II, comparées à celles de l'empereur Napoléon: avec un recueil des principes généraux de l'art de la guerre*, 8 vol., Paris, Magimel, 1811-1816.

16 Traité de grandes opérations militaires の文中の前置詞deをdesに変更している。変更の理由は、通常複数名詞の前に形容詞が来るとdes がdeになるが形容詞が名詞と一体となった複合語の場合は変化しないでそのままdes となる。ジョミニは後に文法的機能の誤りに気がついて修正した。この観点で見ると、従来この訳語を「大軍作戦論」としているが、この訳は誤りで「大作戦論」が正しい。

17 Rapin, p. 36, n. 26. ジョミニの時代の一フランは現代の五百フランに相当。

18 Ibid.

19 Ibid., pp. 39-41.

20 Ibid., p. 40, p. 41 et pp. 304-305 を参照。

21 Jomini, Extrait d'une brochure を参照。

22 Antoine Henri Jomini, *Histoire critique et militaire des guerres de Frédéric II, comparées au système moderne: avec un recueil des principes les plus importants de l'art de la guerre* Paris, Magimel, Anselin et ochard, 3vol., 1818.

23 Antoine Henry Jomini, *Traité des grandes operations militaires, ou Histoire critique des guerres de Frédéric le Grand comparées, au système modern, avec un recueil des principes les plus importants de l'art de la guerre*, 3vol., Paris, J Dumaine, C. Tanera, 1851.

24 フェルディナンド・ルコント（一八二六～一八九九年）。スイス連邦軍師団大佐。歴史家。一八五六年に「スイス軍雑誌」を創立。ローザンヌ州立図書館司書（一八六〇～七五）。南北戦争中にアメリカに滞在。陸軍退役後ヴォー州知事に就任（一八七五～九九年）。

25 Antoine Henryi Jomini, *Histoire critique et militaire des guerres de la revolution*, Paris, Anselin et Pochard, 1820.

26 Antoine Henryi Jomini, 'L'art de la guerre': *Pallas. Eine Zeitschrift für Staats und Kriegs Kunst*, n. 2, 1808, pp. 97-116.

27 Rapin, p. 49; John I. Alger, *Antoine - Henri Jomini: A Bibliographical Survey*, West Point, NY. United Dtates Military Academy を参照。

28 ジャン サラザン（一七七〇～一八四八年）。フランス軍将軍。一七九二年軽騎兵隊中尉で北方軍に勤務。九六年イタリアにおけるベルドナドット将軍の参謀長を務めた。一七九八年アイルランド遠征に参加し、イギリスの捕虜になった。解放後、一八〇二年サン・ドマングに派遣される。その後フランスに戻り国防省勤務となる。一八一〇年イギリスに脱走、一八一四年の百日天下の間刑務所に拘禁される。一八一九年に重婚の罪で一〇年間の強制労働の宣告を受け、一八二二年に赦免された。

29 Jean Sarrazin, *Histoire de la guerre de Russie et d' Allemagne, depuis le passage du Niemen, juin 1812, jusqu' au passage du Rhin, novembre 1813*, Paris, Rosa et Chanson, 1815.

30 Antoine Henri Jomini, *Correspondence entre le général Jomini et le général Sarrazin sur la campagne de 1813*, Paris, F. Didot. 1815.

31 Rapin, p. 54.

32 Ibid., p. 55. ジョミニはサラザンに対する反論と自己弁護をプロドモ（prodomo）の形式を採った。この形式はキケロの演説の題名から取られた表現で自己の利益を守ることをいう。

33 シャルル - ボナ - ヴァンテュール・カッサン（一七七〇～?）。フランス国防省の官房長。サンシール元帥の下で国防官房長を務めた。彼はスペイン戦争間にジョミニと親交を深めた。ジョミニとの文通の一部が公刊されたが、彼は一八一三年にジョミニがフランス軍から離脱したことに同情してジョミニに信頼感を寄せている。

34 シャルル・トリスタン・モントロン伯（一七八三～一八五三年）。フランス革命勃発時は海洋事業に従事していたが、一七九七年にフランス軍騎兵隊に従軍した。ナポレオンにより実行されたブリュメール一八日のクーデター後大尉に昇進し、ベルティエ元帥の司令部に入り、イエナの戦いなどに数々の武勲をたてる。ナポレオンにより伯爵の称号を与えられた。一八一五年皇帝副官としてセント・ヘレナ島に流されたナポレオンに随伴して、その遺言執行者になる。ナポレオンが一八二五年に死亡するまでセント・ヘレナ島に留まる。彼はナポレオンに関して、特にセント・ヘレナ島時代のナポレオンについての著作を行った。一八四〇年にボナパルト主義者として起訴され刑務所に入る。四六年に解放され、四九年国民議会選挙に立候補するが果たすことは出来なかった。彼はジョミニに会いナポレオンの注釈付き論文の写しを渡した。

35 Charles Jean François Tristan de Montholon, *Mémoires pour servir à l' histoir de France sous Napoléon*, Paris, F. Didot: Bossange frères, 1823-1825.

36 シャルル・ピシュグリュ（一七六一～一八〇四年）。フランス軍将軍。旧王国軍人でアメリカ独立戦争に参加。一七九六年に王党派に通じてライン軍指揮官を免ぜられた。九七年九月四日の総裁政府の反王党派のクーデター後南アメリカに追放されるが、途中イギリスに逃亡し、一八〇四年に密かにフランスに戻り王党派と結び、ナポレオン暗殺の陰謀に加わり、捕らえられて獄死する。

37 Rapin, p. 56.

38 現在のプーシキン市。

39 Rapin, p. 59.

40 Erzherzog Karl von Österreich, *Grundsätze der Strategie; erläutert durch die Darstellung des Feldzugs von 1796*, 4vol., Vienna: Anton Strauss, 1814.

41 ジャン-バプティスト・フレデリック・コク（一七八二～一八六一年）。パリの参謀学校教官。スペイン戦役で大隊長として勤務した後、サクソニアにおいてジョミニの副官を務める。ジョミニの著作の出版を助けた。

42 Archiduc karl d'Autriche, *Principes de la stratégie, développés par la relation de la campagne de 1796 en*

Allemagne, Paris, Magimel, Anselin et Pochard, 1818.

43 Archiduc karl d'Autriche, *Principes de la stratégie développés par la relation de la campagne de 1796 en Allemagne, traduit de l'allemand par le général en chef Jomini. Nouvelle édition revue et corrigée par l'auteur et suivie des Mémoires pour servir à l'histoire de la campagne de 1796 par le maréchal Jourdan*, Bruxelles, Petit, 1841.

44 Rapin, p. 65, n. 1.

45 Antoine Henri Jomini, *Histoire critique et militaire des guerres de la Révolution,* Paris, Anselin et Pochard, 15 vol., 1820~1824.

46 Ibid., vol.1, pp. 1-88.

47 Jomini, *Histoire critique et militaire des guerres de laRévolution,* 1822, vol. 10 以降を参照。

48 ヨゼフ・アルヴィンチ（一七三五～一八一〇年）。オーストリア元帥。バイエルン継承戦争、トルコ戦争、フランス革命戦争に参加。

49 Jomini, *Histoire critique et militaire des guerres de la Révolution,* Paris, vol., 9, Anselin et Pochard, 1821, pp. 264-265.

50 Antoine Henri Jomini, *Vie Politique et militaire de Napoléon, Recontée Par lui-même, au tribunal de César, d' Alexandre et de Frédéric,* Paris, Anseli, 4vol., 1827.

51 Rapin, p. 89-90.

『ナポレオン自身が語った政治的・軍事的生涯』の著述、出版の背景については John I. Alger, *Antoine-Henri Jomini: A Bibliographical Survey*. West Point, N. Y.: USMA Library, 1975 を参照。

52 冥府を流れる川の一つ。死者の霊は渡し守カロンの船でこの川を渡る。

53 Jomini, Vie politique, vol. 1, p. 4.

54 Ibid., vol. 4, p. 644.

55 ジャン・バプティスト・ド・ヴィレール（一七七三～一八五四年）。フランスの政治家。王政復古時代の過激王党派（**ultra**）の党首。一八二一～一八二八年首相となる。サン・ドマングに移住して富豪となった彼は、一八〇七年にフランスに戻った後に、政界に入った。ナポレオン没後、王政復古の王朝支持派に属した。一八二八年にフランスの同輩衆（封建制下で、封主の法廷において十二名の同輩の封臣によってしか裁かれない特権を持った封臣）の特権を持つ国王の直臣になった彼は、フランスの新聞（**Gazettede France**）で『ナポレオン自身が語った政治・軍事的生涯』を攻撃した。

56 *Réponse de l'auteure de la Vie politique et militaire de Napoléon à troisarticle de la Gazete de France*, s.l., s.n., p. 52. このフランス紙はリシュリューの庇護の下に一六三一年に創刊されたフランス最初の新聞。

57 Rapin., pp. 92-93.

58 Rapin, p. 93.

59 Antoine Jomini de Baron, *The Political and Military History of the Campaign of Waterloo*, ed., S. V. Benét, New York, Redfield, 1853.

60 Rapin, p. 94.

61 Ibid., n. 26.

62 Ibid., n. 27.

63 Colson, p. 12.

64 Antoine Henri Jomini, *Introduction à l'étude des grandes combinaisons de la stratégie et de la tactique, notamment au Traité des grandes opérations militaires, et observations sur les lignes d' opérations*, Paris, Anselin, 1830.

65 Antoine Henry Jomini, *Tableau analytique des principales combinaisons de la guerre, et de leurs rapports avec la politique des États, pour servir d'introduction au Traité des grandes opérations militaries*, Paris, Anselin, 1830.

66 Jomini, *Introduction*, Advertissment, p. v.

67 本書の著述の動機と目的は、ジョミニが一八三〇年六月十日に出版社アンセランに宛てた手紙から引用した。Rapin, p. 101, n. 6. を参照。本書の序言には将校の歴史教育の価値と基本原則、格言、原則の教育の重要性を説いている。

68 Jomini, Tableau, pp. 2-3.

69 Rapin, p. 115.

70 Antoine Henri Jominii, *Précis de l'art de la guerre, ou nouveau tableau analytique des principales combinaisons de la stratégie, de la grande tactique et de la politique militaire, suivi du Tableau analytique des principales combinaisons de la guerre et leurs rapports avec la politique des Étas, pour servir d'introduction au Traité des grandes operations militaries complete par l'histoire de la guerre de sept ans en Allemagne, pendant les années 1758 et suivantes,* Bruxelles, J. - B. Petit, 1841.

第三章　ジョミニの軍事思想の形成と戦略概念

一、十七世紀から十九世紀初頭における文化的胎動および戦争・軍事的特色

本題に関わるジョミニ、その他の軍事著述家による軍事理論・思想形成の時代背景に関し、十七世紀から十九世紀初頭における文化的胎動および戦争・軍事的特色について素描する。

（一）啓蒙軍事思想に影響を及ぼした文化的胎動

宗教と経済摩擦が招いた国際紛争の十七世紀を経て、経済力、軍事力、技術力、組織力を基盤にした西欧の膨張は、十八世紀を経て十九世紀には世界規模に拡大した。圧倒的優位に立ったヨーロッパは、非ヨーロッパに深刻な衝撃とともに多大なる影響を与えていく。この世界の一体化を惹起する諸過程が開始するのが、十八世紀以降の西欧であった。

このような影響力の背景には西欧の独特な思想文化が存在した。その文化の一つが啓蒙主義思想*1である。ルネサンスの自我の覚醒と十六・十七世紀の宗教戦争を通して、やがてその神学的超越的性格を脱して、近代自然法思想の中核を為す契約理論が成立した。これはホッブスなどにみられるイギリス経験論において近代的な自然法思想、社会契約説が形成されて、ニュートン力学の方法とともにフランスに影響を及ぼした。さらにデカルト以来の理性論から展開したフランスの唯物論とともに、十八世紀フランスの現状批判として、啓蒙思想が形成された。啓蒙思想は社会思想のみならず人文科学、自然科学にも影響を

与えた。

啓蒙思想が歴史的な意味をもつのは、絶対主義の末期的症状を示す旧制度下のフランスの現実に直面し、そこにみられるいっさいの迷信、教会や王権等の伝統非合理な権威、社会的不平等に批判を加え、フランス革命の思想的母体となった点においてである。フランスの啓蒙思想家の代表として、ヴォルテール、モンテスキュー、ルソー、ダランベール、ディドロなどが挙げられる。

近代科学の発達では、まず十二世紀のスペインやシチリアにおいて、ユークリッド、プトレマイオス、ヒポクラテスなどのギリシア科学の第一級の精華が近代西欧科学に至る知的装備を準備しつつあった。その後イタリア・ルネサンスにおけるアルベルティ、レオナルド・ダ・ヴィンチらがその始祖と見られるが、神遍在説により西欧の科学の発達は一時停滞する。しかしながら近代自然科学思想も，自然現象のなかに客観的にして普遍妥当な法則を追求する意味で自然法思想に依拠し、コペルニクスからガリレイ、デカルト、ニュートンに至る宇宙論の改革の過程でニュートンによって達成された力学的世界像が形成され、ここに学理と技術力が調和されて近代科学の基盤が構築された。

軍事理論と技術の吻合で見られる特徴の一例は、弾道学の発展である。弾道学の父祖としてニコロ・タルタリアは、近代弾道学の父祖として知られているが、一方ガリレオが、実験と数学により飛翔体の放射線理論を確立した。十八世紀に入るとベンジャミン・ロビンズが砲内・砲外弾道、そして終末弾道理論を確立し、ここに近代弾道学が成立し一層射撃精度が向上した。

ニュートン的科学の影響力は、力学で達した進取の気性の圧倒的成功が、十八世紀中頃にフランスにおける啓蒙主義を推進する一つの力となり、さらに軍事思想に対する覚醒を生み出した*2。戦争・軍事も科学として研究考察する機運が醸成され、フランスの衰退の時期にも重なり、その結実としてこの時期に、かつて歴史的に類を見ない多くの軍事思想に関する著書が出版された。このようなフランス軍事文化を基盤に「革命的軍事改革」*3が遂行され軍事発展を遂げる。この軍事的成果がナポレオンの戦略・戦術に結実するのである。ナポレオンの戦争と作戦戦略を分析した代表者がジョミニであり、ジョミニ生誕の一年後に生まれ、戦争の本質論を説いたクラウゼヴィッツであった。

一方プロイセンも啓蒙主義の影響を受けドイツ啓蒙軍事思想家が輩出し、多くの著書が出版された。たとえば一八〇二年に発刊された軍事関係の本は五七冊に及び、フランスの四三冊を凌いだし、ナポレオン没落後の一八二〇年時代の出版物も最高の数を示した。

(二) 十七世紀から十八世紀初頭までの戦争・軍事的特色

十七世紀から十八世紀の中半までのヨーロッパ諸国は止むことのない戦争に彩られた時代のなかにあった。この戦争は当初、宗教あるいは国家体制とリンクした内的問題と直面していたが、次第に国際戦争への緩徐な転換を見ることになった。ヨーロッパ南部では、間欠的なオスマン対ハプスブルクの闘争が行われ、全体的に宗教的重要性を孕んでいたが、時代が進むにつれ、国家的、経済的、植民地的意識に起因する国境問題が王朝戦争を引き起こし、純宗教的問題と置き変わっていった。

また、この時代は、戦争規模の拡大とそれに伴う戦争術・軍事制度の改革が進展、さらにそれらを支える経済的発展を求める植民地獲得競争と資本主義の深化、それらに伴う官僚制度の発達などが、相互に関連性を深めていた時代でもあった。まさにこの世紀は絶対主義時代を標榜し、「軍事革命」*4と呼ぶに相応しい軍事的発展のエポックとして特色づけられる時代であったといえよう。

一方、陸・海戦の戦略・戦術の態様は海戦が陸戦に先行し、制海権も主として地中海周辺で沿岸付近の海域で育まれてきたガレー船は、十六世紀の終わりまでに世界の大部分の国で長射程の舷側砲を持つ帆船の戦艦に置き換えられた。このため制海権の概念自体も変化し、大洋支配に向かい、戦略・戦術が陸軍に先駆けて発展を遂げていった。

　陸戦における将軍の戦略思考を大きく制約していたのは中世以来基本的に変化のない兵站と乏しい交通機関、軍隊の団塊的編成と貧弱な指揮システム、不十分な訓練しか持ち合わせのない臨時の傭兵などの軍隊構造上の問題であった。加えて道路の粗悪さもあった。中世以来ヨーロッパのほとんどの王朝国家は傭兵を採用していたが、スペインは選抜徴兵を併用していた。軍隊の編成は、キャプテンと称した傭兵隊長に募集された傭兵から成り、編制を欠く部隊が基準であり、戦いにおいては団塊的編成で作戦を遂行していた。したがって作戦軸は単一にならざるを得なかった。

　十五世紀末以降におけるスペインの軍事システムは先行しており、組織編成も千名から千五百名からなるコルネラを創設していた。このコルネラは五個中隊から編成され、連隊や大佐の語源にもなっている。歩兵主導型のスペイン軍は火縄銃の運用にも先行し長けていた。

　フランス王シャルル八世のイタリア侵攻で始まったイタリア戦争（一四九四〜一五五九年）の一五〇三年にチェリニョーラで、スペイン軍は丘陵地帯の防御陣地に火縄銃を集中して配備し、陣前に防柵と溝を設置し、突撃してくるフランス軍騎兵を火縄銃の射撃で殲滅した*5。しかしこの戦法は長続きしなかった。その理由は砲兵に優れていたフランス軍は、突撃する前に砲兵の攻撃準備射撃により、火縄銃で防御するスペイン軍陣地を破砕したからである。スペイン軍はフランス軍の砲兵射撃の対策として、動く要塞「テルシオ」を創設した。「テルシオ」は戦場で猛威を奮った。しかし、「テルシオ」は火縄銃隊の継続的な火力発揮が困難であり、やはり肉弾戦が主体であった。

　十六世紀末にスペイン・ハプスブルク家に抵抗するオランダ連邦共和国のマウリッツが戦術を含む軍制改革を実施した*6。戦術改革は「テルシオ」に対抗するため、火力発揮を重視した大隊編成の創設であった。この大隊編成は、近世以降ヨーロッパでは古代ローマ軍のコホルテ（大隊）以来の出現であり、戦闘の基本単位部隊として各国陸軍のモデルとなる。

この大隊は火縄銃隊と槍隊との組み合わせの戦闘隊形で、十人の縦列を形成し反転行進射撃により連続的に火力発揮が可能となった。この作戦基本部隊である歩兵大隊群に騎兵と砲兵の三兵科を組み合わせた横隊戦術および三兵戦術の祖型が創出されたのである。この戦術改革は常時の訓練を要求されたので、必然的に野戦常備軍が設定された。訓練には他律的な規律が求められ、そして訓練により自律的な規律が涵養され、兵士のエートスが大きく変化していき、軍隊の質的転換が行われるようになった。このような戦術改革は軍事史的観点から近世当初のRMAとして認知されている。

さらに経済的成長を背景に、政治・経済改革を遂行して行われた軍制改革の軍事システムは、近代軍隊の創始としての史的意義を有し、またオランダの国家生存の保全とその発展として、十七世紀のヘゲモニー国家を成立せしめた一要因となり、「軍事革命」として位置づけることができよう。

オランダのRMAはグスタフ・アドルフが受け継いで、攻勢的に改良した装備と戦術でもってヨーロッパ大陸に乗り込み、一六三一年九月一七日に、ブライテンフェルトにおいてティィリー旧教軍に対して決戦を挑んだ。グスタフ・アドルフは戦いの前日の夕方に軍の横隊戦術態勢を整え、兵員は戦闘隊形のまま野営し、翌朝ティィリー軍に対して攻撃、ティィリー軍に六〇パーセントの大損害を与えた*7。しかし、行進縦隊から円滑な横隊戦術隊形に展開することは困難であったし、追撃もままならなかったのである。

それでも、オランダで始まった横隊戦術と三兵戦術は、スウェーデンを経てイギリスに、オランダから直接フランス、ドイツの新教徒諸侯の軍隊に導入された。この戦術は、十八世紀に入ってフリードリヒ大王の横隊戦術によってようやく完成されるのである。猛威を奮ったスペイン「テルシオ」は三〇年戦争末期、一八四三年のロクロワの戦いでフランス軍に敗北を喫し、この戦いで「テルシオ」は消滅すると同時にオランダで創出された RMAも解消するのである。

三〇年戦争が終わった十七世紀後半から十八世紀末までヨーロッパの戦争形態は制限戦争あるいは限定戦争*8として知られているが、このことはヨーロッパの戦争が和らいできた傾向を表現しているのである。この世紀が制限戦争時代といわれた理由は、三〇年戦争で中央ヨーロッパ、特にドイツが人的・物的に大殺戮と大損害を受け、廃墟と化した衝撃に由来する。オランダの法学者フーゴー・グロティウスは、三〇年戦争中に『戦争と平和の法』を著し、戦争における暴力の無限界行使を禁止することを訴えた。それでも十七~十八世紀の法学者はもちろん、グロティウスも戦争の禁止は訴えず、正しい戦争の遂行で戦争の暴力性と破壊性を緩和し、中庸の道を歩むべきだと主張した。

フランスでは啓蒙主義思想が頂点に達し、その影響で理性の時代と標榜され、戦争の暴力性に対して懐疑の念が沸き起こった時代でもあった。したがってこの時代の戦争形態は、暴力の無限界行使を示した三十年戦争のような戦争が政治目的を達成する価値ある手段であるということを止めない限り、国家の人間と資源に極悪の影響を与えるという付随する実感の道徳嫌悪さから生じたのである。

この時代は十七世紀から十八世紀にかけて、封建経済からマニファクチュア資本主義経済に移行しつつあった時代である。特に十六世紀末から十八世紀にかけてヨーロッパの国々を支配した重商主義が敷衍して、ヨーロッパ諸国は人口が増大し、経済活動が活況を呈し始めた。このような政治・経済・社会の諸条件がやがて植民地戦争を凌いで経済力を背景にイギリスを先駆とする産業革命を起こすことになった。そして、軍事力と官僚制度を基盤にする絶対主義時代の王権を強化するため、次第に国家の経済力を維持することが重要になってきた。当時、少ない人口の中にあって、働き手は発展しつつあった商工業・農業などの生産に吸収されていた。

したがって軍隊は、一般的に社会の非生産的な部分で構成されていた。将校は有産階級と貴族からなり、兵士は卑しく、貧しい社会の底辺層の出身からなっていた。軍隊は常備外人傭兵でほとんど占められており、この兵士も一人前になるのに二、三年かかった。戦死すると弔慰金を払わなければならなかったし、また、戦死者に代わる兵士を養成するのに時間がかかった。実際に、彼我の軍隊が戦闘に入ると、密集横隊戦闘隊形で相互に数十メートルの間隔で対時して射撃を行った。これでは勝利を得たとしても、為政者が再起不能になるほどの大損害がでるのは当然であった。この高価な外国人傭兵と、フリントロック式小銃と環付き銃剣、ならびに大砲を装備する軍隊は、君主の高価な資産の一つであった。さらに増大する兵力、制服、糧食、兵舎にも費用がかかり、戦費は巨大なものとなった。

良き指揮官の条件とは、損害を出さないように、できるだけ戦闘を避けて目的を達成することであった。決定的な戦闘を行うのは、特に優れた力をもった指揮官であるか、あるいは全く劣悪な指揮官のどちらかであった。また、それは為政者の懐具合と政治・外交状況とのバランスに左右されることが多かった。

「機動戦」の先達者としては、アンリ・テユレンヌ*9の他、十八世紀に勃発したスペイン継承戦争でその手腕を発揮したマールバラ公*10やサヴォイのオイゲン公*11、七年戦争の立役者フリードリヒ大王が挙げられる。特にマールバラ公の大規模な機動行進の技巧は、一七〇四年以降の彼の一連の作戦のなかで、その典型をみることができる。また、七年戦争におけるロスバッハからロイテンまでの一七〇マイルを一二日間で走破したフリードリヒ大王の例も、「機動戦」の好例であろう。

このような「機動戦」のなかでも、マールバラ公はブレンハイムの戦い（一七〇四年八月一三日）、ラミーの戦い（一七〇六年五月二三日）、マルプラケの戦い（一七〇九年九月一一日）で決戦的戦闘を遂行した。それはスペイン継承戦争の全体を変化させるほどのものであった。

十七世紀、この王朝戦争時代に軍事システムの発展に見落としてならないのは、フランスの太陽王、ルイ十四世の軍隊である。もともと、軍事は主に軍人自身によって管理され、国王の統制は緩和されていた。そこでルイ十四世は軍隊の自律性を奪い、より王権の統制下におこうとする試みを行い、リシュリュー、ル・テリエ、ルーヴォワ、ヴォーバンなど官僚を登場させ軍制改革を行った。彼らは軍事の文民管理を確立し、軍事組織、訓練、装備を改善し、ヴァロア王朝時代の軍隊と非常に異なった軍隊を確立したのである。なかでも攻城術と築城術の名手ヴォーバンは、一〇〇を超える要塞と港湾施設を設計し、五〇近い攻城戦を指揮し、ナポレオン時代までに、次に述べる「機動戦」とともに、「態勢戦 (positional warfare) *12」あるいは「陣地戦」ともいうべき支配的な戦略を達成する手順と法則を成就した。

十七世紀後半から十八世紀前半までの戦闘においては「機動戦」が主流となっていた。ナポレオンの機動戦略もこの時代の流れを受け継いで完成されたものに他ならない。しかし、この時代の「機動戦」はほとんど決戦を行わなかった。

決戦を前提とした戦闘が起きにくかった理由は、先述したように軍隊、そして戦闘には莫大な費用が掛かったし、その他この時代の自然的な条件があったのである。まず、道路である。この時代の道路は粗悪であり、当時の軍隊の行軍は横隊戦闘隊形をそのまま縦隊に転換して、横六列から十列で行軍した。この隊形の急行軍は困難であった。ついで、より困難な行軍は補給に制約を受けていたことであった。その制約は補給倉庫から野戦部隊までの輸送が至難で長時間を要した。軍隊の行軍は補給倉庫に依存せざるを得なかった。

もう一つの、陸戦における戦略の発展を阻んだ問題は、シャルル八世のイタリア侵攻以来、火器の発達により築城の変遷とその発展があった。三十年戦争のグスタフ・アドルフの大陸侵攻の際に、兵站上の問題もあり、経済的に豊かな都市が戦略目標となったので、都市あるいはフランスのように国境線には城塞が築かれた。この攻囲線は厄介であり、なるべく軍隊は迂回に努めるが迂回も困難を極めた。したがって、攻略軍は戦略的行軍において、敵の側方あるいは後退路を衝く有利な態勢をとり、彼我共に決戦を行わない態勢を敷いて休戦に持ち込み、そして防衛軍は要塞等を利用して持久戦に持ち込み、外交交渉等で勝利を獲得するといった戦いのやり方であった。

十八世紀の軍事的特色としては、世紀前半と後半に、二つの潮流をみることができる。一つはこの世紀の前半は、十六、十七世紀に始まった軍事発達の累積とその頂点をみる時代で、それはプロイセンの台頭に貢献した軍事的指導者、フリードリヒ大王の横隊戦術の完成に表現される。二つは十八世紀後半におけるフランスの軍制改革である。この時期は今世紀初頭まで頂点にあったフランスの国力がスペイン継承戦争に次ぐオーストリア継承戦争、七年戦争の敗北により衰退していた。時あたかも啓蒙主義思想の発展期にあり、軍事界のルネサンス時代に入り、新しい刺激的な目標が伴っていた。軍事作家たちは受容する真実の言明の主体として科学というよりは、むしろ真実を明らかにして確認する方法としての科学の学科であることに気づいた博識な軍人であった。

彼らは観察し、そして試行の追求は知識の全ての部門に広がった。もちろん戦争も例外ではなかった。戦いで学ぶ技術は限定された。そこで軍事史は軍事科学の代わりの実験室となった。科学的に確立された原則は、単に真実を解説するというよりもむしろ戦闘のための手引き書として有用であることに気付き、軍事力の再建のために深刻な軍事考察に拍車が掛かり軍制改革を遂行したのである。

この軍制改革で重要な改革は陸軍の編成改革と戦術改革である。編成改革は師団の創設である。師団編成の理論と実行はブルセ将軍*13であった。

さらに、革命時におけるラザール・カルノー国防大臣は軍団編成を採用し、その編成は新設の三個歩兵師団、一個砲兵群、一個軽騎兵師団、その他の支援部隊から創設された。歩兵師団が作戦基本単位部隊となり、歩兵師団は独立作戦が可能になり、指揮官は作戦域に至る各経路に軍団、師団を割り当てて行進や機動させることができた。さらに兵員の行進速度の向上と兵站の簡素化を図り、迅速な機動と隊形変換が可能となり戦略機動が容易になった。

火砲に関しては、七年戦争から帰還したジャン・ド・グリボヴァールが砲兵監察長官を命じられ、砲兵の標準化と野戦砲の軽量化のために砲架車、弾薬車等を改良した。この時制作されたグリボヴァール十二ポンド砲はナポレオンの伝家の宝刀となる。

戦略概念に関しては十八世紀末まで戦略の概念区分はもちろん用語・定義も存在せず、古代から戦争術という用語に戦略と戦術概念が混在していた。戦略（strategy）の語源は古代ギリシア語の straos に由来しているといわれているが、意味は軍隊あるいは主催であり、この用語は strategos に変化し、この意味は strategoma と同様に将軍と訳されている。つまり古代においては戦略の用語はなかったということである。中世においてもこの用語はなく、戦争遂行の用語は「騎士道の術（l'art de chevalerie）」が用いられていた。十六世紀から十八世紀の中頃までは著書等から汲み取ると、やはり戦争術（the art of war, l'art de la guerre, dell' arte della guerra）が用いられている。

十八世紀末になってジョリ・マイゼロアが戦争術から戦略という新語を取り出して用い始め、戦略概念と戦術概念の区分を行った。

戦術改革は縦隊戦術、横隊戦術、散兵戦術または火力を基盤とする横隊戦術に衝撃力のある縦隊戦術を組み合わせて配置し、前方に散兵を配列する戦闘隊形（オルドル・ミクスト）であり、従来の横隊戦術から脱却する柔軟性のある戦術を創出したのである*14。これらの戦術をフランス軍全体に統一する訓練のために一七八八年五月二十日に完成された教示が出された*15。この教示は実験訓練を通じて逐次改訂され、一七九一年の政令により、一七七五年頃に論議された戦術論を含む訓練教範が出現し、後に旅団になる連隊がこの教範に基づいて訓練された*16。このような戦術改革の軍事的要素は十八世紀末までにすでに存在したものであり、この戦術改革はナポレオンが駆使する戦略マインドと戦術の基盤ともいえるものであった。

フランス革命は、絶対王政時代に社会的に分化した諸身分から取り上げられていたすべての国家的義務および権利を同等の権利を持つ新たなる市民社会に戻した。そしてその市民は、祖国フランスの抱える課題が自分自身の問題となった。国民と国家を一体化した新しいナショナリズムの精神は高揚し、個人の自由の原則もかたわらに追いやられ、さらに絶対主義国家のオーストリアなどの干渉と外国軍隊の侵入が共和国と国民を結びつけた。そこには当然軍事制度および戦争遂行にもその影響は免れ得なかった。

フランスは一七九二年四月に旧体制のオーストリアに宣戦布告して、オーストリア・プロイセン連合軍の侵攻を招き対外戦争を始めた。九月に連合軍がヴァルミーに侵攻したが、砲兵に優れたフランス軍は、主に砲撃戦で連合軍を駆逐することができた。一七九三年に第一次対仏大同盟が結成され、フランスが圧迫されると、歩兵連隊の多くが兵員不足で二月から徴募兵によって兵力増強を図った。さらに八月には国防大臣カルノーの提案により公安委員会が国民総動員令を発令し、一七九四年秋までに一一〇万人（うち野戦軍八五万人）まで増強された。

革命に直面した危機フランスに彗星の如く出現したのがナポレオンであった。彼は、すでにRMAを達成していたフランス軍を駆使して、革命的戦略、すなわち迅速な戦略機動と主敵の殲滅を目的とする電撃戦の遂行、さらにこの戦略と吻合する大戦術と戦術、つまり十八世紀の制限戦争と異なる攻勢主義、敵の弱点に対する戦力の集中と衝撃力、柔軟性のある戦術機動による翼側包囲または中央突破、敗走する敵に対する追撃等を駆使した。

ここで忘れてはならないナポレオンの火力運用である。ナポレオンは砲兵将校として育成され、一七八八年から翌年までオーソンヌの砲兵学校に在校していた。この時ナポレオンは砲兵学校の校長ジャン・シエヴァリエ・デュ・テイユ＊17の覚えめでたい学生の一人であった。デュ・ティユ将軍は戦闘における野戦砲兵の役割について強化発展について重要な貢献を為した。ナポレオンは彼から教育・薫陶を受け、フランス革命時のツーロン要塞に対して砲兵射撃で攻略した。彼の戦略である決勝点に対する戦力集中には火力集中の役割も大であった。そのために歩兵師団に直接協力する砲兵と全般支援に任ずる砲兵群を軍団内に編成し火力増強を図った。この戦法で一八〇五年にアウステルリッツでオーストリア・ロシア連合軍に大勝利を収めた。さらにナポレオンは一八〇六年、プロシア・ロシア連合軍をイエナ・アウエルシュタットでプロシア軍を撃破し大勝利を収めた。しかしながら一八一二年のモスクワ遠征が大失敗に終わった後、火砲が減衰し、ナポレオンの権勢も弱まっていく。

ナポレオンの軍事的失敗の徴候は、一八〇九年五月二十一～二十二日のアスペルン・エスリンクの戦いで、カール大公率いるオーストリア軍と激戦を遂行し、苦戦したのが始まりである。

この理由はナポレオンの戦略の弱みではなく、ナポレオンの大規模となったグランド・アルメにたいする独裁的作戦運用、軍司令部の幕僚機能の未発達、軍集団の中央集権的統率の不十分、そしてナポレオンによる変化させられた現実に対する敵側の順応であった。すなわち、すでにプロシアとイギリスの連合国はフランスの訓練規定を研究し、フランス軍のＲＭＡを採用し、ナポレオンの戦略戦術に対抗する消耗戦略を採用していた。つまりナポレオンの主力との決定的戦闘を避け、ナポレオン麾下の将軍の率いるフランス軍のみに決戦を挑んだのである。ＲＭＡは敵方が同じ程度の軍事改革を行うとＲＭＡは解消するのである。したがって、最終的には一八一五年のワーテルローの戦いで、彼の得意とする内戦作戦に失敗し、むしろウェリントンが遂行した内戦作戦に大敗北を喫し、ナポレオン戦争は幕を閉じる。

ナポレオン戦争の戦争形態は、記述した十八世紀の戦闘形態と異なり、クラウゼヴィッツがいう「殲滅戦」であった。この戦争は革命フランス側と絶対主義国家側の両方にとって、その生存を賭けた死活問題でもあったし、革命と反革命のイデオロギー対立に基づく戦いであった。

一方、ナポレオンにより遂行された戦略・戦術の基盤はハードつまり兵器の発達ではなかった。十八世紀の中頃の第一次産業革命による兵器等の発達の影響はなく、フランス軍は従来の兵器で戦っていたのである。しかし、アンシャンレジーム末期のフランスにおいては前述または後述する新しい戦争遂行の近代的戦術の諸要素が萌芽しつつあった。すなわち歩兵戦闘に砲兵の組み入れ、横隊戦術に攻撃縦隊の組み入れ、軍の師団単位への編成などであった。

ナポレオンはこのような開発された大戦術・戦術でもって戦略を遂行し、兵士は革命的機運で愛国心を鼓舞し、高い士気をもって戦ったのである。このような理由により、この戦争は前世紀までの戦争形態とは必然的に異なったのである。

第一次産業革命から急激な科学技術の発展と共に鉄道、電信、スティーム・帆船の出現、各種兵器の発達により「殲滅戦略」の潮流が各戦争に影響し、ナポレオン戦争後の戦争形態はアメリカ南北戦争、第一次・第二次世界大戦に見るようにクラウゼヴィッツのいう「絶対戦争」に限りなく収斂していった。

ともあれナポレオンは電撃作戦と殲滅戦を実行して、西欧列強の十八世紀の伝統的戦争システムを破壊し、敵軍を撃破した。それは革命戦争勃発の一七九二年から約二十年にわたってジョミニのいう科学的原理による戦略原則を相手方よりよく把握していたということである。これがジョミニ理論の中核である。この理論を理解するためにはそれらの原理・原則がどのようにして形成され、広められたか見ていきたい。

二、ジョミニの戦略思想に及ぼした啓蒙軍事思想家の影響

十六世紀から十七世紀においてマキャヴェリに始まり、後期人文主義の創始者リプシウス*18、モンテクッコリ*19を代表とする近代西洋軍事思想が萌芽し、ついで十八世紀に入るとフランスではモンテスキュー、ルソー等に代表される啓蒙主義思想が勃興し波及していった。

この啓蒙主義思想の刺激を受けて、軍事文献の出版が急激な盛り上がりを見せ、フランスにおける啓蒙軍事思想家の文献出版が逐次増加し、七年戦争からフランス革命までの間に軍事史、軍事理論の作品が百冊以上も出版された*20。

フランスにおける軍事出版物の増加のもう一つの理由は、戦争でフランスが敗北した結果、海外領土とヨーロッパでの威信を失った一七六三年の屈辱的なパリ条約が締結されて、フランス陸軍は衰微していた。そこで深刻な軍事的再生が叫ばれたことと、七年戦争が終わって革命まで比較的静穏な期間であったため熟考する機会があったからである。そして著書が増大しただけではなく、著書、雑誌の論文を通じて論議が熱烈に、ときには辛辣な相互批判が起き、極端な理論は廃棄され、実験により可能性のある理論が軍事方策に実現された。

それでも、もし十八世紀におけるフランス陸軍が公平な戦闘記録を残さなかったならば、このような知的業績の達成はなかったかもしれない。この点に関してフランス陸軍は少なくとも西洋の知的業績の先端に立っており、理論と実践の改善を率先する大きな知的発酵が興っていたのである。

このような状況のなかでもギベール*21の文献の一つである『戦術一般論（Essai general de tactique）』は、十八世紀における注目に値する最初の軍事著書であり、軍人集団に大いなる関心を巻き起こし、戦術・戦闘の完成されたシステムについて評価され、軍事界に大なる影響を与えた。またフランスの社交界においても主たる話題となった。さらにドイツ啓蒙主義軍事思想家の代表としてビューロー*22、これまで埋もれていたウェールズ出身のロイドの著書も発掘され出版された。この時期の軍事思想家はそれぞれの著書、論文を通して相互作用、批判を行ない百花繚乱の論壇の様相を呈していた。その背景の一つにはニュートン等に見られる自然科学の発展の影響を受け、戦争を科学として考察しようとする傾向があった。

ジョミニは新体系派学者たちのなかで、ナポレオンの戦略に最もふさわしい表現を見出した。幼少時代から軍事・戦争に関心を有していたジョミニは前述の豊富な文献に恵まれ、彼はフランス軍事学派およびドイツ軍事学派の文献も一八〇三年までに殆ど読破し、彼の思索に影響を与えた*23。ギベールの文献をすでに読んでいたジョミニは、ヘルヴェティアの大隊長任務を終えた翌年の一八〇二年にピュイセギュール*24の文献を読み始めた。この時、彼はピュイセギュールが、初の「兵站学小論」を論述し、古代の斜行陣についても研究していると評価している*25。

いわば新しい戦術を生んだ軍事年代記の最盛期は、疑いなくギベールの研究で終了させたいジョミニにとっては好機であった。ギベールの文献は十八世紀の軍事思想に関して、一般にその影響は大きいし、彼はギベールの完成された戦術・戦闘のシステムについて評価しているが、それはジョミニにとって特に関心の対象ではなかった。ジョミニの著作はギベールの軍事理論の知的関連において対照をなすものであった。ジョミニはギベールがあまりにも無視した実践を補足すること、また、大変化を遂げた最新の戦いに関して著述することが、生涯を通じて軍の専門職に専念する若い世代のために重要であると考えていた。

ギベールの師であるフォラール*26やフォラールの弟子であるメニル‐デュラン*27を代表とするフランス啓蒙軍事理論家の軍事理論は、主としてギベール、ブロイ*28、ショワズール*29、ブルセの著述から発想された師団編成、縦隊戦術、横隊戦術などを混合する新戦術隊形、兵站、軍制などに関して集中的に論議され、それらの著述も発刊された。この分野での著述は七年戦争後の革命フランス軍の再建、革命戦争における戦術、そしてナポレオンの軍事思考の基盤となる。

それでもサックス元帥*30は、『わが夢想（MES RÊVERIES）』の序文のなかで、「戦争は闇に覆われた科学である。そのまっただ中にわれわれは確実な歩みで進んでいるわけではない。慣習と先入観、無知から来る当然の結果がその基礎となっている。あらゆる科学には法則や原則があるが、戦争には原則がまったくない。書物を書いた名将も法則や原則を残してくれなかった。それを理解するためには学識が深くなければならない」*[31]と慨嘆して述べた。

このサックスが述べたことにジョミニは触発され、彼のアイデンティティを強化した『大戦術論』を叙述する契機となった。

フリードリヒ大王はオーストリア継承戦争後の一七四六年に『戦いの一般原則(Principes generaux de la guerre)』*[32]を著作したが、それ以降の戦いの基本原則の研究はジョミニの熟考が大であり、彼の処女著作『大戦術論』は、この意味においてサックス元帥が抱いていた問題に答える十八世紀の軍事思想を先導しており、彼の狙いは戦争術の優れた部分である戦略に関する普遍的な原則を引き出すことであった。戦術は彼にとってそのような試みの主題ではなかった。なぜなら戦術は兵器の変遷にあまりにも影響を受けると考えた。同様にナポレオンも戦術は十年ごとに変わらなければならないと述べている*[33]。ジョミニは自分に軍事理論として最初の見解を与え、そして彼の『大作戦論』の著作過程に影響を与えたのはロイド、テンペルホーフ、フーキエール*[34]、ビューローであると述べている*[35]。

ロイドは『ドイツにおける最近の戦争史(Henry Lloyd, History of the late War in Germany)』のなかで、戦争には原則が存在する考えを表明した。つまり「他の分野と同様に戦争術にも特定で固定された原則があり、その原則は不変の本質に依存する。」と述べているが、本書のなかで「戦いの原則」あるいは作戦原則、戦闘法則が散在して述べられている*[36]。

ビューローは将校として訓練は受けていたが、部隊指揮官の経験はなく、彼の著述は現実の問題を経験から書くというよりも理論的に分析して表現することを目指しており、実行の可能性については着実性を欠いていた。しかしながら批評家、予言者、改革論者として有名であった。彼は一七九九年に『新戦争体系の精神(Geist des neuern Kriegssystems)』*[37]を公刊し好評を得た。彼が述べるシステムの中核は作戦基地の概念のなかに見出され、彼はロイドが一七八一年の彼の理論的著作に他の多くの主題のなかの一つとして創作した用語である作戦線の概念から、目標に対する作戦基地から延ばされる目標に対する攻撃軍の作戦線を幾何学的に図示説明した。この理論は実行不可能な概念であった。

それでも、彼の功績とされるのは軍事専門用語を明確にしたことである。ビューローはロイドから作戦基地、作戦線、軍事目標の軍事用語を借用した。また、彼はマイゼロアが一七七七年に発刊した『戦争の理論』*38のなかから戦略の用語を摂取して、戦略、戦術、作戦基地、作戦線、軍事目標などの軍事用語の意義を区別し、これらの用語を通用させた。ジョミニ、カール大公、クラウゼヴィッツもビューローの軍事用語を用いたのである。

ビューローが参考にしたロイドの作戦理論の一つである作戦線に関して、ロイドは七九年版、八一年版、九〇年版に、それぞれの著書のなかで作戦線の概念とその重要性、攻防における作戦線の選定と方策、留意事項を散在して述べているが、特に八一年版の第四部の第三章に作戦線の表題としてまとめて記述している*39。この時期には作戦線の概念は一般に理解されていたようであるが、用語としてはロイドがその概念と原則・格言とともに彼の一七七九年の著書に初めて導入した*40。

ロイドは戦略理論のなかで作戦線が最も重要であると述べ、軍が出発点から最終の目的地まで移動する経路を指して「作戦線」と称した。そして作戦線を主軸として特定の戦略的な原則を定めた。このようにロイドが述べたフランス革命戦争前における作戦理論のなかで重視されたのが作戦線だった。彼によると作戦線は出来るだけ短く、直接目的地に指向しなければならない。あらゆる戦略計画の中で、敵に対して作戦線を守ることが主な考察とならなければならなかった。

作戦線は実際重要な目標に指向しなければならないし、またその適正な選定は良き戦いの結果をもたらすことになるであろう。この作戦線が重視された主たる理由としては、作戦線は兵力の増大、兵站、軍の編成に関係があったし、地形、道路に影響を受けた。なかでも兵力の増大は作戦を支援する兵站上の問題が十七世紀から十八世紀における作戦戦略、特に作戦目的と作戦方向に関する作戦線に大きな影響を与えたからである。

このロイドの作戦線理論はジョミニの著作に大きな影響を与えることになる。

十八世紀における軍事力増大の背景には西洋世界における王朝政府の財力基盤が豊になったことである。三十年戦争では新教軍も旧教軍もそれぞれ動員兵力は十万から十二万人で交戦兵力は三万から五万、スペイン継承戦争では彼我共に動員兵力四十五万から五十万人で交戦兵力は六万から八万、時には十万人に増員し、七年戦争では交戦兵力は彼我ともに十万人以上であった＊41。

このような兵員の増大の原因は、必然的な攻城戦の増加、つまり経済の豊かな城郭都市が目標となり、その要塞の攻防に兵員の増大を必要とした。また歩兵の増員にしたがいその装備として小銃の発達に伴う歩兵火力が重視されるようになったこともその一つの理由である。しかもこれらの勢力は直接戦闘に携わる兵員で、彼らに随伴する婦女子や召使い、従軍商人の群れを含めると，その数は十五パーセント以上増加すると考えられる。この増大する兵員を維持していくには食糧補給の問題があった。戦域や戦場での食糧調達は不可能であり、特に糧食と秣を如何に補給するかが問題となった。さらに砲弾を含む砲兵段列や野営の道具などを搬送する馬匹と騎兵の馬がかなり多く必要で，これを維持するには相当量の秣を必要とした。一般にこの時代の軍隊は、通常四日から五日間の戦闘に必要な軍需品などを一括して多くの荷馬車で搬送していた。補給倉庫の概念もなく、専門的搬送システムもなく、粗悪な道路のために策源地からの補給輸送はほとんど不可能であった。

したがって補給は現地調達、といっても略奪が頻繁に起こったし、作戦戦略が制約を受け軍隊の機動は緩慢で野戦の決戦はまれであった。また兵員は主に高価な傭兵から構成され、たまたま野戦が惹起すれば為政者、軍司令官は決戦を避けて敵軍の後方連絡線を遮断する形態をとれば暗黙の内に勝利を得たとする機動戦が主であった。戦闘の多くは野戦における純作戦目的となる目標を攻撃するよりも戦闘遂行に必要な物資などが集中する都市、つまり補給倉庫代わりになる都市が攻撃目標となる場合が多かった。

なかでもフランスは十七世紀前半を通じて増大する軍隊に対処する文民管理の基盤を確立し、一六四三年四月に陸軍大臣が創設され、初代の大臣として就任したミシェル・ル・テリエ*[42]は常備兵站制度を確立した*[43]。そのために必需品を正確に決めて、軍需品の補給倉庫を確定し、従軍商人を利用して必需品を補給倉庫から軍隊に輸送する制度を設定した。さらにル・テリエの息子ル・テリエ・ルーヴォワ*[44]は補給倉庫を常設することを決定した。

補給倉庫の設定は、兵站支援に関してある程度の保証を与え、指揮官は一定の作戦構想を決定することが可能となった。つまり補給倉庫を設定すれば兵站支援が作戦を確定することが可能となり、その際に選定される作戦線が作戦戦略に重要な影響を与えるのである。したがって指揮官あるいは幕僚は作戦構想策定において、達成すべき作戦目的にしたがって想定する作戦地帯の目標を定め、この目標に対して作戦線を選定する。その選定は純作戦と準備された補給倉庫の兼ね合いで決定しなければならない。選定された作戦線は指揮官にとって最も有利な方向を得る作戦線でなければならない。もしその作戦線が長ければ危険にさらされて不安であり、短いと効率が悪く、補給倉庫が作戦基地あるいは策源地から遠ければ、敵攻撃の脅威が増加し補給が途絶する弱点を生じてしまう。また作戦中に状況により作戦目標を変更せざるを得なくなった場合は構築した補給倉庫を利用できなくなる不利点もあった。

十八世紀後半に入ると現地調達のための制度上の徴発隊が設定され始めた。この徴発隊はかっての略奪本意ではなく、現地で調達した物品の支払いを行う制度で決められたものであった。一七八三年にオーストリア軍が初めて補給隊を創設したが、この隊の任務は策源地から補給輸送を行うのではなく現地で物資を集めることであった*[45]。

七年戦争における立役者、フリードリヒ大王は将来の内戦作戦を予期して、一七五二年に小麦などの穀物を機動戦の連絡要衝の都市の倉庫に五万三千ブッシェルを貯蔵し、一七七六年までにベルリンとブレスラウにそれぞれ七万二千ブッシェルを蓄積した＊46。また兵士は三～六日分のビスケットを携行し、中隊のパン焼き車は六日分のパンを焼く能力を保有し、中隊レベルでは最大一二日間の行動が可能で、それ以上の行動を必要とする場合は軍が所有する輜重部隊の四頭馬曳の兵站車が派遣され、各中隊に九～一〇日分の小麦粉が支給された。このような兵站システムが大王の機動力を支えていたのである＊47。

以上述べてきた十七～十八世紀の兵站的問題に加えて軍の編成も戦略を制約してきた。これらの制約が作戦計画の立案を制約したであろうし、ロイドのいう作戦線の数もほとんど一つか二つで、ナポレオン時代の作戦とは比較にならない作戦形態であった。

近世の西欧においては、オランダの戦術改革により、革新的な戦術編成として大隊を創始すると共に横隊戦術を創設以来、その後の軍の編成と横隊戦術は緩徐に発達していった。歩兵連隊の編成も管理部隊編成としては存在していたが、作戦基本単位部隊としては未完であった。

オランダの戦術を継承する横隊戦術はフリードリヒ時代になってほぼ完成された。大王の軍隊の戦術システムは、戦闘の基本単位として大隊を編成し、歩兵・騎兵・砲兵の三兵科から構成される横隊戦術であった。連隊は二個大隊から編成され、その一個大隊は管理部隊であり、他の一つは戦術基本単位部隊で副官が指揮するが、中隊を分割して八個小隊を形成し、指揮官は連隊の将校団からそれぞれの隊に派遣され、ほとんどの兵士は戦闘中自分の指揮官を知らなかった＊48。このことは連隊の半分が管理部隊であることを示している。連隊の行進は二線縦隊で行進し、戦術大隊は戦場で行進隊形から戦闘隊形を形成して攻撃した＊49。したがって作戦線もほとんど単線で作戦することになり、また部隊編成上の単位部隊にかかる兵站の重さはフランス革命軍と比較すると編成の違いから大であった。つまりフランス軍は革命戦争までに軍団、師団、連隊からなる編成を創設していた。したがって、フランス軍は師団を作戦基本単位部隊として運用するので複数の作戦線にしたがい分岐した行進、機動が可能となり、全体の兵站量が各師団に分担されるので単位部隊としては兵站の重さは軽くなったのである。

ジョミニは『戦争術概論』のなかで次のように述べている。

「フランス共和国は連合軍に対し百万の兵員を十四個軍に編成して戦線に投入し、部隊は新たな戦闘方法を採用して戦った。つまりフランス軍は天幕を携行せず、従軍商人等、倉庫を持たずに行進し、野営あるいは衛戍地区における舎営をしたため、軍の機動は幾分敏捷になり、戦場における戦闘加入が迅速になり作戦成功の手段となった＊50」

ロイドとビューローの作戦遂行の方法論は、ジョミニ自身の理論上の著作に決定的な方向を与えた。ジョミニはナポレオンの戦略と戦術との関連でロイドが示した作戦の合理性を再検討し、またビューローの見解をより常識的に、また幾何学的アプローチを少なくさせて明確に表現することを欲していた。

ロイドはテンペルホーフの著書、七年戦争史の歴史的内容を検討し、テンペルホーフが著述から離れた後も、彼の作戦史を分析し戦いの原則を推論した。そして、戦争術の研究に携わっている研究者に『ドイツにおける最近の戦争史』を熱心に推薦した＊51。それは多数の外国版を通じて、ヘンリー・クリントン、ジョン・アダムズ、アレグザンダ・ハミルトン、サミュエル・ベンサムを含む、多様な読者数を有することになった。

ジョミニは『大戦術論』の第一巻のなかで次のように述べている。

「ロイドは、作戦線、戦略的な機動、そして主に戦闘のシステムに関して深遠な思想を示している。しかし彼の思想は成熟していないし、また十分にまとめられてないし、しばしば矛盾している。それでも、ロイドは私が今まで知らなかった真理を悟らせてくれた＊52」

また『戦争術概論』のなかで、ロイドが良い道筋を最初に示してくれたし、七年戦争に関する彼の記述は、教義的に書かれたものではなく、少なくともジョミニにとってはむしろ教育的であったということを述べている*53。このようにロイドの影響が最も大きくロイドの作った知的枠組みを革命戦争・ナポレオン戦争の研究のモデルとして使用したのである。

ロイドはオーストリア軍の将軍として勤務した経験を有し、啓蒙主義の背景下で時流の考えを受けた野戦軍人ではなく、成熟した軍事知識人で軍事史の研究を軍事理論の発展とその分析を統合する最初の人物であった。彼は七年戦争史を緻密に研究して、戦いの原則および軍事理論の中核を為す作戦論を展開した*54。

ロイドは大胆にもフリードリヒ大王の戦争観の問題点と戦術能力を批判した。ロイドのフリードリヒ大王に対する主たる批判の一つは、大王の誇りと秘密主義の性格により、忌避できたであろうヨーロッパの戦争の原因となった政治的・軍事的な間違いを起こしたと主張した。大王は彼の敵が大王と戦う予定であることを知っていたにもかかわらず、自国とカウニッツ同盟の均衡をとろうとしなかったと批判したのである*55。他はシュレージェン領有の企図を有する大王が一七五五年、また一七五六年の初期に攻撃を行ったが、同盟軍自身は防御することは出来ず、大王は機先を制してザクセンに侵攻した。

ロイドは大王のザクセン侵攻を認めながらも、大王がザクセンの把握を強化するよりはむしろ、当時可能であった筈のウイーンに脅威を与えるボヘミアまたはモラヴィアに侵入しなければならなかったと批判したが、この批判の背景には大王が次の作戦でウイーン攻城を考えていたことがあった*56。さらにロイドのフリードリヒ大王の指揮能力に関する批判は、コリン、オルミュツ、ゾルンドルフ等の戦いにも及んでいる。ロイドの批判は彼の死亡後に論争の的となり多くの関心を引き起こした。

当然、プロイセン側からロイドの批判に対して火の手が上がった。その反論の先鋒はプロイセン軍のテンペルホーフであった。彼はフリードリヒ大王の指示を受けて、ロイドの『ドイツにおける近代戦争の歴史』をドイツ語に飜訳し、この飜訳からロイドがフリードリヒ大王の戦略・戦術について批判していることを知り、ロイドの批判に対してテンペルホーフは本格的な反証を行った。テンペルホーフは主にロイドの批判を論破するために七年戦争について六巻からなる歴史を書いたのである＊57。そして大王のザクセン侵攻は妥当であり、ロイドのいうボヘミアまたはモラヴィアの侵攻は、兵力不足と作戦線が長くなり兵站上不可能であると反論した＊58。さらにテンペルホーフはロイドがプロイセン側の公式文書を用いていなかったとして非難しており、一方でフリードリヒ大王は優しくて完璧な軍事の天才であると褒め称えたのである＊59。実際、テンペルホーフはフリードリヒ大王を批判したロイドを攻撃することに大きな関心を持っていたように思える。それは、まさに軍事史家ハンス・デルブリュックに対してプロイセン軍とドイツ参謀本部が用いた長い世紀の聖人伝の始まりであった＊60。

このロイドとテンペルホーフの論争に関して、ジョミニは『大作戦論』の第一巻、第一章「一七五六年の戦い」に彼らの論争の内容を紹介し、その問題点と批判を行っている。両者の論争について厳しく反論を加え、ナポレオンであれば一七五六年においても、イタリア戦役と同じく確立した企図を達成するべく直接ウィーンに迫ったであろうと主張したのである＊61。

このジョミニの批判については、彼の前提がイタリア戦役におけるナポレオンの戦略の手がかりとして、ロイドやテンペルホーフの臆病で固定した概念に対して批判したのである。しかし、一七五六年にたとえナポレオンがプロイセン軍を率いてウィーンに迫ることは困難であろう。何故ならこの時期の戦略は、既述したように補給倉庫に拘束される作戦線などに制約を受けており、兵站システムも未熟であった。軍隊の編成も既述したように、連隊でさえも完全なる戦闘編成ではなく、革命フランス軍のような軍団および作戦基本部隊となる師団編成も現出していなかったのである。この観点からすればテンペルホーフの反論は一面正しいように思うし、ジョミニの批判にも問題があるようにも思える。反面スペイン継承戦争におけるマールバラ公の勇敢なる戦例も想起させるのである。

さらにジョミニは『大作戦論』のなかで「一八〇九年のナポレオン皇帝の不朽の戦役」の記述でアスペルン・エスリンクの戦い、ヴァグラムの戦いについて、ナポレオンはフリードリヒ大王よりも優れた戦略家であると褒め称えたのである*62。このことがロイドの場合と同じように、ジョミニもプロイセン軍の伝統的な聖人列伝の犠牲になるのである。したがって、クラウゼヴィッツが初めてジョミニを批判の的にした原因となったのではないかと推測する次第である。

三、ジョミニ戦略思想の形成に及ぼした戦略理論と作戦原則

(一)『大戦術論』に見る初期の作戦線理論と作戦原則

ジョミニの初版の『大戦術論』は、七年戦争史を背景に大戦術と「格言の収集」に関する論文であることを著している。この表題から一般に戦争または戦略よりもむしろ大戦術にとって有用であると思われるにちがいなかった。ジョミニは大戦術、または大部隊の編成が軍団や師団単位に分岐可能となった機動により戦争の科学の基盤を作ると信じていたので、戦争における成功を決定する原則が大戦術にも適用できると思考した。また、ジョミニはフリードリヒ大王が比較的少ない兵力で達成できた成功がナポレオン時代に特有である大軍によっても成功を収められることができると仮定したのである。

七年戦争の作戦事例についてのジョミニの観察は、著書の理論上の趣旨を表しており、理論上の議論は、ロイドが重視したように主に作戦線に対処した。さらに基地、戦略・戦闘のシステムに関する思索を示している。ジョミニは折に触れて指揮官のために明確な手引き書として原則・格言を列挙しているが、強調

している点は、作戦線の論議であった。というのもジョミニは、フリードリヒ大王の戦いにおける作戦線の選択が、「矛盾なく大戦術で最も重要な部分であり、戦争学の基盤を形成する」ことを示していると信じたからである*63。ジョミニの著作過程で彼の最終の著書『戦争術概論』に至るジョミニ理論の中心は「作戦線」の重視であった。したがって彼の『大戦術論』の第一巻には、「作戦線」に関する五つの格言と作戦線に関する教訓的要綱について七項目挙げている*64。

さらに『大戦術論』の第二巻は第一巻と同年に出版されたが、表題も、形式もまったく第一巻と同じで、作戦線に関する六項目の格言が加えられている*65。この六項目と一般原則は、本書の副表題が請け合った「軍事術の最も重要な格言集」の一部と思われる。ジョミニの最初の二巻は、原則に関する限りロイドの初期の著書とほとんど変わらなかった。このことは、彼は述べていないが、おそらくロイドの『ドイツにおける近代戦争の歴史』から、戦いの原則、格言を思索する示唆を得ていたのではないかと思われる*66。この『大戦術論』に批判が出たことは既述した通りである。また、ナポレオンがアウステルリッツの戦いの後、最初の二巻を読んで、意味不明であり、かつ独創性が欠如していると述べて、アレクサンドル・ベルティエ元帥に薦めたが、彼も結論がないと批判したといわれている*67。しかし、明確な証拠はない。ジョミニ自身が述べていることから判断すると、ベルトランが論理的でないと批判したことが事実と思われる*68。こうした批判は『大戦術論』の構想以来、思考に混乱を感じたまま上梓したことに原因があると考える。

ジョミニはこの批判に対応して、『大戦術論』の結論とする意図で以て、単独に『戦争術の一般原則要綱』として自費出版したが、その内容は戦争遂行に関する散在した格言を項目で簡潔にまとめたものである。この本はその後、彼自身の理論上の著作に決定的な方向を与えた。

彼の作戦線の考察は『大戦術論』の表現から『戦争術概論』に到る過程における表現と大きく異なって

いる。その理由はジョミニがナポレオンの革命的戦略と戦術との関連で、ロイドが示した作戦の合理性を再検討したからである。つまり、フリードリヒ大王時代からナポレオン時代に至る軍隊の編成、兵站などが向上的に大きく変化し、もちろん、ナポレオンの戦争指導により戦争遂行と戦争の形態が変革したからである。また戦略科学として、ビューローの見解よりも常識的に、さらに彼の幾何学的思考方法を少なくさせてより明確に表明し治そうと欲していた。ジョミニの心のなかでは当然異なる解釈を引き起こすある両義性を感じた筈である。ジョミニはナポレオンにより導入された革新的戦略と戦術の名において、先達が語り、称賛した戦争術システムを批判したのである。

彼の初期の理論に関する跡付けは、『大戦術論』の全体にわたって散在する原則と格言で確認できる。一八〇七年の『大戦術論』の第三巻と第五巻の表題を改題した『大作戦論』版で彼は次のように基本原則を強調して述べている。

「基本原則の適用は戦略的決定の成功を、またあらゆる戦略的決定が破滅しないように保証することが必須である。基本原則は決勝点に最大の兵力でもって努力して集中することである。この偉大な格言を適用する方法はそんなに多くはないのである。原則の適用の方法の正しい概念を把握するにはナポレオンやフリードリヒ大王の作戦に関する書物を読むことで十分理解することができる。私は格言を示して基本原則の適用方法のすべてを明らかにしたい*69」

彼は軍の主力を決勝点に集中するというのはやさしいが、決勝点の選択は容易でなく、巧妙さを必要とし、また選択した決勝点への戦力集中に際し、いかなる作戦線を選ぶべきか、指揮官の天賦の才能によるという。それならば、その才能のない指揮官は如何にすべきか。彼は将校の教育訓練の過程において戦いの原則を重視し、決勝点の決定を容易にするために戦域と戦場における決勝点選定の要因を示している。戦域の決勝点については『戦争術概論』の第十九項に戦域の決勝点に属する地理的戦略線と地理的機動線を挙げ説明している。

一方、戦場における決勝点は『戦争術概論』の三十一項のなかで戦場における決勝点の保持は、適切な戦いの原則を適用することにより勝利を保証するものであると述べ、戦場における決勝点の選定は、①地形状況　②軍が意図する戦略目的に局地的特性を結合すること　③彼我両軍の配置の三要素を挙げている。

(二)　戦略理論発展の契機とジョミニ戦略思想の完結

ジョミニの著書に見る初期の戦略理論は、戦いの基本原則に基づいているが、理論的体系の成果は一八三八年の『戦争術概論』の出版を待たなければならなかった。そのために彼の著作の『戦争術概論』は、戦略の理論研究のステイタスが強く望まれた。『大作戦論』までの彼の著作に見るように、主に軍事史の叙述であり、七年戦争の作戦、フランス革命戦争、ナポレオン戦争の説明を明らかにすることであった。もちろん著書の内容は軍事経験に伴って逐次進化していくが、彼の思考の論理的体系の形式に関しては遅まきながら克服しなければならない困難にぶつかっていたのである。事実、彼は『大作戦論』を継続的に出版しているとき、彼が発見した系統的な戦略原則を表現する適切な形成を決定することができなかったのである。

そこでジョミニは、戦略理論形成の思考過程において、まず『大作戦論』第二版の第四巻を起点として従来の具体的な軍事史中心から戦略理論についての叙述に向かうことを決定した。彼の著作過程における思考過程は基本原則の認識から形成されていった。そして歴史分析から、帰納的に原則から格言を求め、あるいは原則から格言に発展させて理論体系を構築し、さらに歴史分析から導かれた戦略方策に専門用語を適応させて、戦略理論を完成させた。その成文化が『戦争術概論』であった。

この著述過程で、ジョミニは最終的に『戦争術概論』に達するまでに彼の戦略理論を発展させる二つの契機があった。一つは『大戦術論』の初稿に見られる唯一確かなる理論的原著は、既述した『戦争術の一般原則要綱』である。他の一つはナポレオンの好敵手であったカール大公と会合の機会を持ったときに、戦略理論について話し合ったこと、また大公から大公の自著である『戦略の原則』を推薦され、その著書の飜訳を企画したことである。これらのことがジョミニの戦略理論構想と理論発展に影響を与えた。

大公は「戦略は戦争の科学であり、それは最高指揮官に独占的に属する唯一の科学である。戦略は科学であり、それゆえに戦略は付随する科学的原則をもたなければならない」と信じていた*70。ジョミニはこの大公の戦略原則にナポレオンが一五年にわたって成功した戦略的洞察を結合して戦略理論を構築したのである。

①基本原則と初期の戦略理論

ジョミニの理論的著作である『戦争術の一般原則要綱』は、『大戦術論』の結論として記述された。この『戦争術の一般原則要綱』の内容は戦争遂行に関する散在した格言を簡潔な項目でまとめたものである。この著作について、彼は『回想録』のなかで次のように述べている。

「この小冊子に関して、私は軍人たちに専門職の教育をぬかりなく実施して、軍人たちが基本的に役立つことを信じている。この冊子は……その結果となるべき不変の原則の存在を証明した。この章は、また大臣あるいは全般作戦を判断する主権者に役立ち、規制された戦いの原則を詳しく、かつ着想できない原則を総司令官に付与することができるのだ*71」

ジョミニの基本思想がこの小冊子の中に表現されていると述べることは、彼の著作の全体の価値を減じることではなく、この小冊子は永く論じられていく価値を有しているということである。この短編は戦争術の原則あるいはより正確に述べるならば、戦争術の原則から生じる格言の体系的説明を提示している。

この著書はジョミニのその後の著作の叙述に発展する省察の基礎となり、ジョミニの戦略理論を理解する重要な資料である。

ついで、一八一八年以降のジョミニの『大作戦論』と『フランス革命の批判と軍事史』から七年戦争が分離され、以後の著作の形成に決定的に寄与することになる。これらの著作の叙述から彼の軍事史研究方法について二点省察される。

第一点は当初のジョミニ思想の基盤確立、つまり前述の両著書に見る七年戦争におけるフリードリヒ大王のロイテンの戦いの勝利とナポレオンのイタリア戦役で勝利した戦例を研究して戦争術の基本原則を見出したことである。すなわち「決勝点に戦力を集中して敵を攻撃する」ことであった。

第二点は『大作戦論』の第三版および第四版に見るように、彼自身が戦略思想を総合していく考察とその考察をその後の著書により明確にしていったこと、そして『大作戦論』の結論は戦史から分析されて述べられた原則や格言が広範囲に適用しうることを提供している。ついで『フランス革命の批判と軍事史』に関しては、ジョミニは歴史的観点から軍事行動の視野狭窄的な叙述に限定されない文献研究を初めて刷新し、また戦略の広い概念に目覚めた叙述を示している。

この書の叙述方法は、軍事史研究方法の分類的観点から、第一点は戦争遂行の諸原則を検証するため戦史例や実際の戦闘を利用するもので現実の戦闘と原則との因果関係を分析する。第二点は軍事と政治、社会、経済を結びつけることにより、戦争をより広い視野で検証しようとする方法を示したものである。クラウゼヴィッツの戦争研究もこの方法を適用している。

基本原則を明確にしたジョミニは、戦域における適用の条件を考察した結果、『戦争術の一般原則要綱』のなかに、継続的に一般原則の作戦的波及効果について説明する次の十項目の実行原理である格言を導いた*72。

一、第一の手段は機動の主動性を採ることである。この利点を生かして勝利を得る将軍は、指揮下部隊を選定した場所に投入して運用する達人である。他方、敵を待ち受ける将軍は、敵の動きに対して自軍の行動を受動させるし、すでに動いている部隊を止める時間がないので戦略的な決定をすることができない。(以下略)

二、第二の手段は最も重要な敵の弱点に指揮下部隊を指向することである。敵の弱点の選択は敵軍の配備による。最も重要な点とは、常に最も多くの好機と最も大きな成果を提供する点である。(以下略)

三、第二の手段の結果、もし敵の弱点を連絡線に見出した場合、この線の先端に対し優先して攻撃をする必要があり、この場合兵力が少なければ、同時に二先端に対する攻撃は避けなければならない。(以下略)

四、唯一の点に対し、大兵力を集中する方策を遂行可能ならしめるために、指揮下部隊を迅速に派遣することが可能な即応態勢を取り得るように、「軍団方陣」形を採りうる地域に兵力を集中し維持することが重要である。(以下略)

五、一般的な原則を適用する最も有効な手段の一つは、この原則に反して敵が錯誤を犯すよう為すことである。幾分か軽装備の小部隊でもって敵の連絡線の重要な幾つかの地点に脅威を与えることが挙げられる。(以下略)

六、決定的機動の主動性をとる際、敵の配備と敵の可能行動の良き情報入手は非常に重要である。そのためにはあまり気遣いすることなく申し分なく間諜が役立つ。しかし大事なことは間諜が味方であることがはっきりしていることである。(以下略)

七、戦争を成功するには最も重要な点に兵力を巧みに集中するだけでは、十分でない。つまり重要な地点に集中する戦力を如何に投入するかである。決勝点が確立されても、その決勝点を疎かなままにすると

原則は忘れられ、敵は反撃する。（以下略）

八、もし戦争術が敵の弱点に大戦力の集中する努力をすることであるならば、打ちのめされた敵軍を追撃し積極的に撃破することは明らかに必要なことだ。（以下略）

九、優勢な戦力の衝撃を決定的に実行するために、将軍は軍の士気に無関心であってはならない。（以下略）

十、以上の項目内容を分析すると戦略科学は三つの一般的な活動からなるのが見られる。第一は、最も有利な作戦線を占拠することである。第二は決定的な点にできるだけ速く集団を動かす術である。第三は、同時に戦場で最も重要な点に最大の兵力を集中することである。

以上の格言を要約して理解するために次の二つの解釈は必要である。第一は作戦線の概念は、明らかにジョミニ思想は戦場における交戦理論にはならず、決定的戦略機動の理論であることを意味している。ジョミニシステムの中心的なこの概念は、作戦基地から戦いの目的に一致する目標点まで軍の行進を許す最適で、最良な空間として定義される。第二は、前述の手段方法の項目は、複数的に採用されても、それらの項目は相互に排斥することを意味してはいない。それどころか基本原則の実現を可能ならしめる手段方法の間で、格言の各々は連続かつ付加的な適用が可能である。

ジョミニは戦争術の基本原則と格言に関して『回想録』のなかで次のように述べている。

「私は敢えて戦争の方策を単純かつ自然な原則に、またすべての人に理解の及ぶ範囲に帰する手段を敢えて求めたのである。戦争術において理論化しうるすべてを原則化することであり、先に述べた手段の誤りを避けるために最近の戦争および七年戦争の顕著な事象すべてに適用することにより原則化を正当化することであった。……これらの方策は重要な方策のすべてが失敗の方策であったとするならば逆に成功の原因を証明することになり、そしてその原因はすでに私が述べた基本原則に帰するのである*[73]」

ジョミニは多くの歴史的証拠でもって導き出した格言を明白な原則に転換した。そして彼は、『回想録』のなかで戦略原則に関して戦争の科学である戦略原則は、作戦中において指揮官が漠然とした状況中で決心がさまようのを止める効用があると述べた*[74]。ジョミニは戦略理論の論議の過程で、作戦線と作戦地帯、集中的および離心的機動、攻撃の外線作戦に対する内線作戦のような軍事概念を強調した。彼は内戦と外線の差異に着目した最初の軍事理論家だった。そして彼は内戦作戦をずば抜けてより勝利をもたらすものであろうと思索したのである。

②カール大公の理論的影響

ナポレオンの好敵手、カール大公はジョミニが小冊子『戦争術の一般原則要綱』を書き、修正している時期に、戦争遂行の一般原則を著した二冊の本を出版した。一冊は『大戦争術の原則』*[75]である。この本の狙いはフランス革命戦争以来、オーストリア軍は戦略ドクトリンが欠落しており、上級指揮官が主動性を欠き、オーストリア最高軍事会議の命令・指示を待つ体質があったことを憂いて軍制改革の必要性を訴えることであった。

第一章は戦争の総括論議であり、原則は戦いの本質のなかに見出され、原則は戦争術に至当な定義を提供すると理論的に強調し、戦争遂行の作戦面に関して簡潔な教訓事項を継続して述べている。ジョミニのこの時期における理論的著作のように、主要な焦点は基地、作戦線、後方連絡線に関するものであった。なお、彼は終章で「決勝点に対して優勢な軍を集中することは戦争術の根本である。この原則は最大の作戦において、また最も小さな戦闘においても、防勢のみならず、攻勢作戦のなかで、またあらゆる可能な状況においてすべての将軍の手引きとして奉仕しなければならない」*[76]と結論づけた。

他の一冊は一八一三年に出版された『戦略の原則*77』である。

本書の第一章の構成は次の通りである。

『戦略の原則』の第一章は、初めに戦略原則――「戦略の定義」、「戦略点」、「作戦線」、「作戦基地」などを説明し、続いて作戦域における戦略の適用――「戦域に関する考察」、「作戦目標の決定」、「作戦線の選定」、「補給倉庫の設置」、「連絡手段」等の考察について演繹的論理を適応している。

戦略原則はジョミニのような項目として揚げていないが、強調する原則は文の段落に間隔を空けて述べられている。たとえば次の通りである。

「あらゆる陣形と機動は作戦基地のために……そして作戦線のために後方の地帯の安全を保証しなければならない*78」

「最大の利点は原則を捨てることなく、敵が戦略原則から外れるように強要し、絶対的な力によってあるいは機動によって達成される*79」

「戦略とは決勝点の占拠が作戦において決定的な利点を与えるときである*80」

これらの内容はジョミニが表現した考え方に類似している。次の第二巻、第三巻はドイツにおける一七九六年の戦いの史的部分を提供し、その戦いに適用した方策を示した。第四巻は地図帳である。

大公の思想は決して十八世紀の枠組みを外すものではなかったし、フランス革命の例に対しても同化しようとはしなかった。

大公の『戦略の原則』は、主に戦略と軍のリーダーシップを扱っているが、大公の若い時代の基本的な思想から脱却し、極保守主義と作戦遂行の数学的指針を示している。本書に見る大公の理論は三つの過程を辿っている。第一は啓蒙主義的な理論的概観、第二はロイドやテンペルホーフの思想および少々ながらナポレオン的戦略を受容する合理性、第三はビューローほどの厳密な科学的、数学的な並外れた主張ではないけれども、幾何学的分析を導入している*81。

ジョミニやクラウゼヴィッツの著書はオーストリア国外では大公の著書を凌いだけれども、『戦略の原則』はヨーロッパの多く国のなかで大公を一級の理論家として認めたのである*82。なお、大公はジョミニと異なり、軍の指揮官ということもあり、戦いの実用的な適応の観点から、大公を評価する現代の著名な学者、ゴードン・A・クレイグ、A・B・ロジャー、ラッセル・ワイグリー、フィリップ・ロングワースなどが挙げられる*83。

ジョミニは大公の『戦略の原則』を読み、「この著書は私自身のものより完全であるが軍人の為にのみ書かれている」と述べている*84。そして彼は自己の『大作戦論』における基本原則、『戦争術の一般原則要綱』の理論構成について確信を持ち、主題の論証の著述を増強する可能性のある方法論と論証方法を得ることができたのである。

大公の『戦略の原則』の第一巻の項目は、ジョミニの『フランス革命戦争の批判と軍事の歴史』の著述以降、『戦争術概論』の著述に到る著作の骨格を為す項目に類似しており、ジョミニの最終著作である『戦争術概論』に至るまでの著作の方向性を得たのである。したがって、『戦争術概論』は大公のモデルに匹敵し、ジョミニにとって『戦略の原則』は、これを凌ぐことに打ち込める発想の源泉であった*85。

この大公の著書について、ジョミニは、『戦略の原則』を発刊する意義およびジョミニの著作過程への影響について次のように述べている。

「ついに陸戦に関する私の最初の『大作戦論』から十年後、大公の重要な著書が登場した。それは教訓と歴史の二つを統合したものだった。大公は最初に小官の戦略的格言を示し、ついで実際的適用を行うためにドイツにおける一七九六年と一七九九年の戦役に対する批判的歴史を四巻にまとめあげた。この勝利した戦い以上に、大公の名声を高めたこの著書は戦略科学の基礎を完成させるものだった。この戦略科学はロイドやビューローが最初にベールを少し揚げ、そして私が一八〇五年に作戦線に関する一章に最初の原則を示し、一八〇七年にシレジアのグロガウに滞在中に自費出版した戦争術の基本原則に関する章でも示したものである＊86」

ついで彼は、次の両義性とも読める記述を残している。

「……彼の著書は私には後位置にあるけれども、私にとって脅威的なライバルであった。……正直に申すと彼の著書は、私の初刊である『大作戦論』の不十分なところを明らかにし、自分の著作過程に欠けているところを私に注意を促し、そして後で補足する『戦争術概論』を記述する思考を鼓吹してくれた。＊87」

ジョミニの言述を分析すると大公の『戦略の原則』に衝撃を受け、影響を受けたことを正直に述べてはいるが、彼の心理的背景にライバル意識が存在したことが伺われる。アザー・ガットは、カール大公の『戦略の原則』が好評であったことでジョミニが脅威を感じたことなどを次のように述べている。

「『戦略の原則』の出版とその本が好評でもって受け入れられたことは、彼の王室の地位とか軍事的権威に関係があった。したがってジョミニは自分の著作が見劣りするのではないか、また軍事科学者の創始者としてあるべき主張を危うくさせるのではないかと恐れた。……ジョミニはカール大公を文字通り、最高の論じ方をした唯一の軍事作家として認めていたが、それでもジョミニは軍事理論の指導者としてカール大公と共有しようと準備さえしており、自分を軍事科学の創始者としての立場を強調さえしたのである＊88」

『大戦争術の原則』と『戦略の原則』は大公の理論と史書として好評であった。特に一七九六年と一七九九年の戦役の説明と戦略に多くの関心が寄せられた。そして『戦略の原則』はフランス語、イタリア語、トルコ語、ハンガリー語に翻訳されたが、戦争理論に関してジョミニの著書が及ぼしたような影響を決して成し遂げることはできなかったのである＊89。

好評であった大公の著書がジョミニの『戦争術概論』の影響力に及ばなかった理由は、フランスとオーストリアの国家と軍事的背景の差異が影響したと思われる。それは躍進する革命フランスに比して、オーストリアは旧体制で保守的な政治機構と特に根深い民族の分裂により国民戦争時代に不利な状態にあった。したがってオーストリアの軍事戦略は、ナポレオンの殲滅戦略に対して慎重戦略であり、防勢主義の傾向が強かった。

そこで、軍事思想の中心になるのは通常軍事力中心になるので、偉大なるフランス時代の間に西洋世界で研究されたナポレオン戦略に関するジョミニの解釈に脚光が浴びたのである＊90。

③ジョミニ戦略理論の確立と戦略思想の完結

今日ジョミニの政治思想については殆んど知られていないことは既に第二章で述べたが、実際に軍事と政治の関連著作は余り知られていないのである。むしろ、ジョミニは戦争・軍事関連の思考に社会、政治等に無関心であったとする批判も存在する。しかし、彼はフランス革命の影響が彼の母国にも吹き荒れた経験や国防省勤務時代の経験等により、比較軍事史と戦略分析の思考において絶えず彼の政治哲学の関心は維持されていたと思量する。

ジョミニが戦争と政治の関係について問題意識を持ち始めたのは、ナポレオンの没落後の一八一五年冬からであると自ら述べている。そして彼は、戦争・軍事に関わる政治問題を叙述した『フランス革命戦争の批判と軍事の歴史』、ワーテルローの戦いに関わる政治と軍事の関係を著した『一八一五年戦役の政治と軍事概論』の両著書から、『戦争術概論』の下地となる『戦略・戦術の大方策研究入門』および『戦争の主要な方策に関する分析的描写』を経て、最終的に彼の集大成である国家戦略論、軍事戦略論、主たる戦略論を包含する『戦争術概論』を著したのである。

『フランス革命戦争の批判と軍事の歴史』の第一章を構成する「ルイ十四世以降フランス革命までのヨーロッパ政治の動揺の描写」は、ジョミニがこれまで慣れ親しんでいない政治史の領域を見る試論として取り上げており、その内容はルイ十四世からフランス革命に至るヨーロッパの政治的進化が叙述されており、紛争の政治的外交的側面のみならず、国際関係に関する彼の概念も述べられている。さらに海上侵攻や植民地における作戦の側面についても考察している。これらの概念は『戦争術概論』に含ませて記述している。

ジョミニは『フランス革命戦争の批判と軍事の歴史』に関して、「大戦争を指導するには必要欠くべからず純軍事分野および他の重要な方策だけを取り扱っている。また、著述内容は将軍の方策というよりも帝国の統治の科学に属する」と述べている*91。

『一八一五年戦役の政治と軍事概論』を分析すると著者の深い保守的な政治思想が表れている。共和主義体制がヨーロッパ列強に当てはまらないという信念により導かれたジョミニは、公選君主制あるいは世襲君主制、絶対君主制あるいは立憲君主制のみの交互体制を挙げている。そして、内的紛争や外的干渉を招く公選主義に反対してジョミニは絶対君主制と主権在民主義との間の妥協案が政治の安定をもたらすと見なしていた*92。このジョミニの政治的保守主義は、国家的・社会的なエゴイストまたはライバルのいずれかが、ヨーロッパ社会に存在する根本的な悲観的見解に基づいていることを我々に告げている。そして国家、国際的安定は混乱状態に対する唯一の保証として、強くて議論の余地のない権威者でしか拠り所はないとする政治的理念であった。

彼は、政治面での安定を希求する精神は、国家憲章を消滅させるような殲滅戦争を排除するために国際的レベルで暴力を抑制する意志に立ち返るであろうと問題を投げかけているのである*93。このようなジョミニの政治的思索は、戦争の最も極端な殲滅戦（絶対戦争）を経験したナポレオン戦争に由来している。

さらに、彼は国民総員が敵に立ち向かう戦いを国民戦争と名付けた。スペイン戦争においてジョミニを驚かせたすさまじい暴力の経験、一七九三年のヴァンデ地方の反乱、一八〇九年のチロル地方の反乱の例を挙げて、この戦争は各種の戦争のなかで最も恐ろしく、危険であると告げている。牧師や婦女子などのゲリラ攻撃により部隊が殲滅された例を挙げ、彼がこの戦争形態に嫌悪の感情を抱いたのは著者の政治概念と戦争学＊94との分析間の密接な相互作用を理解することができる。

一八三〇年の初めにジョミニの軍歴は終わり、以後著述に専念することになり『大作戦論』に戦争術に関する理論的考察を導入する一連の合体について考えていた。そして一八三〇年頃から『戦争術概論』の構想を練り始めた。この構想は政策論と「戦いの基本原則」に基づく戦略理論と戦略方策を具現化することであった。つまり『戦争術概論』著述の下地として、著作の論理構成を構築する要素を案出するために『戦略・戦術の大方策に関する研究入門』と『戦争の主要な方策の分析的叙述』を著作したのである。

この二冊の原著の形成過程とそれらの狙いの概要は、ジョミニが出版社のアンセラン社に宛てた一八三十年六月十日付けの次の手紙のなかに記述されている。

「皇帝陛下は私の『大作戦論』のロシア版の抜粋を作るよう命じ遊ばされたので、私は若い人たちが原則に適用できる戦争史を読む前に、その全体と結論が分かるように、主要な方策の根拠のある専門用語を与えて入門編の一ヵ章を作成したいと存じます。つぎに王位継承者の教育に適することを確信して、特に閣僚級の政治家に役立つ政治的領域と戦争の心構えについて一般的な概念を付け加えたいと考えています。私が皇帝に私の考えを申奏しましたときに、皇帝は私がそのような著書を奉呈することを信じて下さったのであります。一つの著作では断片的に過ぎず私は敢えて二つの著作を作成しました。著書に献辞をなすことを認可された皇帝はご自分の写真と嗅ぎたばこ入れを恵送下さいまして、畏れ多くも皇帝が費用を払い印刷するよう命じ遊ばされたのであります。そのような名誉の価値ある著書を作成するために、命により印刷している間に一つの著書を大急ぎで書き上げた次第です。……＊95」

ジョミニは『戦略・戦術の大方策に関する研究入門』の中で、当初の思想にさまざまな戦いの研究から導き出した実践の教訓のすべてをまとめて述べている。戦争術の純軍事分野に関して、彼は作戦において常に攻勢を強く奨めているが、防勢、攻勢、攻勢防御の三方式に区分していることが認識される。また、彼は過去に定義された作戦基地、作戦線、前線について修正し、体系化している。

彼は、本書のなかで十の戦闘隊形を挙げ、十番目の戦闘隊形の説明では、軍の攻勢において敵線の中央側端に縦隊を投入する攻撃を企てた縦隊戦術の例を挙げて、この戦略機動はヴァグラムおよびリニーの戦闘でナポレオンが勝利を為した戦例として紹介している＊96。ついで、ナポレオン戦略機動の原則の説明が加えられている。

その原則には、機動の主動性を採り、敵の弱点に指向することが必要であり、両端を同時に攻撃してはならない、集中力を維持し、敵に不利な弱点を犯させるようにすること、引き続き地形の利を得て集中すること、戦闘隊形は機動的で堅固であること、一旦撃破された敵に対して攻撃を続行することが必要であるとしている。

彼は『戦争の主要な方策の分析的描写』のなかでは戦略のジョミニ式定義を単に作戦戦略とするならば戦争政略は最高司令官の関心事であり、軍事戦略と国家戦略に及ぶことである。ジョミニは政治的動機に応じて幾つかの戦争について数頁を割き、そのなかで、決勝点に最大の兵力を集中する術が戦争を支配する原則のように、均衡を保つ原則は政治の基礎でなければならない。海上の均衡がヨーロッパ政治の均衡に重要な部分であるという事実に配慮する注意も喚起している＊97。

『戦争の主要な方策に関する分析的描写』の緒言に述べたジョミニの戦略概念は一般科学と戦略科学は適用が異なることを表明している。つまり一般科学は基礎教育から始めなければならないのは真実である。しかし戦略はまったく別のことであり、戦略を研究する軍人は専門技術を熟知していると思われるので、軍人に軍事科学を示すには、作戦計画の作成を求める将軍として実行することが必要であるとしている*98。アメリカの軍事史家マイケル・ハンデルも同様な考えをしている*99。その具体的方策は、まず作戦域の全体を調査すること、ついで作戦基地の構築を考えることが必要である。そして選定された幾つかの目標に対して戦闘行動を実施する観点から闘いを決する突撃に至る。ジョミニは以上の戦略概念を見識のある軍人から是認を受けることを望んでいた。

『戦争術概論』は『戦争の主要な方策に関する分析的描写』の思考を引き継ぎ拡大している。たとえば『戦争の主要な方策の分析的叙述』と『戦争術概論』のそれぞれの著書目的は、前者では「戦争のすべての作戦のために戦いの基本原則、そしてすべての至当な方策に固守する原則が存在することを指摘すること」としている。さらに、その原則を「第一に決勝点が戦域にまたは戦場に存在するかどうかには関係なく、決勝点に利用可能な軍の最大の兵力を投入すること、第二にこの戦力集中は決勝点に対するのみならず、その決勝点における戦闘において巧みに指揮運用を行うことである。」と表明し、基本原則は戦略と戦術の異なる方策に適用すると記述している*100。後者では本稿の第三章戦略の中で「この著作の主な目的は、戦いにおけるあらゆる作戦には基本原則―全ての優れた方策を支配する原則が存在することを明らかにすること」としている。

彼の戦略理論は『ナポレオン自身が語った政治・軍事的生涯』の著作に至るまでに一応出尽くし、既述したように一八三〇年頃から『戦争術概論』の構想を練り始めた。この構想は従来述べてきた政策論、基本原則に基づく戦略理論と戦略方策を区分原理に基づき整理し具現化することであった。

彼は『戦争術概論』の第一章に「戦争政策」を設定し、戦争政策の問題、つまり国家が関与するさまざまな戦争を扱っている。多かれ少なかれ外交政策に属するさまざまな方策を、また戦争が適切であり、あるいは必要不可欠であり、戦争が目的を達成するために要求されるいろいろな作戦を決定する場合に、政治家が判断しなければならないことを述べている*101。

なお本論から、軍人は厳格に政治権力に従属すべきであり、政府は作戦の細部について干渉してはならない、作戦は戦争の理論を知っている指揮官である将軍の領分であることが汲み取れるのである。つまり政軍関係のシヴィリアン・コントロールを定義したのである。さらに、ジョミニは戦争術を軍事政策と結びつける事も革新しているが、彼は防衛政策の現代概念に関して先駆けの人であることを顕している。

第二章に表題「軍事政策と戦争哲学」を定めているが、軍事政策の考慮すべき要素を次の通り示している。

「敵対する人民の情熱、軍事組織、第一線および予備隊の実力、財政・資源、政府あるいは諸機関の関係、その他国家元首の性格、軍司令官の性格と軍事能力、内閣あるいは戦争会議が首都で作戦について及ぼす影響、……敵の司令部における戦争システム、軍の構成戦力および装備における相異、侵攻しようと欲する国に対する地理および軍事統計、終わりに、敵国で見出される資源およびあらゆる自然障害は、すべて同時に見出すべき重要な項目で、元来外交にも戦略にも属さないものである。」

このなかで現代でも通用する統帥が述べられている。民主主義国家の軍隊を統率する国家主席や指揮官の具備すべき資質、指揮官の選定、軍隊指揮官の戦争計画の実行策に関するものである。注目すべき評価の一つは軍事能力のない軍隊統率者は、危害を為すだけであるので早々に軍隊から去った方が良いと述べている。

ジョミニは、戦略の定義を他国に侵略するにせよ、あるいは自国を防衛するにせよ、戦域における集団を巧みに指揮することであり、「大戦術」とは、戦争計画を巧みに作成する術であり、戦闘に際し巧みに指揮することであるとした*102。「大戦術」についての定義または論評は主にナポレオンの戦略・戦術の文脈で重要である。

この五項目のなかでも兵站を重視している。彼は『戦争の主要な方策に関する分析的叙述』のなかで作戦・戦闘支援の基盤的構成要素として兵站を導入し、戦略を確実にする役割として定義づけている*103。この用語は軍事史論のなかで初めて登用された用語と思われるが、ジョミニは最初に兵站を項目としては挙げていなかった。また、ジョミニは兵站の原語をロジスティク（Logistique）として、その定義を戦略・戦術の計画を成立せしめる手段と手配を含むとし、ロジスティクは結局のところ戦闘の基盤構築あるいは戦略、戦術の二つを保証する軍事技術とした。

この定義は誤解を与えたので、ジョミニはその後、ロジスティクについては『戦争術概論』の第六章に、表題「ロジスティクもしくは軍隊運用実践術について（**Sur la logistique ou art pratique de mouvoir les armées**）」として設定した。この変更の理由はロジスティク項目の表題の著述がより永続的に関連する戦略に関わるので、重視するロジスティクを独立的に記述することがより良いと考えたからである。第六章のロジスティクの内容要素は戦争に必要な資材の準備、不測の事態に対応する秩序の形成、部隊移動の行進序列、情報の収集、補給と輸送の組織化、野営と補給所ならびに倉庫の設立、医療と通信業務の組織、最前線に対する供給の増援、情報などを含めて詳説した。

したがってマーチン・クレフェルトが述べたように、ジョミニのロジスティクの定義は、前述の定義に「補給物資の移動を継続して到着させるように準備すること、そして補給線を設置し、企画すること」を含めることになるので、ロジスティクの定義に誤解を与えることなく、邦語の兵站として位置付けることが可能である。

ジョミニの兵站重視はナポレオン戦争の彼の経験を反映した。彼は次のように記述している。

「ナポレオンは作戦地帯の決勝点に、出発点から広く分離した縦隊を正確に集中させる、称賛に値する能力を有していた。彼はこの方法で戦いに成功していた。いわばナポレオンの作戦は巧妙な戦略的計算に依存したが、その実行は疑う余地なく兵站の傑作であったのである*104」。

一八五五年に『戦争術概論』の第二版が出版されたが、第二次産業革命の影響により新しい兵器や発明の出現を考慮して、基本原則は不変であるとして本書に付録第二「戦闘のための部隊の戦闘隊形」を含めた。そしてその付録は次の文で締めくくっている。

「終わりに際し、次のことを想起し、これらを方針として締めくくりたい。戦争というものは精密な科学からはほど遠く、恐ろしく情熱的なドラマである。戦いには一般原則が三つか四つあることは真実であるが、結果的には多くの複雑な精神と肉体に委ねられるものだ*105」

そして、その戦争を彼は「戦争は壮大なドラマであり。数千人の肉体的、精神的要素が多かれ少なかれ力強く働き、そしてどちらも数学的な計算に換算することはできない*106」と述べるのである。

＊註

1 啓蒙思想とは理性による思考の普遍性と不変性を主張する思想。十七世紀後半にイングランドで興り、十八世紀のヨーロッパにおいて主流となった。フランスで最も大きな政治的影響力を持ち、フランス革命に影響を与えたとされる。イギリスではロック、ヒューム、フランスではモンテスキュー、ディドロ、ドイツではレッシング等に代表される。なお、啓蒙思想の主義性が強調されると、たとえばフランスのように政治性が強い場合は啓蒙主義ともいう。

2 AZAR GAT, p. 9.

3「革命的軍事改革」は、ＲＭＡ（Revolution in Military Affairs）の筆者の訳である。ＲＭＡは湾岸戦争以来アメリカ国防省から出た用語で、日本では官庁用語の「軍事上の革命」を訳語としている。軍隊は対象国の軍隊に対してより優位に立とうとして、常に兵器、戦略・戦術、部隊運用などの開発・改革を行ってきたが、それらの改革等の中でも軍隊内部の変革や戦争の形態変化に影響を及ぼす革命的な軍事改革を指す用語である。「軍事上の革命」は直訳であり、他の用語である「軍事革命」と同一に見なされる懸念がある。この用語は内容を表す表題としては曖昧模糊としているので、筆者はこの用語を「革命的軍事改革」とした。

4「軍事革命」は「革命的軍事改革」が根源である。この用語はスウェーデン史専攻の歴史家、マイケル・ロバーツが、ベルファーストのクィーン大学の就任講義で初めて提起した用語である。ロバーツに依れば、「軍事革命」の意義はオランダの革命的な戦術改革、さらに、それをスウェーデンがより攻勢的に改善した戦術により、世界、国家・社会などが発展する原動力と進路を定め、中世から近代の史的分水嶺を定めた史的役割を果たしたと主張したのである。MICHAEL ROBERTS, "The Military Revolution, 1500-1660" *in THE MILITARY REVOLUTION DEBATE-Reading on the Military Transformations of Early Modern Europe*, ed., by Clifford J. Rogers, Westview Press, 1995を参照。

5 F. L. TAYLOR, *The Art of War in Italy 1494-1525*, Greenhil Books, London, 1993, pp. 45-46. この戦闘で攻撃側の指揮官ドウトンは三発の銃弾を受けて戦死した戦例が記録されている。Ibid., n. 1: *Chroniques de Louis XII*, 1503, ch. 11を参照。

6 マウリッツ公は、スペイン軍のテルシオに対抗する「革命的軍事改革」を遂行した。この改革はライデン大学教授ユストゥス・リプシウスがローマの貫徹した命令と服従の精神、ギリシア・ローマ時代の戦闘隊形であったファランクスとレギオンをナッサウ家の貴族達に教示した。オランダの軍制改革は次の著書、論文がある。Bearbeiter von Werner Hahlweg (Mit zahlreichen Abbildungen herausgegeben von der Historischen Kommission für nassau.), *Die Heeresreform der Oranier — Das Kriegsbuch des grafen Johann von Nassau-Siegen*, WIESBADEN, Selbstverlag der Historischen Kommission, 1973; W. H. SCHUKKING, ED.,

THE PRINCIPAL WORKS OF SIMON STEVIN VOLUME IV THE ART OF WAR, AMSTERDAM C. V. SWETS & ZEITLINGER, 1964.
今村伸哉「マウリッツ公の軍制改革」『軍事史学』軍事史学会、第二十一巻第四号、昭和六十一年、「八十年戦争におけるオランダの軍制改革」『日蘭学会会誌』日蘭学会、第十二巻 第一号、昭和六十二年。

7 Archer Jones, *THE ART OF WAR IN THE WESTERN WORLD*, 1987, UNIVERSITY OF ILLINOIS PRESS, **1987, p. 233.**

8 この戦争形態は戦闘地域を局地に限定し、また殲滅戦を避けて消耗戦、つまり長距離の戦略機動を行って殲滅戦を行わず、敵の弱点や後方連絡線を衝き、または攻囲戦において兵糧攻めで敵をして屈服させ、政治・外交目的を達成しようとする暴力の無限界行使を抑止する戦争である。

9 アンリ・ド・ラ・トゥール・ドーヴェルニュ・テュレンヌ（一六一一〜七五年）。ブルボン朝フランス元帥。戦略機動の名手。

10 ジョン・チャーチル・マールバラ公（一六五〇〜一七二二年）。イギリス軍人。彼はウインストン・チャーチル首相及びイギリス皇太子妃ダイアナ・スペンサーの先祖にあたる。スペイン継承戦争における戦略機動の名手で勇猛果敢な指揮官であった。

11 サヴォイのオイゲン公（一六六三〜一七三六年）。フランス出身のオーストリア軍元帥。政治家。聖職者の予定から軍人を志望し、ルイ十四世に竜騎兵貸与を願うも拒否され、一六八三年にオーストリア軍に入る。同年ウイーンに侵入したトルコ軍を撃退する勲功を立てる。優れた軍事的天才であった。

12 「態勢戦」の意義は、註36の戦争形態と同様に彼我共に有利な態勢を占めるために機動を行い、決戦を行わない戦いである。また、国境防衛あるいは戦略要域を護るために築城を行い侵攻する敵を阻止する戦いを含む。ジョン・リンは前述の「態勢戦」の要塞による防御を **positional warfare** と定義づけた。この用語は彼が初めて用いたように思われる。日本では **positional warfare** を「位置の戦争」と直訳している。John A. Lynn, *Giant of the Grand Siècle: The French Army 1610—1715*, CAMBRIDGE UNIVERSITY PRESS, 1997, pp. 547—593 を参照。

13 ピエール・ジョゼフ・ブルセ（一七〇〇～八〇年）。フランス軍将軍。軍事教育者。スペイン継承戦争をはじめ、フランスが行った戦争にほとんど参加。低貴族であったが故に高級指揮官の道は閉ざされ、参謀長止まり。グルノーブル参謀大学校の校長の時に、『山岳戦の原則』を著して師団編成を着想。七年戦争中ヴィクトール・F・ド・ブロイ元帥の参謀長を務めた。

14 Robert S. Quimby, *THE BACKGROUND OF NAPOLEONIC WARFARE–THE THEORY OF MILITARY TACTICS IN EIGHTEENTH-CENTURY FRANCE*, AMS PRESS, INC. NEW YORK, 1973 を参照。本書は啓蒙軍事思想家たちがナポレオンの戦略戦術の基盤となる戦闘組織、戦術隊形、師団編成等の理論構築と実用の過程を詳細に論じている。

15 Ibid., p. 302

16 Ibid., p. 5.

17 シェヴァリエ・ジャン・デュ・テイュ（一七三八～一八二〇年）。フランス軍将軍。砲兵将校としてフランス軍の野戦砲兵の発展に貢献した。著書に次の二書がある。
Chevalier Jean du Teil, *Manœuvres d'infanterie pour résister à la cavalerie et l'attaquer avec succès*, Metz, un vol. in-octavo avec planches, Paris, 1782. *Usage de l'artillerie nouvelle dans la guerre de champagne; connaissance nécessaire aux officiers destinés à commander toutes les armées*, Metz, un vol. in-octavo avec planches, Paris. 1788.

18 ユストゥス・リプシウス（一五四七～一六〇六年）。ベルギー生まれ、哲学者。文献学者。著書に一五八一年『タキトゥス年代記注解（Ad annales Corn. taciti liber Commentarius）』、一五八四年『恒心論（De Constantia)』、一五八九年『政治学六巻（Politicorm libri sex)』）がある。オランダ独立戦争においてマウリッツ公の軍制改革の思想的背景と理論的根拠を与えた。

19 レイモンド・モンテクッコリ（一六〇九～八〇年）。イタリア出身のハプスブルク家の軍人。オーストリア軍元帥。兵士から元帥まで上り詰めた。三十年戦争に参加。一六六四年サンクトゴッタルドの勝利、また一六八三年にトルコ軍が侵攻したが、ウィーンの近傍でトルコ軍を撃退した。三十年に亘る著作活動で次の著作を遺している。『戦闘論（Sulle battaglie)』、『戦争論（Trattato della guerra)』、『戦争術（Dell'arte militare)』、『ハンガリーにおける対トルコ戦争論（Della Guerra col Turco in Ungheria)』。

20 **AZAR GAT p.25.**

21 ジャック・アントワーヌ・イポリット・ド・ギベール（一七四三～九〇年）。幼少の頃から軍籍に入る。フランス軍大佐。軍事理論家として将来戦に影響を与える教義上の著書を作成した。作戦遂行上の機動、迅速性と果敢性、田園地方に大きく依存する兵站問題の解決法、ブロイ元帥による原始師団編成、プロシア型の硬直した横隊戦術から脱却して散兵線（火線隊形）に展開し得る縦隊戦術などの提案を行った。ギベールの文献は次に示す二冊がある。**Comte de Guibert, *Essai général de tactique* dans œ*uvres militaries du comte de Guibert*, 5 vol., Paris, 1803; Defense du systèmede guerre modern, dans *Œuvres militaries du comte de Guibert*, paris, 1779.**
ギベールは後者の『近代戦争システム擁護論（Defense du systèmede guerre modern,)』の中で la Stratégique（戦略）という用語を初めて導入した。

22 ハインリヒ・ディートリヒ・フォン・ビューロー（一七五七～一八〇七年）。十六歳でドイツ軍に志願して入隊。騎兵隊中尉。彼の性格はうぬぼれが強く、病的なほど自己中心的であった。最終的にロシア側から狂人と判定され、リガの収容所で一八〇七年に死亡した。

23 **Jomini, Précis, p. 7.**

24 マルキ・ド・ピュイセギュール(一六五五～一七四三年)。フランス軍元帥。ルイ十四世時代にリュクサンブール元帥の参謀長を務め、ポーランド継承戦争においてフランス軍元帥の地位を得た。主著に **Marquis de Puységur, *Art de la guerre par principes et par régles*, 2 vol., Paris, 1748** がある。この著書の大きな価値は理論よりも歴史分析を重視していることである。

25 **Jomini, Précis, p. 5** を参照。ジョミニが読んだする初の「兵站学小論」は、公刊されたものかは不明。

26 ジャン・シャルル・シェヴァリエ・ド・フォラール（一六六九～一七五二年）。十九歳の時フランス軍に入隊して、ルイ十四世の戦争末期に戦闘に参加。ついでスウェーデンのカール十二世の軍隊に勤務した。フランス軍歩兵連隊長を最後に除隊。彼の著書『ポリュビオス史（Histoire de Polybe, Paris, 1724-30.）』の中で槍と縦隊の衝撃戦術の復興を唱導。著書に『遊撃戦論（Traité de la guerre des partisans）』、『戦争術の新発見（Nouvelles découvertes sur l'art de la guerre, Paris, 1724.）』がある。

27 フランソワ・ジャン・メニル・デュラン（一七二九～一七九九年）。オーストリア継承戦争に参加して顕著な功績を挙げる。主著に『戦術におけるフランソワ隊形の案（Projet d'un ordre françois en tactique, Paris, 1755.）』がある。この著書は横隊隊形と縦隊隊形に関する論争を活性化させた。

28 ヴィクトール・F・ブロイ（一七一八～一八〇四年）。フランス軍元帥。イタリアのピエモンテ出身の公爵の家系。フランス革命ではドイツ軍に入り、反革命軍を指揮した。師団編成はブルセ将軍の主務であったが、ブロイは初期の師団システムを導入した。

29 エチエンヌ・シュワズール公（一七一九～一七八五年）。フランス軍中将。外務大臣、陸軍大臣、海軍大臣を務めた。オーストリア継承戦争に参加。七年戦争後にフランス陸軍の歩兵と砲兵の軍事改革を行った。

30 モーリス・ド・サックス（一六九六～一七五〇年）。フランス軍元帥。ザクセン侯アウグスト二世の私生児。ルイ十五世に仕え、オーストリア継承戦役で武功を立てた。遺稿が一七五七年に出版された『戦争術に関する夢想あるいは回想録（Rêveries ou Mémoires sur l'Art de la Guerre）』及び『戦術の法則的精神（L'esprit des Lois de la Tactique, Paris, 1732.）』がある。

31 MARECHAL de SAXE, *MES RÊVERIES*, EDITIONS D' AUJOURDHUI 1757, p. 5.

32 この著作は二回にわたるシュレージェン戦争を叙述している。これは公刊されず、密かに将軍達に回覧された。大王は一七五二年に『国政の遺言（Testament poltique)』を作成したが、「戦いの一般原則」はこの書の付録として加えられた。

33 AZAR GAT, p. 113.

34 マルキ・ド・フーキエール（一六四八～一七一一年）。フランス軍中将。ルイ十四世の優れた軍人。彼は決定的な戦いのために攻勢第一主義で戦闘することを強く主張した。彼の著書、『歴史と軍事』（Marquis de Feuquieres, *Historical and Military*, 2 vol., London, 1736）は戦争遂行のあらゆる兵科一連の軍事格言を提供している。

35 Jomini, Précis, p. 7; Rapin, p. 63.

36 PATRICK. J. SPEELMAN ed., *WAR, SOCIETY AND ENLIGHTENMENT — The Works of General Lloyd*, BRILL LEIDEN・BOSTON, 2005, pp. 1-184を参照。
スピールマンは、ロイドが前述の著書の中で散在して述べた「戦いの原則」を、以下の著書の中で項目ごとにまとめている。 PATRICK J. SPEELMAN, *HENRY LLOYD AND THE MILITARY ENLIGHTENMENT OF EIGHTEENTH CENTURY EUROPE*. (United States of America, 2002, pp. 123-128 (Appendix A) を参照。

37 A. H. D. VON BÜLOW, *Geist des neuern Kriegssystems hergeleitet aus dem Grundsätze einer Basis der operationen*, Hamburg, 1799. この著書は一八〇六年にイギリスで翻訳された。 *The Spilit of the Modern System of War*, London, 1806.

38 JOLY DE MAIZEROY, *Théorie de la guerre*, 3, lib., LAUSANNE, 1777.

39 SPEELMAN, War, pp. 484-488.

40 Ibid., IV: "A Rhapsody on the Present System of French Politics; on the Projected Invasion, and the Means to Defeat It", pp. 323-374.

41 G. PERJÉS, 'Army Provisioning, Logistics and Strategy in the Second Half of the 17th Century,' in *ACTA HISTORICA* , BUDABEST 1, Û. 51-53, 1970, p. 1.

42 ミシェル・ル・テリエ（一六〇三～八五年）。フランスの政治家。陸軍大臣、大法官を歴任。

43 MARTIN VAN CREVELD, *Supplying War, logistics from Wallenstein to Patton*, Cambridge University Press, 1977, pp. 18-19. (M・V・クレフェルト『補給戦—ナポレオンからパットン将軍まで』佐藤佐三郎訳、原書房、一九八〇年、一七～一八頁）

44 ル・テリエ・ルーヴォワ（一六四一～九一年）。フランスの官僚。陸軍大臣を歴任。

45 SUPPLYING WAR P. 34.（『補給戦』三二頁）

46 CHRISTOPHER DUFFY, *The Army of Frederick the Great*, DAVID & CHARLES NEWTON ABBOT, London, 1974, p. 134.

47 Ibid., p. 135.

48 Ibid., pp. 69-70.

49 Ibid., pp. 152-156.

50 本書第１部113頁。

51 SPEELMAN, HENRY LLOYD, p. 47. ロイドは『ドイツにおける最近の戦争史』の中で、現代の「戦いの原則」に通じる戦いの原則、法則などを分散して述べている。このことをジョミニは何ら触れていないが、彼の『戦争術の一般原則要綱』の中の格言は、この著書から示唆を得ていたのではないかと推測する。

52 Jomini, Traité de grande tactique, 1, pp. 5-6. ロイドの著書やジョミニ等啓蒙軍事思想家に及ぼした影響等については、MICHAEL HOWARD, 'Jomini and the Classical Tradition in Military Thought', in MAICHAEL HOWARD ed., *The Theory and Practice of War; ESSAYS PRESENTED TO CAPTAIN B. H. LIDDELL HART,* Cassel & CO. ltd. 1965 を参照。

53 Jomini, Précis, pp. 6-7.

54 Lloyd, The History of the late War を参照。

55 SPEELMAN, HENRY LLOYD, p. 47; SPEELMAN, WAR, SOCCIETY, pp. 78-82. カウニッツ同盟は、オーストリアの宰相ヴェンツェル・アントン・カウニッツ（一七一一～九四年）が、七年戦争の際に女王マリア・テレジアを助けて、長年対立関係にあったフランスと同盟を結ぶ献策を行ったもの。七年戦争ではフリードリヒ大王率いるプロイセン軍に対抗するロシア、フランス、スウェーデン、オーストリア連合軍が形成された。七年戦争戦争は当初連合軍が優勢であったが、戦争の終末期にロシアが脱落し、フリードリヒ大王が勝利した。

56 Ibid., p.47; Jomini, Traité grande tactique 1, pp. 24-34.

57 Georg Friedrich von Tempelhof, *Geschichte des Siebenjährigen Krieges in Deutschland zwischen dem Könige von Preussen und der kaiserin Königin mit ihren Alliirten, vom General Lloyd.* 6 vol., Berlin 1783-1801; G. F. von Temperhof, *History of the Seven Years War,* 2vol., London, 1737.

58 Ibid., Temperhof, History, pp. 74-78; Jomini, Traité grande tactique 1, pp. 24-34.

59 Ibid., Temperhof, p. 47. パトリックによるとテンペルホーフのフリードリヒ大王に対する評価は疑わしいとしており、テンペルホーフは大王を批判したロイドを攻撃することに大きな関心を有していたと述べている。一方アザー・ガットは、ロイドの『七年戦争』はオーストリア側に肩入れしており、彼の批判はしばしば表層的で根拠がないと述べている。AZAR GAT, op. cit., p.76 を参照。

60 小堤盾『戦略論大系⑫デルブリュック』戦略研究学会編集、芙蓉書房出版、二〇〇八年を参照。

61 Jomini, Traité grande tactique, 1, p. 37.

62 Jomini, Traité grandes operations, 1, pp. 208-209.

63 Jomini, Traité de grande tactique, 1, p. 125.

64 Ibid.,1, pp. 240-243; pp. 396-398.

65 Ibid., ll, pp. 208-211.

66 SPEELMAN, HENRY LLOID, Appendix A を参照。

67 Quest, p. 21.

68 Rapan, p. 30, n. 17.

69 Jomini, Traité des grandes operations militaires, IV, vol. 2, 1811, p. 275.

70 Erzherzog karl von Österreich, *Grundsätze der Strategie; erläutert durch die Darstellung des Feldzugs von 1796 in Deutschland,* Wien: Gedruckt bei Anton Strauss, 1814, p. 235.

71 Rapin, p. 35, n. 23.

72 Jomini, "L'art de la guerre", n. 1, 1808, pp. 31-40.

73 Rapin, p. 24, n. 4.

74 ibid., p. 25, n. 6.

75 Erzherzog karl von Österreich, *Grundsätze der höheren Kriegskunst für die Generäle der österreichischer Armee*. Vienna: Hof- und Staats- Druckerei, 1806.
Gunther E. Rothenberg, *Napoleon's Great Adversaries — The Archduke Charles and the Austrian Army, 1792-1814*, B.T. BATSFORD LTD LONDON.,1982. pp. 106-108を参照。ローゼンベルグはこの本の中でカール大公の当該書は共著だった有力な説があることを紹介している。

76 Grundsätze der höheren, pp. 2-3.

77 註70を参照。

78 Grundsätze der Strategie, p. 237.

79 Ibid., pp. 239-240.

80 Ibid., p. 240.

81 AZAR GAT, p. 99.

82 John Alger, *The Quest for Victory: The history of the Principles of War*, Westport, 1982, p. 31,

83 Lee W. Eysturlid, *The Formative Influences, Theories, and Campigns of the Archduke Carl of Austria*, GREENWOOD PRESS, 2000, p. 116.

84 Jomini, Histoire critique et militaire des guerres de Frédéric II, vol. I, p. x.

85 AZAR GAT, p. 103.

86 Jomini, Précis, p. 9.

87 Rapin, p. 63, n. 25,

88 AZAR GAT, pp. 102-3.

89 Ibid., p. 25.

90 Ibid., p. 105.
91 Colson, p. 15.
92 Jomini, Précis politique, pp. 15-21を参照。
93 Ibid.
94 ここで述べる戦争学は、戦争について社会学的観点からの研究を意味する。
95 Rapin, p. 101, n. 6.
96 Jomini, Introduction, pp. 24-25.
97 Jomini, Tableau, p. 15.
98 Ibid., p.x; pp. 3-4.
99 MICHAEL I. HANDEL, *MASTERS OF WAR: Sun Tzu, Clausewitz and Jomini*, FRANK CASS, 1992, p. 1.（『戦争の達人たち—孫子・クラウゼヴィッツ・ジョミニ』防衛研究所翻訳グループ訳、原書房、一九九四年、一～二頁）
100 Jomini, Tableau, pp. 63-64.
101 Jomini, Précis, pp. 21-22.
102 Ibid., pp. 19-20; p. 201を参照。
103 Jomini, Tableau, p. 80; Jomini, Précis, pp. 81-82.
104 Ibid., p. 390.
105 Jomini, Précis, p. 281.
106 Ibid., p. 13.

第四章　ジョミニ戦略理論の評価と批判

一、ジョミニ戦略理論の真髄と批判

ジョミニ戦略理論の真髄は、ナポレオン戦争の教訓から、不変の「必勝の戦略原則」を見出したことである。事実、ナポレオンの戦略構想は地域や首都の占領よりも政府の崩壊をもたらす敵野戦軍の撃滅であった。そのために計画的で迅速な戦略展開と決勝点に優勢な兵力を集中することであった。その決勝点は詳細に偵察され、計画された広範囲な地域において敵軍よりも優れた編成により、巧みな戦略機動によって決勝点に兵力を集中し敵軍を撃破し、追撃して殲滅したのである。

ジョミニは、このナポレオンの戦略から「必勝の戦略原則」の基礎は戦争術の戦いの基本原則にあることを把握したのである。この「戦いの基本原則」については十八世紀の軍事著述家の誰しも述べていないのである。彼が初めて「戦いの基本原則」を極めて簡潔に述べたが、その主旨は戦争を有利に遂行するため、すべての方策を支配する原則を求めることにあった。これがジョミニの戦略論の真髄である。

そして彼は説明的に「戦いの基本原則」を具体化した四項目の原則*1を示したのである。

一八三八年に『戦争術概論』を上梓したジョミニは、十九世紀における最も影響力あるナポレオン戦争の解説者になった。彼は軍人著述家として二十年に亘る戦争経験から加味された確信を次のように述べている。

「私は率直に言って二十年間の経験から以下の信念を強めたことを認めることができ逸脱すれば必ず

危険であり、逆に原則を適用することは、いつでもほとんど成功の栄冠をもたらすような戦争の基本原則がごく少数存在する。……騒然たる戦闘のまっただ中での大作戦を実施するという、常に困難で複雑な任務を遂行するために、……軍司令官にとって羅針盤として役に立つものである*2」

さらに彼は自信げに次のように述べている。

「私は戦いの基本原則と戦略原則を、ヨーロッパではまったく知られていないテンペルホーフによって書かれた七年戦争を抜粋し、分析して革命戦争と比較して解決した。最終的には歴史史事象から推論して、多数の証拠が繰り返された一連の格言を明白な原則に転換した。……この思想は光輝ある発想である。なぜなら著者たちの想像に応じて変わる体系的ドグマのみを叙述するだけでは、戦争のあらゆる方策にたいし支配するのに役立つ『戦いの基本原則』を定めることは決して出来ないのである。……一旦多くの軍人にその出版物が手に入れば、十八世紀の教条的論議が次々と起こるように、怪物のようなシステムを構築することは困難となろう*3」

しかし、一八〇七年の『大戦術論』から一八三八年の『戦争術概論』の三十年間の著書に表現された原則・格言を、その間の彼の戦争経験から区分整理して簡潔な列挙項目が結果的に生じた筈であるが、ジョミニはそのような整理は行っていない。したがって『戦争術概論』においても原則と格言が曖昧で明確に区分されておらず、読者をして混乱させる所以となっている。

『戦争術概論』は、クラウゼヴィッツの『戦争論』のように戦争を哲学的に論じたのではなく、表題通りに戦争遂行の理論と方策を論じたものである。ジョン・シャイは「戦争をその政治的・社会的文脈から切り離し、戦争を巨大なチェスゲームに変えて、その意志決定の法則と作戦上の結果に注目する、彼の戦争の問題に対する全般的な考え方は、驚くほど永続性を備えていた*4」と述べたが、まさに、ジョミニは戦争を政治的・社会的文脈から切り離して、ナポレオン戦争を分析して、戦争システムと勝利の原則を解明して、『戦争術概論』を成功させたのである。
因みにジョミニは戦略の意義を如何に考え、表現していたであろうか。
すでに第三章で述べたが、この戦略と戦術の区分はジョミニが初めてではなく、十八世紀後半に入ってポール・G・J・ド・マイゼロアが戦略と戦術の用語を初めて区分して、それぞれの意義を次のように提唱した。

「戦略は判断するために頭脳の最も卓越した能力に依存する、つまり知性である。戦術は要塞のように全体に幾何学的であるから堅い規則になぞえられる。戦略は政治、物理的、精神的な数多くの状況、それらは決して、同一ではなく、全体に才能に支配されるので、戦略は戦術ほどに影響は受けない。それでも戦略には問題なく決定され、不変として考えられるいくつか一般的な原則が存在する*5」

しかし、当時の戦争は単純かつ限定されており、戦略は戦争を計画し、指導する方策と定義されていた。マイゼロアは前述の原則をフランス軍の優れた将軍たちが遂行した幾つかの戦例を分析し、導いたのであった。アザー・ガットに依るとマイゼロアの戦略原則は二十世紀の「戦いの原則」の抽象的概念に極めて似ているが、当時はまったく孤立した理論的構造であったと述べている*6。
ジョミニは戦略の定義をはじめ、各論題における戦略の意義付けを『大作戦論』、『戦争術概論』のなかで述べている。『大作戦論』では次の文言が第四巻に述べられている。

「戦略は戦いの鍵である。あらゆる戦略は不変の科学的原則によって支配される。これらの原則は戦略が勝利を導くかどうかは、決勝点における、より弱い敵部隊に対して、大部隊を集中して攻勢行動をとることで定められる*7」

彼が『戦争術概論』のなかで、挙げた戦略の定義は、まず「敵国に侵攻するにせよ、我が領土を護るにせよ戦域において集団を指揮する術である。」と述べている。ついで、論考の項目ごとに点在する定義付けを次のように述べている。

「戦域あるいは作戦地帯の重要な点に軍の最大の兵力を集中する術である」。「単一の攻城戦を除き、戦闘前と戦闘後の戦いすべてを含む方策である。攻城戦は前進する部隊をいかに援護するかを決定するための戦略に属する」。「戦略は行動しなければならないことを決定することである」。「戦略とは地図上で戦争を遂行する術であり、戦域全体を網羅する術である」。

この末尾の文言は間違っておらず、ヨーロッパで地図が現れたのは十八世紀後半であった。地図は作戦地域の正確な情報を提示したのみならず作戦計画と参謀業務の媒体として、より優位さを増すようになったのである*8。

ジョミニの作戦における考察の対象は作戦方式、作戦地域、作戦基地、戦域の決勝点および作戦目標、作戦正面および戦略正面、作戦地帯および作戦線であり、これらの用語は主にビューローから借用しているが、これらの用語の定義や適用を明確にして、現代に繋ぐ作戦見積あるいは作戦計画作成の要因として適用させている。なかでも外線作戦線、内線作戦線の用語はジョミニが初めて現出した。

彼が重視した作戦線の理論と方策は、ナポレオンの戦略構想から着想を得ていた。たとえば、ジョミニは内線作戦線と中央陣配備を強調した。この戦例の一つに一八〇九年のアスペルン・エスリンクの戦いで、フランス軍はカール大公率いる優勢なオーストリア軍に屈辱の敗戦を被った。その後ナポレオンはヴァグラムで中央陣配備によりオーストリア軍を撃破し屈辱のリベンジを果たした。ナポレオンの戦略の一つに優勢な敵と対面した場合は、ナポレオンは、通常内線に位置して中央陣に配備し、敵軍を分離してその一部を予備隊で拘束し、局地的優勢を獲得した後、残りの敵を撃破することを企図したのである。

ナポレオンは敵が相対的に劣勢な場合は包囲戦略を適用した。その戦例の一つはイエナの会戦である。イエナの決戦では、フランス軍は作戦域の作戦正面一八〇マイルも分散した地域から、三つの作戦線候補を挙げ、最終的に主力の目標をゲラに指向する作戦主線を採用してプロイセン軍を壊滅した。この作戦線はシュトゥットガルトからニュルンベルク方面からゲーラ方面に向かう線であった。

ジョン・シャイはジョミニの作戦線について批判者の批判を紹介している。まずその一つは、「ジョミニ批判者がジョミニのいう作戦線がジョミニの理論化なるものの疑似科学性を示しているにすぎないと主張していること、そしてこの用語は近代以前の戦争の際にはなんらかの意味を持つかもしれないだけであり、戦争の特定の歴史的な形に当てはまる以外は、今ではまともな関心を呼ばない、……あまりにも技術的でかつ明らかに次代遅れの言葉であるとされる*9」

ついでシャイ自身は、「初期の段階でこの用語を放棄しなかったのがおそらく誤りであったであろう。この用語は彼自身、彼の読者、彼の批判者達を新たな水準の混乱と無益な論争に導き、結局はまだ彼が生きているうちから、嘲笑を招くもととなったのである*10」と批判した。

この批判には問題がある。なぜなら、ジョミニが作戦の重心とした基本原則は、決勝点に最大の兵力を持って努力をして最大の兵力を集中することであり、これを達成するために作戦線は重要な兵力機動の方策であり、戦略を考察する上で欠くことのできない用語であるからだ。そして、作戦線選定が作戦成功の帰趨を決定する要因ともなるので、軍司令部は作戦線を決定し作戦計画を作案するのである。

ジョミニのいう作戦線は現代でも通用可能な、作戦見積における重要な要素である。つまり、ジョミニのいう作戦線の内容は、現代においても、兵站の策源地でもある作戦基地から、補給幹線を経て部隊主力の方向から戦場に入り、攻撃の場合は決勝点となる目標に対する主攻方向を作戦線といっても通用するであろう。

ジョミニは作戦の戦略的考察あるいは現代でいう作戦見積の結論として、戦略的考察の結晶である作戦計画の作成を強調し、重視した。この作戦計画の重視はジョミニ自身のネー軍団司令部とナポレオン軍司令部の勤務経験に由来している。彼は、作戦計画は軍事科学の粋であり、将軍の知性を表象するものだと述べているが、彼曰く、「作戦計画の構想策定は、まず作戦基地を選定し、想定する作戦地帯を決定するため達成すべき作戦目的を確立する。ついで最高指揮官は企図達成のために第一の目標点を定め、この目標点に至る作戦線を選定する。この作戦線は最高指揮官にとって最も有利な方向を得る作戦線でなければならない。すなわち最も有利な方向とは大きな危険にさらすことなく大きな成功を得ることができる方向である」。

作戦計画は作戦目的を達成するための構想、部隊運用等を示し、部隊行動命令の準拠でもあり、近代以降における作戦行動の司令部活動の主対象でもある。この作戦計画の首尾が爾後の作戦行動に重大な影響を与えるほどに重要性を有しているのである。

この作戦計画に関しては、ジョミニ、クラウゼヴィッツ以外の軍事著述家の誰も述べていない。クラウゼヴィッツは彼の一八〇四年の「覚え書」のなかで作戦計画に関して述べているが抽象的論議でみるべきものはない。彼は一八一二年の「皇太子殿下進講への補足のための戦争の最重要な原則（wichtigste **Grundsätzen des Kriegführen zur Ergänzung meines Unterrichts bei Sr. Königlichen Hoheit dem Kronprinzen**）のなかで、「すぐれた作戦計画を作り上げることは、なおいまだ偉大な巨匠の仕事ではない。すべての困難は、人が自分で作り上げた原則の実施に飽くまで忠実であることのなかにある*11」と述べ、作戦計画を軽視している。しかし『戦争論』に到っては作戦計画が重視され、その意義や役割について留意している*12。クラウゼヴィッツは後になって作戦計画の重要性に気づいたのであろう。

ジョミニの戦略論は作戦計画が主体で静態的であるという批判があるが、この批判は誤解であろう。彼は多くの戦闘は戦略的な行動によって決定されると述べ、作戦計画は戦略的行動の準拠となることは前述したとおりである。しかし、優れた作戦計画を作成したとしても、戦いは偶然性や蓋然性に左右されるし、予期通り作戦が進捗しない場合もあり、敵の存在で決心が遅疑逡巡するなど指揮官の資質によっても戦いに影響を与える。ジョミニは作戦計画の遂行に関わる指揮官の資質について次のように述べている。

「戦争理論には通暁しているが、軍事的洞察力、冷徹さ、技巧を持っていない将軍は、たとえ優れた作戦計画を立てたとしても、敵の存在で戦術の原則を適用することがまったく出来ないかも知れない。その将軍の作戦計画は上手く遂行されないであろう*13」

ジョミニが作戦に関して、具体的な幕僚作業のパターンである作戦見積から作戦計画作成への叙述の背景には、もともと『戦争術概論』がニコライ一世の皇太子の教育、政治家の教育、さらに一般的な将校教育の教科書として著作された事情もあった。

二、ジョミニの兵站重視とナポレオンの軍事システムへの批判

ジョミニは作戦計画作成の第三段として、すなわち軍運用の実行術にかかわる戦略・戦術の実施を支える兵站を重視している。

この兵站については、『戦争術概論』の第六章で詳説しているが、ジョミニは、兵站はただ単に軍事上の些末事項の科学か、それとは反対に戦争術の最も重要な部分を形成する普通の科学なのか、あるいは結局漠然と参謀の各業務を指示するために、つまり効果的な作戦に戦争術の純理的な方策を適用する各様の手段を利用することにより認められた表現に過ぎないのだろうか、と自問するのである。しかし、彼は本項で作戦計画の前提となる行軍計画作成の留意事項および軍司令部における参謀長職務や参謀の職務を詳説し、戦略・戦術の実行を支える兵站の重要性を強調しているのである*14。

行軍計画はナポレオン戦略の迅速な「戦略機動」の基盤であった。「戦略機動」は行進状況を敵に察知

させず戦域、戦場に軍を迅速、安全に集結させる軍の移動を作戦計画に密着せしめ、作戦を遂行して作戦目的を達成することである。

ジョミニはこの兵站論のなかで注目すべき次の事項を述べている。

一つは計画と命令の関係である。總司令官として重要な資質は作成された計画を決定し、そして明確な方式で計画に基づき命令の遂行を促すことである。また総司令官の偉大さは作成された計画で証明されるのである。二つは命令方式である。ジョミニは今まで重要な部門の業務にとって正反対の二つの方式を見てきた。一つは古典流派と称する方式で、軍の移動の部署について仔細事項で満たされる一般命令を毎日下す方式である。これは中尉以下の者に対する命令と同じ命令を必要としない経験豊かな軍団長には場違いのものであった*15。

他の一つはナポレオンによって隷下の軍団長に与えられる個別の命令方式で、特に作戦に関係する軍団長にしか命じない方式である。作戦が右にせよ左にせよ軍団相互に共同して作戦する軍団の情報を与えるだけに留め、決して全軍の作戦全体を明かさないのである。

ジョミニはナポレオンが不可解なベールで方策の全体を隠そうとしていたのか、多くの一般命令が敵手に渡るという恐れか、どちらにせよ企図や計画が敵手に渡り妨害されないために、故意にこの方式で行っていた十分な根拠をもっていると述べている*16。ナポレオンの命令は各軍団に対してその軍団自体に関することを簡潔に記述し、隣接する軍団には簡単に必要なことだけを知らせ、全軍の作戦との関連は何にも触れないものであった。

ジョミニはこのナポレオンの命令方式を批判した。秘密保持は全軍が総司令官の周辺に寄せられて野営したフリードリヒ大王時代では可能であったが、ナポレオンが遂行したような戦略機動方式や現代戦争の方法では、分進機動している状況をまったく無視するような将軍から一体どんな協同作戦が期待できようかと、ジョミニは問題提起しているのである*17。

そこで一八一三年春におけるナポレオンの司令部が如何なる組織であったか見ることにしよう。大きくはナポレオン・メゾンとベルティエ指揮下の帝国司令部の二部から構成されていた*18。メゾンは高級副官部、副官部、事務局を構成し、帝国司令部はベルティエの私的幕僚（主に文書幕僚）と一般幕僚から成り、一般幕僚は戦術に関係ない部と戦術部を構成していた*19。

ナポレオンの司令部は現代の司令部と比較すると一般幕僚として必要不可欠な作戦部が欠落しているのである。現代の作戦部の機能は情報部の情報見積に基づいて作戦見積、指揮官の指針に基づく作戦計画・命令を作成する機能を有している。その他指揮官の状況判断、決心に必要な幕僚作業を行う機能を有している。情報部の機能は明確に示されているが、作戦部の欠落は秘密保全のためナポレオンが独自で、勿論高級副官部の補佐は受けるであろうが、作戦構想を練り、必要事項のみを隷下軍団に命令を発していたのである。

ジョミニがこの問題を指摘したように軍の隷下軍団と師団が分離して戦域・戦場に分進して機動する作戦を行う場合、少なくとも軍団長は全軍の作戦関連を知っておく必要がある。実際派遣された軍団長が不利な戦闘を強いられ、ナポレオン本隊が救援に駆けつけて勝利した戦例が見られるのである。

ジョミニはこの問題を指摘したのである。ともあれナポレオン司令部の構成機能は、シャルンホルスト達によるプロイセン軍参謀本部設立に影響を及ぼし、プロイセンは逐次新しい現代の軍司令部に近い参謀本部を発展させた。ロシアではロシア軍に入ったジョミニが参謀本部設立に貢献した*20。

三、クラウゼヴィッツの批判とジョミニの反論

ナポレオンが十八世紀の戦争システムを破壊した後、軍事理論家あるいは軍事思想家たちは初めて戦いの原則を発見するよう努力し始めた。その代表者は『戦争術概論』を著したジョミニと、死後マリー夫人により公刊された『戦争論』を著したクラウゼヴィッツであった。

ジョミニは、勝利の法則を発見するために戦争の理論を考えるべきであり、また我流のシステムというあやしげな立脚点から常に離れることが必要であるという正しい観点を把握したと確信して、全情熱を傾けて著作活動をした*21。そして、ジョミニはあくまでも戦史を分析することによって戦略の原則が演繹できると考えていたのである。

一方、クラウゼヴィッツの焦点は哲学的であった。彼の『戦争論』は、戦争の複雑さを解いて戦争と政治の関係を見出すために戦争の本質を決定して、より良く戦争の精神力の貢献を求めようとした。ゆえに彼の著作は二十世紀以降影響力を維持する。今日まで戦争に関する本で、視野広く深い思想と分析された『戦争論』に並ぶ本は未だ出現していない。

ここでクラウゼヴィッツの『戦争論』に関して若干の背景について述べたい。

クラウゼヴィッツはジョミニが出生した一年後に、マグデブルク市から東北二十キロ先のブルクで誕生した。彼は十二歳でユンカーとなり、亡くなる一八三一年八月十一日まで軍人生活を送った。その間にいくつかの論文、著書を著し、未完となった『戦争論』を執筆中であった。この執筆の期間は一八一九〜二九年に本書の原稿第一編から第六編まで書き上げ、第七〜八編の下書きをしていた。一八二七〜三〇年に本稿の修正を行って第一編のみが完成されていたが、彼の死後一八三二年からマリー夫人により遺作集が編纂されて十巻の刊行が始まった。一八三四年に最初の三巻『戦争論』の刊行を終わり、初版一五〇〇部

が発刊された。一八三六年までに第八巻が刊行されたが、初版は完売するまで二十年掛かったといわれている。彼の『戦争論』が著名になるのはドイツ統一戦争における一八六六年の普墺戦争でプロシア軍参謀総長モルトケが、外線作戦によりオーストリア軍をケーニヒグレーツの野に撃破して以降現在に至るまでクラウゼヴィッツの名は知られ、彼の『戦争論』はよく研究されており、読まれている。

クラウゼヴィッツは士官学校を卒業した生粋の軍人であった。彼は初級将校時代から文学者、哲学者、芸術理論家たちの思想の渦巻く知的世界に生きていたし、彼らの著書の読書により影響を受けていたであろう。さらに軍人としての軍事史に関する研究研鑚を積み、戦いの経験も積んだ軍人であった。

一方のジョミニは自らもいっているように高等教育を受けておらず、学究の徒など思いつきもしなかった。事実、彼はある日仲間内に自分は学者ではなく、探求者であると打ち明けたといわれている*22。

クラウゼヴィッツの『戦争論』草稿の発端は、プロイセン軍がナポレオン戦争におけるイエナ・アウエルシュテットの戦いで屈辱的な敗戦を被ったことであった。敗戦によって国家、社会、国民が無気力に陥り、特に国民は彼以上に苦しむこともなかったし、再び熱狂的に継続して戦争を復活させようともしなかったし、プロイセン東部における敗残プロイセン軍の最後の無効な抵抗を見て、彼は戦争には勝たなければならないだけでなく、戦争はよく理解しなければならないと痛感したのである*23。

(一) クラウゼヴィッツのジョミニ批判

クラウゼヴィッツがジョミニを知ったのは一八〇八年の少し前ぐらいである。その理由はクラウゼヴィッツの覚え書「戦略」一八〇四年の草稿にはジョミニの記述はなく、一八〇八年の増補草稿にジョミニ批判の記事が初めて出現したことから判断しうる*24。ジョミニの『大戦術論』の二巻が一八〇五〜六年に出版されているので、おそらくクラウゼヴィッツは一八〇八年よりも前に『大戦術論』を読んでいたに違いないし、『大作戦論』の初版も読んでいたと思われる。

その覚え書のなかでジョミニの最初の著書である『大戦術論』を次のように批判したのである。

「ジョミニの抽象化の価値を正しく評価するには、人は良心に向かって問わねばならない。人は将帥としてフリードリヒ二世の実際生活の全部を、かくも容易に解釈された二、三の一般命題に委ねることを欲するであろうか。……フリードリヒ大王が無知のためにその命題に反して失敗をしたと確信をもっていい切れるであろうか。……私は白状するが、ジョミニのように二、三の貧弱な思想にかくも固く執着することは私には不可能である。しかし、ジョミニ的原則に従ってフリードリヒ二世を弾劾する決心をつけることができないとすれば、人は作家ジョミニがそれらの原則に対して要求している価値、科学的理論の基礎としての価値をそれらの原則がもはや持ち得ないと認めざるを得ない。……私はジョミニだけが何事か徹底的に不真実な事をいったと信ずるものではない。しかし、彼はしばしば偶然にすぎないことを本質的な事として言い立てていることがしばしばあるのである*25」

クラウゼヴィッツの批判文言には三つの問題が存在する。

第一は彼がジョミニの精神と良心の問題を提起しているが、これは『大戦術論』の第一巻の「七年戦争」について、テンペルホーフの七年戦争史の翻訳文に依存し、剽窃ではないかと疑念を抱いていたことに起因するのであろう。第二はフリードリヒ大王の戦略指導の問題である。クラウゼヴィッツに批判の刺激を与えたのが、『大戦術論』の第一章の七年戦争における大王の戦争指導、そしてその著書を引き継いだ『大作戦論』の「一八〇九年のナポレオン皇帝の不朽の戦役」のなかでアスペルン・エスリンクの戦い、ヴァグラムの戦いについて、ジョミニがナポレオンはフリードリヒ大王よりも優れた戦略家であると褒め称えた記述であった。これらのことがクラウゼヴィッツをしてジョミニを批判の的にした直接的原因となったと思われる。

このようなクラウゼヴィッツのジョミニ批判の背景には、プロイセンの伝統的な英雄列伝があった。既述したようにその始まりはロイドのフリードリヒ大王批判があり、これに対抗するテンペルホーフの大王援護の論争があった。それは、まさに後に軍事史家ハンス・デリュブルックとプロイセン参謀本部が用いた長い世紀の英雄列伝の論争の始まりであり、デルブリュックが、大王の戦略を「消耗戦略」とするのに対して、参謀本部はクラウゼヴイッツが唱えた「殲滅戦略」であるとして、十九世紀末から第一次世界大戦後にかけて「戦略論争」が惹起した＊26。

クラウゼヴィッツのジョミニ批判についてエーベルハルト・ケッセル＊27に依ると、たとえクラウゼヴィッツはジョミニが他の者よりもはるかに推論の仕方が堅実で、ひどい偽りの主張を持ち出さないことを保証したとしても、クラウゼヴィッツが彼に反対したことには変わりはなかったと述べているし、その根底にはクラウゼヴィッツが、歴史的および軍事的偉大さに対する自分の確実な本能から、ジョミニのフリードリヒ大王の戦役の取り扱いに反感があった＊28。

クラウゼヴィッツは、フリードリヒ大王を熱狂的に尊敬した知的エリート、たとえばボイエン＊29、マルヴィッツ＊30等の影響を受けていたし、彼がノイルッピンの連隊に勤務した時に、大王を尊敬する司令官の精神によって強い影響を受け、早くから大王の著作と業績の研究に誘われていた＊31。彼は大王の精神的全人格の感銘を受け大王を崇拝していたのである。彼は『戦争論』の全体のなかで折に触れて大王の弁解、称賛、不運さについて述べている。

第三は、ジョミニが偶然的な事を本質的な事と言い立てていることがしばしばあると批判した問題である。この批判の対象になったのはジョミニが七年戦争における大王のロイテンの戦いの勝利とイタリア戦役におけるナポレオンの戦略を分析して内戦作戦の原理を導き出したことであった。この問題はのちに出版された『戦争論』のなかで「内線」について批判した次の文言と関係がある。「内戦理論は、たとえ内戦理論が動かぬ根拠、すなわち戦争における交戦が唯一有効な手段であるという事実に基づくものであるとしても、単に幾何学的な意味しか持たないので、内戦理論は、依然として新たな一面性を表したにすぎない。このような理論は、決して現実の状況に適用することはできないのである*32。」

さらに、ジョミニを名指しで「内線」について批判した次の文言もクラウゼヴィッツの「内線」批判と関係がある。

「大規模の戦争指導に関する理論として、最近二つの主要な原則が判明した。その一つはビューローの作戦基地の巾であり、他の一つはジョミニの『内線』である。ところがこれらの原則、特にジョミニの『内線』は、作戦域における防御に実際に適用してみると、確実に、有効な原則の実を示すことはなかった。なお純然たる原則として、最大の効果を発揮しなければならない筈である。……以上の原則は戦域防御の特別な局面に影響を与えたに過ぎず、まったく役に立たなかった*33」

この「内線」理論の問題は後述するとして、彼のジョミニの「内線」理論、加えてジョミニの他の理論、原則・格言を批判した背景の一つには、次の事態に係わっていたのではないかと推測される。すなわち、クラウゼヴィッツが所属していたシャルンホルストの「軍事協会」は、実践的経験と思索精神の兼ね合わせを求めており、戦争術に関する理論や原則・格言に反対していたし、またジョミニが主張し、結果を出したようなある不滅の原則を抽出し、理論化することにも反対していた*34。

またクラウゼヴィッツの師であるシャルンホルストは、戦争を自然現象、社会現象として扱い、戦争は分析されることができ、戦争は人類と社会にある程度導かれうる可能性があると考えていたので、クラウゼヴィッツもその影響を受け、シャルンホルストの戦争観を理解していた*35。

したがって、この協会の影響もあってクラウゼヴィッツのジョミニが主張した戦いの基本原則や原理・原則に対する反対が加速されたのではないかと考えられる。レイモン・アーロンは、当時二十四歳のクラウゼヴィッツが気骨とか精神的資質を強調するあまり、原則の重要性を割り引いて考えていたと述べている*36。

クラウゼヴィッツの理論研究は一八〇四年および一八〇八年の「覚え書」を読む限り、当初はジョミニと同様に戦いに勝つための原則を追求している内に、次第に戦争とは何か、という「原理」の追求に発展したのではないかと思われる。そして『戦争論』の第一編第一章の論述が彼の理論発展の象徴として把握され、その「原理」としてふさわしいように思われる。

先述の第三の問題に戻って、クラウゼヴィッツが批判したジョミニの「内線」理論であるが、彼はジョミニの「内線」理論を作戦域の防御に適応したが効果がなかったとしている。この問題の一つは防御に適応したとする防御の方式である。固定防御なのか攻勢防御なのか不明である。二つは彼が実際にどの作戦に適応させたのか明確にしていないのである。当時は、野戦築城は未発達であり、ナポレオン軍は防御においては通常築城を行わず、攻・防いずれにも対応可能な「軍団方陣」の隊形で火力防御主体の配陣を行っていた。内線作戦は主に攻勢作戦に適用が可能であるが、固定防御または陣地防御に適用することには疑問がある。攻勢防御の戦略を採用すれば内線作戦は適応可能であろう。

さらに、クラウゼヴィッツは「内戦」理論は、幾何学的意味しかないとして、現実の状況に適用することはできないとしているが、これは誤解である。なぜならナポレオンは内線作戦を実際に適用し、成功した多くの戦例がある。一七九六年に、フランス軍の支戦方面として北イタリア方面の作戦を統裁したナポレオンが北イタリアの各戦闘においてほとんど内線作戦で勝利したことにジョミニは着目して「内戦」理論を確立した。特に著名な一七九七年初頭のリヴォリの戦いは、ナポレオンの得意とする内線作戦によりアルヴィンチ率いるオーストリア軍を撃破した。この戦いはリヴォリの周辺の地形と外線態勢にあったアルヴィンチの拙劣な指揮運用に対するナポレオンの「内線」原理が適応した戦例である。現代において内線作戦が成功した戦例は、朝鮮戦争における釜山橋頭堡に追い詰められた連合軍の反攻の事例がある。

この内線作戦に対するのが外線作戦である。これらの用語は『戦争術概論』のなかで、初めてジョミニが内線作戦線と外線作戦線の用語を創作し記載した。しかし外線作戦の意義やその適用については触れていない。

内線作戦と外線作戦は相対的な関係にある。数的優勢を有する軍隊が、戦闘力を分割して複数の作戦線によって敵を包囲して撃破するのが外線作戦である。この場合敵の動きを正面から抑制しつつ、他の部隊により敵の退路、補給線を断つことができる。したがって内線作戦よりも相手を包囲態勢にあるので理論上では有利である。しかしナポレオン戦争時代は、通信や輸送機関が未発達であったため、外線態勢にある各部隊の相互連携が内線態勢よりも容易でなく、また機動も困難であり、相手に各個撃破される懸念があった。ナポレオンは軍を軍団ごと分派して機動したが、戦域あるいは戦場に到着すると軍団を一旦集結させ、敵情を確認し命令下達後作戦行動を開始した。

十九世紀後半に入ると鉄道と通信電信が発達してきたので外線態勢にある各軍団は、独立して作戦を遂行し、各軍団は電信で連携を行いつつ、最終的に敵を包囲態勢で作戦を完成させるのである。普墺戦争におけるプロイセン軍は戦場で各部隊を集結させることなく、そのまま外線態勢で連携をとりつつ戦場に投入してオーストリア軍を撃破して成功したケーニヒグレーツの会戦の事例や、朝鮮戦争におけるマッカーサー元帥の外線戦略である仁川上陸、最近では湾岸戦争における多国籍軍の成功事例がある。

(二) ジョミニの反論

クラウゼヴィッツの侮蔑的な批判はジョミニを傷つけた。『戦争術概論』の起草はあたかもクラウゼヴィッツの挑戦に応じる方法で成されたようにも思える。彼はクラウゼヴィッツが『戦争術概論』を読むことなく世を去ったことを残念に思い、クラウゼヴィッツが彼の著書を精読して、その真髄を『戦争論』に反映して書いて貫いたかった、と著書の「戦争の現在の理論と有用性に関する略述」のなかで記述しているのである。

また、彼は次のようにクラウゼヴィッツへの批判を長々と述べている。

「クラウゼヴィッ将軍は比肩しうる者がないほどの学識と健筆家である。しかし、ときどき少々気まぐれなその健筆ぶりは、単純明快さが最も必要な教訓的な論議は自惚れすぎている。それは別にしても、著者は軍事科学を懐疑的に見ている。彼の第一巻は、一切の戦争理論を否定する熱弁に過ぎない。とはいえ、第二巻以下は理論的な格言が満ちているが、たとえ著者が他者の学説を認めなくとも自己の学説の効用価値を信じるということを証明しているのだ。

私に関しては、学究的な迷宮中に明るい考えや顕著な論説をごく僅かしか見出すことが出来なかった。著者の懐疑論には共感するものは何もなく、その疑いを決して取り消すことが出来ないし、私には良い理論として必要性や有用性も、もはや彼の著述から感じ取ることは出来なかった。つまり、無知よりも悪い衒学に陥らないために、良き理論に帰する限界について理解し合うことが非常に重要である。特に原則の理論とシステムの理論の間に存在する違いを識別することは必要である。

『戦争術概論』の文章の大部分で扱っている多様な主題について述べられた絶対的原則はほとんどないと私自身は認めていることは、おそらく反論されるであろう。私はこの真実を誠意でもって認めるが、しかし、このことは理論がないという話にならないであろうか。……そして、そこに、クラウゼヴィッツが多少の例外を認める多くの教訓を加えるとするならば、もはや戦いの作戦すべてに、彼の主張を固定させるだけにしか役立たないドクトリンしか持ちえないのであろうか*37」

さらに、クラウゼヴィッツがジョミニの歴史研究の不正確さを言及したことに、大いに悩まされたジョミニは彼を次のように批判している。

「クラウゼヴィッツの著作は確かに有用ではあったが、著者の考えに依るというよりは彼が引き起こした反対の考えに依ることが多い。時折の少々の勿体ぶった文体がもっと理解不能にしていなければさらに有用であったであろうに。しかし、教訓的な著者としては真実を明らかにしなかったことよりも多くの疑問が残るし、批判的な歴史家としては良心的でない模倣者であった。私が十年前に出版した一七八九年の戦役を読んだ人々ならば私の主張を否定される方はいないであろう。何故なら私の考察のどれ一つとして著者が繰り返してないものはないからである*[38]」

クラウゼヴィッツがこのように科学の基礎を揺るがしたようにみえる同時期に、彼の批判とまったく異なる作品がフランスに現れた。その本はフランス系移民でイギリス軍の兵役に就いていたド・テルネイ公爵の著書『戦術論（TRAITÉ DE TACTIQUE）』*[39]である。ジョミニはいう。「この本は、戦いの戦術に関する本のなかで最も完全なもので矛盾がない。そして、戦争の実行不可能な原則を実行可能として、しばしば詳細に表現しているプロイセンの将軍の原則に過剰に反しているとしても、彼の着目すべき真価や一流の戦術家の一人であることは拒否できないのである*[40]」

以上の論争はクラウゼヴィッツがジョミニ論を批判したことに端を発したのである。要するにクラウゼヴィッツはジョミニのいう原則は有効でないと批判し、一方、ジョミニはクラウゼヴィッツの戦争理論は懐疑論的で実効性がないと反論したのである。しかし、これらの批判、反論は両者のそれぞれの主題の解明態度の差異から生じたかなり感情的な精神作用の影響ではなかったかと考量する。

＊註

1 Jomini, Précis, pp. 81-82.（第1部25頁）

2 Ibid., p. 14.

3 Jomini, Histoire critique, 1818, p. 1

4 Shy, 'Jomini' p. 144.（「ジョミニ」一三〇頁）

5 JOLY DE MAIZEROY, pp. xxv-xxx vii. 戦略の用語の起源、定義等については、Martin van Creveld, *THE TRANSFORMATION OF WAR*, New York, 1991 に詳しい。

6 AZAR GAT, p. 43.

7 jomini, Traité des grandes operations, vol. 4, p. 2.

8 AZAR Gat, p. 74.

9 Jhon Shy, Jomini, p. 165.（「ジョミニ」一四八頁）

10 Ibid., pp. 165-66.（「ジョミニ」一四九頁）

11 クラウゼヴィッツ著、覚え書「戦略」草稿、翻訳者・発売元新庄宗雅、新栄堂、六四頁。

12 CARL VON CLAUSEWITZ, *ON WAR*, Ed. And Trans. By MICHAEL HOWARD and PETER PARET, PRINCETON, NEW JERSEY,1989, p. 231, 303, 452, 471.（クラウゼヴィッツ、篠田英雄訳『戦争論』（中）二〇〜二一頁、（下）八、四八頁）

13 Jomini, Précis, p. 340.

14 Ibid., pp. 271-85.

15 Ibid., p. 276.

16 Ibid., pp. 276-77.

17 Ibid., p. 277.

18 Brig J.D. HITTLE, *THE MILITARY STAFF ITS HISTORY AND DEVELOPMENT*, THE MILITARY SERVICE PUBLISHING COMPANY, Pennsylvania, 1949, p. 97; Thomas E. Griess, Series Editor, *THE WARS OF NAPOLEON*, UNITED STATES MILITARY ACADEMY WEST POINT, NEW YORK, 1985, p. 35.

19 HITTLE, Ibid., p. 70, 103. メゾンの構成内容：高級副官部（特別任務の高官：少将七名、准将三名、大佐一名）、副官部（大佐一名、大尉十一名）、事務局（情報局、地理局、秘書局：ナポレオンの命令、指示を記録する事務官からなる）。
帝国司令部の構成内容：ベルティエの私的幕僚（主に文書幕僚）と一般幕僚から構成。一般幕僚は戦術に関係ない部（以下の手続き事項を担任する。移動、人事、捕虜、輸送交通、警務、後退・非難、特殊任務）と戦術部（測量部、砲兵幕僚、憲兵部、工兵部、予備将校団：通常連絡交通線の監視）から構成。

20 HITTLE, p. 70,103.

21 Jomini, Précis, p. 8.

22 Colson, p. 41.

23 PETER PARET, *CLAUSEWITZ AND THE STATE – THE MAN, HIS THEORIES, AND HIS TIMES*, Prinston University Press, 1976, p. 148

24 覚え書、六五頁。

25 前掲、一二四～一二五頁。Carl von Clausewitz, *De la Révolution a la Restauration. Écrits et letters*, choix de texts traduits de l'allemand et presents par Marie-Louise Steinhauser, Paris, Gallimard, 1976, pp. 55-56.

26 小堤盾編著『戦略論大系⑫デルブリュック』芙蓉書房出版、二〇〇八年、二二一～二四五頁。

27 エーベルハルト・ケッセル（一九〇七～?）。マインツ大学歴史学教授。

28 覚え書、六五頁。

29 レオポルド・ヘルマン・ルートヴィヒ・フオン・ボイエン（一七七一～一八四八年）。プロイセン軍軍人。プロイセン軍の軍制改革を支援した。一八一〇年から一八一三年の期間にプロイセン国防大臣を務める。

30 フリードリヒ・アウグスト・ルートヴィヒ・フォン・デア・マルヴィッツ（一七七一～一八三七年）。プロイセン王国の騎兵中将。政治家。

31 覚え書、九頁。

32 On War, pp. 135-36.（クラウゼヴィッツ、篠田英雄訳『戦争論(上)』岩波書店、昭和四三年、一六〇～一六一頁）

33 Ibid., p. 516.（前掲、一四九～一五〇頁）

34 Herbert Rosinski, 'Scharnhorst to Schlieffen: The Rise and Decline of German Military Thought', *Naval War College Review*, vol. 29, 1976-1, pp. 83-85.

35 Paret, Clausewitz and State, p. 205.

36 Raimond Aron, *PANSER LA GUERRE, CLAUSEWITZ*, VOL. 1, Age europeen, Éditions Gallimardd, 1976（レイモンド・アーロン『戦争を考える―クラウゼヴィッツとその時代』佐藤毅夫訳、平成八年、航空自衛隊幹部学校、五五三頁）

37 Jomini, Précis, pp. 10-11.

38 Ibid., p. 17. n*.

39 MARQUIS DE TERNAY, *TRAITÉ DE TACTIQUE*, PARIS, ANSELAN, 1832.

40 Jomini, Précis, p. 11.

第五章　ジョミニ戦略思想の影響

一、ジョミニ戦略思想の大普及の原因

ジョミニの軍事思想は少なくとも一八一五年から一八七一年まで欧米に大きな影響を及ぼした。特にアメリカの軍事文化に及ぼした影響は大きい。

当時、国家政策の目標を支持して広範囲の軍事努力の計画と遂行に取り組んだ戦略思想家は少なかった。しかし、ジョミニは熱意を持ってこの問題に取り組んだ。彼の著作は彼自身の戦争の経験に依る散文的表現と戦争遂行の実際的なアプローチに変換する能力により人気が沸騰して、その影響力は欧米また欧米以外の諸国の陸・海軍の機関にまで拡大した。特に『戦争術概論』は、作戦の最も方法論的に、また最も完全なる指導書として考えられた。この著書はナポレオン戦争以来、各国の参謀学校や陸軍の学校で教えられ、また一般にもよく読まれ、翻訳、模写、模倣され利用されたのである。マイケル・ハワードによればこの概論は十九世紀の最も重要な軍事教書となった*1。

十九世紀におけるジョミニ戦略思想の成功と大いなる影響の根本的な理由は、この時代に拡大する軍隊の専門職化により説明がつく。軍隊の専門職拡大の背景にはルイ十四世時代から兵員の増大に伴う訓練、将校教育の強化、兵器の発達などの影響があった。つまり高度の軍事専門知識を有する軍人が従事する各級部隊の指揮官職、各級司令部の幕僚、軍事担当の官僚などの職域が拡大したのである。

ナポレオン戦争の終末であるワーテルローの会戦をみても彼我両軍併せて、二十万人余の兵士が戦った。

運用するには、単に伝統的な手法に依存することや、行き当たりばったりでは大規模な軍隊を運用することはもはやできなくなった。軍隊の専門職は貴族階級だけが担うものではなくなった。貴族の家系出身だけではもはや良質の指揮官を養成することは不十分であったし、良き指揮官、幕僚は教育されなければならなかったし、有能でなければならなかった。

軍隊の専門職は三つの特色を有する。一つは教育訓練と経験の蓄積によって得られる専門性、二つは社会に役立とうとする責任性、三つは他の職業とは違うというプロ意識に根ざした集団的な意識と自意識（団体性）である。軍事専門職の萌芽はオランダ連邦共和国の軍制改革にみられるが、フランス革命の一七九二年から一八一五年の間に著しく発展した。そして、軍隊のエートスが前世紀とは異なる性向を示し始めたのである。

専門職教育の基盤となったのは陸軍士官学校と海軍兵学校、陸・海軍大学校であった。そして十九世紀において、これらの学校が軍事思想教育の中心となったが、時折に軍学校の学部からだけではなく、有意性のある軍人作家が出現した*2。その代表者として後述するロシアのニコライ・オクーニフ*3、アメリカのヘンリー・ハレック*4、サムエル・ホラバード*5が挙げられる。彼らはジョミニの崇拝者であった。二十世紀に入るとジェムズ・D・ヒットル*6が『戦争術概論』に傾倒し、アメリカ海兵隊に影響を与えた。

ジョミニの役割は自己の著述により軍事を科学として、また自立的な専門的軍隊を渇望するために論証し、自ら理由づけたのである。あらゆる専門職が見られるようになった十九世紀において、科学的特性に依り彼の著述の役割が明確に理解され、また支持されたのである。

ヨーロッパ列強とアメリカは一九〇〇年までに専門職の将校団を確立した。フランス革命以降、軍人は多くの問題に直面していた。その一つは政治権力の関係であった。将校が貴族階級に属する限り、旧制度では政治権力の関係は絶対的に貴族によって支配されていた。しかし、フランスでは革命後において国民皆兵(徴兵制度)に変わり、巨大な官僚体制が戦争の行政管理を引き受け、そして昇進が出自よりもむしろ功績によって決定されることになった時に、その問題が生じた。

ジョミニの戦略論では、軍人は厳格に政治権力に従属することに良き論拠を見出すことであると述べている。一方、政府は作戦の細部について干渉してはならないし、作戦は戦い方を知っている指揮官である将軍の領分であるとした*7。これらの概念の実例は普墺戦争時のプロイセンの首相ビスマルク、陸軍大臣ローン、参謀総長モルトケの関係にその範を見ることができる。

ジョミニが好評を博したもう一つの理由がある。それは新型の戦争をもたらした政治的・社会的激動を考慮することなく、実際にナポレオンの戦いから作戦戦略を引き出したことである。軍人はもとより民衆もなぜナポレオンはフランス革命戦争、ナポレオン戦争を通じて勝利し続けたのか、その謎をジョミニは解いたからであった。加えてナポレオン没落後の王政復古の状況下で著述した『ナポレオン自身が語った政治・軍事的生涯』は、時代の変化を見抜いて完全に民衆好みの主題と著述内容でその答えを出したので、いっそう人気を博したのである。

フランス革命やナポレオンが人の精神を捉えたことではあるが、しかし、その精神のすべてに知的理念を置くことが望まれた。ジョミニはその知的理念を達成したのであった。ナポレオンの作戦を緻密に研究し、フリードリヒ大王の戦いと比較した結果、決勝点に戦力を集中するという基本原則を導いた。その後、彼は当初の著書から七年戦争を外して、革命戦争とナポレオン戦争をビンのなかに置いて成功したのである。

さらに、ジョミニの本がよく読まれた理由としては文体の叙述が簡潔明快であり、目的と適切な何らかの省察が混じっていることであった。彼はもともとそのような文学者的素質を有していたのである。

ジョミニの文学的名声は、ロ・デュカ*8の『ナポレオンボナパルトの日常の裏面（Le Journal secret de Napoléon Bonaparte 1769-1869）』により、一般に広まった。この本は二十世紀に新局面をもたらしたといわれ、その新局面とはナポレオン皇帝とジョミニの奇妙な二重の伝記を確立したということである。

幾人かの文学者がジョミニの著述書に関心を持ち、彼と交際もしていた。なかでも著名な文学者、サント・ブーヴは一八六九年に『ジョミニ将軍の研究*9』を著した。サント・ブーヴは、ジョミニの戦略論に関してジョミニの著書はもちろんフランソワ・ド・マレルブ*10あるいはガスパール・モンジュ*11にも求めていた。

サント・ブーヴはジョミニを殲滅や大量殺戮の戦いを示す様な性質の著書とは異なり、彼は最もその性質が少ないようにして、結果的に戦争を少なくするよう促進、指導することを明示して、可能な限り適合と論拠に委ねて戦争・軍事問題を解決しようとする教訓の達人と見なしていた*12。つまりジョミニを制限戦争を主唱する軍事作家として認めていたのである。

F・ルネ・ド・シャトーブリアン*13は革命戦争およびナポレオン戦争について次のように述べている。

「ジョミニ中将の著作は軍隊教育の最良の資料を提供している。著者は『大戦術論』、『大作戦論』、その他の著書のなかで研究の長所が証明されたのでますます信用された。彼の多くの著作は、ジョミニは陸軍省に置かれている資料の他、王国文書保管所の資料を利用できたからだ。そして彼の叙述は明快さと目的、そして適切な何らかの省察が混じっている*14」

フランス革命と帝国時代の著名な歴史家、アドルフ・ティエール*15、エドガー・キネ*16、ジュール・ミシュレ*17は、ジョミニの著書をふんだんに用いた。特にティエールは戦いの原則、戦役について固有の状況判断の基礎が記述されている『大作戦論』を読み、戦略分野の状況判断の能力を習得したとされている*18。

このように文学者の間でも人気があったけれども、何よりもジョミニは戦略思想史に属し、この領域においてクラウゼヴィッツと共に革命・ナポレオン戦争により名声を博した大証人として名が残るのである。

二、ヨーロッパにおけるジョミニの著書の伝搬とその影響

『戦争の主要な方策の分析的叙述』は一八三三年にスペイン、一八三五年にポーランド、一八三六年にロシアでそれぞれ翻訳された。『戦争術概論』の初版は一八三九年にドイツ、一八四〇年にスペイン、一八五四年にイギリス、一八五五年および一八六四年にイタリアでそれぞれ翻訳された。第二版は一八五七年にスペイン、一八六二年にイギリスで第五回目の、一八九一年にドイツ、一九三九年にロシアでそれぞれ翻訳された。

以下ジョミニ著書の伝搬に関わる特色のある諸国の状況を描写する。

(一) フランス

ジョミニ自身はナポレオン帝国の終末また王政復古中でも、軍隊内ではまったく人気がなかった。その原因は彼が一八一三年にフランスの敵方に寝返ったことだけでなく、一七九二年から一八一五年までの栄光に覆われたフランス国民の軍事作家と競っていた背景があった*19。

それでも、ジョミニは多くの将校に読まれ、知られていた。ボーヴェ・ド・プレオ*20の指導下で「軍人と文人協会」により、出版された『一七九二年から一八一五年までのフランスの勝利、征服、悲惨、敗北、内乱 *21』は、一八一七年から一八二一年まで三十巻出版されたなかで、ジョミニの思想に関してその多くが引き合いに出されている。

しかし、まずその本の影響が戦略家の本以上に戦史家としての影響があったのかどうかが問題となるのであるが、ダニエル・ライシェル*22は一級の資料として有用であると述べている*23。また、クヴィオン・サンシール*24は、ジョミニの『革命戦争の批判と軍事の歴史』から彼の概念に同化し、用法の有用性を認めることができると述べている*25。

一八一五年に騎兵指揮官になったジャン・バプティスト・ベルトン*26は、ベルギー戦役において軍事科学を理解するにはジョミニの『大作戦論』を読むことを奨めていた。加えて一七九六年のイタリア戦役において、ナポレオンが「敵の複作戦線に対してその線の中心の基地に向かって機動する」意図を有していたことを説明するために、『大作戦論』の第三四章と三五章について説明している*27。

ジョミニの戦略概念はヨーロッパ陸軍のすべてにその概念が行き渡ったのと同じようにフランス軍にも入っていった。

サン・シール士官学校では、その前身である王立特別軍事学校教官のジャン・ロッカンクールによる『軍事術と軍事史の初等講義*28』が、一八二六年から教科書として使われたが、この教科書の第一巻に戦いの原則の有意性が述べられ、戦略章では単一の作戦線の優位、内線作戦の長所、敵の可能行動を予想すること等の戦略理論の重要性が強調されている*29。これらの内容はジョミニの戦略論の典型であった。

サン・シールを卒業した学生はメッツに所在する砲兵技術学校に入校し、理工学の基礎理論を学び、最終学期には戦略論を学ぶが、一八三二年にG・F・フランセ教授の講義はジョミニ論の大原則である「決勝点に優越する兵力を集中する」ことを強調していた*30。

パリに所在する指揮幕僚大学校（後の陸軍大学校：Ecole de Militaire）ではサンシールと陸軍工科大学校卒の学生が入校したが、ジャン－バプテイスト・コク中佐は軍事技術と軍事史の教授職を設定し、教育と研究に没頭した。著書に『一八一四年の戦争史に役立つ覚え書（(Memoires Pour Servir A L'Histoire de La

【解説】ジョミニの著書と戦略理論

Campagne de 1814）』があり、コクはジョミニの副官を務め、カール大公の著書の翻訳、ジョミニの著作の助手を務めジョミニの戦略論の薫陶を受けている*31。

普仏戦争が始まる一年前にジョミニが死亡し、普仏戦争におけるフランスの敗北の結果、フランスの理論的思考はジョミニの原則概念からドイツ流の実存主義的方法に逐次変わっていった。普仏戦争後、しばらくの間フランスの軍事はドイツ流の模倣の傾向があり、フランスの陸軍大学校も元々ドイツの指揮幕僚大学校の模倣であった。

コクの後継者ジュール・ルヴァル*32は、陸軍大学校における三兵科の将校の戦術教育にジョミニ理論に対する実用的教育を始めた。そして陸軍大学校のカリキュラム変更の際に、ギベール、ジョミニ、ビュジョー、ロイド、リュストウ、クラウゼヴィッツを加えることを主張し、進んで研究を行った*33。それでも彼は決してジョミニ理論を捨て去ったのではなく、ジョミニの銘記を反映し続けた。彼の著書である『兵術と軍事史の講義』のなかに、アンリ・ロアン公爵の著書『戦争遂行における将軍の手引き』から抽出した原則事項七項目を掲載している*34。

陸軍大学校におけるルヴァルに次ぐ二番目の地位にあったデレカゲ*35は、ドイツ人の実用主義の新傾向を示しながら、ジョミニ概念の原則の影響を継続することを指示した*36。彼は教科書として『現代戦争 (La Guerre moderne)』*37を著し、アメリカで一八八八年に翻訳された。デレカゲは自己の著書の序文のなかで「十九世紀末のフランス軍事思想にもう一つの深刻な影響を訴えたい。この本の目的は敵が勝利した手段・方法を分析し、徹底的に詳しく説明することである」と述べて、この様な方法からフランス陸軍の精神に成功の方法を植え付ける一般原則を確立することを望んだ*38。著作の全体に「徴兵の原則」、「指揮の統一」、「三兵科の協同」、「作戦線の原則」を訴えているが、原則の要約あるいは存在する原則の数を明確にしていない。ジョミニが扱った作戦領域を広げて原則概念を展開したが、その内容はジョミニ

327

を越えるものではなかった。彼はジョミニ的思想を表す作戦線に関連する四つの法則を示している*39。

デレカゲはジョミニ思想の原則論を否定はしていなかったが、基本原則の複合的な四つの目録からなるジョミニの原則論については除外している。彼の思想は独創的ではなかったが、彼の表現の用法は現代の「戦いの原則」の目録を形成する傾向を代表するものであった。

陸軍大学校の校長を務めたアンリ・ボナール*40は、一九〇二年にジョミニの『戦争術概論』が長期に亘って、戦略および戦術の学習を望むフランス軍将校の愛読書になっていたことを書いている*41。

ボナールによれば、ジョミニの『戦争術概論』の影響として、将校たちの間で『戦争術概論』が彼らの信念になっていることがやや困っていると述べている。ボナールとしては、ジョミニの信奉者たちが達人の教えをあまりに体系化してドグマを確立し、その概念をあまりにも重視していることに注目していた。彼は普仏戦争における敗北の影響と、戦略の研究を積極的に適用するような決めつけた手法を警戒していたのである。彼はジョミニの原則論のように妥当な一般原則を拒み、戦争の経験から得た一般原則を示そうとしていたのである*42。

ボナールは、ジョミニ理論の原則と経験から得た原則の違いを認識しており、次のように述べている。

「ジョミニの原則は戦いにおける感覚の重要性を認めていない。またその原則は戦争における人間の要素を無視している。それゆえに特定の目標と活用手段にふさわしい決心の貴重な能力を見落としている。……しかし、戦争で最も著名な軍人によって確立された経験から得た特定の幾つかの原則がある。それらは科学的真理の価値に一致するドクトリンの要点を形成している*43」

結論としてボナールは「戦争の研究は、先の戦争の経験を基にして行わなければならない。また、ジョミニの『戦争術概論』に表現された格言の分野において、格言から創り出される一般原則に関する演繹的方法により構築された戦争のあらゆる方式は、期待はずれで危険であるから厳しく避けなければならない」と述べた*44。

要するにボナールは、ジョミニのフランス流原則論をクラウゼヴィッツ等のドイツ流の経験優先の理論で覆ったのである。

フェルディナン・フォッシュ*45は一九〇〇年に陸軍大学校における講義で戦争の原則の概念を発展させ、充実させること、常にジョミニの原則を参照していることを強調した。彼は、自己の講義録を一九〇三年に表題を『戦いの原則*46』として出版したが、この本のなかでクラウゼヴィッツが逐次重要性を占めてきている側面も真実であると述べている。つまり、フォッシュはジョミニの作戦面での原則のみならず、クラウゼヴィッツ、ボナールのように士気、知性、肉体的などの人間的要素も考慮していた*47。また、フォッシュは戦争を精密科学にすることを望んでいる理論家を批判しており、彼はジョミニが何よりも戦争は恐ろしく、かつ情熱的なドラマであると述べたことを引き合いにしている。

彼はこの本の八頁に次の原則を掲げている。①兵力経済の原則 ②戦闘の自由性の原則 ③兵力の融通性の原則④保全の原則、その他。これらの原則についてフォッシュはナポレオンが「戦いの原則」を信じていたとして、躊躇なく記載したのである。しかし、フォッシュの「戦いの原則」の提起は、現代の「戦いの原則」の祖型であるといわれたが、他の軍事著述家が述べた原則と比較すると俗悪であると付言された。

フォッシュは、当時ジョミニが支持されている理由について、「史実に加えて歴史の教訓と真実の指揮運用を学ぶことにより、真実と根拠のある原則に基づいた良き理論」であるとして、次のように結論した。

「戦争術は他のあらゆる術と同様に理論、原則を有し、単なる術ではない*48。」

フォッシュがフォン・デア・ゴルツ*49、クラウゼヴィッツに次いで、後述するドイツ人二人のジョミニ流派であるヴィリゼン*50とリュストウ*51を取り上げたことは注目すべきである。

なかでも銘記すべきはナポレオン麾下の軍人でオーギュスト・マルモン*52の『軍事制度の精神（L' Esprit des institutions Militaries)』である。彼は兵士の士気を軍人魂の本質として考えた。そして、戦闘における指揮官の主動性を重視し、圧倒的な優勢兵力の優越が勝利の根源であると強調した。彼はジョミニとジョミニ理論を嫌っていたが、本書で強調する戦略原則はジョミニと同じ見解であった。ジョミニのように列挙する原則、格言の項目はないけれども、マルモンは「軍が戦争遂行のための一般原則は少ない。……将軍が決して見落としてはいけない若干の原則は存在する。……将軍にとって主動性を執ることが如何に重要であるかを知らなければならない*53」と述べた。さらに本書の結論では、作戦線と戦略について、可能な限り戦力の統一と兵力の優越が重要であること、また敵の作戦線や後方連絡線に脅威を与える一方、味方の作戦線、後方連絡線を援護し、安全を保証することが強調されている。

フランスにおけるマルモンの影響は限定されたが、イギリスでは彼を「戦いの原則」の貢献者として、ジョミニ、カール大公の位置に置き、その影響力は大であった*54。

フランス海軍大学校で戦略と戦術を教えていたガブリエル・ダリュ教授は、一九〇八年に『海戦、戦略と戦術』*55を出版した。彼は将来戦の準備に必要な要求の一つとして、また、戦略の研究を手助けするには歴史的手法を用いなければならないと考えていたし、本書のなかで彼はいつの時代にも偉大なる統帥は、勝利の法則に、また賢明な気質に負っていたし、それらの法則とか、気質は将来戦にも通じると記述している。そして、彼はこの本の全体を通じて、戦いに勝利を期待し得る少数の基本原則を引き出すことを試みたと結論づけた*56。この結論はまさにジョミニの戦略思想を想起させる内容である。

(二) ドイツ

『戦争術概論』の初版は意外に早くドイツで一八三九年に翻訳された。ドイツで早く翻訳された理由は、すでに一八〇八年にドイツの論文雑誌『パラス ― 国策と戦争術の論文雑誌』に、ジョミニの『戦争術の一般原則要綱』が掲載されていたので、ジョミニが戦争術の専門家として知られていたからである。この雑誌はワイマールで出版され、シャルンホルストのサークルの中にいたリュール・フォン・リリエンシュテルン*57によって編集された。

彼は一八三二年にもジョミニの著書に対する攻撃文書を発刊したが、この文書がジョミニに対する論争を引き起こした*58。その矛先の手元にはクラウゼヴィッツがいたのである。しかし、この学派の代弁者であるクラウゼヴィッツの批判は、フォン・モルトケ*59が普墺戦争および普仏戦争においてプロイセンが勝利した以前の戦いの時期までは無視されていた。モルトケは、戦争は言葉よりも実行であり、実行は理論を凌ぐという考えであり、理論よりも経験、個人の才能を重視していたので原則の価値を否定していた。ドイツにおけるモルトケの理念の影響力は絶大であった。

普仏戦争時の参謀総長モルトケ元帥の参謀を務めたヴェルデイ・デュ・ヴェルノワ*60も、戦いの基本原則に強く反対していた。十九世紀後半を通じてドイツの軍事思想と軍の教育はモルトケ的見識に固執し、軍学校と参謀本部は将来戦においてドイツに対抗する大国の連合に対する戦いの不測事態に、主に焦点を合わせた教育、計画の作成を行っていた*61。

しかし、モルトケの影響にもかかわらずドイツの軍事界は、「戦いの原則」の概念に直面していた。ヴェルノワと異なり、カール・ヴィルヘルム・ヴィリゼンとフリードリヒ・ヴィルヘルム・リュストウの二人はジョミニの戦略論を展開し頭角を現していた。

一八一八年から一八三〇年までベルリンの陸軍大学校校長を務めたクラウゼヴィッツは、戦略原則論を無視していた。陸軍大学校では教科の課程は、非常に実践的な考察に基づいていたし、戦争史の科目も実践的なものであった。その後、ヴィリゼンが教授に就任して一八四〇年に、『大戦争理論』*62を出版した。

この著作は一八三一年のロシア―ポーランド戦争を分析しており、ジョミニの作戦基地と連絡線の概念を引用している。彼は自らジョミニの熱烈な弟子と称し、クラウゼヴィッツの理論に反対していたが、彼の著作は大きな反響を招いた*63。

リュストウは、ドイツの軍事著述家のなかでも重要な役割を果たした革新的な理論を有していた。彼の最初の著作は『十九世紀の野戦勤務教程』*64であるが、この教程の意図は、前向きの軍事学者たちのための手引き書であり、自習用として、また教育のためでもあった。

彼はガリバルディ*65の参謀長を果たしていたし、マルクスやエンゲルスともよく知っていた。彼はジョミニを攻撃することなく、自ら熱烈なジョミニの弟子であると公言していた。彼は著作のなかで、たとえ兵器が変わろうと戦略原則は不変であるという考えを繰り返し述べている。普仏戦争後でさえも影響力のあるドイツの軍事著述家たちはその信念を持ち続けたのである。

さらに、一八七八年から五年間、陸軍大学校で戦史教官を務めたフォン・デア・ゴルツ元帥とフリードリヒ・フォン・ベルンハルディ*66の思想の影響により、戦争理論には「戦いの原則」が存在する事実は広く受け入れられるようになった。彼らの著書の影響により、ドイツの軍事界は「戦いの原則」の概念に、向きあわざるを得なかったのである。もちろんその他のヨーロッパ諸国、アメリカにも影響を及ぼすジョミニの戦略原則論が再燃していくのである。

ゴルツは一八八三年に『国民皆兵論』*67を出版した。この本の初版は六カ国以上にわたって飜訳されて、絶大な人気が起こり各国に影響を及ぼした。この本の人気が出たのは「戦争は人類の宿命であり、国民の運命である」という考えを提唱したからでもあり、ジョミニ思想とクラウゼヴィッツ思想の混成、つまり、「戦いの原則」の存在へのジョミニの信念とクラウゼヴィッツのいう「摩擦」の重要性を強調したこともその一因である*68。

この本の議論の主軸は国家政策であり、クラウゼヴィッツのように、戦争を社会・政治の分離できない領域にあるとみなして、人間の相互関係の中で、規則・法則を適用することの難しさを認めていた。一方、彼はジョミニと同様に不変で数少ない原則の存在を受け入れ、断定的に最高の「戦いの原則」を特定したのである。彼の作戦原則に関しては、たとえ戦争遂行の基本原則が永久に不変であったとしても、考慮しなければならない、解決しなければならない現象が生じる場合には、変化に委ねなければならないと思量した*69。

ベルンハルディは、一九一二年に『今日の戦争』*70を著した。この本の第一巻の冒頭で、戦いを遂行するときはいつでも基本原則は常に同じ様な状態で脳裏に存在するし、「戦いの原則」を独断的な解釈に通じていく方法で識別するような原則については警戒しなければならないと強調した。この『今日の戦争』に遡る二十年ほど前に、ヨルク・フォン・ヴァルテンブルク伯爵*71は、『軍司令官としてのナポレオン*72』を出版していた。この本は直ちにフランス語と英語に翻訳された。この本の第一頁にジョミニのことが記載されている。『戦争術概論』と『大作戦論』が繰り返し引用され、ヨルク公はナポレオンの批評を含めて、ジョミニの見解を何度も記述している。

この本のなかで、モルトケを代表とする「現実志向派」のナポレオン皇帝の戦争術に対する概念、すなわち「現実志向派」が「戦いの原則」など存在せず、状況の変化のみが存在し、その状況自体のみに対処可能であり、軍事技術で重要な事は経験であり、理論ではないと信じていることに対して、ヨルク公は「戦いの原則」の存在を擁護した*73。ヨルク公にとって、ジョミニは最初のナポレオン解説者であった。ヨルク公の著書の狙いは、特に大統帥の行為を将軍に明らかにし、ドクトリンに変えることであった。

以上にみるとおり、ドイツにおいては軍事理論の発展とその影響力の復活が始まると思われたが、ジョミニの有力な支援者ヴィリゼンとリュストウが退役したのちは、次第に高まっていくクラウゼヴィッツ的伝統の成長により、ドイツの軍事思想の発展は停止したままであった＊[74]。

普墺戦争と普仏戦争の立役者であるモルトケは、原則論に反対を示し、ドイツにおける軍学校や文献にはほとんど原則論が登場することはなかった。特に原則等の列挙は十九世紀の後半と二十世紀初期におけるドイツの軍学校と文献にはめったに表現されなかったのである。

一方、普墺戦争終結後の翌年に、プロイセンに敗北したオーストリア軍の陸軍元帥ハインリヒ・フォン・ヘス＊[75]は、一八六七年に『戦略と大戦術の一般的実践上の原則』＊[76]を出版した。この本の内容は山地戦における原則など作戦のための教示を著し、次の三つの攻勢・防衛戦争の基本的原則を含めている。①この原則の第一は主動性と攻撃による戦力の優越。②翼側の攻撃、敵の後方連絡線の切断。③内線作戦に対処し、主戦力を統一し敵主力から分離した敵の一部を撃破すること。これらの原則はカール大公とジョミニの著述と変わらず、イギリスとアメリカのジョミニ学派に影響を与えた＊[77]。

(三) ロシア

十九世紀のロシアの軍事思想界は、ロシア固有の総合的なものに導かれることが望まれていた。ロシアは必要に応じていくつかの潮流を育んでいたが、あまり目立つ外国の影響は嫌った。したがって、ジョミニはロシア皇帝の顧問程度におかれ、多くのロシア将校は彼に反感を有していたし、彼の影響力を発揮できる士官学校の設立も彼の意図に添うことはなかった。なかでもジョミニの原則論に反対するロシア軍少将で帝国士官学校の教授のN・メダムは、「戦闘のための不変で絶対的な原則などは存在しない」といい切っている＊[78]。

それでもジョミニは、イワン・パスケーヴィッチのような何人かの友人を持った。そのなかでもジョミニの最も熱烈な弟子であるディミトリ・バトゥリン＊[79]は、ジョミニの作品を最初に普及させており、ジジョミニがロシア軍を退役した後にも、ジョミニの著作活動やロシア皇帝との関係を密接に協力した人物であった。ジョミニもバトゥリンの著作活動に協力し、ジョミニの指導の下で『一八一二年の愛国戦争の軍事史』*80を書いた。

ジョミニは彼が望んだロシア軍すべてに影響を与えることができなかったので、ロシア軍の訪問先で影響を及ぼした。

ニコライ・オクーネフは『ロシアにおける一八一二年の戦役の大作戦に関する考察』*81を遺している。本書の「三兵科の特性についての考察」のなかに十項目の格言を列記している。これらの格言は現代でいう三兵科協同の原則を著している。オクーネフは本書の中で明らかにジョミニの戦争術の定義と原則を参照にしており、彼はジョミニを尊敬し信頼していたことからジョミニの薫陶を受けていた*82。

十九世紀の中頃、陸軍指揮幕僚大学校長のミハイル・ドラミゴフは、ジョミニの軍事思想に傾倒し、自らジョミニの弟子と認めており、彼は戦術教範を一八七九年に出版して、三十年間にわたってロシア将校に普及した*83。注目すべき事はジョミニがほとんど考察しなかった軍隊の士気について、ドラミゴフは自らの戦争体験から士気の重要性について主張している。

陸軍指揮幕僚大学校長を努めたドラミゴフの後継者、ジェンリキ・A・レールは、国設の学校に属していなかったし、戦略基礎の原則は変化しないと見なしていた。彼は偉大な将軍や古典軍事思想家の研究が必要であると考えていた。

一八八九年から一八九九年まで陸軍指揮幕僚大学校長を務めたG・A・L・レイヤは、一連の「戦争術の基本原則」を提示した。その基本原則の表題で例えば以下のように項目で簡潔に説明している。①兵力の経済の原則 ②決勝点に戦力集中の原則 ③奇襲の原則 ④主動の原則 ⑤敵の意志と精神に対する優越の原則*84。

『ソ連軍事百科全書（L' Encyclopédie militaire soviétique）』には、ジョミニがまさに「戦争遂行の真実の科学としての戦略」を確立した理由を次のように記述している。

「ジョミニが軍事史を利用する必要性を主張するのは、軍事史の専門分野における分析の近代的手法の発展に重要な貢献を成すとして受け止めたからである。彼の思想は「観念論哲学」であるけれども、司令官や幕僚、戦略の重要性に関して、明らかに政治的要素や社会経済などを顧みないで強調していることが見出される。……ジョミニの著作、特に王朝戦争時代の、次いでフランス革命戦争およびナポレオン帝国時代の戦争史に関連する著作は科学的価値を有している*85」。

以上に見るロシアの軍事思想は作戦的な側面においてジョミニが説くナポレオン的な作戦モデルが、一九一四年まで支配的であった*86。

しかし、当初に述べたように、ロシアの軍事思想形成の過程で諸外国の影響を受けることを嫌い、まして旧ソ連ではその傾向は大であった。それでもロシア・ソ連がジョミニの戦略思想の影響を受けていたことを、旧ソ連が崩壊した後に明白になってきていると思うのである。

旧ソ連の軍事戦略に詳しいアメリカの学者、レイモンド・L・ガーソフ*87は、ジョミニの思想がソ連のドクトリンに再発見されると言明したが、言明した事実に、まさに一致する問題がある。ガーソフは第一次世界大戦後におけるソ連が、自国の教説になんらかの外国の影響を受けたと是認することを拒否しているので、ソ連の戦略、特に作戦戦略にジョミニの影響があったことを明白にしない状況があったに違いないと述べている*88。

（四）イギリス

十九世紀初期においてイギリスの陸軍士官学校では軍事史や戦略はほとんど教えられていなかった。この背景にはナポレオンを倒したウエリントン公が、あらゆる軍事教育は無意味であると考えていたことが影響したといわれている。したがって、イギリスにおけるジョミニの知名度はナポレオン戦争が終わる頃までほとんどなかったし、ジョミニの『大作戦論』も『戦争術概論』も翻訳されていなかった＊89。

イギリスで最初にジョミニの著作を読んだ者は、サー・ジョン・バーゴイン＊90であるといわれているが、一般にジョミニが知られるようになったのは、サー・ウィリアム・ネイピア＊91が一八一二年の『エジンバラ誌（the Edinburgh Review）』に寄稿したジョミニの『大作戦論』の書評が非常に賞賛されたことで、実際にジョミニの存在とネイピアの「戦いの原則」を知らせることになり、軍人の間でジョミニの著書が読まれ始めた＊92。

ネイピアによれば、ジョミニの主な原則である「決勝点に最大の兵力を集中する」ことが史実によって明らかにしていることに価値があるとしているが、彼はジョミニがウエリントンの戦術である攻勢防御をまったく理解していなかったと唯一の批判を行っている。この批判は十九世紀半ば頃まで続くのであるが、実は、ロイヤル・エンジニア委員会はジョミニがイギリス陸軍と軍隊指揮官達に対して不適切な情報と悪意を有していると判断して、彼をたびたび批判していたこともあった＊93。このような背景にはウエリントンが一八五二年に死亡後にも、進歩的軍事教育や軍事問題の公的研究は、ほとんど軽視されていた事情があった＊94。

しかし、このことで永続的にジョミニの影響が失われることにはならなかった。一八五二年にパクストン・ジャーヴィス中尉が書いた『野戦教範』はジョミニの戦略論が含まれているが、この著書についてネイピアは、この本は若い将校の専門職の道標となること、そして経験がなく、突然に指揮を執ることになった将軍にとって有効な教範となるであろうと望んだのである＊95。

バトリック・L・マクドゥガル＊96は、一八五六年にサンドハーストの王立陸軍大学校研究部長に任命されたが、一八五八年に改めて『軍事史から例証する戦争の理論*97』を出版した。この本はイギリスで軍人による戦争に関する最初の近代論文となった。彼はこの本の最初から戦いの基本原則を受容していて、この観点において全体にジョミニと一致していた。マクドウガルは独自の新しい軍事理論を展開することなく、第一部の四ヵ章はナポレオン、フリードリヒ大王、カール大公、ジョミニの著述から作成されている*98。

しかし、彼の文章配分は重要であり、第一章の表題は、「戦いの原則」が次の通り項目的に示されている。第一の原則はジョミニの基本原則のように敵の一部に軍の主力を集中すること、第二は味方の連絡線を敵に曝すことなく、敵の連絡線に対してできるかぎり作戦すること、第三は内線作戦により作戦すること、次いで彼はこれらの原則から三十の項目で格言を列挙している*99。マクドウガルの『戦争理論』は、戦いの基本原則の存在を示すジョミニの戦略概念を、ネイピアとともに強固にし、イギリスの軍事教育機関に影響を与えた。

一八七三年にクラウゼヴィッツの『戦争論』を翻訳したジェームズ・ジョン・グラハム*100は、一八五八年に『戦争術の進歩に関する基本的歴史*101』を著した。本書の趣旨は戦いの原則を強調し、ジョミニの『戦争術概論』の第三章の「戦略」を参考にしており、その要点を次のように記述している。

「あらゆる作戦で遂行しなければならない基本原則の存在は、ジョミニや他の軍事著述家の研究によって疑いなく認識されてきた」*102。そして戦いを成功させるには次の原則を適用することである。

「第一に戦略的方策として戦域における決勝点に、そしてできる限り我の連絡線を安全にし、敵の連絡線に継続的に戦力を集中すること。第二にわれの集中する戦力を継続的に敵の一部に対して攻撃できるように機動すること」*103である。

他の将軍ではサー・E・ブルース・ハムレーイ*104がジョミニの戦略論を平易に焼き直して軍隊に普及

させた。ハムレーイはヘルムート・モルトケ元帥が称賛した『図解・戦争の作戦*105』を著し、「戦いの原則」は不変の性質を有するという原則のあり方を示すに歴史を用い、その有効性を信じていた。彼が本書で述べた「戦いの原則」の項目は①集中の原則　②攻勢戦略の原則　③奇襲および追撃の原則の三つである*106。これらの原則はジョミニの『戦争術の一般原則要綱』の十項目のなかの三つの項目に類似している。

彼はクリミア戦争の終始に亘り参加しており、その戦争の経験に基づく彼の手法はある作戦を選定し、細部にわたって分析検討して、得られる教訓から結論を出すものであった。加えてハムレーイの軍事理論はジョミニ思想、少々のカール大公の理論的考察、マクドゥガルの著述形式にも依存したことは明白である。彼の著作は第一次世界大戦後まで大成功を収め再版されていて、その影響は大であった*107。

一八九二年に陸軍大学校に着任したジョージ・F・ヘンダースン*108は、戦争術と軍事史教授を担当することになった。しかし大学校の教育が学術と詰め込み主義を排除する動きがあり、戦いの原則論の存在も否定されそうな状況を見て、ジョミニ理論を緻密に講義した。彼は「ある原則は確かに存在し、戦いの手引きに役立ち、戦略法則に付帯することが理解できよう、たとえば優勢な戦力の集中、戦場における兵士の肉体と精神である*109」と述べた。彼がこの戦略原則の手引きに肉体と精神を入れ込んだことはジョミニを凌いだことになる。この大きな原則である肉体と精神は、南北戦争における南軍の英雄、ストーンウォール・ジャクソン*110が述べた原則からヒントを得ている。ジャクソンが述べた原則を拡大して、ヘンダースンは次の五つの原則*111を簡潔にわかりやすく項目的に列挙した。

＊常に攻撃あるいは防御に関係なく、敵を煙に巻き誤らせるように努めよ。さすれば敵の将軍を奇襲し、敵軍はもはや撃破されるであろう。

＊常に精神的な効果が最も大きいところを攻撃せよ。正面攻撃よりも敵の翼側を攻撃して、敵線を縦

射して、彼の退却を促せ。

＊自己の有利な空間・時を除いて攻撃してはならぬ。

＊敵よりも優勢でない場合において攻撃してはならぬ。

＊敵の強化陣地に対しては決して主力をもって攻撃してはならぬ。

しかしながらヘンダースンは「戦いの原則」に関して警告している。まず原則の適用が困難であること、さらに、原則に囚われる将軍は戦いに成功しない。しかし作戦遂行において原則に逆らう将軍は非常な危険を冒すことになろうと警告している。こうした警告はジョミニに似ているのである。

三、ジョミニの戦略思想がアメリカ軍事文化に及ぼした影響

（一）南北戦争前における影響

ジョミニの『戦争術概論』の影響を最も大きく受けたのはアメリカである。南北戦争で「右手に剣を左手にジョミニの『戦争術概論』を携えて戦闘したという伝説が伝えられているが、実際、ウインフィールド・スコット＊112は戦場にジョミニの本を携行していた＊113。ジョミニの名と彼の著書が読まれるようになったのは一八〇二年にウエストポイント陸軍士官学校の創立以来である。

十八世紀末におけるヨーロッパでは啓蒙主義軍事思想家の著書が百花繚乱の如く咲き誇っていたが、アメリカでは軍事思想家は輩出していないし、その類の著書も出ていない。アメリカではもともと南北戦争以前の将軍や文民は、一般的に軍隊指揮官の能力は天才的な資質と経験を必要とし、教育で良き指揮官を輩出することは考えられないとする思潮があった。このような思潮の背景には、一六〇七年に移民がアメリカ大陸への足がかりとしてジェームスタウンに入植以来、入植者達はヨーロッパの軍事制度である常備

専門軍隊に反対して一八六一年の南北戦争勃発以前まで、軍事制度はイギリスが採用していた民兵制度を採用していた事実があったからである。

それでも、アメリカ独立革命（一七六三〜八三）においては、基礎訓練のみを受けた民兵と軍事専門技術と持久力を兼ね備えた少数の専門職軍人とを合体させた「二重の軍隊」を産み出し、実質的に植民地議会は「大陸軍」を創設したのである*114。

独立戦争後はフランス革命の勃発による内外患により、小規模の常備軍が設置された。次いで第三代合衆国大統領、トーマス・ジェファーソンの防衛政策は伝統的な複合的政策、つまり専門職軍人と民兵の混合を基準にしたが、民兵を重視した。彼は民兵制度を重視しながら、その強化についてはなにもしなかった*115。

ジェファーソン大統領はナポレオン戦争中に、ウエストポイント陸軍士官学校の設立を認めたが、士官学校の存在には無関心であった。したがって、彼が士官学校創設を是認した動機について今でも論争の的である*116。その論争の一つには大統領は士官学校の教育目的を専門職の将校を育成するよりも科学技術を学ばせ、国家・社会に役立つ士官候補生を送り出すことを考えていたのかもしれない。あるいは当時連邦派に支配されていた将校団をジェファーソン主義者が優越するように変えようとしたかもしれない。

士官学校の教育は、軍事組織の作戦・戦闘遂行の指揮官・幕僚の育成のみならず、国家安全保障の枠組みで軍事戦略・政策を左右する専門職将校の頭脳を支配する上で重要であり、その影響力は大きい。

アメリカの陸軍士官学校の性格が変わったのは、フランスで築城術を学んだシルヴァーナス・セイヤー*117が、一八一七年から一八三三年まで士官学校の校長に在任した間であった。セイヤーは、士官学校の従来の教育を変えるために、士官学校を主席で卒業したデニス・マハン*118をフランスに留学させ、セイヤーの後継者としてマハンを士官学校の教授にすることであった。マハンはフランスの砲兵技術学校で科学技術理論、軍事工学、土木工学、フランスの戦争術理論、特にジョミニの「戦いの原則」論を学んでいた。マハンは一八三二年にウエストポイント士官学校教授に復帰し、軍事・土木工学、軍事科学を、後に南北戦争における将軍となる士官候補生に教え、候補生は戦争遂行の学と術を学んだ。

デニス・マハンは戦争史を重視していた反面、歴史に対するアプローチは、将校達が過去に囚われ、問題の机上解決に依存するリスクがあることを認識していた。彼はジョミニと同様に、戦略は不変であり、戦略を適用する手段は変化することを強調していた*[119]。

彼の教え子に士官学校の成績が凡庸であったユリシーズ・S・グラント*[120]と、同じ士官学校で優秀なウィリアム・T・シャーマン*[121]がいた。デニス・マハンの士官学校の性格に及ぼした影響は大きく、士官学校が軍事専門職の教育のみならず、工科大学としての性質を伝統的に発展させていく基になった。

アメリカにおけるジョミニ思想やその他の思想は、時期的にはナポレオン戦争時代に、アメリカ人ジャーナリストのウィリアム・デュアン*[122]が初めて導入したと考えられる。彼はアメリカに軍事知性を引き起こすことを切望して、ジョミニを含めてヨーロッパの軍事著述者の選集を発刊した*[123]。

ジョミニの『戦争術概論』は、ナポレオンの戦いの解釈のみならず、新しいアメリカの軍事文献の発刊を引き起こすモデルとなった。一方、クラウゼヴィッツの『戦争論』は一八七三年に英訳されるまでアメリカではほとんど知られていなかった*[124]。デュアンの選集に影響を受けたジョン・アームストロング*[125]は、米英戦争（一八一二年戦争）の間に、ジョミニ思想の要覧をアメリカ部隊で使用するために出版した。

ジョミニの基本原則の概念が初めてアメリカに導入されたのは、ジョン・M・オコノールが、シモン・フランソワ・ゲ・ド・ヴェルノン*[126]の著書『軍事技術と築城の基礎概論―陸軍工科大学校および士官学校の学生用教範（Traité élémentaire d'art militaire et de fortification: à l'usage des élèves de l'École polytechnique, et des élèves des écoles militaires)』を翻訳し、表題「軍事科学及び築城に関する論文

（TREATIES ON THE SCIENCE OF WAR AND FORTIFICATION）」を編纂し、一八一七年に出版した。原著とこの翻訳書にはジョミニの『大戦術論』の原則と格言が織り込まれていた。オコノールの翻訳書は士官学校の教程として一五年間用いられた＊127。

デニス・マハン教授は、士官候補生に約二十年近く、戦争史の理論的研究法を訴えてきたが、一八四七年に『前哨基地（Advanced-Out-Post）＊128』を著した。本書はジョミニの『戦争術概論』を範にしたナポレオン戦争とその戦争の教訓を題材としたもので、アメリカにおける本格的な戦略研究の嚆矢となった＊129。

デニス・マハンの教え子であるヘンリ・ハレック＊130はジョミニのいくつかの著作を英語に翻訳し、彼は『戦争術概論』に強く刺激され、『軍事の術と学の入門書（Elements of Military Art and Science）』をマハンの『前哨基地』よりも一年早い一八四六年に出版し、一八六二年に第三版が出版された。マハンの『前哨基地』が軍事格言の教範の形式に述べられているのに対して、『軍事の術と学の入門』は軍事理論が体系的に、そしてわかりやすく述べられている。

さらに、ハレックは一八六四年に『ナポレオン自身が語った政治・軍事的生涯』を翻訳し解説している。このハレックの翻訳書は志願将校の教育にも用いられるようになった。ハレックの著書は、デニス・マハン教授の著書とともに専門的な軍事研究の嚆矢となっている。当時、ハレック将軍の部下であった工兵准将のジョージ・ワシントン・カラム＊131もジョミニを古典・現代作家の間で、最も学術的な戦略家として位置づけている＊132。

ジョミニの『戦争術概論』の翻訳に関しては一八五四年にウインシップ少佐とマックリーン中尉によって訳された。彼らの翻訳書の序言には、「最も偉大な歴史家であり、この時代の偉大なる批評家である」と称賛している。ついで南北戦争勃発の翌年、一八六二年にG・H・メンデルとW・P・クレイグヒルの両名が翻訳し、以降現在まで断続的に出版されている。

南北戦争で北軍のポトマック軍を編成し、指揮したジョージ・B・マクレランは、ジョミニの全著書を所有していたが、一八六四年十月の日付のある書架の目録にその全てを記載していた。

デニス・マハンの後継者のジュニアス・ウィラー*133は、一八七九年に『戦争術と軍事科学の原理の講義録(A Course of Instruction in the Elements of the Art and Science of War』を発刊し、士官候補生に軍事理論の一般知識を習得させた。彼は候補生に原則と法則を知的に、そしてできる限り簡潔に教える努力を続けた。彼の教科書は軍事科学の実験として軍事史が用いられたが、彼の軍事科学理論は指揮官の手引きとなる項目的な原則については表現しなかった。

ウィラーは十三年間士官学校の学部主任教授として務めた後、ジェームズ・メルキュール*134が彼の後継者となった。メルキュールは、一八八八年に『戦争術の原理（Elements of the Art of War)』を発刊して、彼の教育理念はウィラーと同様にジョミニの基本原則を強調し、指揮官としての実際の戦闘における時期と場所において敵よりも強いこと、そして戦いの原則を教示することであった。

南北戦争中、ジョミニの戦略理論を徹底的に実践したウィリアム・シャーマン陸軍司令官は、南北戦争の結果から、アメリカ陸軍は将校の実践的な指揮運用に欠陥があったことを認識し、「軍事の科学と実践」に資する各種軍学校を設立するために、一八七五年にエモリー・アプトン*135をヨーロッパ列強の軍事機関の視察を命じた。この結果、アプトンは『アジアとヨーロッパの陸軍*136』、『アメリカの軍事政策(The Military Policy of the United States)』の二冊を著した。これらはアメリカ軍事史における最も重要な文献である。そして、彼はシャーマンの意図に添って陸軍大学を頂点に各種軍学校の設立を促し、設立された各種軍学校は機関誌を発行するようになった。機関誌は軍事科学に関する論文作成や議論を活発化させ、二〇世紀における陸軍の軍事思想に大きな影響を与えることになった*137。

アーサー・L・ワグナー*138は『組織と戦術（Organization and Tactics)』と『戦略』を著した。彼の戦略原則論はロイドとジョミニの原則論に類似しており、特に米西戦争においてアメリカ軍が遭遇した補給問題についてジョミニの思想が採り入れられた。

アメリカ海軍も知的遺産をジョミニに求めた。陸軍のシャーマン大将などから刺激を受けたニューポートの海軍大学の設立者、ステファン・B・ルース*139は、ジョミニの「戦争術」論の区分である六つの部門と、戦争は精密科学の対象となり得ないとしても、ほとんど精密な数学でもって証明し得る軍事問題が存在するというジョミニの考えを受け入れていた*140。

その証拠として彼は次のように述べている。

「海戦史を深く研究することにより、世界の大海戦を専門的・批判的視点から分析し、どこに科学的法則性があるかを明確にするとともに、戦争術を無視したことにより、どこで敗北と災害をもたらしたかを検証できるように指導すべきである*141」

ルースが追求したのは、歴史は基本原則を形成するための教訓を示すべきであるということであり、端的にいえば過去を利用することである*142。そして彼は、よく知られた陸上兵術の法則を艦隊運動に適用することを主張していた。

ルースは海軍士官に海戦を教えるためにアルフレッド・セイヤー・マハン*143を海軍大学に招聴し、ジョミニの戦略基礎理論を教えるよう所望した。既述したようにセイヤー・マハンの父は、ウエストポイント士官学校教授デニス・マハンである。ルースがマハンを招聘したことは、ルースが示唆した陸戦と海戦との間に類似点があることでマハンに一つの方法を提供することになる*144。

マハンは父の反対を押し切って、コロンビア大学の二年生修了時にアナポリスの海軍兵学校に入学し、海軍軍人として艦艇勤務に就いていた。一八八四年九月四日にルースの要請に応え、確実な海軍大学招聴の返事を待つ間、彼はマハチュセット号の艦長として勤務する傍らニューヨークの図書館で研究に没頭していた。

マハンは一八八六年の夏に海軍大学校に着任した。マハンは海軍史と海軍戦略の講義を担当した。当時の海軍大学校では陸軍戦術、陸軍戦略もカリキュラムのなかに入っていた。彼の問題意識は帆船時代に追求した戦略が蒸気機関の時代にもなお適用できるのかどうかであった。しかしこの問題を解決するのに必要な蒸気機関艦による海戦例はほとんどなかった。そこでルースはマハンに海上戦闘と陸上戦闘の類似点があることを示唆した*145。

マハンは講義を始める前にジョミニの著作の研究に取り組むことになった。彼はジョミニを「軍事の友人」と呼称していた。マハンはジョミニの戦いの基本原則と不滅の原則の存在を真価ある歴史的事例から学び取った。マハンがいくつかの基本原則の存在を信奉するに至った背景には、彼の父親であるデニス・マハン、彼自身の科学的マインド、科学と軍事理論の書物の活用の可能性、早い時期からフランス語とジョミニの著書に学んだ事実があった。特に彼の科学的マインドはコロンビア大学、海軍兵学校、さらに海軍大学におけるルース提督の遺産があった。

彼は、科学技術の発達、たとえば蒸気機関の出現などにより原則は活動の広範囲に適用されると考量していた。このことに関して彼は次のように述べている。

「軍の集中の原則は、艦船の設計、艦隊の編成、海軍の平時の貢献、効果的な作戦計画の作成あるいは艦隊の戦闘序列に適用し得ることを知ることは軍人にとって、明確に有益である*146」

さらに彼は、原則の広範囲の適用は原則が「自然の理法」に属しているという確信から生じ、「自然の理法」の安定性は現代にも聞かれると述べた*147。

マハンの「集中の原則」の広範囲の適用は政治的、そして国家的な重要性に対してさえも彼の原則概念をもたらしたのである。彼は集中の原則は海軍戦略の基本であると信じていた。たとえば上院が海軍の勢力を太平洋と大西洋に二分する法案を可決したとき、彼は時の大統領セオドア・ルーズベルトにその提案を拒否するよう説得したのである。ルーズベルトは一九〇九年に辞任したとき、後継者ウィリアム・タフト大統領にマハンの要求通りに、戦闘艦隊を一つの海に配置すべきであると手紙を書いた。やがてパナマ運河が完成し、マハンは集中の原則を再度議論することになったのである。

マハンにとって戦略を学ぶことはジョミニを学ぶことと同じであった。そのことはマハンの海軍戦略に関する諸原則はジョミニの陸戦に関する格言に見られるのである。彼の方法論もジョミニの方法論と共有していた。マハンはジョミニの戦争術に関する三つの要素、つまり集中の原則、中央配陣および内線の戦略的価値、戦闘と後方支援との密接な関係を把握し、特に集中の原則を強調した。そして、彼は自己の海軍戦略システムの枠組みを形成するために、ジョミニが重視した後方支援、つまり部隊の生活必需品の供給、弾薬の補給、医療支援、野戦軍の各部隊や作戦基地と戦闘正面間の後方連絡線の確保等を受容し教育に採り入れられた＊148。

そして、彼の研究成果は遂に一八九〇年に著名な『海上権力史論＊149』に実を結び出版された。この出版は本国において一部で不評であった。この不評は教義的に保守的であるという批判で、マハンの原則論は航海時代に固執し、潜水艦、航空機などの出現によりマハン自身の戦艦中心あるいは制海権の理論に部分的な修正を迫る科学技術の発展のすべてを無視したということであった。

しかし、『海上権力史論』はイギリスで高い評価を受けたことにより世界最高の海軍歴史家としての名が確立された。一八九二年九月六日に、彼は二回目の海軍大学校校長として『海上権力史論』に基づいて年度講座を開始した時に、ジョミニに対する力強い讃辞を始めたのである＊150。

マハン理論の影響はアメリカ海軍の勢力拡張に寄与していった。一八九七年、ドイツ参謀本部が世界の軍隊に関する研究書を発刊した。その研究書には小国についても詳細に言及していたが、アメリカ陸軍は除かれていた。当時アメリカ陸軍の勢力は二万八千人で、大国における陸軍とは言えないほどの勢力であったし、他国に脅威を与えないとして無視できても海軍はそうでなかった。一八九八年までに、第一級戦艦四隻（五隻目を建造中）、第二級戦艦二隻、装甲巡洋艦二隻、防護巡洋艦一二隻を有し、今やアメリカ海軍はヨーロッパの水準に向かい、世界の海軍力として発展しつつあった*151。

（二）南北戦争以降に及ぼした影響

南北戦争における南・北両軍の戦争方策の観点から見て、両軍の戦略は現実に内外政策、戦争に及ぼした影響のみならず、その後のアメリカの戦略思想および軍事制度に及ぼした影響は重要な意義を有する。

国家政策は軍事戦略、作戦戦略の基盤である。南北戦争における北部の当初の政治目標は軍事力による連邦の再統一であり、そのために攻勢作戦により完全な軍事的勝利を得なければならなかった。南部は北部の決意を砕き、勝負がつかなくても世論を味方につけ、かつヨーロッパの支援を受ければ十分満足できるものであった。

一八六一年四月一二日午前四時半にサムター砦に対する砲撃で始まった南北戦争は、南部連合に比し北部連邦が諸要因において優勢な状態にあり、リンカーン大統領は四ヶ月で戦争終結の期待を有していたが、二年目の師走に入っても決着が付かなかった。

戦争初期に、リンカーン大統領は南部連合に対する経済封鎖と大規模な戦力で複数の地点に同時に脅威を与える作戦を総司令部に指示した。指示を受けた北軍総司令官のウインフィールド・スコット将軍は「アナコンダ計画」を立案した。この作戦構想は経済封鎖とミシシッピ川の利用を軸とするもので、計画の名称は蛇が獲物をじっくり締め上げていく様子に因んでいる。一方の作戦構想は戦争を迅速に終わらせる大規模な戦闘を中心に置く作戦であった。「アナコンダ計画」は、一見ジョミニとクラウゼヴィッツの戦略の方策として実行するものであった。

しかし、この同時侵攻の考えは二つの問題点を含んでいた。一つは戦力集中の原則から逸脱していること、その他は地理的な問題で、たとえミシシッピ川流域を制圧したとしても、以後の軍事行動は鉄道に頼らなければならなかった。しかし、鉄道は攻撃に脆弱でゲリラ活動により甚大な被害を受ける恐れがあった。実際、鉄道破壊は彼我共に実施して、補給に大きな被害があって、戦闘に勝利しても追撃ができなかった実例があった。

一方、南部連合軍は勢力劣勢にありながら、ロバート・E・リー*152とリーの直属部下のトーマス・J・ジャクソン*153の両将軍は、守勢だけでは勝てない、勝つためには戦争の主動性を執らなければならないと考え、一八六一年から六二年にかけて第一次・第二次ブルラン、フレデリクスバーグ、そして一八六三年のチャンセラーズヴィルの各戦闘における戦略と巧妙な戦争指導により北軍を苦戦に追い込んだのである。リーとジャクソンは、マハンやジョミニの弟子というよりもむしろナポレオンの弟子であった。彼らはナポレオンの諸作戦に関する研究から、以前のアメリカの将軍の誰よりも攻撃的な戦略概念を引き出した。特にジャクソンはナポレオンの諸作戦をより広い軍事史的考察の文脈で徹底的に研究していた*154。

リーは一八六二年の夏の第二次マナッサス作戦において、戦略的防勢と戦術的攻撃の組み合わせでもっても決着が付かなかったことで、戦略的防勢では不十分であると結論づけた。マナッサス作戦後、一八六三年には戦略的攻勢を北軍に仕掛けたが、北軍の施条火器の前に果敢な南軍の攻撃も乏しい人的資源の多くを失って失敗した。

もともとアメリカには戦争方法について研究、洞察のための制度がなかったことと、依存する資料も殆どなかったので、結果的にヨーロッパの軍事著述家、ジョミニの戦略論に頼らざるを得なかったのである。南北戦争に参加した陸・海軍将校の多くは軍学校でナポレオンの戦略、ジョミニの戦略理論を学んだことは前項で述べたとおりである。また、南北戦争を遂行した指導者たちもナポレオンとジョミニを崇拝していた。とくにマクレラン将軍と南軍のリー将軍は士官学校時代にナポレオンクラブのメンバーであった。

南北戦争の中盤に入っても、確たる戦争指導の道標もなく、南・北軍共に一進一退を続け、彼我共に被害を増すばかりとなった。軍事教育も経験もなかったリンカーン大統領は、どん欲に軍事著書を読み始めた。彼は議会図書館で、ハレックの『軍事に関する術と学の入門書』を一八六二年一月八日に借り出し、一八六四年三月二十四日に返却した記録を残している*[155]。

マクレランの後継者である北軍総司令官のハレックと直属部下指揮官のユリシーズ・S・グラントは、一八六四年まで北軍の戦略は事実上南部の領土を占領する作戦を止めて、南軍の兵站物資の生産地や集積地を攻略することに専念していた。その理由はグラントが戦い中半で両軍の被害が大であることに懸念を抱き、彼自身はクラウゼヴィッツ型の戦略よりもジョミニ型の戦略を考えていたのである。つまり、彼は開戦当初から兵站的に利用可能な作戦線として河川に着目していた。アメリカの広大な地域における作戦線は、少数の長く脆弱な鉄道線を除くと河川以外の作戦線はなかった。

グラントは信頼するウィリアム・T・シャーマンに大西洋岸における作戦を遂行させた。シャーマンは一八六二年七月二四日第六十二番目の命令において、あからさまにジョミニを読むように将校たちに命令した。シャーマンは欲するときには、いつでも委員会を招集して命令を誰にでも要求し、受容させる権限を有していた*[156]。彼はジョミニ理論通りに後方連絡線を重視して、兵帖基地に戦略的重点を置き、敵の後方基地や連絡線等に対し焦土作戦を実施したのである。

しかし、ヴァージニア作戦における戦略機動も成功の望みが叶えなかったことで、戦略機動の作戦のみでは戦争の決着が付かないと考慮したグラントは、一八六四年三月に北軍総司令官に着任すると、第一線部隊の兵力を増員させ、南軍の作戦線と根拠基地に対する焦土・作戦と併行させながら「撃滅戦略」を確定し、実行した。

クラウゼヴィッツの『戦争論』は、まだアメリカでは普及していなかったが、この「撃滅戦略」はクラウゼヴィッツのいう「戦争は戦闘であり、……敵戦闘力をもはや戦闘を継続し得ないほどの状態に追い込まなければならない。我々はのちに敵戦闘力の撃滅という用語を用いる*157」という文言通りの戦略を彼は実行したのである。

南北戦争の結果、彼我共に甚大な被害を被った影響により、アメリカの戦略思想はこの戦争の初期の防勢思想に回帰するのであった。南北戦争以降、陸軍はかつてのインディアンと開拓者との間の平和を維持する治安任務が主となり、そこにはヨーロッパ方式の研究においても、活力や創造性も見られなかった。十九世紀後半の陸軍には、海軍のアルフレッド・セイヤー・マハンに対比するような思想家は一人も輩出することはなかったのである。

南北戦争に関する著書はその多くは回顧録であった。しかし、言及に値する著書が一冊存在した。それはジョン・ビジロウ大尉*158の『戦略原則―主としてアメリカの諸作戦による解説*159』であった。この本の本旨は南北戦争の戦例からシャーマンの作戦をジョミニの諸原則に適合させる方法を見出すことであった。そして、ビジロウは、シャーマンのジョージア州と南部カロライナ州への侵入と焦土作戦、フィリップ・シェリダン*160のシェナンドア川流域における焦土作戦の実施、また限定的海上封鎖作戦を「政治的戦略」と定義づけた*161。

アメリカの南北戦争末期までの経験は、ジョミニの戦略機動のみでは作戦目的を達成するには不十分であるという認識が湧出していた。ビジロウの結論である「政治的戦略」はあくまで正規戦に付随するにとどまり、結局、作戦戦略の目標は、クラウゼヴィッツのいう敵軍であり、「敵戦力の撃滅」であった。

アメリカの軍人は、結果的に一八六四年から一八六五年のヴァージニア作戦で実施したグラントの戦略を学び、戦後にクラウゼヴィッツの『戦争論』を学んで、アメリカがいかなる敵国に対しても集中することができる優越した軍事力が、唯一軍事的信頼を確かにすると信じたのである。やがて世界強国としてのアメリカが出現する二〇世紀に入った。

＊註

1 Michael Howard, 'Jomini and the Classical Tradition in Military Thought', in *Studies in War and Peace*, Temple Smith, 1970, p. 31.

2 Alger, pp. 44-45.

3 ニコライ・オクーニフ（一七九二～一八五一年）。ロシア軍少将。ニコライ皇帝の顧問。軍事著述家。

4 ヘンリー・W・ハレック（一八一五～七二年）。アメリカ将軍。軍事著述家。

5 サムエル・B・ホラバード（一八二六～一九〇七年）。アメリカ軍准将。主計総監。

6 ジェムズ・D・ヒットル（一九一五～二〇〇二年）。アメリカ海兵隊准将。ジョミニの『戦争術概論』に傾倒し、著書に『ジョミニとジョミニの戦争術概論』を著した。

7 Jomini, Précis, pp. 64-70, p. 77を参照。

8 ロ・デュカ（一九〇五～二〇〇四年）。イタリア生まれのジャーナリスト、小説家。著書にJ. M. Lo Duca, *Journal secret de Napoléon Bonaparte 1769-1869*, préface de Jean Cocteau, Paris, Pauvert, 1948; 1980がある。

9 Charles-Augustin Saint-Beuve, *Le Général Jomini: étude*, Paris, Michel Lévy Frères, 1869.

10 フランソワ・ド・マレルブ（一五五五～一六二八年）。フランスの詩人。ロンサール、デポルトらを批判し、古典主義の厳格な詩法の確立に努めた。

11 ガスパール・モンジュ（一七四八～一八一八年）。フランスの数学者。画法幾何学を発見し、理工科学校の設立に尽力した。

12 Charles-Augustin Sainte-Beuve, Le Général Jomini, pp. 232-233.

13 フランソワールネ・ド・シャトーブリアン（一七六八～一八四八年）。文学者、政治家。アメリカ旅行中にルイ十六世が捕らわれたことを知り、帰国し反革命軍に参じたがティオンヴィルの戦闘で負傷し、ロンドンに逃れ著述活動を行い、文学的名声を確立した。ナポレオン一世から厚遇され、一八〇三年ローマ駐割公使に任命されたが、アンギアン公処刑でナポレオンと不和となり、政界を引いた。著書に『殉教者（Les martyrs）』、『墓の彼方からの回想（Mémoires d'outre-tombe)』、『歴史試論（Études historiques）』、『アベンセラヘス最後の冒険（Les aventures du dernier Abencérage）』がある。

14 François-René de Chateaubriand, *Mémoires d'outre-tombe*, 2 vol., édition établie, avec introduction et notes, par Maurice Levaillant et Georges Moulinier, Paris, Gallimard' Bibliothèque de la Pléiade', 1951, I, pp. 742-743.

15 ルイ・アドルフ・ティエール（一七九七～一八七七年）。フランスの政治家、歴史家。第三共和政二代大統領。

16 エドガー・キネ（一七九七～一八七七年）。フランスの政治家、歴史家。

17 ジュール・ミシュレ（一七九八～一八七四年）。ギゾーの実用歴史学に反対して、民主的・反教会的立場から民衆の歴史的役割を説いた。

18 Colson, pp. 39-40.

19 Paddy Griffith, *Military Thought in the French Army, 1815-51*, Manchester, Manchester University Press, 《War, Armed Forces and Society》, 1989, p. 56.

20 シャルル・テオドール・ボーヴェ・ド・プレオ（一七七二～一八三〇年）。フランス軍将軍。

21 Chales-Théodore Beauvais de Préau, *Victoires, conquêtes, désastres, revers, et guerres civil es des Français de 1792 à 1815*, PARIS C. L. F. PANCKOUCKE ÉDITEUR, 1825..

22 ダニエル・ライシェル（一九二五～九一年）。教師。著述家。

23 Colson, p. 30.

24 ロラン・クヴィオン・サンシール（一七六四〜一八三〇年）。フランス軍元帥。帝国伯爵後に侯爵。

25 Laurent Gouvion Saint-Cyr, *Mémoires pour servir à l'histoire militaire sous le Directoire, le Consulat et l'Empire*, 4vol., Paris, Anselin, 1831, p. 180.

26 ジャン・バプティスト・ベルトン（一七七四〜一八二二年）。フランス軍将軍。王政復古後、反乱の疑いをかけられ刑死。

27 Jean P. Berton, *Précis historique, militaire et critique des batailles de Fleurus et de Waterloo*, Paris, Delaunay et al., 1818, pp. 18-19.

28 Jean T. Rocquancourt, *Cours élémentaire d'art et d'histoire militaries à l'usage des élèves de l'École royal special militaire*, 4vol., 2, Paris: Anselin, 1831-1838.

29 Ibid., pp. 422-24.

30 Alger, p. 35.

31 Ibid., p. 35

32 ジュール・ルヴァル（一八二三〜一九〇八年）。フランス軍師団長。国防大臣。

33 Henry Dutaillis, 'Un maître oublié, général', *Revue historique des Armées*, no. 146, 1982-1, p. 18.

34 Jules Lewal, *Cours d'art et d'histoire militaries*, vol. 2, Paris, 1861, pp. 379-80.

35 ヴィクトールーベルナール・デレカゲ（一八三三〜一九一五年）。フランス軍将軍。

36 Alger, p. 64.

37 V. Benard Derrécagaix, *La Guerre modern*, paris, L. Baudoin et ce, 1883.

38 V. Bernard Derrécagaix, *Modern War*, *La Guerre modern*, trans. C. W. Foster, Washington, D. C.: J. J. Chapman, 1888, p. iii.

39 ①作戦線を選定する狙いは的の戦力よりも優れた戦力を決勝点に指向すること。②作戦線の選定は基地の形状、地形の形態、敵の陣地に依存する。③作戦は簡潔に、内線作戦は常に選ばれる。④最も利点のある作戦線は危険を冒すことなく、敵の後方連絡線に軍を指向し得ること。

40 アンリ・ボナール（一八四四〜一九一七年）。フランス軍准将。一九〇一年陸軍大学校校長。

41 Henri Bonnal, *De la méthode dans les hautes études militaires en Allemagne et en France*, Paris, Fontemoing, 1902, P. 15.

42 Ibid., p. 334.

43 Ibid.

44 Ibid., pp. 16-17.

45 フェルディナン・フォッシュ（一八五一〜一九二九年）。フランス軍元帥。陸軍工科大学校（École Polytechnique）卒。

46 Ferdinand Foch, *Des Principes de la guerre; Conférences faire à l'Ecole supérieure de guerre.* 1ed., Nancy and Paris: Berger-Levraut and Company, 1903; Ferdinand Foch, *THE PRINCIPLES OF WAR*, Trans., By HILAIRE BELLOC, NEW YORK HENRY HOLT AND COMPANY, 1920.

47 Ibid., Des Principes, p. 3.

48 Ibid., p. 9.

49 コルマール・フォン・デア・ゴルツ（一八四三〜一九一六年）。ドイツ軍元帥。トルコ軍顧問。軍事著述家。普墺戦争、普仏戦争、第一次世界大戦に参加。トルコ軍の改革に貢献し、トルコ陸軍元帥の名誉が授与された。さらにトルコへ再び派遣され、軍事顧問としてスルタンの最高統帥部に就く。一九一五年にトルコ陸軍第一軍の司令官としてメソポタミア作戦を指揮統率し、その翌年にバグダードで死去した。

50 カール・ウイルヘルム・ヴィルセン（一七九〇〜一八七九年）。プロイセン軍将軍。クラウゼヴィッツと同時代の軍事思想家。ジョミニの影響が大で、ある程度有名になったが、ある時期から影が薄くなった。モルトケや彼の後継者にとってあまりにも理論的かつ幾何学的であった。一八一五年のナポレオン戦争終了時にはブルュッヒャーの幕僚だった。

51 フリードリヒ・ウイルヘルム・リュストウ（一八二一～一八七八年）。プロイセンおよびスイスの軍人。軍事著述家。ドイツのブランデンブルクに生まれる。プロイセン陸軍に入り、何年か勤務後、彼は軍事法廷で長期城塞囚人として判決を受けたが、脱走してスイスに逃亡してスイス軍に入り、一八五七年まで工兵参謀として少佐の階級を有していた。

52 オーギュスト・ド・マルモン（一七七四～八五二年）。ナポレオン麾下の元帥。ツーロン、マレンゴ、ウルムの戦闘に参戦。スペイン戦争において、騎兵の突撃の際片腕を失う。一八一四年の連合軍のパリ攻略の際、連合軍に寝返る。一八三〇年にブルボン王朝に帰属した。
Auguste F. L. Viesse de Marmont, L'*Esprit des institutions Militaires,* Paris, 1859 (Viesse de Marmont, *The Spirit of Military Institutions; or Essential Principles of the Art of War,* trans., by Henry Coppée, Philadelphia: J.B. Lippincott, 1862).

53 Alger, p. 36.

54 Ibid., p. 36.

55 Gabriel Darrieus, *La Guerre sur mer, stratégie et tactique: La doctrine*, Paris, Challamel, 1907; Gabriel Darrieus, *War on the Sea, Strategy and Tactics, Basic Principles*, Trans., by Philip R. Alger, Anapolis: United States Naval Institute, 1908.

56 Gabriel Darrieus, *War on the Sea, Strategy and Tactics, Basic Principles,* trans., by Philip R. Alger, Anapolis: United States Naval Institute, 1908, p. 196.

57 オットー・リュール・フオン・リリエンシュテルン（一七八〇～一八四七年）。ドイツ軍中将。軍事著述家。

58 Colson, p. 24

59 ヘルムート・ベルンハルト・フォン・モルトケ（一八〇〇～九一年）。ドイツ軍元帥。普墺戦争・普仏戦争時の参謀総長。軍事学者。

60 ヴェルディ・デュ・ヴェルノワ（一八三二～一九一〇年）。ドイツ軍歩兵大将。ドイツ国防大臣。

61 Alger, p. 58.
62 Wilhelm von Willisen, *Theorie des grossen Krieges angewendet: Auf den russisch-polonischen Feldzug von 1831*,Vol. 1. Berlin. 1840.
63 Alger, pp. 33-34.
64 Wilhelm von Rüstow, *Die Feldherrnkunst des Neunzehnten Jahrhunderts*, 2vols., 3d. ed., Zurich: F. Schulthess, 1878-1879.
65 G・ガリバルディ（一八〇七～八二年）。イタリア軍人。ガリバルディは政治的な人物であった。二十代に、カルボナリ・イタリア愛国者革命家に加わって、反乱を起こし、失敗した後、イタリアから逃亡した。その後彼は、ウルグアイの独立を支援し、ウルグアイの内戦でイタリア軍団を指揮した。その後、復興の紛争の指揮官としてのイタリアに帰国した。彼は、南アメリカとヨーロッパの自軍の遠征に対する賛辞により「二つの世界の英雄」と呼ばれた。イタリアの国民的英雄と見なされている。
66 フリードリヒ・フォン・ベルンハルディ（一八四九～一九三〇年）。ドイツ軍大将。野戦軍元帥。普仏戦争、第一次世界大戦に参加。
67 Colmar von der Goltz, *Das Volk in Waffen. Ein Buch uber Heerwesen und Kriegsführung unsere in Zeit.*, 4th ed., Berlin: R. v. Decker, 887; Colmar von der Goltz, *The Nation in Arms*, London, 1887.
68 Goltz, The Nation, vii.
69 Ibid.
70 Friedrich von Bernhardi, *Vom heutigen Kriege*. Band 1: *Grundlagen und Elemente des heutigen Krieges*. Band 2: *Kampf und Kriegführung*. E. S. Mittler&Sohn, Berlin, 1912.
71 マクシミリアン・ヨルク・フォン・ヴァルテンブルク伯爵（一八五〇～一九〇〇年）。プロイセン陸軍少将。歴史家。通称ヨルク公。
72 Maximilian York von Wartenburg, *Napoleon als Feldherr*, Berlin, 2 Aufl, 1885-1886; Maximilian York von

Wartenburg, *Napoléon chef d'armée*, traduit de l'allemand par le commandant Richert, 2 vol, Paris, Baudouin, 1899.

73 Ibid., traduit, p. 124

74 Alger, p. 33.

75 ハインリヒ・フオン・ヘス（一七八八〜一八七〇年）。オーストリア軍元帥。

76 Heinrich von Hess, *Allgemeine praktische Grundsätze der Strategie und höheren Taktik für Armee, selbstsandige Korps- und Divisions-Kommandanten,* Vienna: Hof-und Staatsdruckerei, 1867.

77 Alger, pp. 57-58.

78 Bruno Colson, 'La première traduction française du *Vom Kriege* de Clausewitz et sa diffusion dans les milieux militaires français et belge avant 1914', *Revue belge d'histore militaire*, vol. 26, 1986-5, pp. 345-364.

79 ディミトリ・ペトロヴィッチ・バトゥリン（一七九〇〜一八四九年）。ロシア軍将軍。歴史家。ロシア帝国議会の上院議員。ロシア帝国図書館長。

80 Dimitri Petrovich Buturlin, *Histoire militaire de la campagne de Russieen 1812,* Paris, 1824.

81 Nikolai A. Okunev, *Considérations sur les grandes opérations de la Champagne de 1812 en Russie; Des Mémoires sur les principles de la stratégie, de le examen raisonné des proprietés des trios armes; et d'un mémoire sur l'artillerie*. New ed., Brussels: J.-B. petit, 1841.
本書の構成項目は「戦略原則に関する覚え書（Mémoires sur les principes de la stratégie）」、「砲兵に関する覚え書（Un Mémoire sur l'artillerie）」、「三兵科の特性についての思索（L'Examen raisonné des proprieties des trios armes）」から成る。

82 Alger, pp. 44-45.

83 Raymond L. Garthoff, *La Doctrine militaire soviétique*, traduit de l'américain: Paris, Plon, 1956, p. 42; Walter Pintner, *Russian Thought*: 'The Western Model and the Shadow of Suvorov" in *Makers of Modern*

Strategy, p. 367.（「ロシアの軍事思想」『現代戦略思想の系譜』、三二四頁）

84　Alger p. 63.

85　Colson, p. 37.

86　Brian Bond, *The Pursuit of Victory: FROM NAPOLEON TO SADDAM HUSSEIN*, CLARENDOB PRESS, 1996, p. 49.（ブライアン・ボンド『戦史に学ぶ勝利の追求—ナポレオンからサダム・フセイン』川村康之監訳、東洋書林。二〇〇〇年、六七頁）

87　レイモンド・L・ガーソフ（一九二九～　）。アメリカの政治学者。歴史学者、冷戦期の米ソ関係、ソ連の軍事戦略が専門。現在ブルッキング研究所客員研究員。

88　Garthoff, p. 42.

89　Hew Strachan, *From Waterloo to Balaclava — Tactics, Technology, and the British Army 1815-1854*, Cambridge University Press, 1985, p. 2.

90　サー・ジョン・バーゴイン（一七八二～一八七一年）。イギリス軍元帥。フランス革命戦争とスペイン戦争に参加。クリミア戦争時の戦略顧問。

91　サー・ウィリアム・ネイピア（一七八五～一八六〇年）。イギリス軍将軍。軍事史作家。Sir William F. Napier, *History of the War in the Peninsula and in the South of France A. D. 1807 to 1814*, London: T. and W. Boone, 1851.

92　Jay Luvass, *The Education of an Army: British Military Thought, 1815-1940*, Chicago, University of Chicago Press, 1964, p. 10

93　Ibid., p. 11.

94　Alger, p. 38.

95　Strachan, p. 3.

96　バトリック・L・マクドゥガル（一八一九～九四年）。イギリス軍中将。軍事著述家。

97 Patrick L. MacDougall, *The Theory of War Illustrated by Numerous Examples from Military History*, 2d ed., London: Longman, Green, Longman and Roberts, 1858.

98 Ibid., pp. vi, vii.

99 Ibid., pp. 98-108, 146-169.

100 ジェームズ・ジョン・グラハム（一八〇八～八三年）。イギリス軍大佐。

101 James John Graham, *Elementary History of the Progress of the Art of War*, London: R. Bentley, 1858.

102 Ibid., p. 5.

103 Ibid., pp. 23-24.

104 サー・エドワード・ブルース・ハムレーイ（一八二四～九三年）。イギリス軍中将。幕僚大学校教授・校長。軍事著述家。

105 Edward Bruce Hamley, *The Operations of War Explained and Illustrated*, 5th ed., Edinburgh: William Brackwood and Sons, 1889.

106 Ibid., p. 6.

107 Luvass, p. 150.

108 ジョージ・F・ロバート・ヘンダースン（一八五四～一九〇三年）。イギリス軍大佐。陸軍大学校教授。

109 George F. Henderson, *The Science of War, A Collection of Essays and lectures, 1891-1903*, London: Longman, Green and Company, 1905, p. 40.

110 トーマス・ストーンウォール・ジャクソン（一八二四～六三年）。本名はトーマス・ジョナサン・ジャクソン。南部連合軍少将。南北戦争で武勲を立て勇名を轟かせるが友軍の誤射を受け戦死した。アメリカ軍人を代表する勇将の一人。

111 Alger, p. 79.

112 ウインフィールド・スコット（一七八六～一八六六年）。アメリカ陸軍名誉中将。外交官。南北戦争ではアナコンダ作戦を計画して南軍を破る功績を立てた。

113 Brig J.D. Hittle, *Jomini and His Summary of the Art of War,* Telegrapg Press, 1947, p. 2; Bruno Colson, *La Culture Stratégique américaine. L'influence de Jomini,* Paris FEDN-Economica, Bibliothèque stratégique, 1993, pp. 26-31.

114 Allan R. Millett & Peter Maslowski, *FOR THE COMMON DEFENSE: A Military History of the United States of America,* Collier Macmillan Publishers: LONDON,1984, p. 53.（『アメリカ社会と戦争の歴史—連邦防衛のために』防衛大学校「戦争史」研究会訳、彩流社、二〇一一年、八九頁）

115 Weigley, "American Strategy from Its Beginnings through the First World War", in *Makers of Modern Strategy.*（ラッセル・F・ワイグリー、「アメリカの戦略」『現代戦略思想の変遷』、三六五頁）

116 Ibid.

117 シルヴァーナス・セイヤー（一七八五～一八七二年）。大佐・名誉准将。一八一二年戦争に参加。

118 デニス・ハート・マハン（一八〇二～七一年）。陸軍士官学校教授。一八七一年に定年退職を勧奨されて病身であった彼はハドソン川に身を投げて自殺した。子息のアルフレッド・セイヤー・マハンは著名な海洋戦略論の古典的理論家。

119 Russell F. Weigley, *HISTORY OF THE UNITED STATES ARMY,* Indiana University Press, 1984, p. 151.

120 ユリシーズ・S・グラント（一八二二～八五年）。第一八代アメリカ合衆国大統領。アメリカの軍人、政治家。アメリカ史上初の陸軍士官学校出身の大統領。南北戦争で戦った将軍の中では南軍のロバート・リー将軍と並んで最も有名な将軍の一人。

121 ウィリアム・シャーマン（一八二一～九一年）。アメリカ軍将軍。陸軍長官。南北戦争における北軍将軍として、ジョミニが重視した兵站基地に戦略的重点を置き、焦土作戦を実施した。これについてバジル・リデル・ハートはシャーマンを近代軍事戦略家として褒め称えた。

122 ウイリアム・デュアン（一七六〇～一八三五年）。ジャーナリスト。ジェファーソン大統領の信任を得て、一八一一二年戦争において中佐に任じられ、将軍の高級副官を務めた。

123 William Duane, *American Military Library, or Compendium of the Modern Tactics,* PHILADELPHIA, 1809; *An Epitome of the Arts and Sciences,* PHILADELPHIA, 1811; *Explanation of the Plates of the System of Infantry Discipline, for the United States Army,* PHILADELPHIA, 1814; *HAND BOOK FOR INFANTRY: CONTAINING THE FIRST PRINCIPLES OF MILITARY DISCIPLINE,* PHILADELPHIA, 1814; *A Visit to Colombia in the Years 1822 & 1823,* PHILADELPHIA, 1826.

124 Millett, p. 117. (『アメリカ社会と戦争の歴史―連邦防衛のために』一八六頁)

Russell F. Weigley, *HISTORY OF THE UNITED ARMY,* ENLARGED EDITION ED., Indiana University Press: BLOOMINGTON, 1984, p. 273.

125 ジョン・アームストロング(一七五八～一八四三年)。アメリカ陸軍長官。政治家。

126 シモン・フランソワ・ゲ・ド・ヴェルノン(一七六〇～一八二二年)。フランス軍大佐。一七九八年から一八〇四年までフランス陸軍工科大学校の築城教授。ついで一八一二年まで校長。

127 Alger, p. 42.

128 正式の表題はAn Elementary Treaties on Advanced-Out-Post and Detachment Service of Troops and the Manner of Posting and Handling.Them in the Presence of an Enemy. With a Historical Sketch of the Rise and of Tactics ‥‥.

129 Millett, p. 128. (『アメリカ社会と戦争の歴史―連邦防衛のために』、一八八頁)

130 ヘンリ・ハレック(一八一五～七二年)。アメリカ将軍、南北戦争時のリンカーン大統領の参謀長。学者、法律家。

131 ジョージ・ワシントン・カラム(一八〇九～九二年)。アメリカ軍将軍。土木技師。作家。

132 Alger, p. 55.

133 ジュニアス・ウィラー(一八三〇～八六年)。アメリカ軍人。陸軍士官学校教授。

134 ジェームズ・メルキュール(一八四二～九六年)。アメリカ軍人。

135 エモリー・アプトン（一八三九〜八一年）。アメリカ軍人。アメリカの軍事政策、特に教育制度の刷新に貢献した。一方、ドイツの軍事制度を導入しようとしたが議会が否決し実現しなかった。

136 Emory Upton, *THE ARMIES OF ASIA AND EUROPE EMBRACING OFFICIAL REPORTS ON THE ARMIES OF JAPAN, CHINA, INDIA, PERSIA, ITALY RUSSIA, AUSTRIA, GERMANY, FRANCE, AND ENGLAND. ACCOMPANIED BY LETTERS DESCRIPTIVE OF A JOURNEY FROM JAPAN TO THE CAUCASUS, NEW YORK*: D. APPLETON AND COMPANY, 1878.

137 Millett, p. 378.（『アメリカ社会と戦争の歴史—連邦防衛のために』、三七七〜三七八頁）

138 アーサー・L・ワグナー（一八五三〜一九〇五年）。アメリカ軍准将。

139 ステファン・B・ルース（一八二七〜一九一七年）。アメリカ海軍提督。海軍大学の創立者で一八八四年から一八八六年まで海軍大学の学長。

140 Colson, p. 29. n. 62.

141 Philip A. Crowl, "Alfred Theyer Mahan: The Naval Historian," *Makers of Modern Strategy*, p. 449.（「海戦史研究家アルフレッド・セイヤー・マハン」『現代戦略思想の系譜』、三九六頁）

142 Ibid.

143 アルフレッド・セイヤー・マハン（一八四〇〜一九一四年）。アメリカ海軍提督。海軍史研究家、戦略研究家、作家。

144 Bruno Colson, 'Jomini, Mahan et les origines de la staratégie maritime américaine', *L'Evolution de la pensée navale* sous la dire. d'Hervé Coutau-Begarie, Paris, FEDN, 1990, pp. 135-151.

145 Ibid.

146 Alfred Thayer Mahan, *Naval Strategy Compared and Contrasted with the Principles of Military Operations on Land*, Boston: Little, Brown, 1911, p. 48.

147 Alfred Thayer Mahan, *The Influence of Sea power upon History, 1660-1783*, Boston: Little, Brown, 1894,

p. 88.

148 Alfred Theyer Mahan, p. 457.（「海戦史研究家アルフレッド・セイヤー・マハン」四〇二頁）

149 Alfred Thayer Mahan, *The Influence of Sea Power upon History*, 1660-1783, Little, Brown and Co., 1890.

150 Colson, p. 29.

151 Allan R. Millett & Peter Maslowski, p. 378.（『アメリカ社会と戦争の歴史—連邦防衛のために』、三八八～三八九頁）

152 ロバート・E・リー（一八〇七～七〇年）。アメリカ軍人。南北戦争時の南軍総司令官として北軍を苦しめた名将。彼は士官学校時代に、北軍のマクレラン将軍と共にナポレオンクラブのメンバーであった。

153 トーマス・J・ジャクソン（一八二四～六三年）。アメリカ軍人。南北戦争時の南軍中将。

154 Weigley, American Strategy, p. 424.（「アメリカの戦略」『現代戦略思想の変遷』、三七四頁）

155 Carol Reardon, *with a SWORD in one hand & JOMINI in the other*, The University of North Carolina Press, 2012, p. 28, n. 37.

156 Colson, p. 28, n. 60.

157 CLAUSEWITZ, On War, p. 60;『戦争論』、六四頁。

158 ジョン・ビジロウ（一八五四～一九三六年）。ウエストポイント陸軍士官学校卒。士官学校教官。マサチューセッツ大学教授。作家。

159 John Bigelow, *The Principles of Strategy: Illustrated Mainly from American Campaigns*, New York, 1968.

160 フィリップ・シェリダン（一八三一～八八年）。アメリカ陸軍大将。南北戦争時の陸軍総司令官を務める。

161 Weigley, American Strategy, p. 439.（「アメリカの戦略」『現代戦略思想の変遷』、三八七頁）

第六章　新戦略原則論と「戦いの原則」

一、ドイツ軍事学派の台頭とジョミニ戦略原則論の再生

ナポレオン没後においてもジョミニの著書出版と戦略論の影響力は最盛を誇った。ジョミニは彼の長い人生の最後の十年間に最も賞賛され、影響力のある軍事思想家としての地位を享受したのである。しかし普墺戦争次いで普仏戦争の後、ジョミニの星が光輝を失う徴候は、ジョミニの死亡一年後に勃発した普墺戦争における戦いの方法に現れていた。それはプロイセン軍総参謀長のモルトケが遂行した鉄道による迅速な動員と大胆な戦略機動による外線作戦の成功であった。

すでに、プロイセンでは一八三二年にリリエンシュテルンによってジョミニの著書に対する攻撃が始まり、ジョミニを警戒させたクラウゼヴィッツの著作『戦争論』が出版されていた。そしてモルトケは原則の価値を否定し、なによりも実践を重んじ原則論に反対していたのである。それでもクラウゼヴィッツの『戦争論』は、普墺戦争までは無視されていた。一方、ジョミニの弟子と称したヴィルセンとリュストウ、ベルンハルディ等は、ジョミニの戦略原則論を説き、戦争理論には「戦いの原則」が存在し、その有用性を認めさせることができていた。

しかし、普仏戦争後、彼らが現役を去り、また死亡した後には、クラウゼヴィッツの評価は次第に高まっていった。今や力強い伝統的なドイツ軍事学派は、モルトケの思想と強く結びついたクラウゼヴィッツの軍事思想をヨーロッパ中に普及させていった。

ヨーロッパ軍事の中心であったフランスでは、敗戦後ドイツの軍事力の強さの秘密を学ぼうとしてはいたが、普仏戦争の敗北はフランスの軍事思想に深刻な影響を及ぼし、敗北の原因は軍事組織や軍事技術の失敗ではなく、戦いに対する姿勢と行動の失敗であったとして、「戦いの原則」の見直しが図られた*1。この見直しの教訓は、戦いにおいて永続する原則は物理的考慮よりも精神、士気、戦う姿勢を重視すべきであるとするアンリ・ボナールとフェルナンド・フォッシュに習うことになった*2。

アメリカやイギリスではフランスほどに反応を示さず、ジョミニの優位は問題にされなかった。たとえば第一次世界大戦直前に、オックスフォード大学教授のスペンサー・ウイルキンソン*3は、学生を前に次のように述べた。

「ジョミニの作戦の分析と分類法は、その人造用語にかかわらず、適切で有用である。それは原則のシステムとして戦略の最初の科学的説明であった。……ドイツのヴィリゼン、イギリスのハムリイはジョミニの弟子であり、(彼らの)ナポレオン戦争の認識は、そのほとんどがジョミニの範疇の(戦略)をナポレオン戦争に適用したにすぎなかった。公的な戦略学はジョミニの『戦争術概論』の発刊以来ほとんど進んでいない。したがって、十九世紀の軍事文献は、戦略に関するジョミニの著書を研究しなければ、ほとんど理解できない*4」

このウイルキンソンの文言にもジョミニの影響力を認めることができるが、ジョミニの戦略原則論とナポレオン時代以降の戦争遂行に関するその継続的な議論とその影響は、「戦いの原則」の発展にとって重要であった。そして「戦いの原則」の信頼度は十九世紀全般にわたって、また第一次世界大戦以降にも高まっていくが、その内容は国によって異なった。

二、新軍事理論の発生と再生された「戦いの原則」

第一次世界大戦における戦争様相と形態は、ナポレオン戦争とは比較にならないほどに、大規模の人的・物的資源が投入され、地球の西半球が直接戦場と化し、総力戦的様相を呈した世界的規模の大戦争であった。誰しもがナポレオンの軍事システムはもちろん、過去の戦争の経験や教訓は通用しない、また過去の軍事理論、特にジョミニの戦略方策は通用しないと考え始めたのである。やがて、かつてのジョミニの名声と彼の著書に対する一般の読書熱は衰微を辿ることになる。

一方、クラウゼヴィッツの『戦争論』のなかで、戦争の本質を「戦争は戦闘である」という「決闘的性格」に置いた概念が戦争指導者の思考を支配して、その影響は計り知れないほどであった。そして第二次世界大戦は、第一次世界大戦を上回る様相を呈し、まさにクラウゼヴィッツの戦争概念区分である「絶対戦争」に限りなく近づいたのである。斯くて二つの世界大戦の間にクラウゼヴィッツの名声と影響力は失墜した。

しかし第二次世界大戦が終わり、一九五〇年代に入ると国際関係における米ソ冷戦構造が形成されて、第三次世界大戦、核戦争の脅威にかられ、主に戦争と政治の関係に関わる問題が国家、国民の間に提起され、再びクラウゼヴィッツの『戦争論』は軍事界のみならず一般の知識層にも読まれ、研究が再燃し現在に至っている。

一方、ジョミニの『戦争術概論』で述べられた戦争概念は、『戦争論』の影響もあり、十八世紀以前の戦争概念、つまり制限戦争に帰趨する思考であるという批判もあって、彼の戦争概念、特に戦略理論と方策は捨象され、「基本原則」、「戦いの原則」に焦点が当てられ議論が湧出した。このような戦略原則論は一般向けでなく、専門職軍人向けの性向があった。

もともと「戦いの原則」は、戦争において勝敗の原因と結果との因果関係を追求した普遍性と蓋然性とを持つ経験的法則であるとして、ジョミニ以来論議されてきたのである。特に十九世紀後半から二十世紀前半を通して「戦いの原則」の発展期であった。「戦いの原則」がドクトリンとして重視され、発展する背景には十九世紀前半に比し、飛躍的な兵器の発達と兵員規模が増大したことにより軍事機関・組織が複雑・拡大化し、また、国家間の国際関係も拡大してより戦争概念が複雑化してきたことがあった。したがって「戦いの原則」は戦争研究、戦略研究の重要な鍵となり、戦争遂行の本質をより簡潔に把握する必要があった。

論議されてきた「戦いの原則」が成文化され、ドクトリンとして確定するまでは軍事作家個人の努力に依存してきた。しかし、第一次世界大戦前後から、戦いの経験から戦争遂行に関連した原則が軍学校の教官や指揮官、幕僚によって有用であることが理解されるようになり、国防機関のなかで「戦いの原則」は研究され、専門職に従事する軍人の事前準備教育のために軍隊の公の出版物、つまり野戦勤務規定、指令、携帯野戦便覧、教範のなかに記載されるようになった。

そして、「戦いの原則」はドクトリン化することで変化が生じてきた。すなわち、第一次世界大戦以降、「戦いの原則」について本質的な見解は、数が少なく簡明に表現するという考えに変化してきたのである。この「戦いの原則」が簡明化していく発展段階で、ジョミニの基本原則は役立ったのである。

「戦いの原則」の条項目と説明内容の表現が簡明になった理由は、兵員の出身と教育など素養の背景が巾広く異なってきたことで、基本的情報を伝達する必要があったし、技術的、教育的、保全的考慮から情報を簡明に伝達することが求められたからである。また戦場では無線や他の伝達手段により簡明さを必要とした。実際の野戦や訓練においても簡潔な指示・命令は兵士の大集団に対して容易となった。教室における授業科目は、戦闘訓練教官、参謀将校、兵士にとって急迫な必要性により、すぐに役立つ科目だけの提示のために短くなった。
以下、戦間期に新軍事理論が発生し、第一次世界大戦以降再認識された「戦いの原則」の発展について描写する。

（一）新軍事理論から再生された「戦いの原則」

戦間期のイギリスにおいて第二の啓蒙軍事思想時代を思わせる知的軍事グループが発起し、新軍事理論が発生した*5。この知的グループは第一次世界大戦を経験し、その戦いから正しい教訓を学び、次の大戦が始まることを確信して、軍隊構造の変革のために機械化構想の戦争理論と実験を導き、新たなる戦略原則論の時代を切り開いた。

この最も著名な知的軍事思想家の代表は、異才のJ・F・チャールズ・フラー*6、多才のリデルハート*7、サー・ハーバート・リッチモンド提督*8である。彼らは第一次世界大戦以前の軍事思想から、新たな軍事思想の時代を発起させ、彼らの思想は、欧米諸国に影響を及ぼすことになる。

なかでも陸戦に関して戦略原則論の現代的概念にもっとも貢献した人物は、フラーであった。彼は、戦争は学術であり戦争は研究しなければならないと考えていた。彼の軍事理論の基盤は、第一次世界大戦の経験、ナポレオンの戦争実践とクラウゼヴィッツの研究により築かれた。彼は「戦いの原則」の効用について、運命の気まぐれをかなりの程度に逓減することができると考えていた*9。

フラーの戦略原則論はジョミニの戦略理論の基本原則、「戦いの原則」と一脈通じるところからナポレオンの研究と共に、ジョミニの戦略理論も研究したのではないかと推測されるがその証拠はない。しかし、フラーはジョミニと同様に戦術は兵器等の進歩により変化するが戦略原則は変化しないと考えていたのである*10。

彼は次の戦争を予期して近代陸軍の戦争研究に励み、工業化された国家間の戦争において機動力、兵器力、輸送力、摩擦の認識との関係の含意から引き出した軍事理論に大いに貢献した。そして、機甲戦のドクトリン開発を行い、後にドイツの電撃戦の開発に、さらにソ連の独特の縦深戦略思想と作戦術に影響を与えることになる。

第一次世界大戦後、「戦いの原則」を公式に成文化するために、イギリス将校団委員会が設立され、一九一九年にジョン・G・ディル大佐＊11が委員長に指名された。この委員会は第一次世界大戦の経験に照らして、「野戦勤務規定（Field Service Regulation：ＦＳＲ）」の修正も企図していた＊12。

フラーは陸軍大学校の同期生であるディルに「戦いの原則」の本質について、論議を深めるように説得した。委員会は論議の結果として、「戦いの原則」の八項目を作成してＦＳＲに含め、一九二〇年に発刊した＊13。この八条項の「戦いの原則」は、フラーが一九一六年に雑誌論文に掲載した戦略原則の八項目とほとんど類似していた＊14。

フラーは一九二三年に『戦争の改革＊15』を出版したが、本書のＦＳＲの条項内に「戦いの原則」を含めて編集している。この「戦いの原則」は①目的 ②集中 ③兵力配分 ④決心 ⑤奇襲 ⑥耐久 ⑦機動 ⑧攻勢 ⑨安全の各項目の九つを含めた。これらの原則条項は現代の「戦いの原則」の条項および内容を示している＊16。さらに一九二六年に『戦争の科学の基礎＊17』を出版したが、「戦いの原則」については一九二〇年に出された八項目の原則に「兵力の経済」が加えられた。この「兵力の経済」はリデルハートの思想に影響を与えることになる。

さらにフラーは、一九三一年に『野戦勤務規定Ⅱの講義（lectures on FSR II）』を、翌年には『野戦勤務規定Ⅲの講義（lectures on FSR III）』を出版した。その後、彼は一九三三年にインドのボンベイ軍管区司令官に任命されたが、フラーはそれを左遷と考えて任命を拒否して辞職した。大戦間にフラーの著作は各国の軍事思想に疑いなく影響を与えたけれども、辞職に加えて彼のファシスト的感性の疑いによりイギリスにおけるドクトリンに及ぼすフラーの影響力は低下した*18。大戦間にフラーの著作は各国の軍事思想に疑いなく影響を与えたけれども、原則の概念は自国内での影響ほど、ソ連を除く大陸国家では影響を与えなかったように思われる。しかし、諸外国の軍事界においては、フラーの著作が「戦いの原則」の存在の議論に貢献したことは間違いないであろう。

リデルハートは、フラーよりも十七歳若く、フラーと友人でもあった。彼らは相互に文通などで戦略論の論議を通じて切磋琢磨し影響を及ぼしていた。歴史家、戦略評論家として知られているリデルハートは、デイリー・テレグラフとザ・タイムズの軍事ジャーナリストとして大きな影響力を有していた。彼はイギリスの「戦いの原則」の八項目に関しては強く支持するわけでもなかったが、「戦いの原則」が指揮官に役立つという考えで、フラーの影響力の低下を援護し、フラーの思想を広めることに貢献した*19。

リデルハート自身は一九一九年に軍事論文として、「戦闘部隊のための十の戒律」を寄稿した*20。一九二九年には『歴史上の決定的戦争*21』を著し、本書で初めて彼の戦略概念の真髄を示す「間接アプローチ戦略」の概念を体系的に示した。後に彼の戦略的著述のなかで、抽象的な原則とは異なる幾つかの一般原理の存在を主張した。それは一九三二年に出版した彼の著作『英国流の戦争方法―柔軟性と機動性*22』のなかに、「格言として表現した原則」として次の八項目を挙げている。①目的を手段に適合させよ。②計画を状況に適合して、常に目標を維持せよ。③最小の期待の線を選定せよ。④重要目標に貢献する目的に導く最終抵抗線を利用せよ。⑤代替の目的を示す作戦線を得よ。⑥計画と配備は融通性あるいは適応性があることを保証せよ。⑦敵が反撃し得る間は突撃してはならない。⑧一旦失敗した作戦を同じ路線（あるいは同じ形）で攻撃してはならない。

彼はこれらの出版の合間に、『歴史上の決定的戦争』を数次にわたって加筆修正しながら、一九六七年に『戦略：間接アプローチ*23』を出版した。リデルハートはこの本のなかで『英国流の戦争方法—柔軟性と機動性』に述べていた八項目を修正して提示した。

「間接アプローチ戦略」の概念には、物理的・心理的な敵の攪乱と戦果の拡大に関する問題があるとする意義付けがある*24。この意義付けは、たとえば狭義的ではあるが、攻撃において前線の敵戦力の撃破は手段であり、後方の支援基地等の攻撃は目的であるとする考えである。この概念は軍事戦略、国家戦略にも通じることであり、さすれば戦わずして勝利を得るために、敵の意志を戦う前に抑止あるいは挫く、軍事力、外交・政治力もあり得るのである。リデルハートが強調したこの戦略の実践は第二次世界大戦のドイツの都市に対する戦略爆撃であり、太平洋戦争末期の日本の都市に対する攻撃である。さかのぼればジョミニ戦略論の影響を受け、これを強要し、実践した南北戦争のシャーマンの思想であった。

リデルハート思想は第一次世界大戦の経験に由来し、その大戦の惨禍の大きさと自らの戦傷に依る嫌悪感を示し、論じたのが「限定戦争論」であった。戦争において勝利したとしても、大損害を受けてそれに見合った費用効果の問題も生じたのである。既述したようにフラーが『戦争の科学の基礎』のなかに含めた「戦いの原則」の一つ「兵力の経済」は、端的に費用対効果の原則を著したものであり、リデルハートの「間接アプローチ戦略」論にも通じる考えであった。

ジョン・シャイはリデルハートの思想を次のように述べている。

「リデルハートは自分自身をジョミニ派だと公言することはほとんどなかったが、ジョミニに対する最も痛烈な批判者を風刺し、また彼自身、戦略を一組の技術として重視することによって、ジョミニの研究を特徴づける、教訓的、規範的、演繹的アプローチを事実上復活させた*25」

このようにリデルハートの「限定戦略論」や戦争観は、ジョミニの戦略理論と戦争観に類似している。リデルハート自身はジョミニの影響を受けたとは明らかに言っていないが、リデルハートの理論の多くはジョミニの影響を受けたと思われる*26。

イギリスにおけるフラー思想の影響は低下していったが、フラーの思想を普及拡大させたリデルハートの他に、もう一人の人物が現れたのである。その人物はフラーの「戦いの原則」の重要性に着目したバーナード・モントゴメリー*27である。彼は「戦いの原則」に関わる四冊の小冊子を出版した。初めの三冊はそれぞれ『戦闘における歩兵師団』、『戦闘における機甲師団』、『地上作戦を支援する航空戦力』の表題で出版され、最後の冊子は一九四五年六月に『戦いにおける高等指揮』の表題で出版された。この冊子には権威ある「戦いの原則」の条約項目が含まれていたのでイギリス連邦全体に亘って受容された。この小冊子が非常に好評だった理由は、一世紀前にジョミニが提唱した戦略原則が含まれていたことに起因したのである。『戦いにおける高等指揮』の序言に、「戦いの原則」の条項目を ①航空戦力 ②管理 ③主動性 ④士気 ⑤奇襲 ⑥集中 ⑦協同 ⑧簡潔の八つを掲げた*28。

モントゴメリーは、一九四六年に英国参謀総長に任命されると同時に、重要で緊急問題に取り組むために第一海軍郷を招集し、彼の「戦いの原則」を承認させ、徹底を図った。

この時期、フランスでは権威ある「戦いの原則」が緩徐に進行していた。しかし、イギリスやアメリカほどに厳密なものではなかった。たとえば、陸軍大学校では戦争および戦略の基本法則として次の六つの条項を示していた*29。

①運動の法則②兵力の法則 ③攻勢の法則 ④防護の法則 ⑤摩擦の法則 ⑥不測の法則

一九七三年に出された「地上軍に関する一般指令」に、三つの原則と永久的な性格を有する五つの法則が表された。この一般指令の序論には「原則は戦術の基本法則からなり、原則から引き出される法則は成功保証に固有の行動あるいは態度を明確にする」と述べられている*30。この三つの原則は ①努力の集中 ②行動の自由 ③兵力の効率が示され、法則は ①主動性 ②奇襲 ③攻撃性 ④行動の連続性 ⑤簡潔と柔軟性の五つが示された。現在までフランスのドクトリンに現れたこれらの原則と法則の最も確かな表現は、ジョミニ、ボナール、フォッシュの軍事理論に極めて類似しているのである＊31。

すでに第三章で述べたようにジョミニは基本原則から戦争史を分析して格言を引き出し、また格言から原則を導いた。そして、彼は『戦争術概論』のなかで「数少ない戦いの原則が存在する。その原則を無視すれば必ず危険であり、逆にこれを適用するといつでも成功の栄冠を戴く＊32」と記述したが、ジョミニは「戦いの原則」を決して条項目として表現しなかった。その後、これに対してフォッシュは四つの原則を条項目として表した。その後フランスは「戦いの原則」を公式にドクトリンとして成文化し、一九七三年の原則の二つ、「戦闘の自由」、「兵力経済」はフォッシュが一九〇三年に述べた原則のなかの二つに相似している。

戦間期のドイツではベルンハルディが一九二〇年に『世界大戦に鑑みる将来戦＊33』を出版した。この本のなかで戦争において成功を期待する大基本で不可欠な原則を次の成句で示した。

「① 主動性を保持すること ②戦闘の決定的な方式として攻勢を用いること ③決勝点に戦力を集中すること ④需品資源を基とする士気要因の優越 ⑤攻・防の適切な関係 ⑥勝利への信念 ⑦必要条件と戦略あるいは軍事努力に関する政策の無条件の依存」＊34

ベルンハルディの著作は好評であったが、この有意義で重要な「戦いの原則」はドイツ軍のドクトリンに関する何の著述にも殆ど影響は与えなかった。また、ドイツの軍人の間ではベルンハルディのみならず、フラーやリデルハートの著作の人気にもかかわらず、ヴェルサイユ条約体制の十分の一に軍事力は減殺されたことにより、ベルンハルディやフラーが述べた原則論を学ぼうとはしなかったのである。

一九二三年にドイツのＦＳＲが「軍隊の指揮（Truppenführung）」として改訂されたが、その著者達は大モルトケやドイツ栄光時代を思い出したのである。その序文に次のように大モルトケが引用された。

「戦いにおいて「不変の総則」に拘束されることなく、具体的な事例に応じて軍隊の指揮はなされなければならない[35]」

この考えがドイツの軍事思想を支配した。

しかし、一九三〇年代にフライブルク大学でゲルハルト・リッター[36]は、講義の中でナポレオン戦略の概要は、次のように幾つかの簡潔な原則を述べることでその概要を説明しうると述べた[37]。

第一は決勝点に利用可能な全兵力を断固として集中すること。

第二は敵兵力の中央に対して断固として前進して中央配陣を敷くこと。

第三は戦闘の実施は敵陣の重要な部分に攻撃の集中を行うこと。

第四は追撃を決心した後は、直ちに馬と兵士が倒れ込むまで無慈悲な追撃を実施すること。

これらの原則は、当然ジョミニの『戦争術の一般原則要綱』の中で原則の作戦的波及効果について説明した格言の部分に適応している。

一九四〇年に、ヘルマン・フォエルッシュ大佐[38]が著した『現代と将来の戦争術』[39]は、ジョミニの原則を思い起こさせる。すなわち彼は攻・防における戦略の基本原則として、第一は確実に決勝点に兵力の優越を図らなければならない、第二は奇襲の実行であると述べた[40]。しかしながら、彼はドイツ軍のドクトリンのように、簡潔で包括的な戦いの原則の項目を表現しなかった。個々の状況に適用される実用主義と判断は、たとえ簡潔で、不滅の「戦いの原則」を勝利のための採択に鑑みても、ドイツ軍思想の基本的ドクトリンのままだった[41]。

ドイツ軍は第二次世界大戦時期に入っても、簡潔な「戦いの原則」の条項の解説を拒否し続けていた[42]。第二次世界大戦後、一九六二年に「軍隊の指揮」の第二節の表題、「基本的作戦原則」の最初の段落の文に、「軍隊の指揮は術である」と記述しているように、軍事ドクトリンは完全ではないし、また戦場に関する処方も無であった。

それでも一九七三年版の「軍隊の指揮」は、「戦いの原則」の議論と定義がより明確になっていて、記述された戦術法則と「戦いの原則」は、イギリスやアメリカの原則に似ていた*[43]。このように法則と原則を受容したにもかかわらず、「軍隊の指揮」の本音は、戦争は硬直した方式には委ねられないとするドイツ好みのモルトケの思想を維持し続けていた。

ロシアでは一九一七年のロシア革命の後、赤軍の軍事ドクトリンの形成に関して辛辣な議論が行われた*[44]。議論の中心の一つは「戦いの原則」の性質と形成に関するものだった。原則存在の信念は、十九世紀と二〇世紀の初期にジョミニの著述と、ジョミニが一八一三年八月からロシア軍に勤務し、退役後もロシアと密接な関係を保ち、一八六九年に彼が死する約五六年にわたって影響を与えたこと、そしてニコライ・オクーニフ、並びにG・A・L・レイヤーにより確立していた。

しかしながら、ロシア革命後に「ブルジョワ原則」がプロレタリア国家に適用できるかどうかが、レェフ・ダヴィードヴィチ・トロツキー*[45]とミハイル・フルンゼ*[46]との間の対立の問題の一つであった。フルンゼは攻撃と機動の原則が支配する統一的な軍事ドクトリンを提案した。一方トロツキーは「プロレタリア原則」に基づく強調を嫌った。彼は時折兵力の経済原則や奇襲の原則を言及していたにもかかわらず、一九二一年に「戦争には不滅の法則などない」*[47]と述べている。

一九二〇年初頭にポーランド・ソビエト戦争でトハチェスキーが率いる赤軍が、ポーランド騎兵集団に包囲され、敗北した。その後、赤軍は軍の再編を図るため機械化、近代化の努力を実行中だった。このような状況下故に、一九三〇年代に「戦いの原則」に関する思想がある程度ソビエト連邦（ソ連）に行き渡っていた。特に一九三二年にフラーが出版した『機械化部隊の作戦：F・R・S・Ⅲに関する講義*[48]』は、ソ連軍に三万部配布され、さらに十万部に増加して配布された*[49]。このF・S・R・Ⅲには①経済

の原則 ②奇襲の原則 ③保全の原則 ④攻勢の原則 ⑤機動と協同の原則が記述されている。斯くてソ連では一九三六年に発刊されたＦＳＲには、フラーの「戦いの原則」の含意が、条項や項目表題を示さず説明的内容で記述されていた。

（二）「戦いの原則」の成文化とＦＳＲに吻合――ドクトリンへ

軍事ドクトリンとして、初めて「戦いの原則」が成文化され、その成文がＦＳＲに含有されたのは戦間期のイギリスであった。

そもそも、ＦＳＲの意義は軍隊が戦闘遂行の際に戦闘指導の準拠となる一般原則をいうのであるが、ＦＳＲがドクトリンとして初めて成文化されたのは第一次世界大戦前のアメリカであった。ＦＳＲが成文化された背景には一八九八年に始まった米西戦争において、アメリカ軍が戦闘を円滑に遂行できなかったことがあった。その理由は軍全体に管理能力が欠落していたからである。そこでアメリカ陸軍は、管理能力の向上を図り、まず、一九〇九年にＦＳＲを作成し出版した。一九一三年にＦＳＲが改訂版として出版され、この規定の概論では一九〇五年の服務規程の戦闘に関する文節を含み、その内容は拡張され「一般原則」と表題が附けられた。このＦＳＲは再び改訂され、一九一四年に出版された。

この版は第一次世界大戦勃発時でもあり、重要な作戦に関する規定となった。組織、作戦、管理の三部に分かれ、作戦の部に関しては情報、保全、戦闘序列、行進と輸送、戦闘、避難の六ヵ条項が設定されている。戦闘の条項を除いて、各条項には「一般原則」が付加されている。戦闘の条項には最初の項目として「戦闘原則」が表れて十の段落から構成されている＊50。

これらの段落の内、「指揮の統一」の語句や用語に関連する思索は、現代の「戦いの原則」に示す「指揮の統一」を予見し、作戦計画が簡明、率直に記述されていた。これらの原則は十年足らずでアメリカ軍の「戦いの原則」となったが、ジョミニの基本原則を最も示唆している。この一九一四年版は改訂されて野戦教範コード（FM　CODE）の野戦勤務規定一九二三（**FSR 1923**）となった。

以後、FSRの作成は継続して定められてきており、その作戦項目には「戦いの原則」が掲載され、この原則の記述の基盤的背景に、グスターヴ・フィベッガー＊[51]による一九〇六年に出版された『戦略原論＊[52]』の影響があった。この『戦略原論』は、士官候補生の教科書として陸軍学校内で何度も改訂し、出版された。本書に記述された「軍事原則」二十一ヵ条項は、第一次世界大戦前に書かれた原則としては良く説明されている＊[53]。これらの原則はナポレオンの著述、ジョミニの著作、モルトケの著作の部分から引用された。この『戦略原論』の方法様式は、ドイツのFSRや世界の主要国教範に表れており、FSRや教範のなかに「戦いの原則」が含まれている。

一方、「戦いの原則」が成文化され、FSRのなかの項目として含まれ、初めてドクトリン化されたのは、先述した一九二〇年のイギリスのFSRであった。

理論的には、「戦いの原則」とFSRの吻合はフラーよりも早く、イギリスでは陸軍中将のエドワード・アルサームが一九一四年に『歴史的図解入りの戦いの原則＊[54]』を出版した。アルサームが述べた目的は「戦いの原則」は今やこの著書だけに特定されるわけではないことを明らかにすることであった。彼の意図はFSRでも「戦いの原則」を説明することが可能であることを示し、FSRで説明する「戦いの原則」は、比較的少ない割合で説明可能であるという認識をしていた＊[55]。

アメリカでは一九一九年七月に指揮幕僚大学に教官として招聘されたヤルマル・エリクソン＊[56]は、自己の様々な戦闘経験から、戦いにおける原則の概念について身に滲みて認識しており、アメリカにおける「戦いの原則」の成文化と「戦いの原則」をFSRに吻合させ、軍事ドクトリン化の契機をもたらしたキーパーソンでもあり、もっとも影響力のある人物である。

エリクソンは指揮幕僚大学に就任した翌年四月十七日に「戦争と訓練のドクトリン」の表題で講義を行った。この講義のなかで、彼は「戦いの原則」を初級将校の手引き書として、また古参将校の備忘録としてFSRに編入することができると述べた。そして、彼は結論のなかでフラーが一九一六年二月に戦略原則として著した八つの「戦いの原則」を支持し、指揮幕僚大学の学生に講義し印象づけたのである*57。このようにフラーの影響は「戦いの原則」についてエリクソンの業績において明らかにされ、彼がはじめてフラーの「戦いの原則」をアメリカにもたらしたのである。

エリクソンは「戦いの原則」に関して学生に次の留意すべきことを述べた。

「世界の戦場で現実に実践した時代を通して、特定の戦いの原則は発展してきた。……戦いの原則の基礎に帰する基本原則は数が少なく、不変である。……したがって、戦いの原則を見出し、試みることは容易く見えるであろう。しかし、我々の教科書の規範は、戦いの原則の条項を記載することではなく、将校学生は戦いの原則の正しいあるいは間違った適用の実例を求めて、歴史、戦闘報告、軍事著述家の著書を調査しなければならない*58」

この講義は、まさにジョミニの戦略原則論の本質を衝き、フラーを越えているのである。

一九二一年十二月にアメリカ国防省は、訓練規定（TR）10―5を出版した。この規定の中に、「戦いの原則」の九つの内の八つは、フラーが一九一六年に ジャーナル論文に掲載した戦略原則の八項目に類似していた*59。

実はこのTR10―5の著作者は一九二〇年のイギリスのFSRよりも一九一六年のフラーの「戦いの原則」の条項を好んだのである。この背景にはエリクソンが参謀本部の戦争計画課の仕事と密接に関係する訓練過程で教えていたので、教えを受けた将校学生の一人が、このTR10―5の著者であったことから、公表されたTR10―5の条項八つは、エリクソンがフラーの「戦いの原則」を持ち込んだともいえる。それでもエリクソンは、将校の知的な背景として必要な「戦いの原則」に「統一」と「簡明」の条項を原則に加えるべきであると提起し、その確信は、陸軍の教育制度に広がりを見せ、TR10―5の「戦いの原則」は「簡明の原則」が加わり条項は九ヵ条となった*60。

エリクソンと同様に「戦いの原則」を軍事ドクトリンに貢献した人物、業務学校教官ウイリアム・ネイラー大佐は、エリクソンと同じ思想を有し、一九二一年に『歴史的実例による戦略原則*61』を出版した。この本には二つの戦略原則について説明が記述されている、二つの戦略原則とは、一つは「敵軍を目標とすること」、二つは「もし可能ならば、決定的戦闘の時にあらゆる兵力を集中すること」である。そしてネイラーは国防省発刊の公的原則を示すTR10―5を素早く採用して己の講義に採り入れた。彼はエリクソンが指揮幕僚大学校から発信したフラーの八つの戦略原則条項を同僚の教官と共に共有して、卒業後に国防省、参謀本部に勤務する将校学生に教え、普及させていったのである。

以上見てきたように、戦間期に「戦いの原則」はFSRに吻合して軍事ドクトリンとしてイギリスとアメリカでは定着してきた。そして、第二次世界大戦以後アメリカの場合は軍事ドクトリンとして、野戦教範コード（FM　CODE）名は、一九三九年十月以降、FSRからFM100―5に変更され、「戦いの原則」の条項の項目名は変わらず維持され、内容説明は国際情勢の変化に応じて、国防方針に応じて記述されてきている。

アメリカにおける作戦に関わる一般原則の成文化の傾向は、野外勤務規定や戦時携行便覧、教範のみならず公私の出版物に現れた。現在も同様に一般にも出版されている。

フランスでは「戦いの原則」がドクトリン化する傾向は緩慢であった。また、イギリス人やアメリカ人のように規則、法則、原則などの用語が厳格でなかった。したがって、第二次世界大戦以来フランスのドクトリンの基礎はいろいろな外観で表れた。

共産主義社会ではソ連と中国に着目しなければならないであろう。

まず、ソ連の軍事理論は第二次世界大戦間にイギリスとアメリカの原則に極めて類似した概念を構築し始めた。それで軍事理論構築に際し、西側の「戦いの原則」の条項目がソ連の軍事理論に影響を与えたと考えることには疑念が生じるであろう。というのも第二次世界大戦における武器貸与法もアメリカの戦争加入においてさえも、軍事理論の交流は皆無であった。しかし、大戦後、赤軍の軍事ドクトリンの形成において、議論が行われ、「戦いの原則」の存在を確認していた*62。この原則存在の信念は、ソ連側は決して西側の影響を受けたとはいわないけれども、ジョミニの『大作戦論』等の著述、オクーニフ、レイヤーの戦略論、さらに大戦前にフラーの著作を導入した影響により確立されていたであろう。そして、これらがソ連軍の体質に遺伝子として残っていたと推測される。

ソ連の軍事ドクトリンは一九四〇年代に複数の「不変の作戦要因」を強調したのである。この「不変の作戦要因」は、戦いの経過と結果を決定するといわれていた。ヨシフ・スターリンは「不変の作戦要因」を一九四二年二月二三日に命令・第五五番により発令された*63。この内容は、次に示す五つの条項目に説明がなされた。①後方の安定 ②軍の士気 ③師団の数と質 ④軍の装備 ⑤人事指揮系統の組織能力。

その後、「不変の作戦要因」は、ジューコフ元帥に続く最高指導者により継承された。ところが政治家ニキータ・フルシチョフはスターリンやスターリン崇拝に対して公然たる非難が開始され、「不変の作戦要因」の用語の使用は閉ざされた。しかしその概念は残ったのである。

以上のソ連の軍事ドクトリンの成文化は公的な最高権力者からの命令により成されたが、片や、私人として軍事原則について著書を著した軍人がいた。フルンゼ陸軍士官学校の教官ヴァシーリ・サヴキンは、『作戦術と戦術の基本原則*64』を著した。この本で彼の原則論の基軸は兵術の原則は戦争法と武力紛争法の理解に基づくとしている。彼は兵術の原則を、アメリカ陸軍の「FM100—5」の戦後版に述べられたように、「戦いの原則」と等しいと考えていた。サヴキンはブルジョワの戦略原則と類似したことを失敗と見なし、その理由を最終の説明において、社会生活の客観的な法則の存在、資本主義の必然的な宿命と社会主義の勝利のいずれか決定する行為を認めるブルジョワ的軍事理論の恐怖によると説明した＊65。サヴキンは四つの戦争法と二つの武力紛争について詳細に論じ、それらの法則から演繹して兵術の原則を求めたのである＊66。

この兵術の原則は、次の通りである。

①機動性と高度の作戦指揮 ②主努力の集中と戦力の優れた造成と決定的な場所と時に敵を圧倒する手段 ③奇襲 ④戦闘の活性化 ⑤友軍の戦闘効果の維持 ⑥現実の状況に目的と作戦計画の一致 ⑦協調＊67。サヴキンが編集したこれらの原則は一九五三〜一九五九年の見解によるものであるが、疑いなくソ連の当時代の見解を表していると主張した。彼の理論を説いた彼の著書は、学説的な資料ではないが、当然ソ連国内で出版された事実は高度な公的認可を示している。

たとえ公的あるいは非公的であろうが、サヴキンが示した兵術の原則は、ジョミニのように二、三の基本原則を羅列する傾向を示しているし、また西側の「戦いの原則」に類似しているのである。

ソ連と同じく社会主義国家の中国では、毛沢東がソ連におけるスターリンと同じように最高指導者の立場から、戦略原則を説いた。毛沢東は一九三六年に赤軍大学校で革命戦争を論じ、戦略問題を六つあげて説明した＊68。

この戦略問題は ①彼我の関係間の適切な考慮 ②各様の戦いの間の関係に適切な考慮 ③全体として決定的な戦闘の部分との関係を適切に考慮 ④全般状況において含まれる特色を適切に考慮 ⑤前線と後方間の適切な考慮 ⑥以下の状態の差異を適切に考慮すること。損失と部隊交代間の連携、戦闘と休戦、集中と分散、攻撃と防御、……。そして西洋の戦略原則論と異なった彼の戦略原則に関する指導理念は、過去また現在の戦争の血で贖った教訓を深刻に学ばなければならない、それは過去の遺産であることを強調したのである。

毛沢東は日中戦争、中国国民党との数十年の戦いの経験から朝鮮戦争後に、一九三六年の戦略問題を修正して、次に示す戦いの基本原則を開発した。①目的の原則 ②機動集中の原則 ③殲滅の原則 ④移動間に関する戦闘の原則 ⑤攻勢の原則 ⑥奇襲攻撃の原則 ⑦継続戦闘の原則⑧自主性の原則 ⑨統一の原則 ⑩軍人精神の原則*69。この戦いの基本原則は条項目による記述ではなく、文章段落で説明している。

この毛沢東の戦いの基本原則は西側の「戦いの原則」に似ているけれども、自らのイデオロギーの観点から、西側の「戦いの原則」を模範としたことは考えられない。

斯くてジョミニの戦略原則論は生き残った。共産主義の社会でさえ、基本的な「戦いの原則」の存在に関して予測される理論を形成するために、ジョミニの戦略思想とマルクス思想と混成して用いられたのは明白である。

＊註

1 Alger, p.p. 177-178.

2 Ibid., 177.

3 スペンサー・ウィルキンソン（一八五三〜一九三七年）。オックスフォード大学軍事史学教授。戦略研究家。著書に Spenser Wilkinson, *The French Army before Napoleon*, Oxford, 1915 がある。.

4 Alger, p. 177, n. 8.

5 Robin Higham, *Intellectuals in Britain, 1918~1939*, New Brunswick, N.J.: Rutgers University Press, 1966, p. 13.

6 J・F・チャールズ・フラー（一八七八〜一九六六年）。イギリス軍少将。軍事思想家。

7 バジル・リデル・ハート（一八九五〜一九七〇年）。イギリスのジャーナリスト。戦略思想家。軍事作家。パリ生まれのイギリス人で、第一次世界大戦に参加し重傷を負う。リデル・ハートの戦略思想の分析に関しては、石津朋之編著『戦略論大系④リデル・ハート』、二〇〇二年を参照。

8 サー・ハーバート・リッチモンド（一八七一〜一九四六年）。イギリス提督。イギリス海軍で初めて戦術教範を作成した。論文にCo-operationがある。

9 BRIAN HOLDEN REID, *J. F. C. FULLER: MILITARY THINKER*, New York, 1987, pp. 90-91.

10 Ibid., p. 85. ジョミニはイギリスを嫌っていたし、フラーはジョミニを嫌っていたことから、フラーはジョミニ理論の影響を受けたことを明示しなかったかもしれない。

11 ジョン・G・ディル（一八八一〜一九四〇年）。イギリス陸軍少将。野戦軍元帥。

12 Alger, p. 121.

13 Great Britain, War Office, *Field Service regulations*, Vol., II, *Operations* (Provisional), 1920, pp. 14-15.

14 Alger, p. 122.

15 J. F. C. Fuller, *Reformation of War*, London: Hutchison and Company, 1923.

16 Ibid., p. 94.

17 J. F. C. Fuller, *The Foundations of the Science of War*, London: Hutchison and Company, 1926.

18 Alger, p. 125.

19 Ibid., p. 126.

20 Basil H. Liddell Hart, “The Ten Commsndents' of the Combst Unit. Suggestions on Its Theory and Training“ ,*Journal of the Royal United Service Institution* 64, 1919, pp. 290-292.

21 Liddell Hart, *The Decisive War of History*, Bell, London: Little, Brown, Boston, 1929.

22 Basil H. Liddell Hart, *The British Way in Warfare: Adaptability and Mobility*, Rev. ed., New York: Penguin

Books,1942.

23 Basil H. Liddell Hart, *Strategy*：*The Indirect Approach Faber*, London: Praeger, N.Y. 1967.

24 石津朋之編著『戦略論大系④リデル・ハート』芙蓉書房出版、二〇〇二年、一九八頁を参照。

25 Shy, Jomini, p. 181.（「ジョミニ」一六三頁）

26 MARTIN VAN CREVELD, *THE ART OF WAR-WAR AND MILTARY THOUGHT*, General Editor by jhon Keegan, SMITHSONIAN HISTORY OF WARFARE, SMITHSONIAN BOOKS: Colins, 2000, p. 178.

27 バーナード・モントゴメリー（一八八七〜一九七六年）。イギリス軍元帥。第二次世界大戦におけるエル・アラメインの戦闘でエルヴィン指揮下のドイツ・アフリカ軍団を打ち破りエジプトから退却させた。

28 Alger, p. 253, APPENDIX 55を参照。

29 Ibid., p. 152, n. 3.

30 Ibid., p. 153, n. 4.

31 Ibid.

32 Jomini, Précis, p. 14.

33 Friedrich von Bernhardi, *Vom Kriege der Zukunft, nach den Erfahrungen des Weltkrieges*, E. S. Mittler & Sohn, Berlin, 1920.

34 Alger, pp.131-132. n. 34.

35 Ibid., p. 132, n. 35.

36 フリードリヒ・ゲルハルト・リッター（一八八〇〜一九六七年）。歴史学者。ドイツ参謀本部と密接な関係あり。民主主義と全体主義の批判者。ドイツの歴史家フリッツ・フィッシャーの理論に反対した。リッターは、一九五九年からのアメリカ歴史協会の名誉会員であった。

37 Gerhard Ritter, *Frederick the Great, A Historical Profile*, trans. And ed., Peter Paret, Berkeley: University of California Press, 1968, p. 131.

38 ヘルマン・フォエルッシュ（一八九五～一九六一年）。ドイツ国防軍大将。鉄十字勲章受章。ドイツ軍敗戦後、軍事裁判で無罪。

39 Hermann Foertsch, *Kriegskunst heute und morgen,* Berlin, 1939; Hermann Foertsch, *The Art of Modern Warfare*. Trans. Theodore W. Knauth. New York: Veritas Press, 1940.

40 Alger, p.133, n. 38.

41 Ibid., p. 133.

42 Ibid., p. 153

43 Ibid., p. 154.

44 Ibid., p. 133.

45 レェフ・ダヴィードヴィチ・トロツキー（一八七九―一九四〇年）。ソビエト連邦の政治家、ボリシェヴィキの革命家、マルクス主義思想家。

46 ミハイル・フルンゼ（一八八五～一九二五年）。ソビエト連邦の政治家。ロシア革命前後におけるボリシェヴィキの指導者の一人。トロツキーの後継者。ソ連陸海軍人民委員および共和国革命軍事会議議長。

47 Alger, p.133, n. 39.

48 J. F. C. Fuller, *Operations Between Mechanized Forces*: Lectures on FSR III, London, Sifton Praed, 1932.

49 Higham, p. 72.

50 Alger, pp. 235-236, APPENDIX 27: United States Army, *Field Service regulations*, 1914, pp. 67-68.

51 グスターヴ・J・フィベッガー（一八七二～一九四五年）。陸軍士官学校教授。

52 Gustave Fiebeger, *Elements of Strategy*, West Point, New York, 1906.

53 Alger, pp. 221-222, APPENDIX 23を参照。

54 Edward Altham, *The Principles of War Historically Illustrated,* Vol. 1, London: Macmillan, 1914.

55 Alger, p. 99.

56 ヤルマル・エリクソン（一八七三〜一九四九年）。ノルウェー系アメリカ人。アメリカ陸軍大佐。十九歳でアメリカ陸軍騎兵隊に入隊。第一次世界大戦中フランスにおいて、歩兵、兵站業務に従事し受勲している。パーシング大将はエリクソンを准将に推薦した。

57 Alger, p. 137.

58 Ibid., pp. 137-138, n. 49.

59 Ibid., p. 138.

60 Ibid.,135-140を参照。

61 William K. Naylor, *Principles of Strategy with Histrical Illustration.* Fort Leavenworth, kans.: Army Service Schools Press, 1921.

62 Alger, p. 155.

63 Ibid., n. 8.

64 Vasil ye Savkin, *The Basic Principles of Operational Art and Tactics (A Soviet View).* Trans. And published under the auspices of the United States Air Force (Originally published in Moscow 1972.)

65 Alger, pp.156-157, n. 11.

66 Ibid., p. 157.

67 Ibid.,157, n. 13.

68 Ibid., p. 158; pp. 247-248, APPENDIX 51を参照。

69 Ibid., p. 159. n. 16: kemmin Ho, "Mao's 10 Principles of War"Military Review 47(July), pp. 96-98.

終　章　ジョミニ戦略原則論の諸問題と現代的意義

名刺代わりの『大戦術論』の原稿を手にして、憧れのフランス軍の戸口に立ったジョミニは、このとき二十五歳、星雲の志を果たし得るのか、二足のわらじを履き得るのか、その心は天が知るのみであった。ナポレオンの覚えめでたく、二十八歳でフランス帝国の男爵に爵位され、その三年後に准将に昇進した。順調に軍職を全うできる筈だったが、軍内の人間関係の悪さ、とくにベルティエ元帥との確執、その確執による昇進の妨害、そしてナポレオンの飽くなき血なまぐさい撃滅戦略、半島戦争におけるテロ・ゲリラによる凄惨な戦いにたいする嫌悪感、さらにモスクワ遠征の失敗でナポレオンの限界を見たジョミニはフランス軍を去った。

ロシア軍に入ったジョミニは、連合軍将校達の間でも評判が良くなかった。ロシアでは彼は決して第一級の地位に就くことはなかった。軍あるいは行政機関内の高い職務にも就くこともできなかった。彼はロシア語に不案内であった故に作戦会議にも参加することはなかったといわれている*1。

このような公的にも不遇を受け、軍職に望みはないと考えた彼は、三十九歳の時、軍事作家として専念することを決め、この時から本格的に軍事作家として活動することになった。幸いロシア皇帝の庇護と幾人かの友人ができていたので、皇帝から莫大な貸付金を提供され、友人達は彼の著述のために便宜を図ったのである。

その後、彼は著述に専念し、『大作戦論』の継続版を連続的に加筆修正しながら、この合間に『フランス革命の批判と軍事史』、そして大衆にも大人気となった『ナポレオン自身が語った政治・軍事的生涯』

を出版し、ついで『戦争術概論』の完結に至る。それまで、彼の著作に対する批判の応酬の書簡などの出版資料を加えると百冊を超える健筆家であった。

なぜ多作になったのか。

その理由は、ナポレオンのあらゆる戦役から、戦略的ドクトリンの真髄を引き出そうと努力していたからである。彼の集大成である『戦争術概論』の基盤的著作であり、後に『大作戦論』に吸収される『大戦術論』が、フランス軍内から批判されたことに衝撃を受け、現代における戦いの原則に通じる『戦争術の一般原則要綱』の短編を出版した。これを次作の『大作戦論』に加え、継続的に次作に連携していった。フランス軍に入隊して、特にネー元帥の司令部での勤務が、戦争に熟練の将軍達と接触し、自らも戦争に参加した経験が著作に加味されたこともその理由の一つであった。さらに彼の史的研究書である『フランス革命戦争の批判と軍事史』が論理的議論を要する過去の主著の主旨と拡大的に結びつくことにもなった。

ジョミニは三十年以上にわたってナポレオン戦争がまさに始まる前に認識した戦略原則を決定的著作つまり『戦争術概論』のなかで表すために適切な概念化の形成に到達すべき努力をしている。

『戦争術概論』は、ジョミニの戦略概念を九つの主要な概念（地政学、戦争、政治、軍事政策、戦争政策、戦略、作戦線、兵站、大戦術）に関係づけて、一般論から特殊論まで展開する論考の著述がなされ、視野広い歴史に裏付けされ分かりやすい。この著作は当時代の最も成功した著書となった。

『戦争術概論』の性格は教科書的であった。事実、ニコライ一世の皇太子（後のアレクサンドル二世）、また閣僚級の政治家のための教科書であり、専門職将校に「戦いの原則」を認識させる教範でもあった。この著書の性格を文学者のシャトーブリアンも認めていた。彼は己の回想録『墓の彼方の回想』のなかでジョミニ中将の著作は軍隊教育の最良の資料を提供していると述べている*2。

ナポレオンはセントヘレナでシャルル・モントロン元帥に、軍人の教育と原則についてシャルル・モントロン元帥に次のように語っている。

「……余は陸軍理工科学校や士官学校で戦争について説明しなければならないと思っていた。その役割はジョ ミニがもっともふさわしいと思う。彼の教育は若い士官候補生の頭脳に卓見を与えることになろう。ジョミニが特に原則を確立していることは真実である。しかし天才はインスピレーションで行動する。……それぞれの状況により、原則から逸脱することも考えられる*3」

ナポレオンは、『戦争術概論』を読むことなく世を去っているが、この言述からジョミニが軍事教育者として適任であることを見通していた。そして戦争における作戦遂行には原則に通暁するだけでなく、指揮官の素質つまり天賦の才能も影響することを示している。

ジョミニは「戦いの原則」を戦いの良き遂行のために、良き方向を示す戦略の羅針盤であるとし、さらに天才の閃きについて次のように述べている。

「生まれながらの天才は疑いなく、良きインスピレーションによって、最もよく理論を学んだ者が実行するのと同様に原則を適用することを知っているのだ。……いくつかの基本的な格言上の用語に基づいた単純な理論は、しばしば天才の代わりをなすことがあり、それ自身のインスピレーションにたいする信頼を増大させることで才能の開発を拡大するにも役立つであろう*4」

この文言を言い換えると、たとえば、ジョミニが強調した「決勝点に最大の兵力を集中する」基本原則について、この決勝点を天才は容易に認識するが、天才でない指揮官は作戦原則を学び、戦略あるいは戦術兵棋演習で演練することにより、決勝点を容易に決定可能な能力を得ることを意味しているのである。

ジョミニの戦略思想の契機は、必ずしも独創的ではない。たとえば主題の発想はサックス元帥の示唆により促された。また戦争術理論の枠組みと理論の発展は、ジョミニ自ら述べているようにロイドの戦略論とカール大公の『戦略原則論』を参考にしている。

しかし、ジョミニの研究手法は既述したように、たとえば原石を誰かが発見したとしても、その原石の本質を見出して珠玉の宝石に磨き上げていく才覚を示している。彼は、預言者ではなかった。ナポレオンの戦略のなぞ解きをなした軍事作家だった。そして、十八世紀とそれ以降の軍事思想家の誰しも述べることができなかった彼独自の戦略理論を創出したのである。その表徴が不滅の勝利の法則として、「決勝点に最大の兵力を集中して攻撃する」という基本原理であった。

彼の戦略理論は純粋理論に留まらず、実践のための理論といえる。彼の戦略理論の主体は、始点である戦いの基本原則から理論的発展の過程で作戦見積から、作戦計画の作成に至りその重要性を説くのである。たとえば一八一一年版の『大作戦論』の結論章には、次の文言が述べられている*5。

「戦争学は（次の）三つの一般方策からなり、戦略・戦術の作戦計画作成に関わるのである。①最も有利な作戦線を選定すること。②戦略決勝点に可能な限り迅速に優勢な戦力を投入すること。③同時に敵の配陣の最も重要な点に対して戦力の大部分を集中すること」

これらの原則論は著書を通じて、また、欧米の軍人、軍事史家等を通じて数世代にわたって大きな影響を及ぼした。

ジョミニの戦略理論を学んだアメリカの将軍たちは、南北戦争でジョミニ戦略理論とともに試練を受けることになる。

この戦争は南部に対する北部の優位でもって短期間で終結する予測が外れ、長期戦となった。長期戦になった理由は、不完全な軍事組織、錯雑した地形、火力の増大、兵員の資質の影響もあるが、特に北軍は戦略統一の概念に乏しく、多くの指揮官が未熟で指揮運用上受動に陥っていた。そして、片や南軍の方はナポレオンの申し子といわれ、ジョミニの戦略理論を学んだリー将軍の指揮統率とジャクソン将軍の巧妙な戦術運用も影響していた。

若干の代表的な戦例の戦況からするジョミニ戦略理論の適用について、考えてみたい。

リー将軍指揮する南軍が北軍のヴァージニア州のリッチモンド占領を阻止した戦いは、リー将軍の戦略的機動によって、北軍の後方連絡線に主力を投入し、その連絡線を封じた戦いで、ヴァージニア半島の先端に上陸した北軍のマクレラン将軍をして兵站連絡線を変更せざるを得なくなった。リー将軍は、ナポレオンが得意とした戦略機動を実施して成功した戦いであったし、ジョミニの戦略原則の一つである敵後方の連絡線にたいする攻撃に大部隊を投入する適用の試みでもあったともいえる。同様な戦いはジャクソン将軍の指揮したシェナンド渓谷の作戦にも見られる。この作戦はナポレオンが内線作戦の利を活用し、またジョミニが主張した内戦の利に関して、多くの点でイタリアにおける初期の作戦をそのまま再現した戦いであった。

一方、ジョミニの原則論を信奉するシャーマン将軍は、ジョミニの原則論に反するジョージア州を突破する進撃、リー軍のヴィックスバーグ防御線にたいするグラント将軍の正面攻撃はジョミニの原則を無視した攻撃であった。その他ジョミニの原則を破りながらも勝利を得た戦いも見られるのである。

これらの戦例から、ジョミニ戦略論の適用の是非について考えてみると、北軍将軍のその適用の可能性は判定できないのである。時期的観点から見るならば、ナポレオン時代からさほど隔たった時代ではなく、戦術の急激な変化は見られない過渡期にあったので、大部分の将校はジョミニの著書に慣れ親しんでいたであろう。彼らは戦術についての基本的前提を共有していた筈である。

実戦において指揮官たちはジョミニの戦略原則を意識しあるいは意識しなかったにしても何等かの影響を受けていたと考えられる。その理由は、当時のアメリカは戦略思想をジョミニに頼らざるを得ないほど依拠する戦略思想は何もなかったからである。

それにしても、南北戦争におけるジョミニ戦略原則の適用の是非を論じる前に、北・南両軍の軍事制度の有様、専門職将校の専門性、指揮運用能力、兵士の資質が問われるべきと思料するのである。戦後、アメリカ陸軍は南北戦争の教訓に鑑み、将校の専門性を高めるために陸軍大学校と歩・砲・騎の三兵種学校等を設立した。

工業化と戦争がリンクした第一次世界大戦以降、ジョミニの『戦争術概論』で述べられた戦略理論の影響力は急激に衰退した。その結果、ジョミニの戦略思想の研究は低下し、著書出版も減少した。自然にジョミニの戦略理論は捨象され、彼の戦略原則である格言や「戦いの原則」が議論されるようになった。

しかし、現代的な「戦いの原則」が再生されるまでフラーの登場を待たねばならなかった。

ジョミニの「戦いの原則」やクラウゼヴィッツの戦略原則論を接ぎ木として、フラーが案出した「戦いの原則」は、まずイギリスで公式に成文化され、リデルハートの喧伝により欧米各国に、またソ連、中国等で議論された結果、洗練された「戦いの原則」は現在各国の軍事ドクトリンとして定着している。

かつてジョミニの人気と彼の著書出版の最盛期、一八四〇年から六〇年までの二十年間に発刊文献数は、初版のみが三十冊、引用された参考文献は十五冊である。ついで、第一次世界大戦から第二次世界大戦まではほとんど出版されていない。また引用した参考文献も皆無である。朝鮮戦争終結後から新冷戦時代までに出版された著書は三冊で極めて少ないが、著書から引用されている文献数は六四冊と増加している。その後、一九八〇年から二〇〇〇年までに、出版された著書は十七冊で引用された参考文献は一四八冊に上る*6。

これらのデータから見ると一九五〇年代以降、出版された著書は少なく、ジョミニの著書から引用している文献は増加している。一九八〇年以降の著書出版は若干増え、引用された文献の出版数も相当増えてきている。

この引用された文献の数が多くなったことは、核時代においてもはや従来の軍事理論や在来軍事力は役に立たないとして、無視されてきたことが、朝鮮戦争における苦戦やベトナム戦争でアメリカ軍が敗北したことで見直しが図られ、ジョミニの戦略理論やクラウゼヴィッツの軍事理論が復活し、専門家の間で現代戦争、戦略の研究に用いられたと考量する。この傾向の背景にはジョミニ自身の戦争観と「平和と戦争」に関する概念にも影響されたのではないかと考える。

ジョミニの戦争観を見ると、『戦争術概論』の緒言に記述しているように、ナポレオン戦争が終わった後の平和希求の時代に、戦争の本を出版することは無謀ではないかと遠慮がちに述べている。そして戦争は必要悪で、国家の興隆あるいはその危急を救うのみならず、社会的組織体の壊滅を防ぐものであると婉曲に戦争を認めている。これは安全保障の観点から国防意識の必要性を述べたと考えられる。因みにジョミニの戦略思想は十八世紀のナポレオン前の軍事理論であると批判されたが、ジョミニの戦争概念は制限戦争を主導していると考えられる。

さらに第一章第八項国民戦のなかで述べられている一七四五年フォントノアの戦い*7でフランスとイギリスの近衛兵が礼儀正しく砲火を交えて戦闘に入ったこと、そして半島戦争でスペインの子供、婦人がテロ・ゲリラとなってフランス兵を暗殺した陰惨な戦いを憎んだことから、ジョミニはナポレオンの戦略である殲滅戦争を忌避する精神を有していた。それは、ジョミニは戦略攻勢主義を主張してはいるが、むしろ領土保全という戦略思想が根底にあったと思われるからだ。

さて、ジョミニの戦略思想が現代に及ぼした歴史的意義あるいは遺産は何であろうか。

ジョミニの軍事思想にたいする最大の貢献は、軍事学の基礎的概念を明瞭にし、新しい概念上の次元と分析で戦争の知的化を開いたことであった。その影響下で現在に伝承されてきた軍事システムの具体例を提示したい。

まず、ジョミニの戦略原則論の中で現代の各国の軍事ドクトリンとして定着している「戦いの原則」が挙げられる。先述したように、現代における「戦いの原則」は、各国において国防構想の軍事ドクトリンの一部をなし、国家安全保障に重要な役割を果たしている。

「戦いの原則」の効用は、戦いの研究、軍事教育、計画作成の検討、作戦遂行において重要な考察を促進し、議論を容易にする。またその原則は作戦における指揮官および幕僚にとって重要であり、しばしば決定的な思考の根源ともなり得る。

とはいえ、現行「戦いの原則」は、ナポレオン戦争以来の正規戦を対象としたものであり、昨今の紛争、戦争の形態はテロリズム、ゲリラ活動を伴う不正規戦争あるいは非対称戦といわれる戦争形態に変化してきている観点から、この形態変化に応じる「戦いの原則」も、近未来に内容的に変化せざるを得ないと思量する。

現在用いられている軍事用語の多くは、啓蒙軍事思想時代にマイゼロア等が発現し、用いた用語にジョミニ自身が創意した外線作戦等の用語を加えて自らの著作に使用し、かつ伝承されてきたものである。そしてジョミニは古代から不明瞭であった戦争術を戦略、大戦術、兵站、工兵術、小戦術に区分して定義づけて戦略理論を展開したのである。

『戦争術概論』の第六章兵站および軍隊運用術の中で幕僚の司令部活動について詳説しているが、この背景にはフランス軍司令部の欠陥があった。ナポレオンは政治的のみならず軍事的にも独裁を意図して、その作戦構想は当然ながらナポレオン自身の策定そのものであった。彼の司令部は情報、報告・命令の伝達に過ぎず、幕僚は戦略計画の発想もできなかったし、ナポレオンの作戦の思考過程において幕僚の諸見積、幕僚として指揮官に必要な意志決定の基盤的能力を発展させることもなかった。

このような問題を把握していたジョミニは、良き作戦計画作成のための諸見積、ナポレオンの司令部機能の問題点から司令部幕僚の機能と業務の設定要領、そして命令下達の要領を提示した。これらの司令部組織、幕僚の機能は時を経て洗練され現代に伝えられてきている。またジョミニは、兵站システムを重視して後世に伝えた近代軍事システムの創設者としても挙げられるのである。

ついで二十世紀の戦略理論家は、ジョミニの戦略理論を如何に考えていたであろうか。

現代戦略の問題に取り組んできた戦略理論家の一人、二十世紀の核抑止理論家の筆頭であるリュシェン・プワリエール*8に依ると、ジョミニの諸論は作戦戦略の問題提起を見事に創始し、彼の思考方法は我々の模範となるように正確な論理的思考でもって、諸概念に関する歴史文書を豊富に利用して解決している*9。

軍事史家のトレヴァー・デュプュイ*10に依れば、第二次世界大戦の上陸両用作戦の原理・原則は、主として一九二二年から一九三五年までにアメリカ海兵隊によって開発されたが、実際この原理は一世紀前にジョミニによって述べられた格言の適合であった*11。

一九八二年に公開された「エアランド・バトル・ドクトリン」の父、ドン・A・スターリー*12は、このドクトリンは三つの三本柱、つまりジョミニによって解説されたナポレオン、産業革命、近代技術であると述べた*13。

「エアランド・バトル・ドクトリン」は文字通り空地戦闘ドクトリンである。この新ドクトリンは、一九七三年に設立された「教育訓練教義センター」がベトナム戦争の反省から古典的な戦闘の基本原理に戻るために作成された*14。このドクトリンは電撃戦と類似したドクトリンの基本的概念であり、その主旨は、アメリカ陸軍は、従来戦闘に関わる戦略を軍事戦略と戦術の二区分し、その中間の作戦戦略が欠落していたので、作戦戦略の概念を加えたことである。つまり、ナポレオンの戦略機動と殲滅戦略を範とする基に戦闘を遂行するものである。たとえば、敵前線正面の部分に優勢な戦力を集中して拘束し、主力でもって敵の側背を包囲し、同時に敵後方の作戦基地、あるいは策源地まで奥深く侵攻する縦深作戦も含む攻撃である。

この陸上部隊の作戦に併せて空軍は敵の軍事、政治、および経済力の中枢基盤に対する攻撃により、敵の継戦能力あるいは闘争意欲を無力化しまたは破壊する、いわば空地統合作戦であった。これはまさにジョミニが主張した作戦戦略である。それ故にスターリー大将はエアランド・ドクトリン成立の背景の一つにはジョミニが解説したナポレオンの戦略があったと言明したのである。このことはアメリカにおける核兵器優先の戦略から古典戦略の回帰を意味している、

ひるがえって考えてみるに、アメリカは南北戦争の末期一八六四年に、ホワイトハウスでリンカーン、スタントン、グラントが作戦図を囲んで決定した「殲滅戦略」が実行され、北軍の勝利が決定された。この戦争においてシャーマンが実行した南軍の後方地域における側方迂回と焦土作戦は、南軍の戦力基盤を弱化させ、最終的にグラントが止めをなしたといえる。この戦略思想は第二次世界大戦におけるドイツと日本への戦略爆撃、太平洋戦争終末における広島、長崎の原爆投下に繋がっていったといっても過言ではないであろう。

このように南北戦争末期の北軍の戦略の実践は、南北戦争、世界大戦の経験を通してジョミニ、クラウゼヴィッツの両者の戦略理論の検証であったと見なすことができるであろうし、ジョミニの戦略思想はクラウゼヴィッツの戦略理論と共にアメリカ軍事文化の根底に染みこんでいるのである。

昨今、中東における紛争に伴うテロ組織や民兵組織の暴虐活動は、「新しい戦争」として認識されているが、現在人類は在来の戦争とは異なる新たなる脅威にさらされている。現在のシリアの内乱紛争の態様は、外国の干渉を招き、さらにテロ集団が加わり混沌とした状況を呈している。

このような脅威についてジョミニは、『戦争術概論』の「主義・主張の戦争（Des guerres d'opinions）」のなかで、内乱紛争は外国の干渉を招き混乱すると述べているが、これらの紛争や戦争について歴史的事

象から分析して、次のように警告している。

「主義・思潮の戦争は宗教的ドグマあるいは政治的ドグマに起因し、国民の戦争のように悲惨極まりないものであり、それは、人間の憎悪を掻き立て、残酷で、恐怖に満ちる激しい情熱をなす。そして、イスラムの戦争や十字軍戦争、三〇年戦争、いわゆる宗教的動機は常に政治権力を得るための、もっともらしい口実以外の何ものでもなく、そして激しい宗教的ドグマまたは世俗的ドグマ（イデオロギー）は人々の熱狂心を煽り立てている*[15]」

八十歳を超えたジョミニは、普墺戦争、南北戦争の様相を知り、この戦争で鉄道と通信、蒸気艦、鉄甲艦が使われたことも知っていた。そして第二次産業革命の波が否応なく兵器の発達を促し、彼は『戦争術概論』の第四版の出版を企画していたが、老齢はジョミニの気力・体力を奪い、四十五歳の年下の友人、スイス軍砲兵大佐に『戦争術概論』四版を出版するよう依頼し、そして「兵器の発達は戦術の変化をもたらすが戦略原則は不変である」と確信を持って遺言し、九十年の生涯を閉じた。

*註

1 Ami-Jacques Rapin, *guerre, politique, stratégie et tactique chez Jomini*, Droits d'auteur, 2015, p. 7.

2 Bruno Colson, p. 39, n. 106.

3 Rapin, guerre, p. 9.

4 Jomini, Précis, p. 14.

5 Jomini, Traité des grandes operations, IV, 1811, CH. XXXV, pp. 275-286.

6 Rapin, pp. 311-332 を参照。ここに挙げた冊数は、ラパンの著書『ジョミニと戦略（Jomini et la stratégie）』の末尾に記載されているジョミニの発刊著書集と、その著書から引用した一般参参考文献集から抜粋した。因みにジョミニの著書出版と彼の著書から引用した参考文献の発刊数は、ラパン教授によるデータから抽出して時代毎のそれらの発刊数を示した。但し各出版社の再販については記載がないので再版数は不明。

7 ファントノアはフランス国境フランス国境に近いベルギーの村で、ここでフランス軍とイギリス・オランダ連合軍と戦闘が惹起したが、フランス軍のサックス元帥が連合軍を撃破した。

8 リュシェン・プワリエール（一九一八～二〇一三年）。フランス陸軍予備役将軍。核兵器の使用に関するフランスの教義の作成に参加。著書に *La Crise des fondements*, paris, 1994; *Stratégies nucléaires*, Bruxelles, Complexe, 1988; *Essais de stratégie théorique*, Institut de stratégie comparée, 1982; *Des stratégies nucléaires*, Paris Hachette, 1977 があり、その他多数あり。

9 Lucien Poirier, *Les Voix de la stratégie*. Paris, Fayard, 1985, p. 324.

10 トレヴァー・デュプュイ（一九一六～九五年）。アメリカ陸軍大佐・軍事史家。デュプュイ戦略研究所所長。

11 Trever N. Dupuy, *EVOLUTION OF WEAPONS AND WARFARE*, 1984, p. 258.ジョミニは上陸作戦については、戦史例が少なく一定の法則を定立するのは難しいと述べているが、上陸作戦の困難性と問題、そしてその格言を的確に述べている。Jomini, Précis, pp. 266-269 を参照。

12 ドン・A・スターリー（一九二五～二〇一一年）。アメリカ陸軍大将。訓練・教義センター（Training and Doctrine Command）所長。一九八〇年にエア・ランド・バトル教義を開発した。

13 Donn A. Starry, 'A Perspective on A merican Military Thought', *Military Review*, 69, July 1989, p. 3.

14 ハリー・G・サマーズJr『アメリカの戦争の仕方（THE NEW WORLD STRATEGY）』杉之尾宜生・久保博司訳、講談社、二〇〇二年、一五五～一五七頁を参照。

15 Jomini précis, p. 35.

【解説】ジョミニの思想とその時代
――フランス革命～ナポレオン戦争の再解釈から

竹村　厚士

ジョミニとクラウゼヴィッツは、ナポレオン戦争の観察者・解説者として双璧をなす。ジョミニを知ることは、クラウゼヴィッツがそうあるように、ナポレオン戦争を知ることでもある。実際、ナポレオンの勝因（さらには敗因）や、ナポレオン戦争の本質に関する後世の研究は、多かれ少なかれこの二人の分析結果を原点として取り入れている。

しかしながら今日において、ジョミニの知名度はクラウゼヴィッツのそれに比べてかなり低い。日本でも、古くは八代六郎訳『兵術要論』（海軍大学校、一九〇三年）、司馬亭太郎訳『韜略提要』（興亡史論刊行会、一九一八年）、新しくは佐藤徳太郎訳『戦争概論』（中央公論新社、二〇〇一年）の翻訳書があり、また上田修一郎著『西欧近世軍事思想史』（甲陽書房、一九七七年）、P・パレット編／防衛大学校「戦争・戦略の変遷」研究会訳『現代戦略思想の系譜』（ダイヤモンド社、一九八九年）、M・ハンデル著／防衛研究所翻訳グループ訳『戦争の達人たち』（原書房、一九九四年）等の書物には、ジョミニに関する詳しい解説が所収されているが、膨大な蓄積を誇るクラウゼヴィッツ研究と並べると、どうしても見劣りしてしまう。

それゆえこの度本書が刊行されたことは、こうした間隙を埋め、不均衡を是正する上で、大変喜ばしいと言える。とりわけ詳細にわたる解題の中では、ジョミニと啓蒙・十九世紀思想との関わり――概してプラクティカルな軍事史研究はもとより、アカデミックな思想史研究もまた、このような軍事思想と政治・社会思想との相互関係をあまり見ようとしない――、近年注目される「軍事上の革命（RMA）」の研究成果を踏まえた時代背景、さらに十九世紀～二十世紀末における各国の軍事ドクトリンに対するジョミニの影響が論じられるが、これらは従来の邦文解説にはなかった新たな知見と視座を提供するものである。

では二十一世紀を迎えて久しい今日、ジョミニはいかように読まれるべきか。ジョミニの思想とその時代については、本書の解題をも含めて既に多くが語られているので、ここでは重複を避け、フランス革命～ナポレオン戦争の再解釈という観点からジョミニの置かれていた状況を洗い直し、その現代的評価の一助にしてみたい。

¶　¶　¶

まずフランス革命に関して、この大事件がアンシャン・レジームとの断絶を意味するという見方は、いまや明らかに後退している。例えば、イギリスの近代史家T・C・W・ブラニングは、「フランス革命は実際に何であったかを確認するより、何々ではなかったというふうに確認する方が、ずっと容易であった」と述べている。マルクス主義的なブルジョワ革命論は、既に一九五〇年代半ばから批判に晒されていたが、こうした動きはF・フュレに代表される「修正主義者」の台頭、数々の（従来のイデオロギー解釈を斥ける）実証研究の進展、そして一九八九年の革命二〇〇周年を前後にした「見直し」によって、もはや決定的なものとなった。むろん、革命が新しい政治文化を創造した側面は否定できない。しかし世論や公共圏は一七八九年以前にも少なからず形成されていたし、国民統合の点から言えば、まさにトクヴィルの炯眼が見抜いたように、フランス革命は絶対王政の時代から進められていた中央集権化の過程を加速化させたとも考えられる。さらに国際関係に視点を移すと、近年ではむしろ七年戦争の意義が強調されつつある。すなわちヨーロッパの勢力図を覆し、ブルボンとハプスブルクを凋落させ、植民地を含めたパクス・ブリタニカの道を開いたこの戦争こそ、実は十九世紀の世界秩序を早くも現出させた分岐点だったと言うのである。畢竟、フランス革命〜ナポレオン戦争は、この潮流の延長線上に位置付けられることになろう。

フランス革命が生み出した軍隊に関しても、その脱神話化が進んでいる。「武器をとった市民」の幻影は相変わらず根強いが、他方で「祖国は危機にあり」に面したフランス軍は、予想以上にプロフェッショナルな集団であった。革命勃発後の正規軍では、貴族将校の多くが亡命あるいは粛清されたが、その空席を埋めたのは概ね旧王国軍出身者であり、また一七九三年の「アマルガム」で正規軍と融合する義勇兵部隊も、その要職には軍事経験のある者が採用された。そして義勇兵部隊は、市民軍としての性格を維持した国民衛兵とは異なり、実戦投入を前提にした訓練、組織の改編、法的な位置付けがなされていた。それゆえ、ヴァルミーの戦いがいかに世界史を変える出来事だったとしても、戦場に踏み留まった義勇兵部隊は純粋な意味での「武器をとった市民」ではなかったし、さらに戦いを勝利に導いた要因は、本当のところは正規軍の砲兵隊に帰せられたりもする。

ところで、フランス革命史家の頭を悩ませる問題の一つは、革命期に動員された「市民」たちが、なぜナポレオンを始めとする軍司令官の子飼いとなり、挙句の果てにブリュメールのクーデタを許してしまったのか、ということである。これに対しては、国外への遠征によってフランスの市民社会との絆が失われる中で、面倒見のよい軍司令官への依存や忠誠が深まった、という説明が往々にしてなされる。この説明を受け入れるならば、出征前か出征後かはともかく、「武器をとった市民」が軍事化・兵士化したことをも認めねばならない。以上の文脈を考えると、一七九六年三月、ボナパルト将軍がニースの共和国広場で行ったイタリア方面軍への訓示——革命期の常套句「市民たち」ではなく、昔さながらの「兵士たち」と呼びかけた――は、なかなか象徴的でもある。

革命から帝政期にかけてのプロソポグラフィー研究は、同じくフランス軍が国民（市民）軍であったという通説を懐疑させる。なるほど軍勢の肥大化や総動員によって、軍隊には経験のない一般市民が多く入ってきた。しかし、彼らは比較的長期にわたって軍隊に身を置き、例えば「一七九三年の義勇兵」は、戦局の推移から動員が解除されず、生き延びた者は一七九八年頃まで従軍し続けた――これに対処するために施行されたのが、同年九月の「ジュールダン・デルブレル法」である。但しこの史上初の本格的徴兵制度も、代理が広範に認められたために、兵役は必ずしも国民（市民）間の平等な義務とならず、結果として貧者に負担がのしかかる構造は存続した。後述するように、この構造が改められ、文字通りの国民（市民）軍が志向されるには、第三共和政下の召集制度を待たなければならない。

他方、将校階級や軍の上層部に至るほど、市民的バックグラウンドを持つ者は自ずと減少していく。C・クールボワ編『フランス将校の歴史』（*Histoire de l'officier française des origines à nos jours*, Editions Bordessoules,1987）によれば、革命～帝政期の将官階級のうち、約五五%が旧王国軍上がり、約二一%が旧王国軍から義勇兵への転身者（再びアマルガムで正規軍と合流）、約一五%が義勇兵出身者（同じくアマルガムで正規軍と合流）となる。仮に義勇兵部隊が相対的にプロフェッショナルな性格を帯びていたとすると、全体の九割以上が職業軍人、もしくはこれに近いキャリアを歩んでいたことになる――さらに付記すれば、残りの八%は外国人であった。尉官～佐官階級の場合、革命後の入隊者が多くなるため旧王国軍（及び義勇兵）出身者の割合は低下するが、かと言って「武器をとった市民」が代わりにポストを埋めるわけではない。同じく『フランス将校の歴史』によれば、一八〇二年から一八一四年の尉官～佐官階級では、兵士・下士官卒が七割以上を占めるようになるものの、徴集兵の割合は僅か一・四%に留まる。以上の数値を見る限り、有名な諺「元帥杖は兵士の背嚢から」は、少なくとも「市民」兵を対象にしたものでないことがわかる。

フランス革命は、このように「市民」に対してではなかったが、軍事的才能のある者に昇進の道を開いた。従来の家柄や血統に代わり、個人の能力や実績を重んずるメリトクラシーが採用されたことは間違いない——但し厳密に言えば、当時の才能（talent, mérit）には先天的特質がなお含意されていたが。かつて一握りしかいなかった「特進将校（officier de fortune）」、すなわち兵士・下士官卒で「幸運」にも将校位に辿り着いた者は、上で示したように珍しい存在ではなくなった。実際ナポレオンの周りには、本人をも含め、革命が起こらなければ将軍、いや部隊長にさえなれなかったであろう人物が山ほどいる。彼らはみな若く、まさに脂の乗りきった時期を迎えていた。例えばイエナ会戦時の年齢を見ると、フランス軍はベルティエ（五三歳）とベルナドット（四二歳）を除き、大半の軍団長が三〇代——因みにナポレオンはダヴーと同じ三六歳——であったのに対し、プロイセン軍は総大将ブラウンシュヴァイク（七一歳）、副将ホーエンローエ（六〇歳）、他にも同年代の老将を多く抱えるなど、その差は歴然としていた。もしもこの時のフランス軍陣営を訪れたなら、訪問者は諸将の歳の若さに驚いたかもしれない。

だが、こうした「才能に開かれたキャリア」と、それに基づく人材の若返りが、どこまで恒久的な変化であったかについては一考の余地がある。というのも、革命の突風は軍隊内の人事体系に大穴を開けたが、この大穴は時期が下るにつれて再び閉じていくからである。まず一七八九年に約一万人いた将校——そのほとんどが貴族——のうち、三分の二は亡命等により軍を去った。かくして未曾有の空席が生じた結果、革命戦争の開始に前後して、膨大な数の任命・昇進が行われる。例えば将官階級だけを取り上げても、九一年に約四〇〇、九二年に約二五〇、九三年に約七五〇、そして九四年に約二五〇、といった具合である。しかるにこの数は、戦争状態が続いているにもかかわらず、また部隊数・ポスト数が増え、加えて戦死等による欠員が相次いでいるにもかかわらず、以後一八一三年を除いて二〇〇の大台に乗ることはなく、ほとんどの年次において一〇〇にも満たなかった*。つまり、フランス革命やナポレオンの軍隊に見られた人的流動性は、あくまで突発的な事件による、一度限りの新陳代謝であったとも考えられるのである。

*拙稿「フランス革命と『国民に開かれた』将校団」、『西洋史学』二〇六、二〇〇二年、を参照。

さてナポレオンは一八一四年四月に退位し、その後再起を図ったもののワーテルローの戦いに敗れ、ここにフランス革命以降二〇年余り――束の間の休戦を含めて――続いていた戦争は終わった。ヨーロッパ諸国はウィーン体制のもと、平和回復のために勢力均衡を図り、また重要な点として、復古主義を唱える政府は民衆の力を恐れて、総動員や「武器をとった市民」の体系を封印しようとした。フランスでも、まずブルボン朝においてはサン＝シール、次いで七月王政においてはスルトといったナポレオンの元部下たちが陸軍大臣となり、新たな召集制度を定めていくが、各々の名を冠した一八一八年と一八三二年の法は、いずれも国民軍とは程遠い、長期勤務の職業軍人による小規模軍隊を志向するものであった。

国民軍の体系は、皮肉にもかつてナポレオンに対峙したプロイセンにおいて温存された。すなわち、同国では一八一五年以降もクリュンパー制度やラントヴェーアが維持され、五〇年代のローン改革によって国家レベルでの総動員がより一層可能になっていた。六〇年代に入ると、そのプロイセンはデンマーク戦争と普墺戦争で勝利を重ねるが、こうした中でようやくフランス側も危機意識に目覚め、プロイセンの流儀を模倣、というより自らが産み出した伝統へと回帰しようとする動きが生じる。だが、かくして行われたニエル改革は、軍の派閥抗争や政治的な対立も相まって、結局のところ妥協の産物に終わった。肝心の召集制度に関しても、召集枠は倍増されたが、代理が依然として認められるなど、「武器をとった市民」

を十分に動員しうるものではなかった。ニエル改革に参与していたトロシュ将軍は、その著作『一八六七年のフランス軍（*L'armée française en 1867*）』において、プロイセンの召集制度は賞賛に値するが、勝利を重ねている今のフランス軍には不要、とまで言い切っている。こうした楽観論に見られるように、一八七〇～七一年の惨劇は多くの者に予期されていなかった。そして普仏戦争の敗戦を経験した後、新たに発足した第三共和政は、再び召集制度を見直し、久しく放棄されていた国民軍の体系を本格的に採用することになる。

最後にハードウェアとしての軍事技術面について触れておきたい。本書の解題でもRMAに関する考察があるが、フランス革命～ナポレオン戦争は異色のRMAであった。なぜなら、その「革命」たるゆえんは偏に政治・社会的な変化であり、技術的な変化ではなかったからである。J・キーガンが指摘するように、ナポレオンの軍隊が使っていた武器は、小銃にせよ大砲にせよ、モールバラ公の時代とさして変わらぬものであった。戦闘教義や兵の運用についても同様のことが言える。確かに混合隊形や師団（軍団）編成はフランス軍の優位を支えたが、これらはともに十八世紀中葉以降に行われた軍隊改革の産物であった。型破りに見えた決戦戦略や現地調達主義も、遂行しうる手段と条件が揃わなかっただけで、ともに発想自体は既にアンシャン・レジームの時代から存在していた。

軍事技術面で大きな変化が生じるのは十九世紀半ばであった。一八四一年には後装式ライフル銃のドライゼ銃、一八四七年には鋼鉄製大砲のクルップ砲が開発、そして実用化されるが、これらの新兵器は周辺・関連技術の発明と革新――管打発火装置、弾薬の装填・排出機構（アクション）、金属製実包、無煙火薬、さらには駐退機、等々――を受けて、十九世紀末には急速に現代兵器の姿に近づいていく。戦闘教義や兵の運用も、以上に合わせて大きく刷新された。例えばフランス軍の場合、混合隊形を骨子とする「一七九一年の歩兵操典」は一八六〇年代初頭まで踏襲されていたが、後装式ライフル銃によってもたらされた照準射撃、匍匐前進、さらに小隊単位での散開戦闘に適合するように、ようやく一八六七年に新基準の操典に切り換えられた。永らく採用されていたグリボーヴァル・システムも、一八二〇年代を過ぎると時代遅れになり、長距離射程の鋼鉄製大砲は、やがて味方の頭越しの射撃、ひいては観測班を伴った目標の間接射撃といった風に、戦場における砲兵の運用法を変えていくことになる。鉄道や電信といった技術の軍事利用も見逃せない。普墺、普仏戦争でのモルトケの勝利は、やはり鉄道による兵の投入抜きには語れないし、また電信は、早馬が連絡手段の時代——ナポレオンはシャップ式通信を部分的に使ったが——には困難であった外線作戦による包囲殲滅を可能にしたのである。

¶　¶　¶

以上のように俯瞰すると、軍事史の常識や通説に反して、フランス革命〜ナポレオン戦争が少なからず旧態依然の要素を抱えていたことに気付かされる。だが二十世紀以降の論者は、フラーやリデル＝ハートを含めて、総力戦や全体戦争の起源を探そうとするあまり、そこから外れるものを捨象しがちとなる。では同時代人の目には何が映っていたのか。ジョミニは初期の『大戦術論』にて、フリードリヒ大王とナポレオンの戦い方を比較し、類似点さらには戦いの普遍原則を見い出そうとしたが、かかるアプローチはフランス革命前後の「連続性」に鑑みれば、十分理に適っているように思われる。またジョミニとクラウゼヴィッツが本格的な執筆活動に入るのが、一八一五年以降であったことにも留意すべきである。上述のように、この時期は総じて国民軍の体系が後退していた。次なる総力戦や全体戦争の気配が感じられるようになるのは、早くともクリミア戦争と第二次イタリア独立戦争が勃発する五〇年代半ば以降であって、クラウゼヴィッツはもちろん、ジョミニも当面の間は「ナポレオンの亡霊」を認識できなかったに違いない。

クラウゼヴィッツは一八三一年に生涯を閉じた。そのため、直後から急加速するテクノロジーの進歩に対してもある意味無頓着でいられたが、さらに四〇年ほど長生きするジョミニはそうはいかなかった。ましてや戦いの普遍原則を示そうとしたジョミニにとって、技術進歩が及ぼす影響は極力排除しなければならないものであった。一八五五年に公刊された『戦争術概論』第二版の最終章には、後装式ライフル銃や鋼鉄製大砲、そして鉄道についての言及が加えられている。いまやジョミニの自信は明らかに揺らいでいるが、それでも彼は普遍原則の存在と、これを教育によって伝授する必要性を繰り返し強調した。そして殺傷力を増した新兵器を前にして、戦争被害を緩和する方法を模索するとき、ジョミニの予想は世紀末のブロッホのそれに驚くほど酷似してくる。すなわち、このポーランド人の著述家は一八九八年に『将来の戦争』を記し、その中で飛躍的に進歩したテクノロジーと総動員体制をもって戦争を行うことは、国家にとって自殺行為であると説くことになるが、全体戦争に対するこうした危惧と悲観は、おそらくクラウゼヴィッツには見られないものであった。

ジョミニは制限戦争論者であると言ってよい。彼は理性を重んじる啓蒙主義の系譜を引いているし、戦いの普遍原則を追求する中で、烏合の衆による無秩序な乱戦を忌むべきものと考えたはずである。スペインでの従軍経験もまた、ゲリラ戦や民衆の暴力に対する嫌悪感を掻き立てることになった。つまりジョミニ思想の根底にあるのは、量より質の軍隊ではなかったか。面白いことに、ジョミニのような「教条」を批判したドゥ・ピックも、火力が増大した戦いにおいては兵士の規律や精神が不可欠であるとして、同じ結論に行き着いている。ドゥ・ピックは奇しくも普仏戦争中の突撃で落命したが、この「火力に逆らう男」（M・ハワード）の伝統は、攻勢主義を唱えたフォッシュ、あるいは職業的軍隊の創設に固執したド・ゴールに受け継がれる。

第二次世界大戦後、B・ブロディの言う「絶対兵器」としての核の登場により、古典的な軍事理論はみなお蔵入りになったように思われた。しかし通常戦争は終わらず、今日ではさらにテロとの戦いなど非通常戦争も頻発している。クラウゼヴィッツに関しては、とりわけヴェトナム戦争が終結した一九七〇年代後半になって、P・パレット、M・ハワード、さらにR・アロンらによる「クラウゼヴィッツ・ルネサンス」が起こった。一方のジョミニに関しては、残念ながらこうした話をまず聞かない。さてジョミニは、イエナの会戦を前にした一八〇六年九月、マインツのフランス軍司令部でナポレオンと初めて対面した。このとき直参の幕僚に任命された彼は、四日後にバンベルクで再会しましょうと言い放ち、皇帝を非常に驚かせた——フランス軍の進路先はまだ内密だったからである。ジョミニがその著作で展開した軍事理論は、再びわれわれと交わることがあるのか。二十一世紀における戦争の何処にバンベルクがあるのか。そうした思いを巡らせながら、この拙い解説を終えることにしよう。

編著者

今村 伸哉（いまむら のぶや）
軍事史研究家。1960年防衛大学校卒業。国士舘大学大学院政治学研究科修了。陸上自衛隊幹部学校指揮幕僚課程修了。第三師団司令部幕僚、陸上自衛隊幹部学校教官、オランダ国防省軍事史課・ライデン大学・ウィーン大学客員研究員、防衛大学校教授、日本文化大学教授などを歴任。
主な論文・著書・訳書：「近代陸軍の創設者マウリッツ公の軍政改革について」（『軍事史学』21巻84号、1986年）、「八十年戦争におけるオランダの軍制改革」（『日蘭学会誌』第11巻、1987年）、'Introduction of the Japanese Arquebus and Tactics' in *ACTAS* No.24, Lisbon, 1998.『戦略戦術兵器事典』全３巻（監修・共著、学習研究社、1995〜97年）、『現代戦略思想の系譜―マキアヴェリから核時代まで』（共訳、ダイヤモンド社、1989年）、『軍事革命とＲＭＡの戦略史―軍事革命の史的変遷1300〜2050年』（芙蓉書房出版、2004年）、『歴史と戦略の本質―歴史の英知に学ぶ軍事文化』上・下（原書房、2011年）

ジョミニの戦略理論
――『戦争術概論』新訳と解説――

2017年12月20日　第１刷発行

編著者
今村《いまむら》 伸哉《のぶや》

発行所
㈱芙蓉書房出版
（代表 平澤公裕）
〒113-0033東京都文京区本郷3-3-13
TEL 03-3813-4466　FAX 03-3813-4615
http://www.fuyoshobo.co.jp

印刷・製本／モリモト印刷

ISBN978-4-8295-0729-2

【芙蓉書房出版の本】

クラウゼヴィッツの「正しい読み方」

『戦争論』入門

ベアトリス・ホイザー著　奥山真司・中谷寛士訳　本体 2,900円

『戦争論』解釈に一石を投じた話題の入門書 *Reading Clausewitz* の日本語版。戦略論の古典的名著『戦争論』は正しく読まれてきたのか？　従来の誤まった読まれ方を徹底検証し、正しい読み方のポイントを教える。21世紀の国際情勢を理解するためにクラウゼヴィッツがなぜ有効なのかを論ずる。

現代の軍事戦略入門

陸海空からサイバー、核、宇宙まで

エリノア・スローン著　奥山真司・関根大助訳　本体 2,500円

冷戦後の軍事戦略理論の概要を軍種、戦力ごとに解説した入門書。コリン・グレイをはじめ戦略・戦争研究の大御所がこぞって絶賛した話題の本 *Modern Millitary Strategy: An Introduction* の完訳版。

平和の地政学

アメリカ世界戦略の原点

ニコラス・スパイクマン著　奥山真司訳　本体 1,900円

冷戦期の「封じ込め政策」、冷戦後の「不安定な弧」、そして現代の「地政学的リスク」、…すべてはここから始まった！　戦後から現在までのアメリカの国家戦略を決定的にしたスパイクマンの名著の完訳版。ユーラシア大陸の沿岸部を重視する「リムランド論」を提唱するスパイクマン理論のエッセンスが凝縮された一冊。原著の彩色地図51枚も完全収録。

戦争論《レクラム版》

カール・フォン・クラウゼヴィッツ著　日本クラウゼヴィッツ学会訳　本体 2,800円

西洋最高の兵学書といわれる名著が画期的な新訳で30年ぶりによみがえる。原著に忠実で最も信頼性の高い1832年の初版をもとにしたドイツ・レクラム文庫版を底本に、8編124章の中から現代では重要性が低下している部分を削除しエキスのみを残した画期的編集。